应用型本科电气工程及自动化专业系列教材

电气控制及 S7-1200 PLC 应用技术

主　编　程国栋　吴　玮

副主编　夏晶晶　仝军令　王贵峰　邵倩倩

参　编　卓自明

西安电子科技大学出版社

内 容 简 介

本书结合应用型人才培养目标和实际工程案例，介绍了两种工业自动控制系统：继电器接触器控制系统和 PLC 控制系统。

全书共两篇，8 章。第一篇即基础篇共 5 章，内容分别为继电器接触器控制系统、可编程序控制器概述、S7-1200 PLC 基础知识、S7-1200 PLC 基本指令及程序设计、S7-1200 PLC 扩展指令。第二篇即应用篇共 3 章，内容分别为 PLC 逻辑控制系统编程实例、PLC 过程控制系统编程实例、S7-1200 PLC 的网络通信技术，可作为课程实验、实习实训等教学环节的参考内容。

本书可作为普通高等院校、独立院校、高等职业技术学院和大专院校的电气工程及其自动化、自动化、机电一体化及相关专业的教材，也可供相关工程技术人员参考使用。

本书配有电子教案和相关电子资源，读者可扫描二维码获取。

图书在版编目(CIP)数据

电气控制及 S7-1200 PLC 应用技术 / 程国栋，吴玮主编. — 西安: 西安电子科技大学出版社，2021.1(2023.11 重印)
ISBN 978-7-5606-5938-1

Ⅰ. ①电… Ⅱ. ①程… ②吴… Ⅲ. ①电气控制 ②PLC 技术 Ⅳ. ①TM571.2 ②TM571.6

中国版本图书馆 CIP 数据核字(2020)第 252097 号

策　　划　高　樱
责任编辑　阎　彬
出版发行　西安电子科技大学出版社(西安市太白南路 2 号)
电　　话　(029)88202421　88201467　　邮　　编　710071
网　　址　www.xduph.com　　电子邮箱　xdupfxb001@163.com
经　　销　新华书店
印刷单位　陕西日报印务有限公司
版　　次　2021 年 1 月第 1 版　2023 年 11 月第 3 次印刷
开　　本　787 毫米 × 1092 毫米　1/16　印　张　18
字　　数　426 千字
印　　数　5001～6000 册
定　　价　51.00 元
ISBN 978-7-5606-5938-1 / TM
XDUP 6240001-3
***** 如有印装问题可调换 *****

前　言

随着工业4.0的提出，各国都在加快发展工业自动化装备。作为现代工业控制系统的三大支柱之一的可编程逻辑控制器(Programmable Logic Controller，PLC)，其应用的深度和广度已经成为衡量一个国家工业先进水平的重要标志。中国制造2025战略在很大程度上促进了PLC技术在国内工业控制系统中的推广和升级。根据国家对普通高等院校、独立院校和高等职业技术学院的应用型人才培养要求，在十九大“科教兴国、人才强国”的战略框架背景下，我们以培养与时俱进的高素质、复合技能型工程技术人才为目标，编写了本书。

本书具有以下特色：

(1) 由简入难，循序渐进。本书首先介绍了继电器接触器控制系统中各种常用低压电器的工作原理和电气控制线路的设计方法。该部分内容比较简单，容易被初学者掌握，同时也是后续学习PLC控制系统的基础。

(2) 技术更新，与时俱进。随着西门子公司S7-200 PLC产品的停产，国内各类高校所使用的S7-200 PLC教材已不再适用。本书以西门子公司最新推出的S7-1200 PLC为例，介绍了PLC产品的硬件组成、软件架构、指令系统以及应用案例，为培养与时俱进的应用型人才奠定基础。

(3) 理论与实践相结合，实用性强。本书分两篇，第一篇基础篇，主要介绍了继电器接触器控制系统和PLC控制系统的相关理论知识；在此基础上，第二篇应用篇，重点讲解了PLC在逻辑控制、过程控制和通信网络中的实际应用案例，给出了各个案例的PLC参考程序及上位机界面，可作为课程实验、实习实训等教学环节的参考内容。

(4) 难易分明，适用性广。第一篇中的理论知识通用性强，参考案例相对简单，适用于不同专业的初学者学习和参考；第二篇中的各种应用实例针对性强，相对较难，适合于具有一定PLC基础的读者或工程技术人员学习和参考。

(5) 资源丰富，方便自学。本书配套了完善的教学资源，每个章节及重要知识点都有电子课件、微课视频、参考资料和课后习题，有助于学生课下复习、巩固所学知识，也方便其他读者自学相关内容。

本书适合作为普通高等院校、独立院校、高等职业技术学院和大专院校的电气工程及其自动化、自动化、机电一体化及相关专业的教材，也可供相关工程技术人员参考使用。

本书由程国栋和吴玮担任主编，夏晶晶、仝军令、王贵峰和邵倩倩担任副主编。徐州工业职业技术学院卓自明参与了编写。全书共8章，第1.1节由中国矿业大学徐海学院仝军令编写，第1.2节和第2章由郑州商业技师学院邵倩倩编写，第3章、第6章和第7章由中国矿业大学徐海学院程国栋编写，第4.1～4.5节由中国矿业大学徐海学院夏晶晶编写，第4.6节由江苏师范大学王贵峰编写，第5章和第8章由江苏建筑职业技术学院吴玮编写，电子课件及课后作业等配套资源由江苏师范大学王贵峰制作。

在编写本书过程中，编者参考了大量的相关文献资料，在此，对书末参考文献的作者表示诚挚的感谢。

由于编者水平有限，书中难免存在不足之处，恳请广大读者批评指正。

作　者

2020年8月

目　录

第一篇　基　础　篇

第二篇 应 用 篇

第一篇 基 础 篇

本篇主要介绍两种常用的工业自动控制系统(继电器接触器控制系统和PLC控制系统)的基本知识，包括第1章到第5章的相关内容。

第1章主要讲解工业早期使用的继电器接触器控制系统，包括常用低压电器的工作原理和使用方法、电气控制线路图中使用的标准图文符号以及电气控制线路的设计方法等内容，帮助读者建立起逻辑控制系统的概念。第2章主要介绍PLC的定义、发展、应用场合、基本组成与工作原理等内容，有利于读者更好地了解 PLC 控制系统的特点及意义。第3章主要讲解S7-1200 PLC的基础知识，包括硬件系统、软件系统、数据类型、编程语言以及程序设计方法等内容，有助于读者系统地学习S7-1200 PLC的基础知识。第4章详细讲解S7-1200 PLC的基本指令，包括位逻辑指令、定时器指令、计数器指令、程序控制指令、数据处理指令以及数学运算和逻辑运算指令等内容，并给出一种适合初学者使用的基础设计法，指导读者设计出简单实用的PLC控制系统。第5章主要讲解S7-1200 PLC的扩展指令，包括日期和时间指令、字符串和字符指令、程序控制指令、中断事件和中断指令、通信指令、高速脉冲输出和高速计数器指令以及运动控制指令等内容，为读者设计复杂PLC控制系统提供参考实例。

本篇是第二篇中各种应用实例的基础，所讲解的内容比较简单但又非常重要，尤其是第3章至第5章的相关内容，需要引起读者的重视。

第 1 章　继电器接触器控制系统

20 世纪 70 年代以前，工业自动控制场合大多使用继电器接触器控制系统来完成各种逻辑控制功能。这类系统采用硬接线方式，将各种有机械触点的继电器、接触器、按钮、开关等电器元件连接起来，组成具有某些特定控制功能的电气控制线路，最终实现工业自动控制。这种控制系统具有结构简单以及价格低廉等优点，至今仍应用在一些简单的工业自动控制场合。另外，其电气控制线路图与 PLC 控制系统中使用的梯形图非常相似，是后续学习 PLC 知识的基础。本着由简入难的原则，有必要首先学习继电器接触器控制系统。

本章首先介绍电气控制系统中常用低压电器(如接触器、继电器、低压断路器、熔断器、主令电器、信号电器以及检测仪表等)的基本结构、工作原理以及选型方法，为读者建立起继电器接触器式电气控制系统的基本概念。接着介绍绘制电气控制线路图时所采用的标准图文符号，同时重点讲解了异步电动机的基本控制线路，如点动、启保停、正反转以及循环控制等，这些基本控制线路的逻辑关系可作为后续复杂电气控制系统中的基础环节。最后举例介绍电气控制线路设计的经验方法，为读者设计出简单、合理以及可靠的电气控制系统提供依据。

1.1　电气控制系统常用电器

电器基础知识

1.1.1　电器基础知识

1. 电器的定义

电器是指能够根据外部施加的控制信号和要求，手动或自动地接通或断开电路，连续或断续地改变电路参数，以实现对电路或用电设备的控制、切换、检测、保护和调节的电工器械和装置。

2. 电器的分类

电器的用途广泛、功能多样、种类繁多，常见的分类方法有以下 4 种：

(1) 按电压等级分类。按电器所接入电路的电压等级不同，可分为低压电器和高压电器。工作在交流电压 1200 V 以下、直流电压 1500 V 以下的电器称为低压电器，反之为高压电器。

(2) 按有无触点分类。按电器有无触点可分为有触点电器和无触点电器。

(3) 按工作职能分类。按电器工作职能可分为手动操作电器、自动操作电器和其他电器(如稳压与调压电器、启动与调速电器、检测与变换电器、牵引传动电器等)。

(4) 按使用场合分类。按电器的使用场合可分为一般工业用电器、特殊工业用电器(如矿用防爆电器)、民用电器和其他场合用电器(如航空、船舶电器)。

3. 常用低压电器

工业中常用的低压电器主要有以下 7 种：

(1) 接触器：包括直流接触器和交流接触器等。

(2) 继电器：包括电磁式继电器、热继电器、时间继电器、固态继电器、液位继电器、温度继电器和速度继电器等。其中电磁式继电器又分为电压继电器、电流继电器和中间继电器。

(3) 开关电器：包括低压断路器和刀开关等。

(4) 主令电器：包括按钮、行程开关、转换开关和接近开关等。

(5) 熔断器：包括管式熔断器、螺旋塞式熔断器和快速熔断器等。

(6) 执行电器：包括电磁铁、电磁阀和电磁制动器等。

(7) 信号电器：包括指示灯、蜂鸣器和电铃等。

4. 电磁式低压电器的基本结构和工作原理

采用电磁原理完成接通或断开电路功能的低压电器称为电磁式低压电器，是工业控制系统中使用最为广泛的一种低压电器。电磁式低压电器种类繁多，如接触器、继电器和低压断路器等，但它们的基本结构和工作原理大致相同。电磁式低压电器在结构上大都由触头、电磁机构和灭弧装置三个主要部分组成，此外还有一些机械结构和安装附件。

1) 触头

触头是带有机械式触点电器的执行部件。通过触点的机械运动，可以接通或断开被控制的电路。

(1) 触点的接触形式。触点的接触形式有 3 种：点接触、线接触和面接触，分别如图 1-1(a)、(b)和(c)所示。

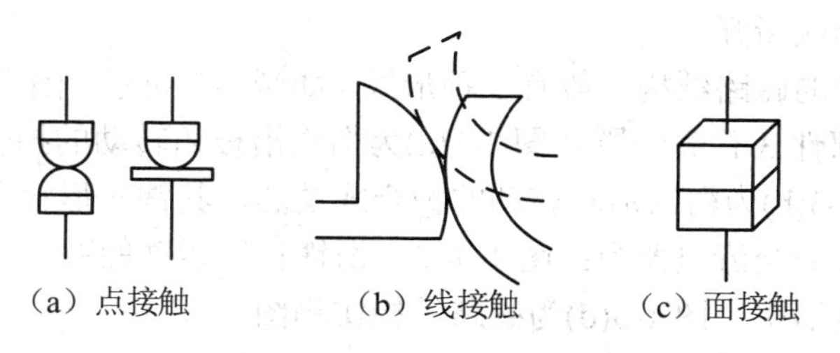

（a）点接触　（b）线接触　（c）面接触

图 1-1　触点的接触形式

对于面接触形式的触点，为了减小触点之间的接触电阻和提高耐磨性，一般在接触表面上镶有合金；线接触形式的触点在通断过程中有滚动动作，有助于清除触点表面产生的氧化膜，保证了触点的良好接触性；点接触形式的触点只允许使用在小电流控制回路中。不同接触形式触点的特点及应用场合如表 1-1 所示。

表 1-1　触点接触形式比较

接触形式	特　点	应 用 举 例
点接触	允许电流较小	接触器的辅助触点和继电器的触点
线接触	允许电流中等	接触器的主触点
面接触	允许电流较大	大容量接触器的主触点

(2) 触点的结构形式。触点按结构形式不同可分为单断点指形触点和双断点桥式触点两种，分别如图 1-2(a)、(b)所示。

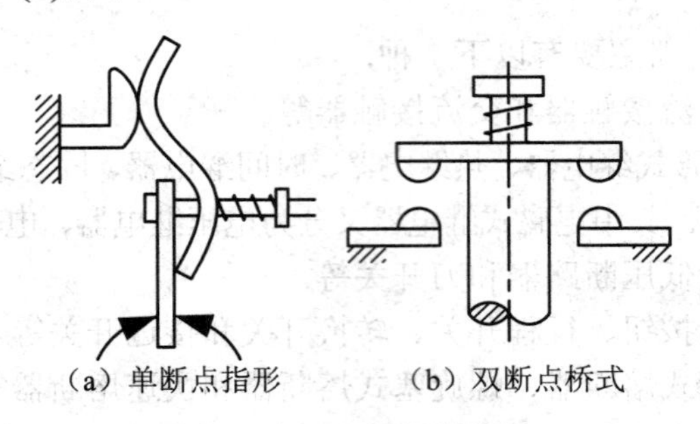

(a) 单断点指形　(b) 双断点桥式

图 1-2　触点的结构形式

图 1-2(a)为单断点指形触点。这种触点只有一个断口，可作为接触器的主触点。其优点是具有触点自动清洁功能，触点接触压力大，稳定性好；缺点是触点开距大，导致电器体积大，触点闭合时冲击较大，对机械寿命有一定的影响。

图 1-2(b)为双断点桥式触点。这种触点具有两个断口，其优点是有两个灭弧区，灭弧效果好；触点开距小，电器结构紧凑；触点闭合时冲击小，机械寿命长。缺点是触点不能自动清洁；触点接触压力小，稳定性较差。

2) 电磁机构

电磁机构是电磁式低压电器的感测元件，其主要作用是通过电磁感应原理将电能转换成机械能，带动机械触点动作，完成回路的接通或分断。

电磁机构大都由线圈、铁芯和衔铁组成。线圈的作用是将电能转换成磁场能；铁芯的作用是集中磁力线，增加磁场强度。线圈通入电流后产生磁场，形成电磁力，带动衔铁运动，完成触点的闭合或断开。

铁芯与衔铁形成的磁路结构一般有 3 种形式，如图 1-3 所示。图中，部件 1 代表衔铁，部件 2 代表铁芯，部件 3 代表线圈。图 1-3(a)为衔铁沿棱角转动的拍合式铁芯，主要应用于直流电器中；图 1-3(b)为衔铁沿轴转动的拍合式铁芯，其铁芯形状有 E 形和 U 形两种，多用于触点容量较大的交流电器中；图 1-3(c)为衔铁直线运动的双 E 形直动式铁芯，多用于交流接触器和继电器中。图 1-3(d)为磁路结构实物图。

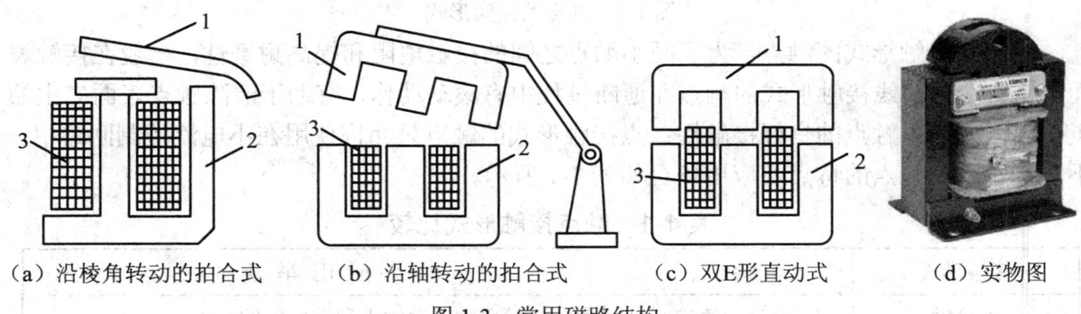

(a) 沿棱角转动的拍合式　(b) 沿轴转动的拍合式　(c) 双E形直动式　(d) 实物图

图 1-3　常用磁路结构

按照通入电流种类的不同，励磁线圈可分为直流线圈和交流线圈，与之对应的有直流电磁机构和交流电磁机构。

对于直流电磁机构，由于磁场比较稳定，铁芯中不产生电涡流，因此铁芯不发热，只有线圈发热。所以，直流电磁机构的铁芯一般用整块钢材或工程纯铁制成。为了便于线圈散热，结构上使线圈与铁芯尽量贴合。

对于交流电磁机构，由于电流大小和方向周期性改变，导致铁芯中存在磁滞损耗和涡流损耗，工作时线圈和铁芯都会发热。为了减小涡流损耗，交流电磁机构的铁芯用硅钢片叠铆制成，而且线圈设有骨架，使线圈与铁芯隔离，以便于散热。

电磁机构具有吸力特性与反力特性。

电磁机构中，衔铁上的作用力有两个：电磁吸力和弹簧反力，这两个力均受到衔铁和铁芯之间的气隙大小的影响，如图 1-4 所示。电磁吸力与气隙大小的关系曲线称作吸力特性，曲线 1 和 2 分别为直流电磁机构和交流电磁机构的吸力特性曲线；弹簧反力与气隙大小的关系曲线称作反力特性，曲线 3 为反力特性曲线，曲线 4 为剩磁吸力特性曲线。

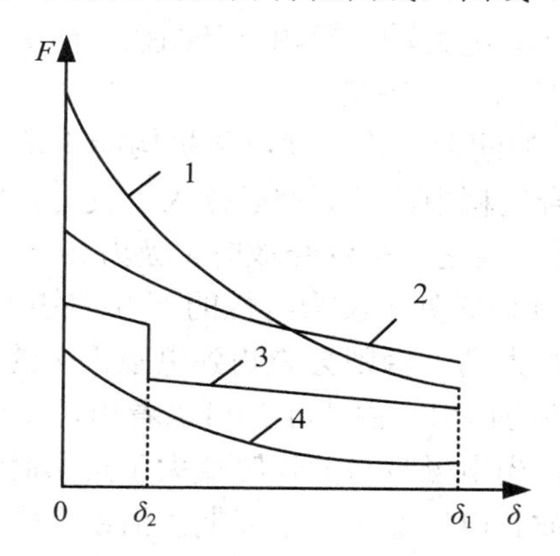

图 1-4　吸力特性和反力特性

(1) 吸力特性。电磁吸力特性可表示为

$$F=\frac{10^7}{8\pi}B^2S \tag{1-1}$$

式中：F 为电磁吸力(N)，B 为气隙磁感应强度(T)，S 为磁极截面积(m^2)。

截面积 S 为常数时，吸力 F 与磁密强度 B^2 成正比。当线圈中通以恒定的直流电时，磁场强度 B 为常数，则电磁吸力 F 也为常数。

对于直流电磁机构，励磁电流大小与气隙无关，衔铁动作过程中为恒磁动势工作，电磁吸力随气隙的减小而增加，所以吸力特性曲线比较陡峭，如图 1-4 中曲线 1 所示。

对于交流电磁机构，线圈中通入的是正弦交流电，其气隙磁感应强度也按正弦规律变化，可表示为

$$B=B_{\mathrm{m}}\sin\omega t \tag{1-2}$$

将式(1-2)代入式(1-1)，可得

$$F=\frac{10^7}{8\pi}SB_{\mathrm{m}}^2\sin^2\omega t=\frac{10^7}{8\pi}SB_{\mathrm{m}}^2\frac{1-\cos 2\omega t}{2} \tag{1-3}$$

由式(1-3)可得，电磁吸力的最大值和最小值为

$$\begin{cases} F_{max} = \dfrac{10^7}{8\pi} S B_m^2 \\ F_{min} = 0 \end{cases} \tag{1-4}$$

交流电磁机构中，励磁电流与气隙成正比，在动作过程中为恒磁通工作，但考虑到漏磁通的影响，其电磁吸力平均值随气隙的减小略有增加，所以其吸力特性比较平坦，如图1-4 中曲线 2 所示。

(2) 反力特性。电磁机构的反力主要是使衔铁释放的弹簧力，其与形变的位移 x 成正比，可表示为

$$F_{反} = K_1 x \tag{1-5}$$

考虑到常开触点闭合时超行程机构的弹力作用，反力特性如图 1-4 中曲线 3 所示。其中 δ_1 为电磁机构气隙的初始值；δ_2 为动、静触点开始接触时的气隙大小。由于超行程机构的弹力作用，反力特性在 δ_2 处有一个突变。

(3) 吸力特性与反力特性的配合。为了使电磁机构能正常工作，其吸力特性与反力特性必须配合得当。在整个吸合过程中，吸力都必须大于反力，即吸力特性必须始终处于反力特性的上方，如图 1-4 所示。反之，衔铁释放时，吸力必须小于反力(此时的吸力是由于剩磁产生的)，即吸力特性必须始终处于反力特性的下方。在吸合过程中，还需要注意，吸力特性位于反力特性上方不能太高，否则会影响到电磁机构的寿命。

(4) 交流电磁机构短路环的作用。由式(1-3)可以看出，交流电磁机构的电磁吸力是两倍于电源频率的周期性变量。当电磁吸力的瞬时值大于反力时，衔铁吸合；当电磁吸力的瞬时值小于反力时，衔铁释放。电压变化一个周期，衔铁吸合、释放两次。随着电源电压的变化，衔铁周而复始地吸合与释放，从而产生振动和噪声，会严重影响到电磁机构的工作性能，必须采取措施加以解决。

交流电磁机构在实际制造中，会在铁芯端部开一个槽，嵌入一个铜环(短路环)，如图1-5 所示。短路环一般用铜、康铜或镍铬合金等材料制成，通常包围 2/3 的铁芯截面。它是一个无断点的铜环，且没有焊缝。

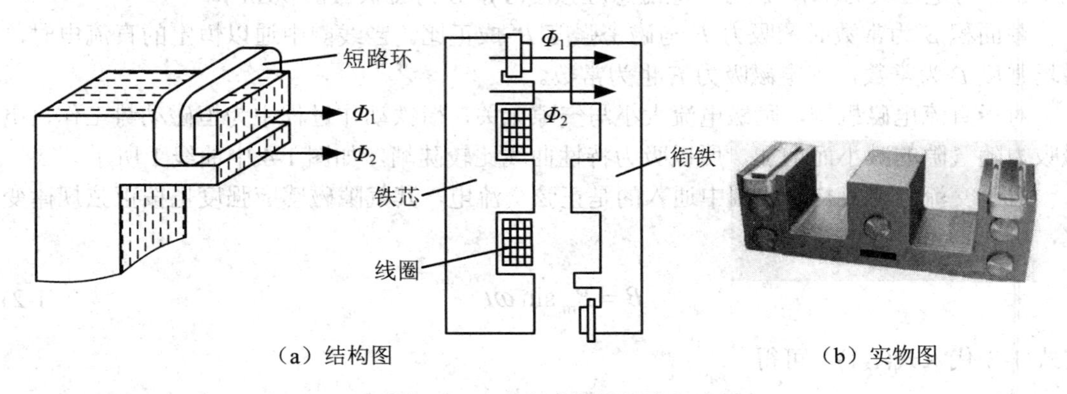

（a）结构图　　（b）实物图

图 1-5　交流电磁铁的短路环

短路环将铁芯中的磁通分为两部分，即穿过短路环的 Φ_1 和不穿过短路环的 Φ_2，Φ_1 为原磁通与短路环中感生电流产生的磁通的叠加，且相位上 Φ_1 始终滞后 Φ_2 约 90° 电角度。

电磁机构的吸力 F 为吸力 F_1 和 F_2 的合力，如图 1-6 所示。通过合理设计可以保证此合力始终大于弹簧反力，这样就消除了衔铁的振动和噪声。

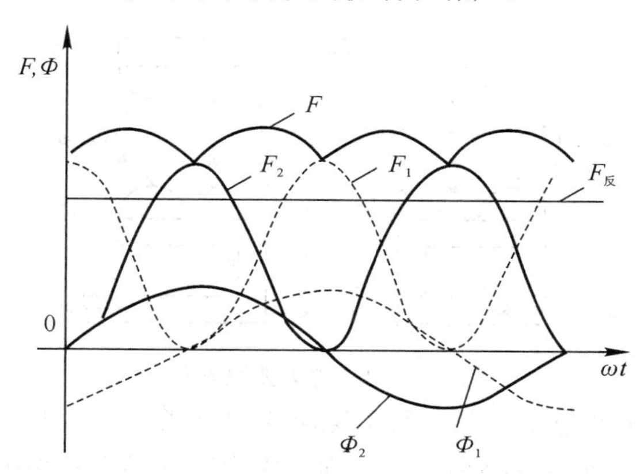

图 1-6　加短路环后的电磁吸力

(5) 电磁机构的特性曲线。电磁机构主要是通过励磁线圈来控制衔铁的运动的。衔铁的位置与励磁线圈的电压(或电流)的关系称作电磁机构的输入/输出特性，如图 1-7 所示。输入量 x 表示电磁机构励磁线圈的电压(或电流)，输出量 y 表示衔铁的位置。当输入量 x 由 0 增加至 x_2 之前，输出量 y 为 0，代表衔铁处于释放位置；当输入量增加到 x_2 时，输出量突变为 y_1，代表衔铁处于吸合位置，此后即使 x 再增加，y 值保持 y_1 不变。当 x 减小到 x_1 时，输出量由 y_1 突降到 0，衔铁回到释放位置，x 再减小，y 值仍为 0。

图 1-7 中，x_2 为电磁机构的吸合值，欲使电磁机构动作，输入量必须大于 x_2；x_1 为电磁机构的释放值，欲使电磁机构释放，输入量必须小于 x_1；另外，$K=x_1/x_2$ 为电磁机构的返回系数，是电磁机构的重要参数之一。K 值可根据实际使用情况进行调节。

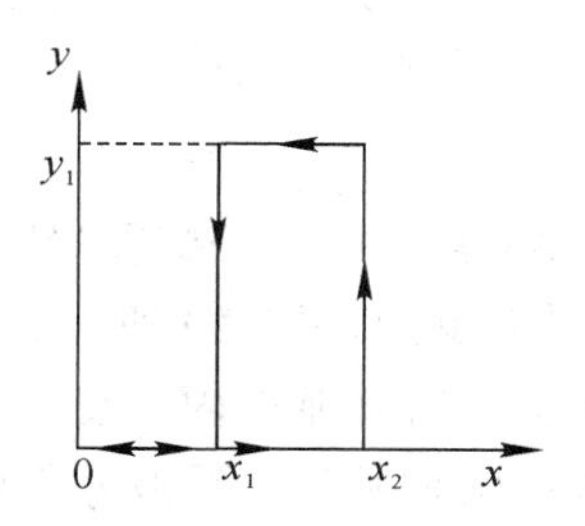

图 1-7　电磁机构的输入/输出特性

3) 灭弧装置

(1) 电弧的产生。动、静触点在通电状态下脱离接触的瞬间，如果被分断电路的电流超过一定数值(依据触点材料的不同，该值在(0.25～1) A 左右)，或分断后加在触点间隙两端电压超过一定数值(依据触点材料的不同，该值在(12～20) V 左右)，则触点间隙中就会产生电弧。电弧实际上是触点间气体在电场的作用下产生高温并发出强光和火花的放电现象。

(2) 灭弧方法。电弧不仅影响到电路及时可靠地分断，又会灼伤触点金属表面，降低电器寿命，严重时会引起火灾或其他事故，因此必须采取有效措施迅速熄灭电弧。常用的灭弧方法有电动力灭弧、磁吹灭弧、栅片灭弧和灭弧罩等。

① 电动力灭弧。电动力灭弧原理如图 1-8 所示。在双断点的桥式触点结构中，当触点

断开时，电流在动触点、静触点和电弧回路中构成了环流，从而形成了如图中“×”符号所示的磁场，电弧在该磁场的作用下向两侧拉长，从而快速熄灭电弧。

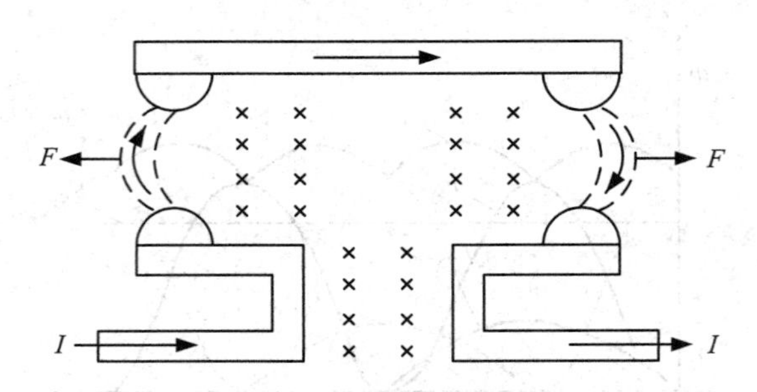

图 1-8　电动力灭弧原理图

② 磁吹式灭弧。单断点指形触点常采用磁吹式灭弧方式。灭弧装置由吹弧线圈、吹弧铁芯和灭弧罩等组成，如图 1-9 所示。吹弧线圈串联在触点回路中，通过线圈的电流就是电弧电流。线圈电流在两触点间产生较强的磁场，对电弧产生作用力，电弧受力运动快速离开触点，被拉长冷却而熄灭。这种灭弧装置的电弧电流越大，吹弧能力越强，具有自动调节的作用。

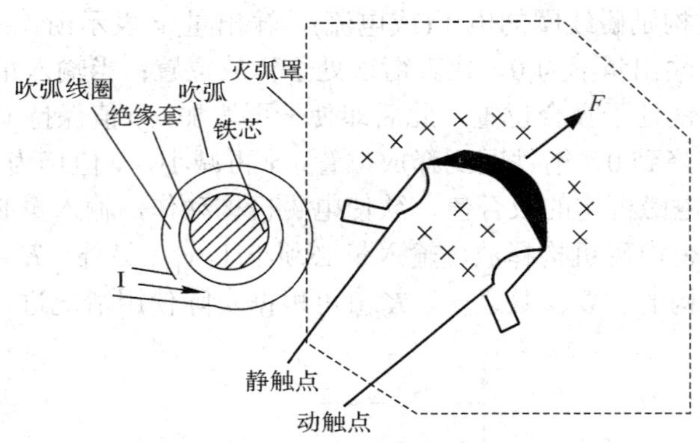

图 1-9　磁吹式灭弧原理图

③ 栅片灭弧。栅片灭弧的工作原理如图 1-10 所示。灭弧栅片一般采用钢片制成，栅片间距为(2～3) mm，安装在触点上方的灭弧罩内。交流接触器中，当触点之间产生电弧时，电弧在磁场力的作用下被拉入灭弧栅片，长弧被分隔成多段短弧。当交流电流过零时，所有短弧同时熄灭，由于近阴极效应，每段短弧的阴极附近都立即出现(150～250) V 的起始介质强度。通过设计保证所有串联短弧的起始介质强度总和大于触点间的电源电压，电弧将不再重燃。

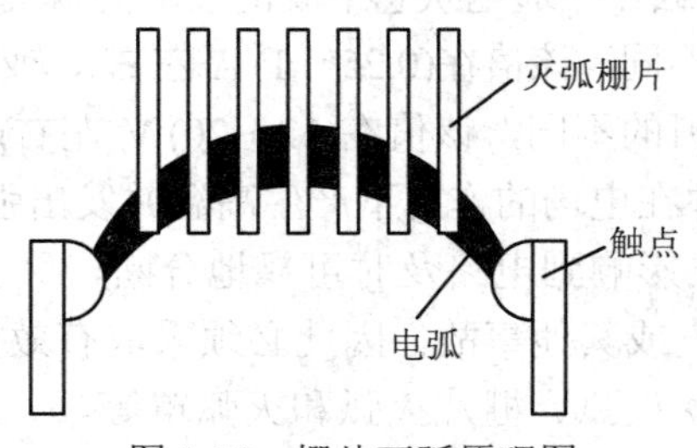

图 1-10　栅片灭弧原理图

④ 灭弧罩。灭弧罩的作用是让电弧与固体介质相接触，降低电弧温度，从而加速熄灭电弧的常用装置，在磁吹式灭弧和栅片灭弧装置中均有使用。灭弧罩的材料过去广泛采用石棉水泥和陶土，后逐渐改为耐弧 BMC 模塑料。

4) 电磁式电器的工作原理

电磁式电器的工作原理如图 1-11 所示。虚线部分为电磁式继电器 KF，包括直流电磁机构(线圈)和常开触点，线圈接入到控制回路中，常开触点接入到主回路中。当按钮 SF 闭合后，线圈通电，衔铁吸合，带动常开触点闭合，使得指示灯 PG 通电点亮；按钮 SF 断开后，线圈断电，在反力作用下，衔铁释放，常开触点复位断开，指示灯 PG 断电熄灭。

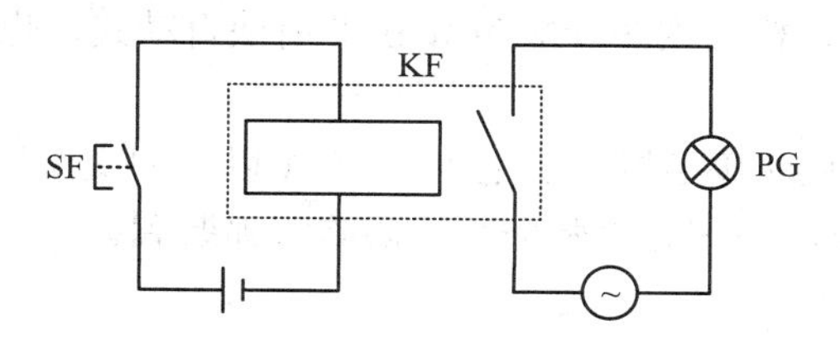

图 1-11　电磁式低压电器的工作原理图

综上所述，电磁式电器的工作原理为：线圈得电，常开/常闭触点状态翻转；线圈失电，常开/常闭触点状态复位。

1.1.2　接触器

接触器是一种用于频繁地接通或断开交直流主电路及大容量控制电路的自动切换电器，如图 1-12 所示。接触器具有远距离操作和失压(或欠压)保护功能，但不能切断短路电流，也不具备过载保护功能。接触器体积小、价格低、寿命长、维护方便，用途十分广泛，常用于控制电动机、电热设备、电焊机以及电容器组等负载。对于电机的控制，接触器主要用于启停控制、正反转控制、调速和制动控制等。

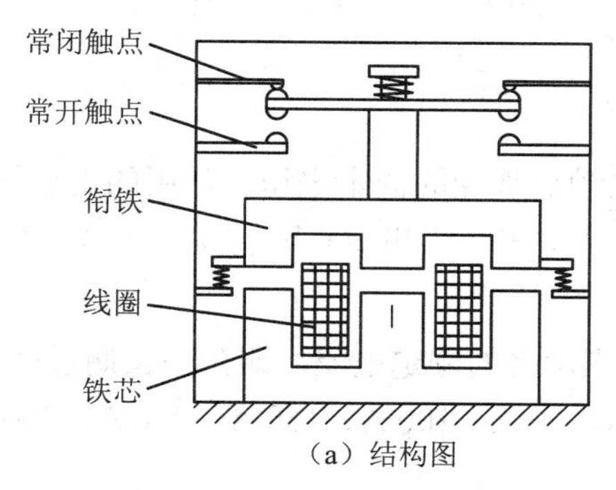

（a）结构图

（b）实物图

接触器

图 1-12　接触器

1. 接触器的分类

接触器有很多种类型。按工作原理可分为电磁式、气动式和液压式三种，其中电磁式接触器的应用比较广泛。按主触点的极数可分为单极、双极、三极、四极和五极等。按照接触器线圈回路电流性质的不同，分为交流接触器和直流接触器两种。

2. 接触器的结构与工作原理

1) 接触器结构

接触器的结构示意图如图 1-12(a)所示，图 1-12(b)为接触器实物图。

(1) 主触点。主触点一般是常开式，根据主触点的容量大小，有桥式触点和指形触点两种结构形式。

(2) 辅助触点。通常有常开和常闭辅助触点，均采用桥式双断点结构形式。辅助触点在控制电路中起到反馈主触点状态的作用，实现与接触器相关电路的逻辑控制。因为辅助触点的容量通常较小，因此不需设置灭弧装置。

(3) 电磁机构。电磁机构的铁芯一般为双 E 形衔铁直动式，也有采用绕轴转动的拍合式电磁机构。

(4) 灭弧系统。对于直流接触器以及电流在 20 A 以上的交流接触器，需要设置灭弧装置，通常选用灭弧罩，有的还带有灭弧栅片或磁吹灭弧装置。

2) 接触器的工作过程

接触器线圈通电后，铁芯中将产生磁通，吸引衔铁机械运动，带动主触点闭合，从而接通主电路。同时，运动的衔铁同步带动辅助触点动作，使常开的辅助触点闭合、常闭的辅助触点断开。如果接触器线圈电压明显下降或断电，那么吸力会减小或消失，衔铁在释放弹簧反力的作用下反向运动，主、辅触点恢复到原来的状态。

3) 接触器的图形符号和文字符号

接触器在电气控制原理图中的标准图形和文字符号如图 1-13 所示。

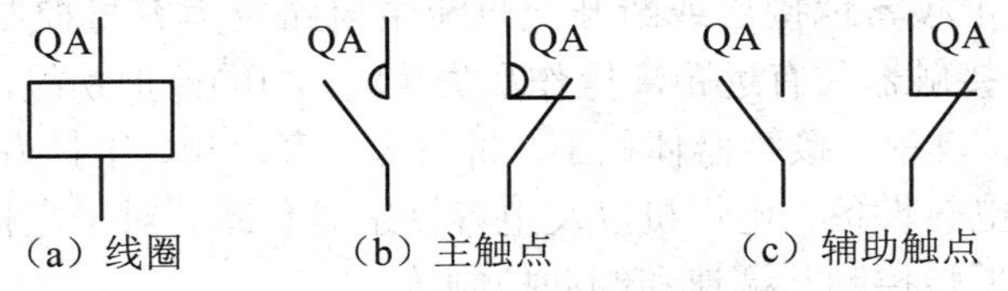

图 1-13　接触器的图文符号

3. 接触器的技术参数

1) 额定电压

接触器铭牌上标注的额定电压是指主触点承受的额定电压。常用的电压等级有：直流 110 V、220 V 和 440 V，交流 110 V、220 V、380 V 和 660 V。

2) 额定电流

接触器铭牌标注的额定电流是指主触点承受的额定电流，即允许长期通过的最大电流。常用电流等级有：5 A、10 A、20 A、40 A、60 A、100 A、150 A、250 A、400 A 和 600 A。

3) 电磁线圈的额定电压

线圈回路的额定电压的常用等级有：直流 24 V、48 V、220 V 和 440 V，交流 36 V、110 V、220 V 和 380 V。

4) 接通和分断能力

接通和分断能力是指主触点在规定条件下能可靠地接通和分断的电流值。接通电路时主触点不应发生熔焊，分断电路时主触点不应发生长时间燃弧。

接触器的使用类别不同，对主触点的接通和分断能力的要求也不一样，使用类别可根据不同控制对象(负载)的控制方式来确定。在电力拖动控制系统中，常见的接触器使用类别及其典型用途如表 1-2 所示。

表 1-2　常见接触器使用类别及其典型用途

电流种类	使用类别	接通和分断能力	典 型 用 途
交流(AC)	AC1	额定电流	无感或微感负载、电阻炉
	AC2	4 倍额定电流	绕线式电动机的启动和分断
	AC3	接通 6 倍额定电流，分断额定电流	笼型电动机的启动和分断
	AC4	6 倍额定电流	笼型电动机的启动、反接制动和反向
直流(DC)	DC1	额定电流	无感或微感负载、电阻炉
	DC3	4 倍额定电流	并励电动机的启动、反接制动和反向
	DC5	4 倍额定电流	串励电动机的启动、反接制动和反向

5) 额定操作频率

额定操作频率是指接触器每小时的通断次数。交流接触器最高为 600 次/h，而直流接触器最高为 1200 次/h。操作频率对接触器使用寿命影响很大。

4. 接触器的选型

接触器使用广泛，需要根据不同条件进行正确选型，才能保证接触器可靠运行。

1) 接触器的类型选择

一般情况下，选用接触器时交流负载选用交流接触器，直流负载选用直流接触器。

2) 接触器使用类别的选择

需要根据接触器所控制负载的工作任务选择相应的使用类别。一般生产机械中广泛使用中小容量的笼型电动机，属于一般负载任务，应选用 AC3 类接触器。对于控制机床电动机的接触器，其负载情况比较复杂，属于重任务类型。若负载明显属于重任务类，则应选择 AC4 类接触器。若负载为一般任务与重任务混合的情况，则应根据实际情况选用 AC3 或 AC4 类接触器。

3) 接触器主触点电流等级的选择

根据电动机(或其他负载)的功率和操作情况来确定接触器主触点的电流等级。对于电动机负载，接触器的额定电流可按下列经验公式进行计算：

$$I_C = \frac{P_N \times 10^3}{KU_N} \tag{1-6}$$

式中：I_C 为流过接触器主触点的额定电流(A)，P_N 为电动机的额定功率(kW)，U_N 为电动机的额定电压(V)，K 为裕量系数(一般取 1～1.5)。

当接触器的使用类别与所控制负载的工作任务相对应时，一般应使主触点的电流等级与所控制的负载相当，或稍大一些。若不对应，例如用 AC3 类的接触器控制 AC3 与 AC4 混合类负载时，则使用时必须降低电流等级。

4) 接触器线圈电压等级的选择

接触器的线圈电压和铭牌上的额定电压(主触点的额定电压)是不同的，线圈电压应与控制电路的电压类型和等级相匹配。

1.1.3　继电器

继电器是根据某种输入信号的变化来接通或断开控制电路，实现自动控制和保护的电器。继电器一般由输入感测机构和输出执行机构两部分组成。输入感测机构用于反映输入量的变化，输入量可以是电流、电压等电气量，也可以是温度、时间、速度、压力等非电气量。输出执行机构完成触点的分合动作或电路参数的变化。

继电器

继电器的种类很多，按输入信号的性质可分为电压继电器、电流继电器、时间继电器、温度继电器、速度继电器、压力继电器等；按工作原理可分为电磁式继电器、感应式继电器、电动式继电器、热继电器和电子式继电器等；按输出形式可分为有触点和无触点两类；按用途可分为控制用和保护用继电器等。

1. 电磁式继电器

电磁式继电器结构简单、价格低廉、使用维护方便，是应用最多的一种继电器。

电磁式继电器的结构和工作原理与电磁式接触器基本相同，由线圈、铁芯、衔铁、复位弹簧和触点等部分组成。但它与接触器又有区别：首先，继电器的输入信号可以是各种物理量，如电压、电流、时间、速度、压力等，而接触器的输入量只有电压；其次，继电器主要用于小电流的控制电路，触点容量小，而接触器主要用于控制电动机等高电压、大电流的主电路；再次，继电器没有主辅触点之分，不需设置灭弧装置。

1) 电压继电器

电压继电器指的是触点的动作与线圈的电压大小有关的继电器。它用于电力拖动控制系统的电压保护和控制。在电路中，电压继电器的线圈应与负载并联。其线圈的特点是匝数多而线径细。按线圈电流的性质可分为交流和直流电压继电器；按吸合电压大小又可分为过电压和欠电压继电器。电压继电器的图文符号如图 1-14(a)所示。

对于过电压继电器，线圈为额定电压时，衔铁不吸合，当线圈电压显著高于其额定电压时，衔铁产生吸合动作。对于欠电压继电器，线圈为额定电压时，衔铁吸合；当线圈电压显著低于额定电压时，衔铁产生释放动作。

2) 电流继电器

电流继电器指的是触点的动作与线圈电流大小有关的继电器。电流继电器的线圈应与负载串联，其线圈的特点是匝数少而线径粗。根据线圈回路电流种类不同，可分为交流和直流电流继电器；按吸合电流大小不同，可分为过电流继电器和欠电流继电器。电流继电器图文符号如图 1-14(b)所示。

对于过电流继电器，电流正常时，衔铁不吸合；当负载电流显著高于额定电流时，衔铁产生吸合动作；电力拖动控制系统中，冲击性的过电流故障时有发生，常采用过电流继电器进行保护。对于欠电流继电器，电流正常时，衔铁吸合；当负载电流降低至释放电流时，衔铁产生释放动作。

3) 中间继电器

中间继电器本质上属于电压继电器，它主要在控制电路中起到信号传递、放大、切换和逻辑控制等作用。当触点数量或容量不够时，可借助于中间继电器来扩展。中间继电器也有交、直流之分，分别用于交流控制电路和直流控制电路。中间继电器的图文符号如图 1-14(c)所示，实物图如图 1-14(d)所示。

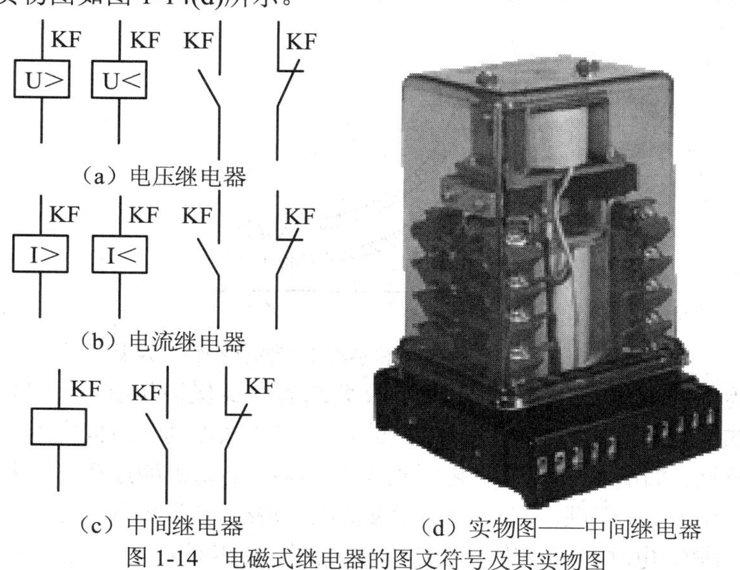

（a）电压继电器

（b）电流继电器

（c）中间继电器　（d）实物图——中间继电器

图 1-14　电磁式继电器的图文符号及其实物图

4) 继电器的选用

选用电压继电器时，应使线圈电压的种类和电压等级与控制电路一致。选用电流继电器时，应使线圈电流的种类和等级与负载电路一致。另外，要根据不同的控制和保护功能选择继电器类型，并按控制电路的要求选择触点的类型和数量。

中间继电器的选型与电压继电器的选型类似。如果一个中间继电器的触点数量不够用，则也可以将两个中间继电器并联使用，以增加触点的数量。

2. 热继电器

1) 热继电器的作用和分类

热继电器是利用电流流过热元件时产生的热量，使双金属片发生弯曲而推动执行机构动作的一种保护电器，在电力拖动控制系统中，用于防止三相交流电动机因长期带负荷欠电压运行、长期过载运行以及长期单相运行等不正常情况导致的电动机绕组严重过热乃至烧坏故障的发生。因此，热继电器的使用，既能充分发挥电动机的过载能力，保证电动机的正常启动和运转，又能在长时间过载时自动切断电路，实现三相交流电动机的安全可靠运行。但是，由于热继电器中发热元件的热惯性，在电路中不能做瞬时过载保护，更不能做短路保护，因此，它不同于过电流继电器和熔断器。

热继电器根据触点极数不同，可分为单极、两极和三极式三种类型，每种类型按热元件额定电流的不同又有不同的规格和型号。三极式热继电器常用于三相交流电动机的过载保护。按功能来分，三极式热继电器又有不带断相保护和带断相保护两种类型。

2) 热继电器的保护特性

由于热继电器是利用热效应原理设计的，而电机过载时绕组会发热，因此当热继电器用于过载保护时，其保护特性应与被保护电动机的过载特性相匹配。

由热平衡关系可知：电动机出现过载电流时，电动机温度将升高，进而加速电机的绝缘老化，长期过载运行甚至会烧坏电机。在允许温升条件下，电动机通电时间与其过载电流的平方成反比，即电动机的过载特性具有反时限特性，如图 1-15 所示。

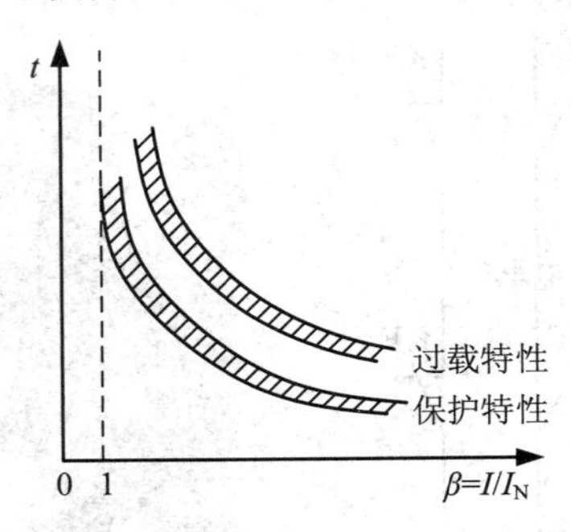

图 1-15　电动机的过载特性和热继电器的保护特性及其配合

热继电器为了适应电动机的过载特性而又要起到过载保护作用，也应具有与电动机过载特性相匹配的反时限特性。热继电器的过载电流与其触点动作时间之间的关系，称为热继电器的保护特性，如图 1-15 所示。由于误差的影响，电动机的过载特性和热继电器的保护特性都不是一条曲线，而是一个区域。区域的宽窄表示了误差的大小。

由图 1-15 可知，电动机工作在过载特性曲线的下方相对安全。因此，热继电器的保护特性应在电动机过载特性的邻近下方。当发生过载时，热继电器在电动机达到其允许的过载极限时间之前动作，切断电源，保护电机免遭损坏。如果保护特性曲线在过载特性曲线下方较远，则会导致热继电器过早动作，不利于电动机充分发挥过载能力。

3) 热继电器的工作原理

热继电器的主要结构有热元件、双金属片和触点系统。双金属片是热继电器的感测元件，由两种不同线膨胀系数的金属片经机械碾压或铆接而成。线膨胀系数大的金属片称作主动层，系数小的称作被动层。如图 1-16(a)所示，热元件串接在电动机的定子绕组中，用于感测电动机定子绕组电流。常闭触点串接于接触器线圈回路中。当电动机正常运行时，热元件产生的热量仅能使双金属片发生轻微弯曲，不足以使热继电器动作。当电动机过载时，热元件产生的热量增大，双金属片弯曲位移增大，达到一定程度后，双金属片开始推动导板运动，并通过补偿双金属片与推杆的运动将常闭触点断开，进而使接触器线圈失电，依靠接触器的主触点断开电动机的电源，最终实现电动机的过载保护。热继电器的实物图如图 1-16(b)所示。

另外，调节旋钮用于改变补偿双金属片与导板之间的接触距离，达到调节整定热继电器动作电流的目的。还可以通过调节复位螺钉来改变常开触点的位置使热继电器能在手动复位和自动复位两种模式下工作。对于手动复位模式，在故障排除后要按下复位按钮才能使常闭触点恢复成闭合状态。

热继电器的热元件和常闭触点的图文符号如图 1-16(c)和(d)所示。

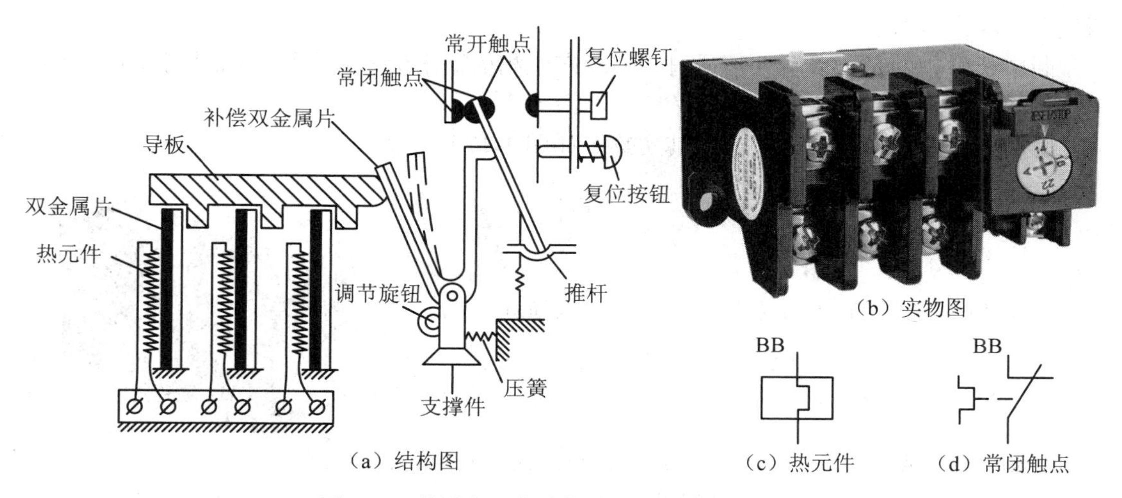

（a）结构图　（b）实物图　（c）热元件　（d）常闭触点

图 1-16　热继电器的结构原理图及其图文符号

4) 热继电器的技术参数

热继电器的主要技术参数有额定电压、额定电流、相数、热元件编号以及整定电流调节范围等。整定电流是指热元件允许长期通过又不致引起热继电器动作的电流值。

热继电器的安装方式有独立安装式、导轨安装式和接插安装式三种。接插安装式的热继电器和相应的接触器配套使用，可以直接插入接触器的出线端，其结构比较紧凑，方便电气线路的连接。

5) 热继电器的选型

热继电器只能用作电动机的过载保护，而不能作为短路保护使用。在选型时应考虑电动机形式、工作环境、启动情况以及负荷情况等方面。具体选型原则如下：

(1) 热继电器的额定电流应与电动机的额定电流匹配。对于过载能力较差的电动机，热继电器的额定电流可适当选小一些。一般情况下，热继电器的额定电流按电动机额定电流的 60%～80%进行选取。

(2) 热继电器在电动机的启动过程中不会产生误动作。对于非频繁启动场合，如果电动机启动电流为其额定电流的 6 倍，且启动时间不超过 6 s，则热继电器的额定电流可以与电动机的额定电流相等。

(3) 电动机启停频率与热继电器的允许操作频率匹配。热惯性导致热继电器的操作频率有限，对于启停较频繁的电动机，热继电器的保护效果不佳，甚至不能使用。对于往复运行和频繁通断的电动机，不宜采用热继电器保护，必要时可以选用装入电动机内部的温度继电器。

3. 时间继电器

在得到输入信号后，执行元件要延迟一段时间才动作的继电器称作时间继电器。这里的延时区别于一般电磁式继电器从线圈得电到触点动作的固有延迟时间。在工业自动化控制系统中，基于时间原则的控制要求非常常见，通常可采用时间继电器来实现。

时间继电器的延时方式有两种：通电延时和断电延时。

通电延时指的是接受输入信号后延迟一定的时间，输出信号才发生变化；当输入信号消失后，输出瞬时复原。

断电延时指的是接受输入信号时，瞬时产生相应输出信号；当输入信号消失后，延迟一定时间，输出才复位。

时间继电器的各种图文符号及其实物图如图 1-17 所示。

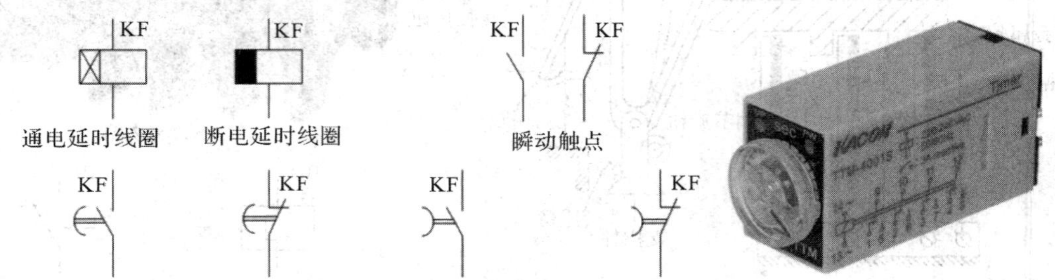

(a) 图文符号　　(b) 实物图

图 1-17　时间继电器的图文符号及其各实物图

时间继电器按工作原理可分为电磁式、空气阻尼式、电子式等类型。其中电子式时间继电器最为常用，其他形式的时间继电器已基本被淘汰或很少使用。

电子式时间继电器除执行器件之外，其余部分均由电子元件组成，没有机械部件，具有寿命长、精度高、体积小、延时范围大以及控制功率小等优点，因而得到广泛应用。按照延时工作原理，电子式时间继电器又分为晶体管式和数字式两种。

晶体管式时间继电器主要有通电延时型、断电延时型、带瞬动触点的通电延时型等类型。有些晶体管式时间继电器采用拨码开关整定延时时间，采用显示器件直接显示定时时间和工作状态，具有直观、准确以及使用方便等特点。

数字式时间继电器具有延时范围大、调节精度高、功耗小和体积更小的特点，适用于各种需要精确延时的场合以及各种自动控制电路中。这类时间继电器功能特别强，有通电延时、断电延时、定时吸合以及循环延时等多种延时形式和多种延时范围供用户选择。

4. 速度继电器

速度继电器是按速度原则对电动机进行控制的继电器，常用于三相笼型异步电动机的反接制动控制，因此又称作反接制动继电器。

感应式速度继电器的原理结构如图 1-18(a)所示，主要由定子、转子和触点三部分组成。转子是一个圆柱形永久磁铁，其轴与被控电机的轴相连接。定子是一个笼型空心圆环，由硅钢片叠制而成，并装有笼型绕组。定子空套在转子上，能左右偏摆。

电动机转动时，速度继电器的转子随之转动，于是就在转子和定子圆环之间的气隙中产生了旋转磁场，从而在定子绕组中产生感应电流，此电流与旋转的转子磁场作用产生转矩，使定子偏转，其偏转角度与电动机的转速成正比。当偏转到一定角度时，装在定子轴上的摆锤推动簧片(动触点)动作，使常闭触点断开、常开触点闭合；当电动机转速低于某一数值时，定子产生的转矩减小，机械动触点在簧片作用下返回到原来的位置，使对应的常开/常闭触点恢复到原来状态。

一般感应式速度继电器转轴在 120 r/min(或 rpm)左右时触点动作，在 100 r/min 以下时触点复位。

图 1-18(b)为感应式速度继电器的实物图。图 1-18(c)为速度继电器的各种图文符号。

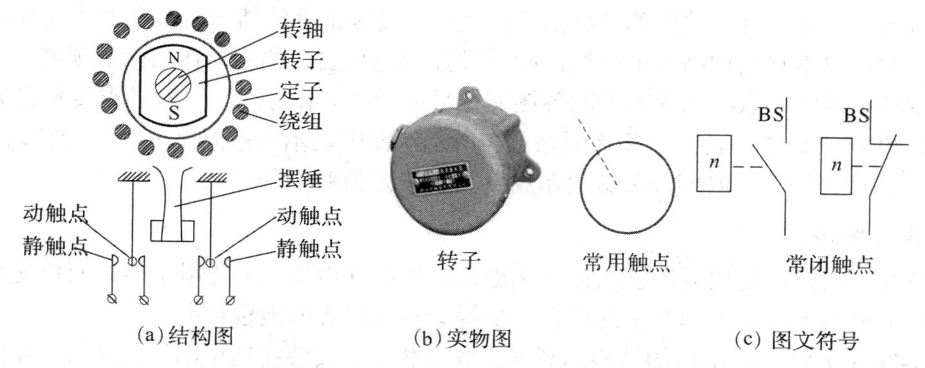

(a) 结构图　(b) 实物图　(c) 图文符号

图 1-18　感应式速度继电器的原理结构图、实物图及其各图文符号

5. 温度继电器

电动机发生长期过电流时，会使其绕组温升过高，这种故障可以通过热继电器进行保护。但是，在有些情况下，用热继电器则不能起到保护作用。比如，当电动机环境温度过高或通风不良时，会使绕组温升过高，但绕组的电流却正常。为此，需要一种能够直接感受绕组温度并根据绕组温度进行动作的继电器，这种继电器称作温度继电器。

温度继电器一般有两种类型：一种是双金属片式温度继电器，另一种是热敏电阻式温度继电器。

双金属片式温度继电器结构组成如图 1-19(a)所示。它是封闭式的结构，其内部有盘式双金属片。双金属片受热后产生膨胀，由于两层金属的线膨胀系数不同，且两层金属又紧密地贴合在一起，因此，使得双金属片向被动层一侧弯曲，从而带动触点动作。其实物图如图 1-19(b)所示。

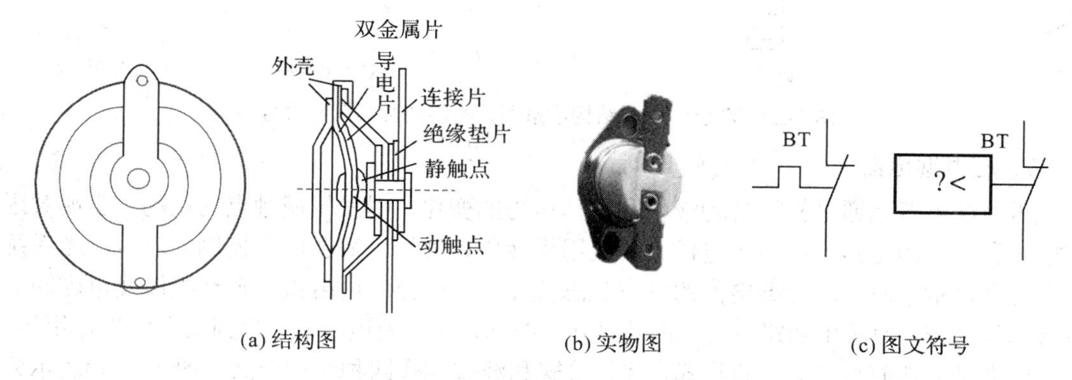

(a) 结构图　(b) 实物图　(c) 图文符号

图 1-19　双金属片式温度继电器结构示意图、实物图及其各图文符号

双金属片式温度继电器的动作温度是以电动机绕组绝缘等级为基础来划分的，有 50℃、60℃、70℃、80℃、95℃、105℃、115℃、125℃、135℃、145℃和 165℃，共 11 个规格。继电器的返回温度一般比动作温度低(5～40)℃。

双金属片式温度继电器用作电动机保护时，需要被埋设在电动机发热部位，如电动机定子槽内或绕组端部等。无论是由电动机本身出现过载还是其他原因引起的温度升高，温度继电器都可以起到保护作用。因此，温度继电器具有“全热保护”的作用。

双金属片式温度继电器的缺点是加工工艺复杂，而且双金属片又容易老化。另外，由于体积偏大而多置于绕组的底部，故很难直接反映温度上升的情况，以致发生动作滞后的现象。同时，也不宜保护高压电动机，因为过强的绝缘层会加剧动作的滞后现象。

温度继电器的触点在电路图中的各图文符号如图 1-19(c)所示。一般的温度控制开关表示符号如图 1-19(c)中“温控开关常闭触点”所示，图中表示当前温度低于设定值时动作，把“<”改为“>”后，温度开关就表示温度高于设定值时动作。

6. 液位继电器

液位继电器指的是根据液位高低变化进行动作的继电器，主要用于根据液位变化来控制水泵电动机启停、电磁阀开闭的场合，如锅炉和水箱等的液位控制。

图 1-20(a)为液位继电器的结构示意图。液位继电器安装在期望的液位位置，浮筒置于被控锅炉或水箱内，浮筒一端有一根磁钢，锅炉或水箱外壁装有一对触点，动触点的一端也有一根磁钢，与浮筒一端的磁钢相对应。当锅炉或水箱的液位降低到极限值时，浮筒下落使磁钢端绕支点 A 上翘。由于磁钢同性相斥，使动触点的磁钢端被斥下落，通过支点 B 使触点 1 闭合、触点 2 断开。液位升高到上限位置时，浮筒上浮使触点 2 闭合、触点 1 断开。液位继电器价格低廉，主要用于不精确的液位控制场合。液位继电器的实物图如图 1-20(b)所示，触点的图文符号如图 1-20(c)所示。

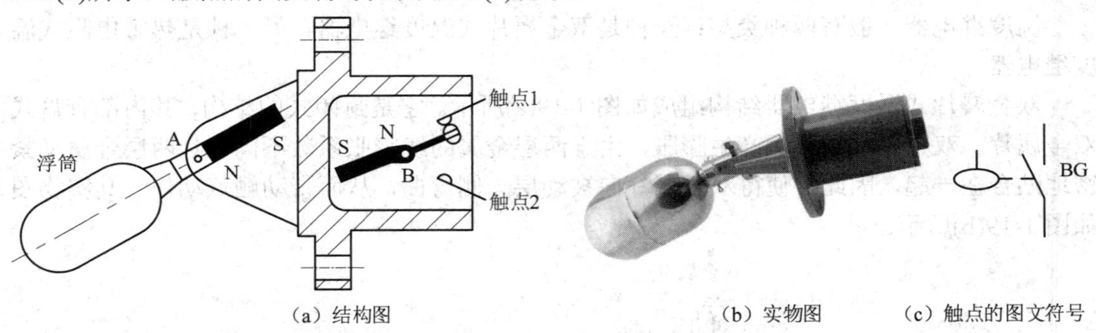

(a) 结构图　　(b) 实物图　　(c) 触点的图文符号

图 1-20　液位继电器结构示意图、实物图及其图文符号

7. 压力继电器

压力继电器是通过检测各种液体和气体压力的变化，引发机械触点的运动，实现对压力检测和控制的电器。压力继电器主要应用于液压、气压等需要压力控制的场合。当系统压力达到设定值时，压力继电器的触点状态变化，从而控制电磁铁、电动机以及电磁阀等电气元件动作，使液压回路或气压回路卸压、换向，或关闭电动机，起到安全保护作用等。

压力继电器有柱塞式、膜片式、弹簧管式和波纹管式四种结构形式。图 1-21(a)所示为柱塞式压力继电器，它主要由微动开关、柱塞和调节螺母等部分组成。当从下端进油口进入的液体压力达到设定压力值时，推动柱塞上移，此位移通过杠杆放大后推动微动开关动作。调整调节螺母时，可以改变弹簧的压缩量，从而调节继电器的动作压力。

压力继电器必须放在压力有明显变化的地方才能可靠地工作。其价格低廉，主要用于测量和控制精度要求不高的场合。

压力继电器的实物图如图 1-21(b)所示，触点的图文符号如图 1-21(c)所示。

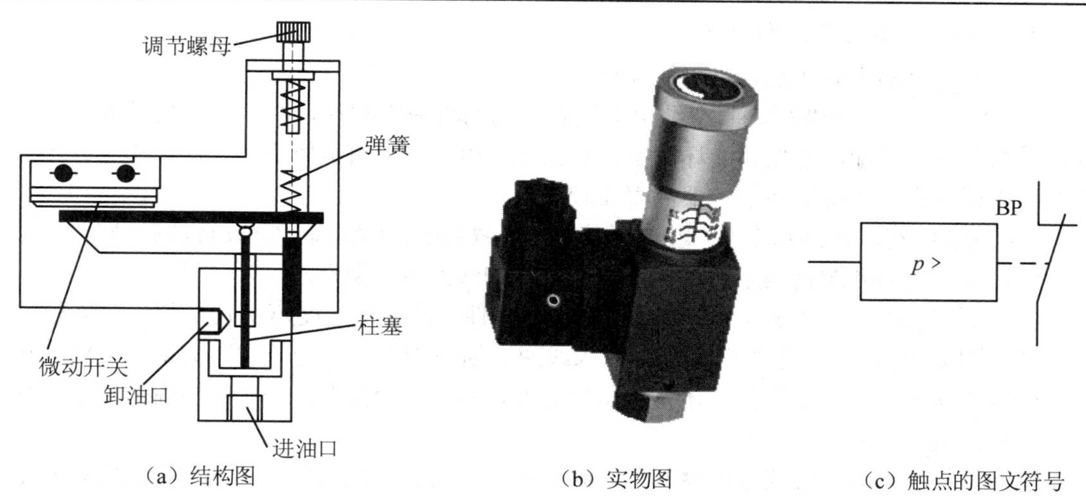

（a）结构图　　（b）实物图　　（c）触点的图文符号

图 1-21　柱塞式压力继电器结构示意图、实物图及其图文符号

8. 固态继电器

固态继电器(Solid State Relay，SSR)是一种采用电力电子半导体元件组装而成的无机械触点的自动开关。固态继电器利用电子元器件的电、磁和光特性来完成输入与输出的可靠隔离，利用大功率三极管、功率场效应管、单向可控硅和双向可控硅等器件的开关特性，实现无触点、无火花地接通和断开被控电路的功能。

与电磁式继电器相比，固态继电器不含运动零件，接通和断开过程没有机械运动，但它与电磁式继电器有着本质上相同的功能。由于固态继电器的接通和断开没有机械接触部件，因而具有控制功率小、开关速度快、工作频率高、使用寿命长、抗干扰能力强和动作可靠等一系列优点，在许多自动控制装置中得到了广泛应用。

固态继电器驱动器件及其触点的图文符号分别如图 1-22(a)、(b)所示。图 1-22(c)为固态继电器的实物图。

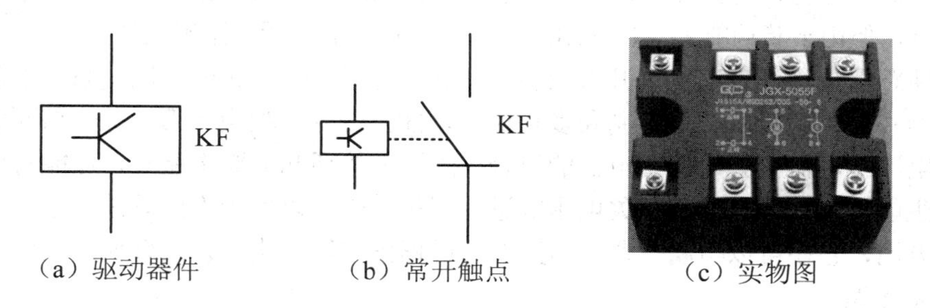

（a）驱动器件　　（b）常开触点　　（c）实物图

图 1-22　固态继电器图文符号及其实物图

1) 固态继电器的分类

固态继电器是四端器件，其中两端为输入端，两端为输出端，中间采用隔离器件，以实现输入与输出之间的隔离。

(1) 按切换负载性质分，有直流固态继电器和交流固态继电器。

(2) 按输入和输出之间的隔离分，有光电隔离固态继电器和磁隔离固态继电器。

(3) 按控制触发信号方式分，有过零型和非过零型、有源触发型和无源触发型。

2) 固态继电器的优点和缺点

固态继电器的主要优点包括以下 4 个方面：

(1) 寿命长，可靠性高。固态继电器没有运动的机械零部件，由半导体器件完成触点功能，因此能在强冲击与振动的环境下可靠工作。由于没有机械触点的接触，不存在电弧烧蚀和机械磨损，因此固态继电器的寿命较长。

(2) 灵敏度高，控制功率小，电磁兼容性好。固态继电器的输入电压范围较宽，驱动功率低，可与大多数逻辑集成电路兼容，而不需加缓冲器或驱动器。

(3) 转换速度快。固态继电器因采用半导体器件，故切换速度可从几微秒至几毫秒。

(4) 电磁干扰小。固态继电器没有输入线圈，因而减少了电磁干扰。大多数交流输出固态继电器是一个零电压开关，在零电压处导通，零电流处关断，减少了电流波形的突然中断，从而减少了开关瞬态效应。

然而，与传统的电磁式继电器相比，固态继电器仍有不足之处，如漏电流大，接触电压大，触点单一，使用温度范围窄，触点的过载能力差及价格偏高等。

3) 固态继电器使用注意事项

(1) 固态继电器的选择应根据负载的类型(阻性、感性)来确定，并要采用有效的过压和过流保护。

(2) 输出端需要采用阻容浪涌吸收回路或非线性压敏电阻吸收瞬变电压。

(3) 过流保护应用专门保护半导体器件的熔断器或动作时间小于 10 ms 的自动开关。

(4) 安装时采用散热器，要求接触良好，且对地绝缘。

(5) 负载侧两端不能短路，否则会损坏固态继电器。

1.1.4　低压断路器

低压断路器

开关电器广泛用于配电系统和电力拖动控制系统，用作电源的隔离、电气设备的保护和控制。过去常用的刀开关是一种结构最简单、价格低廉的手动开关电器，但由于其功能单一、使用不便，现在基本上被断路器所代替。

低压断路器也称作自动空气开关或自动开关，是低压配电和电力拖动系统中非常重要的开关电器和保护电器，它集控制和多种保护功能于一身，相当于刀开关、熔断器、热继电器、过电流继电器和欠电压继电器的组合。除了能接通和分断电路外，还能对电路或电气设备发生的短路、严重过载及欠电压等进行保护，也可以用于不频繁地启停电动机。在保护功能方面，它还可以与漏电器、测量以及远程操作等模块单元配合使用完成更高级的保护和控制功能。

低压断路器操作安全、使用方便、工作可靠、安装简单且动作后不需要更换元件，因此在工业自动化系统和民用领域中被广泛使用。

1. 低压断路器的结构及工作原理

低压断路器的结构如图 1-23(a)所示，它主要由 3 个基本部分组成：主触点、灭弧系统和各种脱扣器(保护装置)。脱扣器包括过电流脱扣器、失压脱扣器、热脱扣器、分励脱扣器和自由脱扣机构。低压断路器的主触点是靠操作机构手动或电动合闸的，主触点闭合后，自由脱扣机构将主触点锁在合闸位置。当电路发生不同类型的故障时，通过对应的脱扣器使自由脱扣机构动作，自动跳闸实现保护作用。图 1-23(b)为低压断路器的实物图，图 1-23(c)为低压断路器的图文符号。

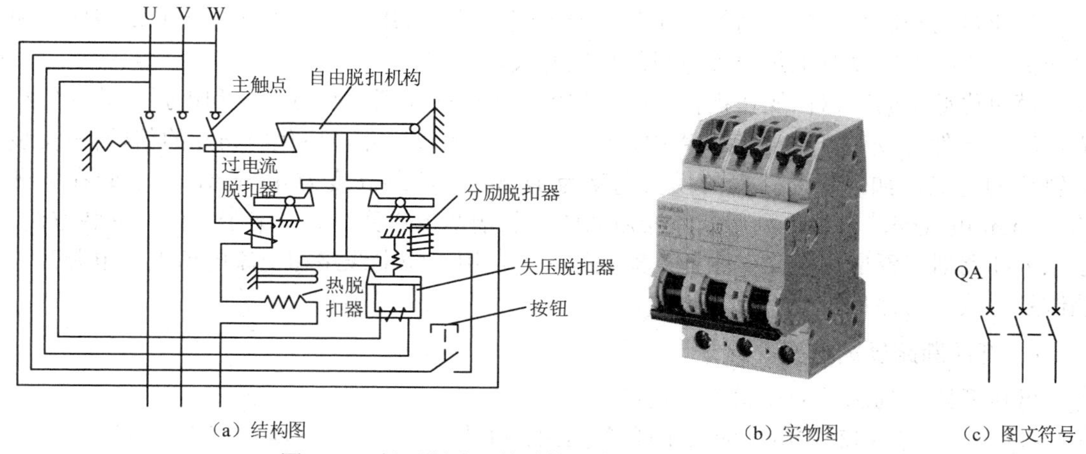

（a）结构图　（b）实物图　（c）图文符号

图 1-23　低压断路器的结构、实物图及其图文符号

(1) 过电流脱扣器。当低压断路器中的电流小于或等于整定值时，过电流脱扣器所产生的吸力不足以使衔铁动作。当电流大于整定值时，强磁场的吸力克服弹簧的拉力带动衔铁运行，进而使自由脱扣机构动作，低压断路器跳闸，实现过流保护。

(2) 失压脱扣器。失压脱扣器的工作过程与过流脱扣器相反。当电源电压在额定电压时，失压脱扣器产生的吸力足以将衔铁吸合，使低压断路器保持在合闸状态。当电源电压下降到小于整定值或降为零时，在弹簧的反力作用下释放衔铁，自由脱扣机构随即动作，切断电源。

(3) 热脱扣器。热脱扣器的作用和工作原理与热继电器相同。

(4) 分励脱扣器。分励脱扣器用于远距离操作。正常工作时，分励脱扣器线圈是断电的；需要远程操作时，按下按钮使线圈通电，其电磁机构使自由脱扣机构动作，断路器跳闸。

上述故障保护功能是低压断路器可以实现的功能，但并不是每一个低压断路器都全部具有上述功能。有的低压断路器没有分励脱扣器，有的没有热脱扣器，但大部分低压断路器都具有过电流(短路)保护和失压保护功能。

2. 低压断路器的技术参数

(1) 额定电压，是指断路器在长期工作时允许的最大电压，通常等于或大于电路的额定电压。

(2) 额定电流，是指断路器在长期工作时允许的最大电流。

(3) 通断能力，是指断路器在规定的电压、频率以及相应的线路参数(交流电路为功率因数，直流电路为时间常数)下，所能接通和分断的短路电流值。

(4) 分断时间，是指断路器分断故障电流所需的时间。

3. 低压断路器的主要类型

低压断路器的分类方法主要有以下 4 种：

(1) 按极数分，有单极、两极、三极和四极；

(2) 按保护形式分，有电磁脱扣器式、热脱扣器式和复合脱扣器式(常用)；

(3) 按分断时间分，有一般式和快速式(脱扣时间在 0.02 s 以内)；

(4) 按结构形式分，有塑壳式、框架式和模块式等。

工业自动控制系统中常用的低压断路器为塑壳式，可用作低压配电系统的线路保护和电动机、照明电路以及电热器等负载的控制开关。

模块化低压断路器由操作机构、热脱扣器、电磁脱扣器、触点系统和灭弧室等部件组成，所有部件都安装于一个绝缘壳中，结构上具有外形尺寸模块化(9 mm 的倍数)和安装导轨化的特点。如单极断路器的模块宽度为 18 mm，凸颈高度为 45 mm，它安装在标准的 35 mm 电气安装轨上，利用断路器后面的安装槽及带弹簧的夹紧卡子定位，拆装方便。该系列断路器广泛应用于工矿企业、家庭等场所，用于配电线路和交流电动机的电源开关控制及过载、短路保护。

4. 低压断路器的选择

低压断路器的选择应注意以下几点：

(1) 额定电流和额定电压应大于或等于线路和设备的正常工作电压和工作电流。

(2) 热脱扣器的整定电流应与所控制负载(比如电动机)的额定电流一致。

(3) 欠电压脱扣器的额定电压应等于线路的额定电压。

(4) 过电流脱扣器的额定电流 I_{iN} 应大于或等于线路的最大负载电流。对于单台电动机而言，可按下式计算：

$$I_{iN} \geqslant kI_s \tag{1-7}$$

式中，k 为安全裕量，可取 1.5～1.7；I_s 为电动机的启动电流。

对于多台电动机来说，可按下式计算：

$$I_{iN} \geqslant kI_{smax} + \sum I_N \tag{1-8}$$

式中，k 也可取 1.5～1.7；I_{smax} 为最大一台电动机的启动电流；$\sum I_N$ 为其他电动机的额定电流之和。

1.1.5　熔断器

熔断器是一种结构简单、使用方便、价格低廉、分断能力高以及限流性能好的保护电器，常用于电路或用电设备的短路和严重过载保护。熔断器是基于电流热效应原理和发热元件热熔断原理工作的，具有一定的瞬动特性。熔断器应串接在被保护的电路中，当电路发生短路故障时，熔断器中的熔体被瞬时熔断而分断电路，起到保护电路的作用。

熔断器

1. 熔断器的结构和分类

1) 熔断器的结构

熔断器主要由熔断管(或熔座)和熔体(俗称保险丝)两部分组成，其中熔体是主要部分，它既是感测元件又是执行元件。熔断管一般是由硬质纤维或瓷质绝缘材料制成半封闭式或封闭式的管状外壳，熔体则装于其内。熔断管的作用是便于安装熔体和有利于熔体熔断时熄灭电弧。熔体是由不同金属材料(铅锡合金、锌、铜或银)制成丝状、带状、片状或笼状的导体，它串接于被保护电路中。熔断器的作用是当电路发生短路时，通过熔体的电流使其发热，当达到熔化温度时熔体自行熔断，从而分断故障电路。在电气原理图中熔断器的图文符号如图 1-24(a)所示，实物图如图 1-24(b)所示。

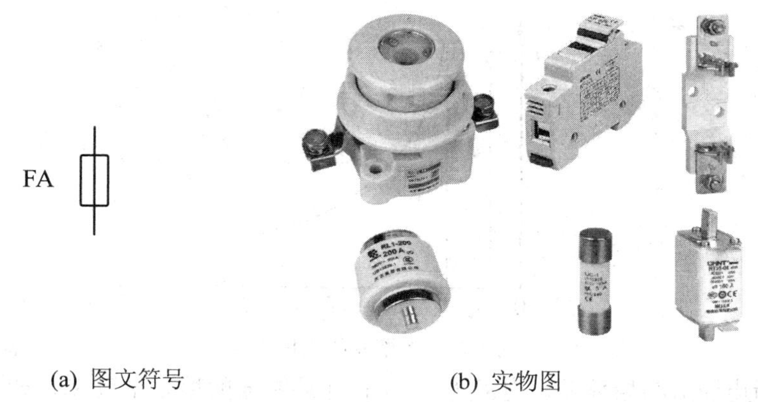

(a) 图文符号　　(b) 实物图

图 1-24　熔断器的图文符号及其实物图

2) 熔断器的分类

熔断器的种类很多。按结构来分，有半封闭插入式、螺旋式、封闭管式(其又分为无填料封闭管式和有填料封闭管式)；按用途来分，有一般工业用熔断器和半导体器件保护用快速熔断器和特殊熔断器(如自复式熔断器)。

(1) 半封闭插入式熔断器：主要用于低压分支电路的短路保护，由于其分断能力较小，多用于民用和照明电路中。

(2) 螺旋式熔断器：熔断管内装有石英砂或惰性气体，用于熄灭电弧，具有较高的分断能力，并带熔断指示器，当熔体熔断时指示器自动弹出。

(3) 封闭管式熔断器：分为无填料熔断器和有填料熔断器。无填料熔断器在低压配电设备中用作短路保护和连续过载保护。其特点是可拆卸，熔体熔断后，用户可以按要求自行拆开，重新装入新的熔体。有填料熔断器具有较大的分段能力，用于较大电流的电力输配电系统中，还可以用于熔断器式隔离器和开关熔断器等电器中。

(4) 自复式熔断器：一种新型熔断器，利用金属钠做熔体。常温下钠的电阻很小，允许通过正常的工作电流。电路发生短路时，短路电流产生高温使钠迅速气化；气态钠电阻变得很高，从而限制了短路电流。当故障消除后，温度下降，金属钠重新固化，恢复其良好的导电性；其优点是能重复使用，不必更换熔体。但它在线路中只能限制故障电流，而不能切断故障电路。

(5) 快速熔断器：主要用于半导体器件或电力电子变换装置的短路保护。由于半导体器件的过载能力很低，只能在极短时间内承受较大的过载电流，因此要求短路保护具有快速熔断的能力。快速熔断器的结构和有填料封闭管式熔断器基本相同，但熔体材料和形状不同。

2. 熔断器的保护特性

熔断器的保护特性亦称熔化特性(或安秒特性)，是指熔体的熔化电流与熔化时间之间的关系。它和热继电器的保护特性一样；也具有反时限特性，如图 1-25 所示。保护特性中有一条熔体熔断与不熔断的分界线，与此对应的电流称为最小熔化电流 I_{f}。当熔体通过电

流等于或大于 I_f 时，熔体熔断；当熔体通过电流小于 I_f 时，熔体不熔断。根据对熔断器的要求，熔体在额定电流 I_{fN} 时绝对不应熔断。

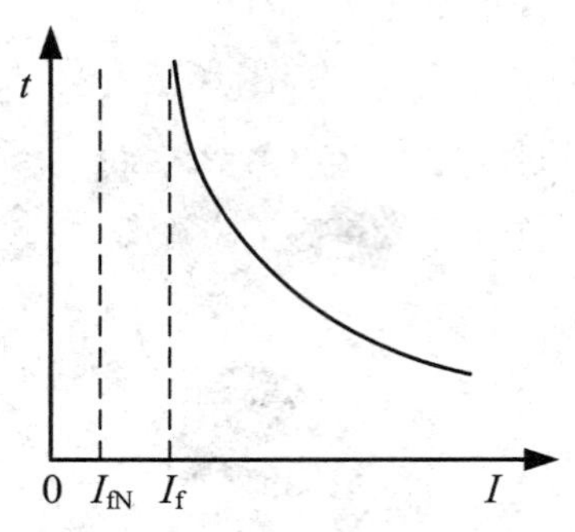

图 1-25　熔断器的保护特性

最小熔断电流 I_f 与熔体额定电流 I_{fN} 之比称作熔断器的熔化系数 K_f，即 $K_f = I_f/I_{fN}$。

熔化系数主要取决于熔体的材料、结构和工作温度等因素。熔体采用低熔点的金属材料(如铅、锡合金和锌)时，熔化时所需热量小，故熔化系数较小，有利于过载保护。但它们的电阻系数较大，熔体截面积较大，熔断时产生的金属蒸汽较多，不利于灭弧，故分断能力较低。当熔体采用高熔点的金属材料(如铝、铜和银)时，熔化时所需热量大，故熔化系数大，不利于过载保护，而且可能使熔断器过热。但它们的电阻系数低，熔体截面积较小，有利于灭弧，分断能力较强。因此，应根据电路中起保护作用的侧重点不同，选择合适的熔体材料。

3. 熔断器的技术参数

(1) 额定电压：指熔断器长期工作时和分断后所能承受的电压，一般大于等于电气设备的额定电压。

(2) 额定电流：指熔断器长期工作时，温升不超过规定值时所能承受的电流。为了减少熔管规格，熔管的额定电流等级比较少，而熔体的额定电流等级比较多，即在一个额定电流等级的熔管内可以放几个额定电流等级的熔体，但熔体的额定电流最大不能超过熔断管的额定电流。

(3) 极限分断能力：指熔断器在规定的额定电压和功率因数(或时间常数)条件下，能够分断的最大电流值。因为电路中出现的最大电流值一般指短路电流值。所以极限分断能力也反映了熔断器分断短路电流的能力。

4. 熔断器的选型

熔断器的选型包括熔断器类型的选择和熔体额定电流的选择两个部分。

1) 熔断器类型的选择

选择熔断器类型时，主要依据负载的保护特性和短路电流的大小。例如，用于保护照明和电动机的熔断器，一般是考虑它们的过载保护，熔断器的熔化系数可以适当小些。所以，容量较小的照明线路和电动机电路中宜采用熔体为铅锡合金的熔断器。而大容量的照明线路和电动机电路中，除过载保护外，还应考虑短路时分断短路电流的能力。若短路电流较小，则可以采用熔体为锡质或锌质的熔断器；若短路电流较大，则宜采用铝质、铜质或银质等熔化系数较大的熔断器。用于车间低压供电线路的保护熔断器，一般是考虑短路时的分断能力。当短路电流较大时，宜采用具有高分断能力的熔断器；当短路电流相当大时，易采用有限流作用的熔断器。

2) 熔体额定电流的选择

(1) 用于保护照明或电热设备的熔断器，因负载电流比较稳定，熔体的额定电流一般应等于或稍大于负载的额定电流，即

$$I_{fN} \geqslant I_N \tag{1-9}$$

式中：I_{fN} 为熔体的额定电流，I_N 为负载的额定电流。

(2) 用于保护单台长期工作的电动机(即供电支线)的熔断器，考虑电动机启动时不应熔断，即

$$I_{fN} \geqslant (1.5\sim2.5)I_N \tag{1-10}$$

轻载启动或启动时间比较短时，裕量系数可近似取为 1.5；带重载启动或启动时间比较长时，裕量系数可近似取为 2.5。

(3) 用于保护频繁启动的电动机(即供电支线)的熔断器，考虑频繁启动时发热而熔断器也不应熔断，即

$$I_{fN} \geqslant (3\sim3.5)I_N \tag{1-11}$$

式中：I_{fN} 为熔体的额定电流，I_N 为电动机的额定电流。

(4) 用于保护多台电动机(即供电干线)的熔断器，出现尖峰电流时不应熔断。通常将其中容量最大的一台电动机启动、而其余电动机正常运行时出现的电流作为其尖峰电流。熔体的额定电流应满足下述关系：

$$I_{fN} \geqslant (1.5\sim2.5)I_{Nmax} + \sum I_N \tag{1-12}$$

式中：I_{fN} 为熔体的额定电流，I_{Nmax} 为容量最大的一台电动机的启动电流，$\sum I_N$ 为其余电动机额定电流之和。

(5) 为防止发生越级熔断，上、下级(即供电干、支线)熔断器间应协调配合。为此，应使上一级(供电干线)熔断器的熔体额定电流比下一级(供电支线)大 1～2 个级差。

(6) 熔断器额定电压的选择应大于或等于所在电路的额定电压。

1.1.6 主令电器

主令电器

主令电器是自动控制系统中发出指令或信号的电器。主令电器只能用于控制电路，不能直接分合主电路。主令电器应用十分广泛，包括按钮、转换开关、行程开关、接近开关和光电开关等。

1. 按钮

按钮是一种结构简单且使用广泛的主令电器。在控制电路中用于手动发出控制信号以控制接触器、继电器或其他电器线圈，使电路接通或分断，从而达到控制生产机械的目的。

按钮的结构示意图如图 1-26(a)所示。按钮一般由按钮帽、复位弹簧、触点和外壳等部分组成。根据实际需要，按钮中触点的形式和数量可以装配成从 1 常开 1 常闭到 6 常开 6

常闭。接线时，可以只接常开或常闭触点。按下按钮时，常闭触点先断开，然后常开触点再闭合。按钮释放后，在复位弹簧作用下使触点复位。图 1-26(b)为按钮实物图。

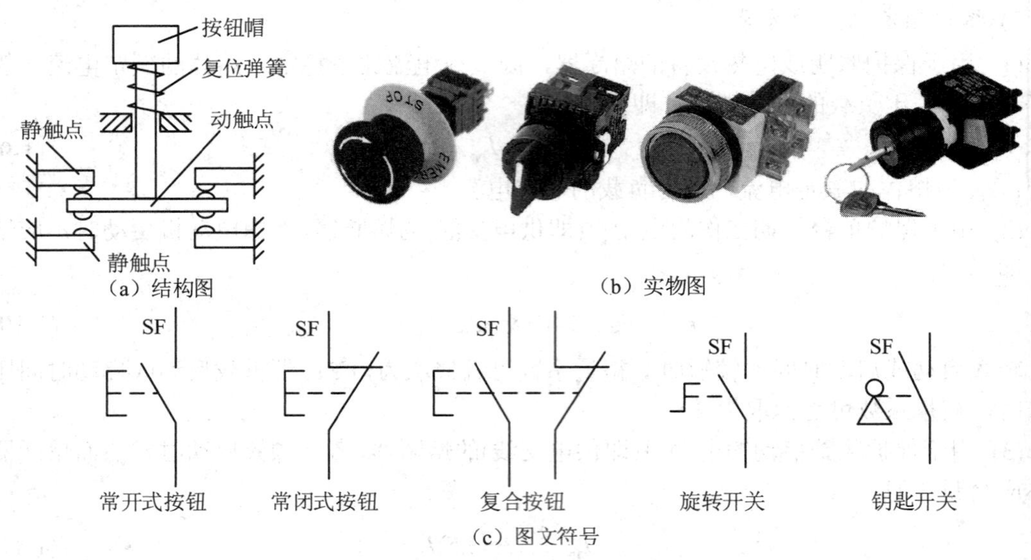

图 1-26　按钮结构示意图、实物图及其图文符号

按钮的种类很多，根据结构形式的不同，按钮可分为按钮式、自锁式、紧急式、钥匙式、旋钮式和保护式等类型。有些按钮还带有指示灯，可根据实际使用场合和具体用途来选用。钥匙式和旋钮式的按钮也称作选择开关，有双位选择开关，也有多位选择开关，其中钥匙式选择开关具有权限保护功能。选择开关和一般按钮的区别在于：一般按钮采用自复位结构(急停按钮除外)；而选择开关是自锁式结构，不能自动复位。按钮和选择开关的图文符号如图 1-26(c)所示，分别为常开式按钮、常闭式按钮、复合按钮、旋转开关和钥匙开关。

按钮的主要参数有结构形式及安装孔尺寸、触点数量及触点的电流容量，可以参阅产品说明书进行选择。

按钮在使用中必须要方便识别，以避免因误操作而引发事故。为了便于识别各个按钮的作用，通常将按钮帽制成不同颜色以便加以区别。按钮帽颜色主要有红、绿、黄、蓝色以及黑、白色等。一般情况下，红色表示停止按钮，绿色表示启动按钮等，各颜色的含义如表 1-3 所示。另外，控制按钮还有形象化符号可供选用，如图 1-27 所示。

表 1-3　控制按钮颜色及其含义

颜色	含　义	典 型 应 用
红色	危险情况下的操作	紧急停止
	停止或分断	停止一台或多台电动机，使电器元件失电
黄色	应急或干预	抑制不正常情况或中断不理想的工作周期
绿色	启动或接通	启动一台或多台电动机，使电器元件得电
蓝色	上述颜色未包括的任一功能	—
黑色/白色	无专门制定功能	可以用于停止和分断上述以外的任何情况

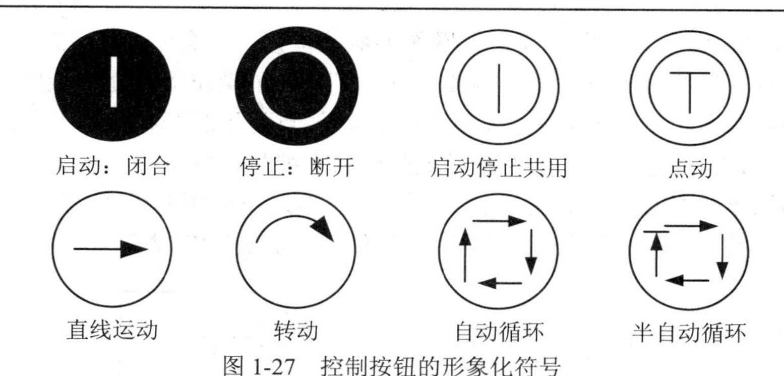

图 1-27　控制按钮的形象化符号

2. 转换开关

转换开关是一种多挡式、控制多回路的主令电器，广泛应用于各种配电装置的电源隔离、电路转换以及电动机远距离控制场合等。它也可作为电压表、电流表的换相开关，还可用于控制小容量的电动机。

目前常用的转换开关主要有两大类，万能转换开关和组合开关。其结构和工作原理基本相似，在某些应用场合可以相互替代。转换开关按结构可分为普通型、开启型和防护组合型等。按用途又分为主令控制和电动机控制两种。

转换开关一般采用组合式结构设计，由操作结构、定位系统、限位系统、触点系统及手柄等组成。触点采用双断点桥式结构，由各自的凸轮控制其通断；定位系统采用棘轮棘爪式结构。当手柄在不同的转换角度时，不同的棘轮和凸轮可组成不同的开关状态。

转换开关由多组相同结构的触点组件叠装而成，图 1-28(a)为转换开关某一层的结构原理图，图 1-28(b)为转换开关的实物图。转换开关由操作结构、面板、手柄和数个触点等主要部件组成。触点底座由 1～12 层组成，其中每层底座最多可装 4 对触点，并由底座中间的凸轮进行控制。由于每层凸轮可做成不同的形状，因此，当手柄转到不同位置时，通过凸轮的作用，可使各对触点按所需要的规律接通和分断。

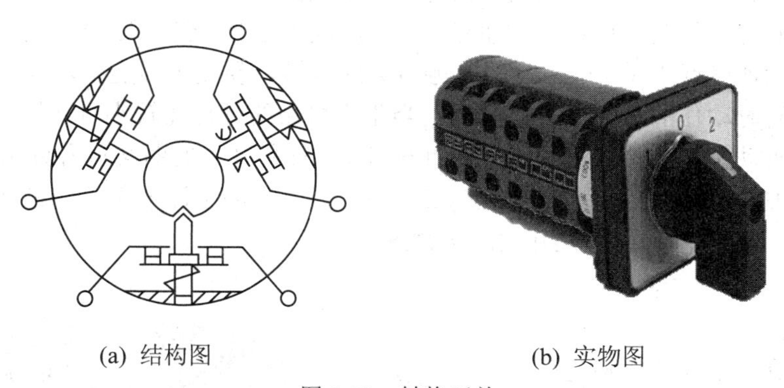

(a) 结构图　　(b) 实物图

图 1-28　转换开关

转换开关手柄的操作位置以角度来表示，不同型号的转换开关，其手柄有不同的操作位置。操作位置可以从电气设备手册中万能转换开关的“定位特征表”中查找到。

转换开关在电路原理图中的图形符号如图 1-29 所示。由于其触点的分合状态是与操作手柄的位置有关的，因此，在电路原理图中除画出触点圆形符号之外，还应有操作手柄位置与触点分合状态的表示方法。表示方法有两种，一种是在电路图中画虚线和画“•”的方法，如图 1-29(a)所示，即用虚线表示操作手柄的位置，用有无“•”表示触点的闭合和断开状态。触点图形符号下方的虚线位置上画“•”，表示操作手柄处于该位置时，该触点处于闭合状态；若虚线位置上未画“•”，则表示该触点处于断开状态。另一种方法是既不画虚线也不画“•”，而是在触点图形符号上标出触点编号，再用接通表表示操作手柄处于不同位置时的触点分合状态，如图 1-29(b)所示。在接通表中用有无“×”来表示操作手柄不同位置时触点的闭合和断开状态。转换开关的文字符号用 SF 表示。

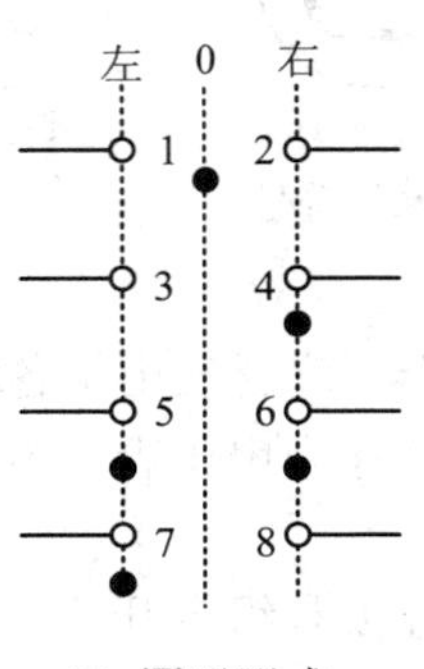

(a) 图形形式

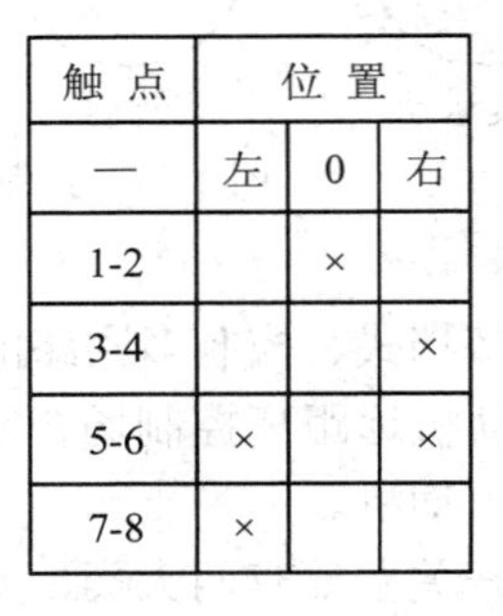

触 点	位 置		
—	左	0	右
1-2		×	
3-4			×
5-6	×		×
7-8	×		

(b) 表格形式

图 1-29　转换开关的图形符号

转换开关的主要参数有手柄类型、操作图形式、工作电压、触点数量及其电流容量等。

3. 行程开关

行程开关又称作限位开关或位置开关，是一种利用生产机械某些运动部件的碰撞来发出控制命令的主令电器，主要用于生产机械的运动方向、速度、行程大小控制或位置保护。

行程开关广泛应用于各类机床、起重机械以及轻工机械的行程控制。当生产机械运动到某一预定位置时，行程开关通过机械可动部分的动作，将机械信号转换为电信号，以实现对生产机械的控制。

行程开关按其结构可分为直动式、滚轮式和微动式。

直动式行程开关的动作原理与按钮相同。它的缺点是分合速度取决于生产机械的移动速度，且当移动速度低于 0.4 m/min 时，触点分断太慢，易受电弧烧损，此时，应采用有盘形弹簧机构瞬时动作的滚轮式行程开关。当生产机械的行程比较小且作用力也很小时，可采用具有瞬时动作和微小行程的微动式行程开关。行程开关的图文符号分别如图 1-30(a)所示。行程开关的主要参数有动作行程、工作电压及触点的电流容量等，在产品说明书中都有详细说明。图 1-30(b)为行程开关的实物图。

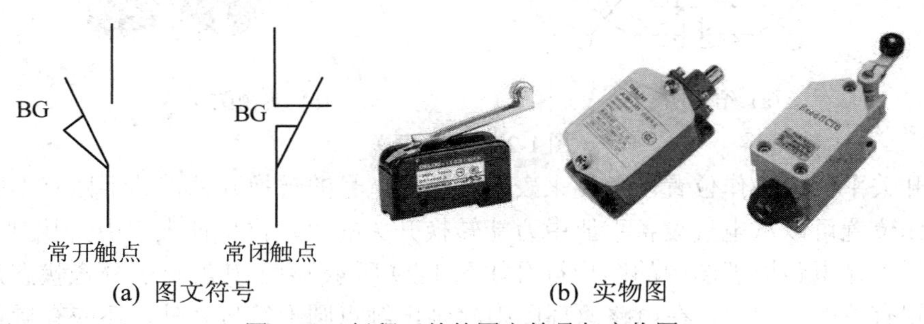

(a) 图文符号　　(b) 实物图

图 1-30　行程开关的图文符号与实物图

4. 接近开关

接近开关是一种非接触式的、无触点行程开关。当某种物体与之接近到一定距离时就发出动作信号，它不像机械式行程开关那样需要施加机械力，而是通过其感辨头与被测物体间介质能量的变化来获取信号。接近开关不仅能代替行程开关来完成行程控制和限位保护，还可用于高速计数、测速、液面控制、检测金属体的存在、零件尺寸以及无触点按钮等。既使用于一般行程控制，其定位精度、操作频率、使用寿命和对恶劣环境的适应能力也优于一般机械式行程开关。

接近开关按工作原理可以分为高频振荡型、电容型、霍尔型等几种类型。

高频振荡型接近开关基于金属触发原理，主要由高频振荡器、集成电路(或晶体管放大电路)和输出电路三部分组成。其基本工作原理是，振荡器的线圈在开关的作用表面产生一个交变磁场，当金属检测体接近该作用表面时，金属检测体中将产生涡流，由于涡流的去磁作用使感辨头的等效参数发生变化，由此改变振荡回路的谐振阻抗和谐振频率，使振荡停止。振荡器的起振和停振这两个信号，经整形放大后转换成开关信号输出。

电容型接近开关主要由电容式振荡器和电子电路组成。它的电容位于传感器表面，当物体接近时，因改变了其耦合电容值，从而产生起振和停振两个信号，使输出发生跳变。

霍尔型接近开关由霍尔元件组成，主要作用是将磁信号转换为电信号输出。内部的磁敏元件仅对垂直于传感器端面的磁场敏感；当磁极 S 正对接近开关时，接近开关的输出端产生正跳变信号，输出为高电平；当磁极 N 正对接近开关时，接近开关的输出端产生负跳变信号，输出为低电平。

接近开关的图文符号如图 1-31(a)所示，实物图如图 1-31(b)所示。

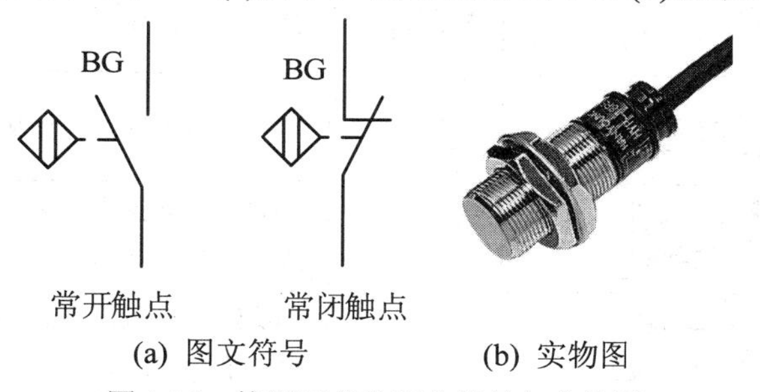

(a) 图文符号　　(b) 实物图

图 1-31　接近开关的图文符号与实物图

接近开关的工作电压有交流和直流两种；输出形式有两线、三线和四线三种；有一对常开和常闭触点；晶体管输出类型有 NPN、PNP 两种；外形有方形、圆形、槽形和分离型等多种。接近开关的主要参数有动作行程、工作电压、动作频率、响应时间、输出形式以及触点电流容量等，在产品说明书中有详细说明。

5. 光电开关

光电开关也是一种非接触式、无触点的检测电器，与接近开关相比，光电开关的作用距离更长，而且还能直接检测非金属材料。光电开关具有体积小、功能多、寿命长、精度高、响应速度快、检测距离远以及抗电磁干扰能力强等优点，可非接触、无损伤地检测和控制各种固体、液体、透明体、柔软体和烟雾等物质的状态和动作。目前，光电开关已被应用于物位检测、液位控制、产品计数、宽度判别、速度检测、定长剪切、空洞识别、信号延时、自动门传感、色标检出以及安全防护等诸多领域。

光电开关按检测方式可分为反射式、对射式和镜面反射式三种类型。表 1-4 给出了光电开关的检测分类方式及特点说明。

表 1-4　光电开关的检测分类方式及特点

检测方式		光　路	特　　点	
对射式	扩散		检测不透明体	检测距离远，也可检测半透明物体的密度(透过率)
	狭角			光束发散角小，抗邻组干扰能力强
	细束			擅长检出细微的孔径、线型和条状物
	槽形			光轴固定不需调节，工作位置精度高
	光纤			适宜空间狭小、电磁干扰大、温差大、需防爆的危险环境
反射式	限距		检测透明体和不透明体	工作距离限定在光束交点附近，可避免背景影响
	狭角			无限距型，可检测透明物后面的物体
	标志			颜色标记和孔隙、液滴、气泡检出，测电表、水表转速
	扩散			检测距离远，可检出所有物体，通用性强
	光纤			适宜空间狭小、电磁干扰大、温差大、需防爆的危险环境
镜面反射式				反射距离远，适宜远距检出，还可检出透明、半透明物体

反射式光电开关的工作原理如图 1-32(a)所示。振荡回路产生的调制脉冲经反射电路后，由发光管 PG 辐射出光脉冲。当被测物体进入受光器作用范围时，被反射回来的光脉冲进入光敏三极管 KF；并在接收电路中将光脉冲解调为电脉冲信号，再经放大器放大和同步选通整形，然后用数字积分或阻容积分方式排除干扰，最后经延时(或不延时)触发输出光电开关控制信号。光电开关的图文符号如图 1-32(b)所示，图 1-32(c)为其实物图。

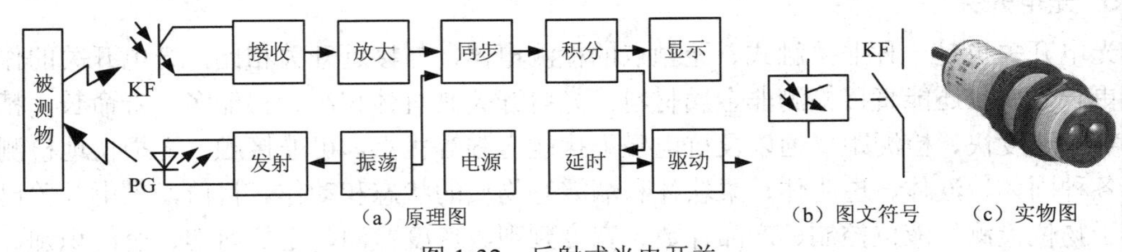

(a) 原理图　　(b) 图文符号　　(c) 实物图

图 1-32　反射式光电开关

1.1.7　信号电器

信号电器主要用来对电气控制系统中的某些信号的状态、报警信息等进行指示。典型产品主要有信号灯(指示灯)、灯柱、电铃和蜂鸣器等。

指示灯在各类电器设备及电气控制线路中用作电源指示及指挥信号、预告信号、运行信号、故障信号及其他信号的指示。指示灯主要由壳体、发光体、灯罩等组成。外形结构多种多样，发光体主要有白炽灯、氖灯和半导体型三种。发光颜色有黄、绿、红、白和蓝色五种，如表 1-5 所示。指示灯的主要参数有安装孔尺寸、工作电压及颜色等。指示灯的图文符号及实物图如图 1-33(a)所示。

表 1-5　指示灯的颜色及含义

颜色	含义	解　释	典 型 应 用
红色	异常或报警	对危险或异常情况进行报警	参数超过限制，切断被保护电器，电源指示
黄色	警告	状态改变或变量接近其极限值	参数偏离正常值
绿色	准备或安全	安全运行指示或机械准备启动	设备正常运转
蓝色	特殊指示	上述颜色未包括的任一功能	—
白色	一般信号	上述颜色未包括的各种功能	—

信号灯柱是一种尺寸较大的、由几种颜色的环形指示灯叠压在一起组成的指示灯。它可以根据不同的控制信号而使不同的灯点亮。由于体积比较大，所以远处的操作人员也可看见信号。灯柱常用于生产流水线上用作不同的信号指示。

电铃和蜂鸣器都属于声响类的指示器件。在报警发生时，不仅需要指示灯指示出具体的故障点，还需要声响器件报警，以便告知在现场的所有操作人员。蜂鸣器一般用在控制设备上，而电铃主要用在较大场合的报警系统。电铃和蜂鸣器的图文符号及实物图如图 1-33(b)和(c)所示。

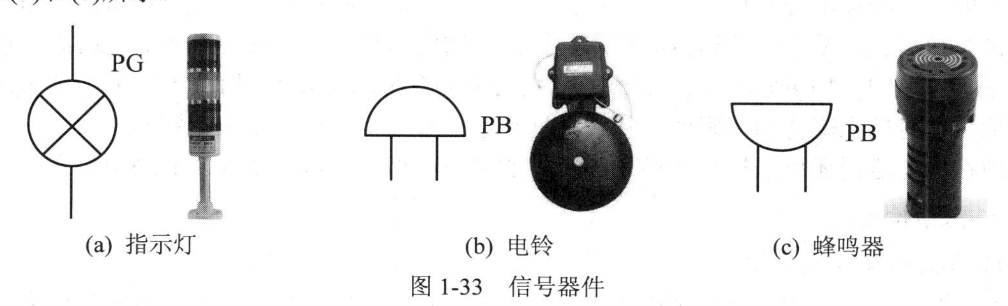

(a) 指示灯　(b) 电铃　(c) 蜂鸣器

图 1-33　信号器件

1.1.8　常用检测仪表

电气控制系统中，需要对一些物理量(如流量、压力、温度等)进行检测。控制系统依据检测结果来调整控制输出，达到精确控制的目的。为此，需要用到一些检测仪表。本节对一些常用的检测仪表进行介绍。

1. 变送器

几乎所有的能输出标准电信号(0～10 V 或 4～20 mA)的检测仪器都是由传感器加上变送器组成的。传感器用来直接检测各种具体物理量的信号，变送器则把这些各种各样的工艺变量(如温度、流量、压力、物位等)信号变换成数字控制器能够使用的统一标准的电压或电流信号。变送器基于负反馈原理设计，包括测量部分、放大器和反馈部分，其构成原理如图 1-34(a)所示。

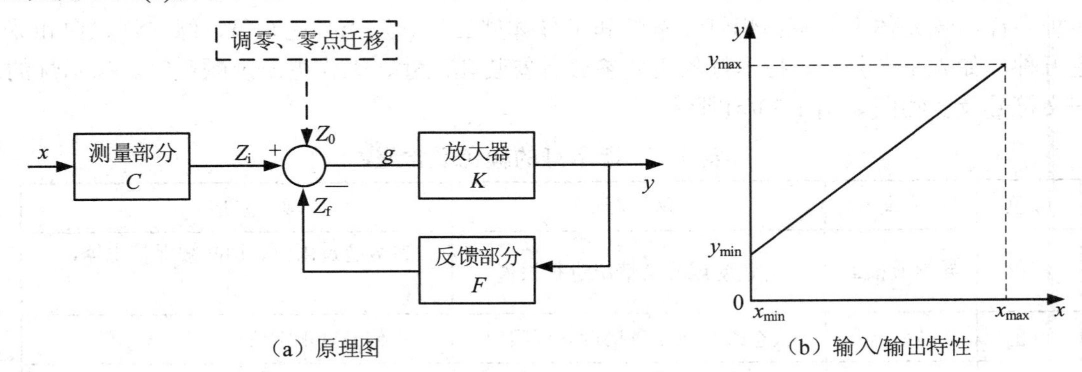

（a）原理图　　（b）输入/输出特性

图 1-34　变送器的组成原理图和输入/输出特性

测量部分用于检测被测变量 x，将其转换成能被放大器接收的输入信号 z_i(电压、电流、位移、作用力或力矩等)。反馈部分把变送器的输出信号 y 转换成反馈信号 z_f，再回送到输入端。z_i 与调零信号 z_0 的代数和与反馈信号 z_f 进行比较，得到的差值送入放大器进行放大，转换成标准输出信号 y。

由图 1-34(a)可以求得变送器输出与输入之间的关系为

$$y = \frac{K}{1+KF}(Cx + z_0) \tag{1-13}$$

式中：K 为放大器的放大系数；F 为反馈部分的反馈系数；C 为测量部分的转换系数。

从式(1-13)中可以看出，在满足深度负反馈(KF 远大于 1)时，变送器输出与输入之间的关系取决于测量部分和反馈部分的特性，而与放大器的特性几乎无关。如果转换系数 C 和反馈系数 F 为常数，则变送器的输入与输出之间将保持良好的线性关系。变送器的输入/输出特性如图 1-34(b)所示，x_{max} 和 x_{min} 分别为被测变量的上限值和下限值，y_{max} 和 y_{min} 分别为输出信号的上限值和下限值。它们与标准电信号的上限值和下限值相对应。

现在的变送器还可以提供各种通信协议的接口，如 RS-485、PROFIBUS PA 等。

2. 常用检测仪表

1) 压力检测及变送器

根据测量原理不同，有不同检测压力的方法。常用的压力传感器有：应变片压力传感器、陶瓷压力传感器、扩散硅压力传感器和压电压力传感器等。其中陶瓷压力传感器和扩散硅压力传感器在工业上最为常用。

压力变送器可以把压力信号变换成标准的电压或电流信号。图 1-35(a)所示为输出信号是电压信号的压力变送器通用符号。输出若为电流信号，则可把图中文字改为 p/I，可在方框中文字下部增加小图标表示传感器的类型。压力变送器的文字符号为 BP。

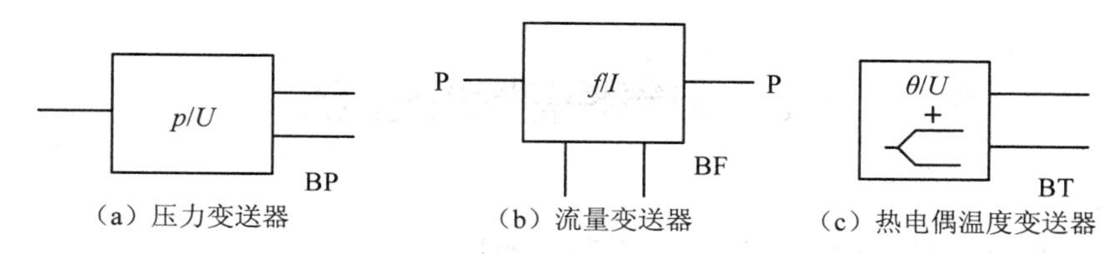

（a）压力变送器　（b）流量变送器　（c）热电偶温度变送器

图 1-35　变送器表示符号

2) 流量监测及流量计

流量计用于工业领域中对气体和液体的流量进行测量。流量计也包含传感器和变送器，其输出信号为标准电信号，一些高精度的流量计也可以输出频率信号。根据不同的检测原理，有不同的流量计，它们适用于不同的场合。主要的流量计有：

(1) 电磁流量计：用于高量程比或高精度液体的流量测量，可用于严格的卫生场合。

(2) 科氏力质量流量计：用于液体和气体的质量流量测量、介质质量的控制和监测以及密度测量。它不受环境振动影响，免维护。

(3) 涡街流量计：用来测量气体和液体的流量。安装成本低，压损小，具有长时间稳定性及宽动态测量范围。

(4) 超声波流量计：非接触测量，安装方便，不影响工艺过程；适用于腐蚀性介质、高压和卫生场合。

图 1-35(b)所示是输出信号为电流信号的流量计通用符号。输出若为电压信号，则可把图中文字改为 f/U，图中 P 的线段表示管线，可在方框下部的空白处增加小图标表示传感器的类型。流量计的文字符号为 BF。

3) 温度检测及变送器

各种测温方法大都是利用物体的某些物理化学性质(如物体的膨胀率、包阻率、热电势和颜色等)与温度具有一定关系的原理。测出这些参量的变化，即可得到被测物体的温度。测量方法有接触式和非接触式两类。接触式测温方法可使用液体膨胀式温度计、热电偶或热电阻等。非接触式测温方法有光学高温计、辐射高温计和红外探测器等。接触式测温简单、可靠、测量精度高，但由于达到热平衡需要一定时间，因而会产生测温的滞后现象。此外，感温元件往往会破坏被测对象的温度场，并有可能受到被测介质的腐蚀。非接触式测温是通过热辐射来测量温度的，感温速度一般比较快，多用于测量高温；但由于受物体的发射率、热辐射传递空间的距离、烟尘和水蒸气等因素的影响，测量误差较大。下面简单介绍工业控制系统中常用的热电阻和热电偶。

(1) 热电阻：利用金属和半导体的电阻随温度的变化来测量温度。其特点是精度高，在低温下测量时，输出信号比热电偶大得多，灵敏度高。热电阻适用的测温范围是 −200℃～500℃。

(2) 热电偶：在两种不同种类导线的接头(节点)上加热时，会产生温差热电势。这是金属和合金的特性，这两种不同种类的导线连接起来就成为热电偶。热电偶价格便宜、制作容易、结构简单、测温范围广、准确度高。

温度变送器用于接收温度传感器信号并将其转换成标准电信号输出。图 1-35(c)所示是输出信号为电压信号的热电偶型温度变送器，输出若为电流信号，则可把图中文字改为 θ/I。其他类型变送器可更改方框下部的小图标。温度变送器文字符号为 BT。

1.2　电气控制线路基础

1.2.1　电气控制线路的图文符号及绘制原则

电气控制线路是指用导线将电磁式低压电器、电动机以及仪表等元器件按一定的要求连接起来，以实现某种特定控制要求的电路。为了表达生产机械电气控制系统的结构及原理等设计意图，便于电气系统的安装、调试、使用和维修，将电气控制系统中各电器元件及其连接线路用标准的图文符号表达出来，这就是电气控制系统图。

电气控制线路的图文符号及绘制原则

电气控制系统图一般有三种：电气原理图、电气布置图和电气安装接线图。在图上用不同的图形符号来表示各种电器元件，用不同的文字符号来说明图形符号所代表的电器元件的基本名称、用途、主要特征及编号等。按电气元器件的布置位置和实际接线，用规定的图形符号绘制的图形称作电气安装接线图，电气安装接线图用于安装、检修和调试。根据电路工作原理用规定的图形符号绘制的图形称作电气原理图。电气原理图能够清楚地表明电路功能，便于分析系统的工作原理。电气原理图具有结构简单、层次分明以及方便分析和研究电路的工作原理等优点，无论在设计部门还是生产现场都得到了广泛的应用。不同的电气控制系统图有其不同的用途和规定画法，应根据简明易懂的原则，采用国家标准统一规定的图形符号、文字符号和标准画法来绘制。

1. 常用电气图形符号和文字符号

电气图形符号是电气技术领域必不可少的工程语言，只有正确识别和使用电气图形符号和文字符号，才能阅读电气图和绘制符号标准的电气图。

电气原理图中电器元件的图形符号和文字符号必须符合国家标准规定。一般来说，国家标准是在参照国际电工委员会(IEC)和国际标准化组织(ISO)所颁布标准的基础上制定的。目前与电气制图有关的国家标准主要有以下几种：

(1) GB/T 4728—2008～2018：《电气简图用图形符号》；

(2) GB/T 5465—2008～2009：《电气设备用图形符号》；

(3) GB/T 20063—2006～2009：《简图用图形符号》；

(4) GB/T 5094—2005～2018：《工业系统、装置与设备以及工业产品——结构原则与参照代号》；

(5) GB/T 20939—2007：《技术产品及技术产品文件结构原则字母代码——按项目用途和任务划分的主类和子类》；

(6) GB/T 6988—2006～2008：《电气技术用文件的编制》。

电气元器件的文字符号一般由两个字母组成。第一个字母在国家标准《工业系统、装置与设备及工业产品——结构原则与参照代号》中的“项目的分类与分类码”GB/T 5094.2—2018 中给出；而第二个字母在国家标准《技术产品及技术产品文件结构原则字母代码——按项目用途和任务划分的主类和子类》GB/T 20939—2007 中给出。

电气控制线路中常用的图形符号及文字符号如表 1-6 所示。

表 1-6　电气控制线路中常用图形符号和文字符号

名称	图形符号	文字符号	名称	图形符号	文字符号
三极刀开关		SF	继电器常开、常闭触点		KF
常开按钮(不闭锁)		SF	通电延时型时间继电器线圈	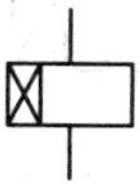	KF
常闭按钮(不闭锁)		SF	延时闭合的常开触点		KF
旋钮开关(闭锁)	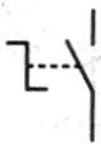	SF	延时断开的常闭触点		KF
钥匙常开开关		SF	断电延时型时间继电器线圈	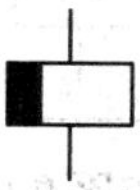	KF
熔断器		FA	延时断开的常开触点		KF
隔离开关		QB	延时闭合的常闭触点		KF
负荷开关		QB	断路器		QA
自动释放负荷开关		QB	接触器线圈	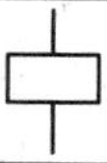	QA
热继电器发热元件	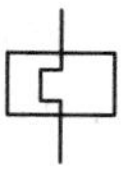	BB	接触器主触点		QA
热继电器常闭触点		BB	接触器常开、常闭辅助触点		QA
位置开关常开触点		BG	电磁阀线圈	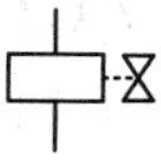	MB

续表

名称	图形符号	文字符号	名称	图形符号	文字符号
位置开关常闭触点		BG	电磁制动器线圈		MB
速度继电器常开触点	n	BS	三相笼型异步电动机	M 3~	MA
电磁继电器线圈		KF	单相笼型异步电动机	3M ~	MA
过电流继电器线圈	I >	KF	三相绕线转子异步电动机	3M ~	MA
欠电压继电器线圈	U <	KF	带间隙铁芯的双绕组变压器		TA

2. 电气控制系统图的绘制原则

电气控制系统图的绘制应遵循国家标准 GB/T 6988《电气技术用文件的编制》。

1) 电气原理图

(1) 电气原理图及其绘制原则。电气原理图的目的是便于阅读和分析控制线路，应根据结构简单、层次分明清晰的原则，采用电器元件展开形式绘制。它包括所有电器元件的导电部件和接线端子，但不按照电器元件的实际布置位置来绘制，也不反映电器元件的实际大小。电气原理图是电气控制系统设计的核心。

下面以图 1-36 所示的机床电气原理图为例，说明电气原理图的规定画法和注意事项。

绘制电气原理图时应遵循的主要原则如下：

① 电气原理图一般分主电路、控制电路和辅助电路三部分。主电路是电气控制线路中大电流通过的部分，包括从电源到电动机之间相连的电器元件，一般由组合开关、主熔断器、接触器主触点、热继电器的热元件和电动机等组成。控制电路和辅助电路是电路中除主电路以外的电路，它们流过的电流比较小。控制电路由按钮、接触器和继电器的线圈以及辅助触点、热继电器触点和保护电器触点等组成。辅助电路主要包括照明电路、信号电路、保护电路和测量电路等。

② 电气原理图中所有电器元件都应采用国家标准统一规定的图文符号表示。

③ 电气原理图中电器元件的布局应根据便于阅读的原则安装。主电路安排在图纸的左侧或上方，控制电路和辅助电路安排在图纸的右侧或下方。无论主电路、控制电路还是辅助电路，均按功能布置，尽可能按动作顺序从上到下、从左到右排列。

④ 电气原理图中，同一电器元件的不同部件(如线圈、触点)画在不同位置时，为了表示是同一元件，要在电器元件的不同部件处标注相同的文字符号。对于同类器件，要在其

文字符号后面加数字序号来区别。如两个接触器，可用 QA1 和 QA2 加以区别。

⑤ 电气原理图中，所有电器的机械可动部分均按没有通电或没有外力作用时的状态画出；对于继电器和接触器的触点，按其线圈不通电时的状态画出；控制器按手柄处于零位时的状态画出；对于按钮和行程开关的触点，按未受外力作用时的状态画出。

⑥ 电气原理图中，应尽量减少和避免导线交叉。多条导线之间确有电气连接时，对“T”形连接点，在导线交点处可以画实心圆点，也可以不画；对“+”形连接点，必须画实心圆点。根据图纸布置需要，可以将图形符号旋转绘制，一般逆时针方向旋转 90°，但文字符号不可倒置。

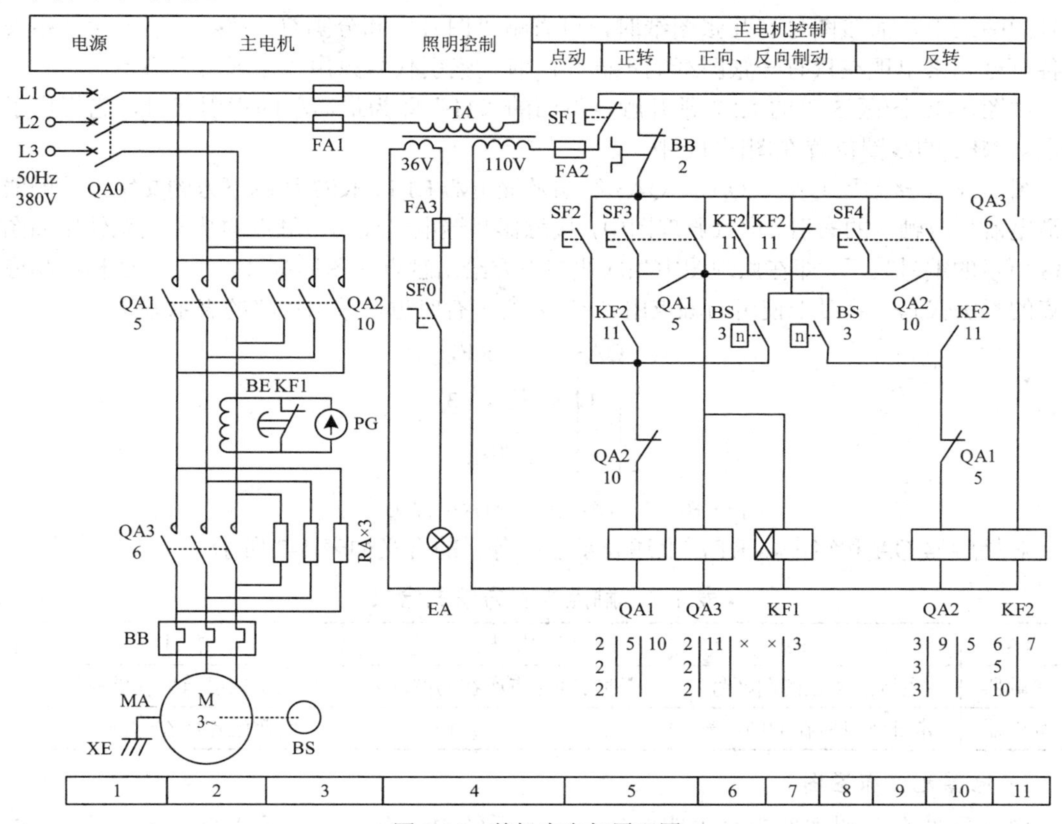

图 1-36　某机床电气原理图

(2) 电气图纸的相关术语。

① 图号：电气原理图按功能多册装订时每册的编号，一般用数字表示。

② 页号：每册图纸中的每一页图纸的编号，一般用数字表示。

③ 图区号：每页图纸上方用 1、2、3 等数字表示图纸纵向划分图区的编号。图区号是为了便于检索电气线路、方便阅读分析以及避免遗漏而设置的。图区号也可设置在图的下方。图幅大时可以在图纸左方加入 a、b、c 等字母图区号。图区号下方用文字说明其对应的下方元件或电路的功能，使读者能清楚地知道某个元件或某部分电路的功能，以利于理解全部电路的工作原理。

(3) 符号位置的索引。符号位置的索引用图号、页号和图区号的组合形式来表示，其完整组成如图 1-37 所示。

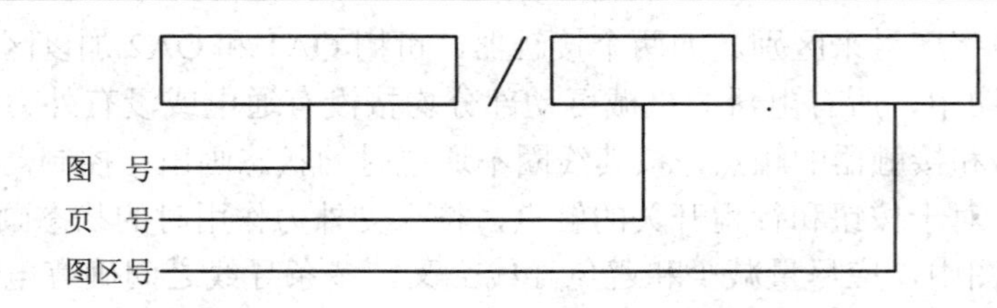

图 1-37　符号位置的索引方法示意图

当某一元件相关的各符号元素出现在不同图号的图纸上，而当每个图号仅有一页图纸时，索引代号中可省略“页号”及分隔符“•”；当某一元件相关的各符号元素出现在同一图号的图纸上，而该图号有几张图纸时，可省略“图号”和分隔符“/”；当某一元件相关的各符号元素出现在只有一张图纸的不同图区时，索引代号只用“图区号”表示。

如图 1-36 图区 5 中的 KF2 常开触点下面的“11”即为最简单的索引代号，它指出了继电器 KF2 的线圈位置在图区 11 中。

图 1-36 中接触器 QA1、QA2、QA3 线圈及继电器 KF1、KF2 线圈下方的文字是接触器和继电器相应触点的索引。电气原理图中，接触器和继电器线圈与触点的从属关系使用如图 1-38 所示的编号表示，即在原理图中相应线圈下方给出触点的图形符号，并在下面标明相应触点的索引代码，且对未使用的触点用“×”表明，有时也可采用省略的表示方法。

QA3　　　KF1

2 | 11 | ×　　× | 3
2 |　　|　　　　|
2 |　　|　　　　|

图 1-38　触点位置的索引方法

对接触器 QA 和继电器 KF，上述表示法中各栏的含义如表 1-7 所示。

表 1-7　触点索引方法的含义

电器	左 栏	中 栏	右 栏
接触器	主触点所在的图区号	辅助常开触点所在的图区号	辅助常闭触点所在的图区号
继电器	常开触点所在的图区号	—	常闭触点所在的图区号

2) 电器元件布置图

电器元件布置图主要用来表明电气设备或系统中所有电器元器件的实际位置，为制造、安装和维护提供必要的资料。该图纸可按电气设备或系统的复杂程度集中绘制，也可单独绘制。元件轮廓线用细实线或点画线表示，也可以用粗实线绘制简单的外形轮廓。

电器元器件布置图的设计应遵循以下原则：

(1) 必须遵循相关国家标准来设计和绘制电器元件布置图。

(2) 相同类型的电器元件布置时，应把体积较大和较重的安装在控制柜或面板下方。

(3) 发热的元器件应安装在控制柜或面板的上方或后方，但热继电器一般安装在接触器的下面，以方便与电动机和接触器连接。

(4) 需要经常维护、整定和检修的电器元件、操作开关和监控仪器仪表，安装位置应高低适宜，以便工作人员操作。

(5) 强电和弱电应该分开走线，注意屏蔽层的连接，防止外部干扰的影响。

(6) 电器元件的布置应该考虑安装间隙，并尽可能做到整齐、美观。

3) 电气安装接线图

电气安装接线图用于电气设备和电器元件的安装、配线、维护和电器故障检修。图中标示出各元器件之间的关系、接线情况以及安装和敷设的位置等。对某些较为复杂的电气控制系统或设备，当电气控制柜中或电气安装板上的元件较多时，还应画出各端子排的接线图。一般情况下，电气安装接线图和电气原理图需配合起来使用。

绘制电气安装接线图应遵循的主要原则如下：

(1) 必须遵循相关国家标准来绘制电气安装接线图。

(2) 各电器元器件的位置、文字符号必须和电气原理图中的标注一致，同一个电器元件的各部件(如同一个接触器的触点、线圈等)必须画在一起，各电器元件的位置应与实际安装位置一致。

(3) 不在同一安装板或电气柜上的电器元件或信号的电气连接一般应通过端子排连接，并按照电气原理图中的接线编号连接。

(4) 走向相同、功能相同的多根导线可用单线或线束表示。画连接线时，应标明导线的规格、型号、颜色、根数和穿线管的尺寸。

1.2.2　异步电动机基本控制线路

电气控制电路多种多样、千差万别。但是无论电路多么复杂，它们都是由一些比较简单的基本电气控制电路有机组合而成的。学会了基本电气控制电路，有助于掌握阅读、分析和设计电气控制电路的方法。基本电气控制电路也称为电气控制电路的基本环节。

异步电动机基本控制线路
电动、连续运行

在电力拖动系统中，电气控制的目的是使电动机能按照要求进行运转，驱使机械设备按照控制工艺要求进行动作。其中，电动机的启停控制电路是最基本也是最主要的一种控制方式。基本电气控制电路主要是讨论各种电路或电动机的启动和停止控制。

三相笼型异步电动机因为结构简单、易于控制、价格便宜和坚固耐用等优点而获得了广泛应用。在电力拖动系统中，它的应用占到了 80%以上。本节主要讲解三相笼型异步电动机的基本控制线路。

1. 全压启动控制线路

1) 单向运行控制电路

(1) 单向点动控制电路。图 1-39 为三相笼型异步电动机单向点动控制电路图，它是一个最简单的电气控制系统。主电路由刀开关 QB、熔断器 FA、接触器 QA 的主触点与电动机 MA 组成。其中，FA 用于电动机 MA 的短路保护，控制电路由按钮 SF 和接触器 QA 的线圈组成，XE 为电动机 MA 的保护接地线。

注意：电气原理图中的电器元件一般不表示出空间位置，同一电器的不同组成部分可不画在一起，但文字符号应标注一致。例如，图 1-39 中接触器 QA 的线圈与主触点不画在一起，但都用相同的文字符号 QA 来标注。

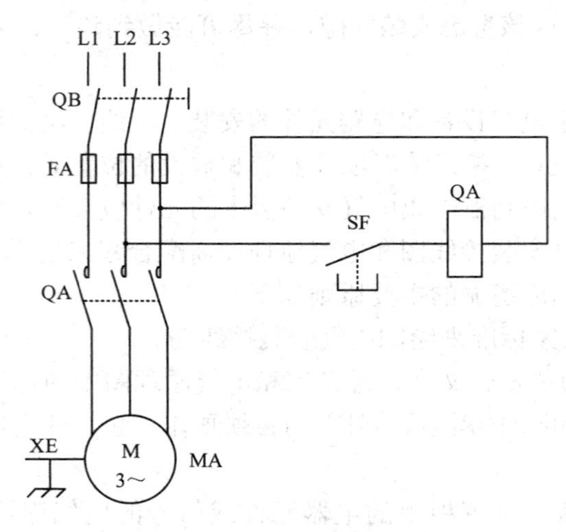

图 1-39　单向点动控制电路图

电动机单向点动控制电路的工作原理为：启动时，首先手动闭合刀开关 QB，引入三相电源；按下点动按钮 SF，接触器 QA 线圈得电吸合，主触点 QA 闭合，电动机 MA 因接通电源启动运转。松开点动按钮 SF，按钮就在自身弹簧的作用下恢复到原来断开的位置，接触器 QA 线圈失电释放，接触器 QA 主触点断开，电动机失电停止运转。点动按钮 SF 具有启动和停止功能。

这种“一按(点)就动，一松(放)就停”的电路称为点动控制电路。点动控制电路常用于调整机床、对刀操作等。因是短时工作，电路中可不设热继电器。

(2) 单向自锁控制电路。机械设备正常工作时，往往要求电动机能够连续运行，即要求按下启动按钮后，电动机启动并连续运行；按下停止按钮后，电动机停止运行。单向自锁控制电路就是具有这种功能的电路，它是一种非常常用的简单控制电路。

图 1-40 所示为三相笼型异步电动机单向自锁控制电路。主电路由刀开关 QB、熔断器 FA、接触器 QA 的主触点、热继电器 BB 的热元件和电动机 MA 构成。控制电路由启动按钮 SF2、停止按钮 SF1、接触器 QA 的线圈及辅助常开触点和热继电器 BB 的常闭触点构成。

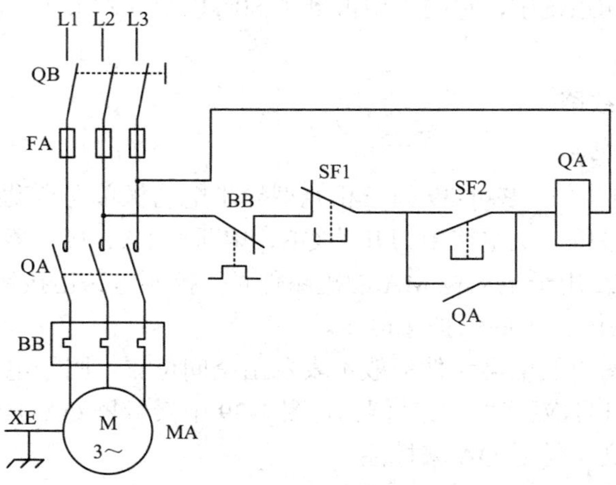

图 1-40　单向自锁控制电路

① 电路的工作原理。电机启动时，首先手动闭合刀开关 QB，引入三相电源。按下启动按钮 SF2，交流接触器 QA 的线圈得电，主触点闭合，电动机接通电源直接启动运转。同时与 SF2 并联的辅助常开触点 QA 闭合，这样即使松开启动按钮 SF2(自动复位)，接触器 QA 的线圈仍可通过自身辅助常开触点的闭合来保证接触器线圈的持续得电，从而保证电动机的连续运行。这种依靠接触器自身辅助常开触点而使其线圈保持得电状态的现象称为自锁。起到自锁作用的辅助触点则称为自锁触点。

要使电动机 MA 停止运转，只要按下停止按钮 SF1，将控制电路断开即可。这时接触器 QA 线圈断电释放，QA 主触点断开，将三相电源切断，电动机 MA 停止旋转。同时 QA 的辅助常开触点也断开，所以当松开停止按钮 SF1 后，虽然其常闭触点又恢复到原来的闭合状态，但接触器线圈也不能再依靠自锁触点继续得电。

② 电路的保护环节。熔断器 FA 用于电动机的短路保护，但达不到过载保护的目的。为保证熔体在电动机启动时不被熔断，熔断器熔体的参数必须根据电动机启动电流大小作适当选择。

热继电器 BB 具有过载保护作用。使用时，将热继电器的热元件串接在电动机主电路中，用于检测电动机的工作电流，而将热继电器的常闭触点串接在控制电路中。当电动机长期过载或严重过载时，热继电器才动作，其常闭触点断开，切断控制电路，接触器 QA 线圈断电释放，电动机停止运转，从而实现过载保护。

单向自锁控制电路具有欠电压保护与失电压保护功能。当三相电源严重欠电压或失电压时，接触器的衔铁自行释放，电动机停止运行。而当电源电压恢复正常时，接触器线圈也不能自动通电，只有操作人员再次按下启动按钮 SF2 后电动机才会启动。

(3) 单向点动和自锁混合控制电路。生产实际中，有的生产机械既需要连续运转进行加工生产，又需要在进行调整工作或检修时采用点动控制，这就需要单向点动和自锁混合控制电路，如图 1-41 所示。其中图 1-41(a)为主电路，与图 1-40 的主电路相同；控制电路可由两种方案实现，如图 1-41(b)和(c)所示。

图 1-41(b)所示的采用复合按钮的控制电路中有一个复合按钮 SF3，需要点动控制时，按下点动按钮 SF3，常闭触点先断开自锁电路，常开触点后闭合，使接触器 QA 线圈通电，主触点闭合，电动机启动；松开点动按钮 SF3 时，常开触点先断开，常闭触点后闭合，接触器 QA 线圈断电，主触点断开，电动机停止转动，从而实现点动控制。若需要电动机连续运转，则按启动按钮 SF2 即可，停机时需按停止按钮 SF1。该控制电路可靠性不高，存在一定的误动作：若接触器 QA 的触点运动时间大于按钮恢复时间，则点动结束时，SF3 常闭触点已恢复闭合状态，而接触器 QA 的常开触点尚未断开，接触器依靠自锁触点继续得电，无法实现点动。

图 1-41(c)所示的采用中间继电器的控制电路中按下点动按钮 SF3，接触器 QA 线圈通电，主触点闭合，电动机启动运行，松开 SF3 时，QA 线圈断电，主触点断开，电动机停止运行。若需要电动机连续运行，则按下启动按钮 SF2 即可，此时中间继电器 KF 线圈通电并自锁。KF 的另一对常开触点保持接触器 QA 线圈的得电状态。当需停止电动机运转时，按下停止按钮 SF1。由于使用了中间继电器 KF，提高了电动机点动与连续工作的联锁可靠性。

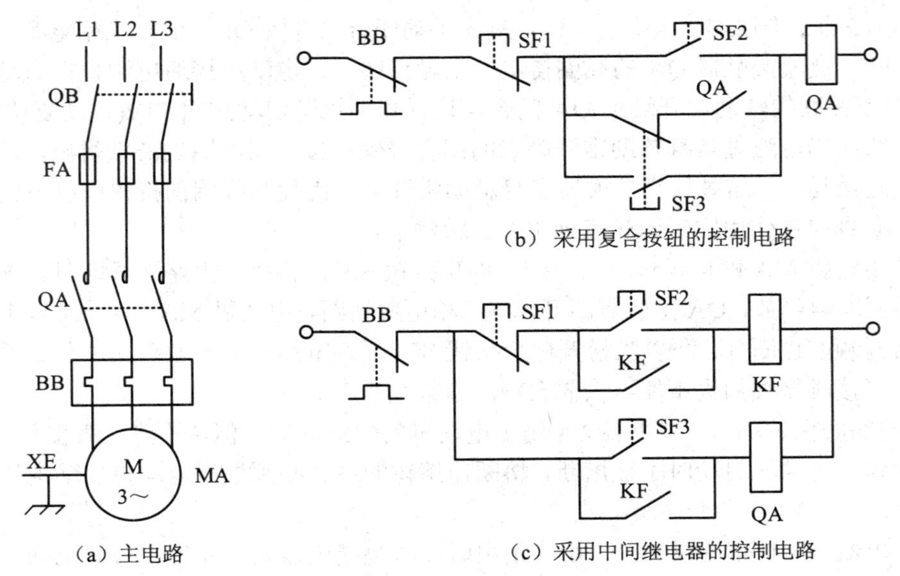

图 1-41　单向点动和自锁混合控制电路

2) 正反转控制电路

异步电动机基本控制线路正反转、顺序和循环控制

同一台电动机驱动的生产机械的运动部件有时候需要作正、反两个方向的运动(例如车床主轴的正向、反向运转；龙门刨床工作台的前进、后退；电梯的升、降等)，此时可以通过控制电动机的正反转来实现。对于三相交流电动机，改变电动机电源相序，其旋转方向就会发生改变。为此，可以采用两个接触器分别给电动机送入正序和反序的电源，即对调两根电源线位置，电动机即可实现正转和反转，如图 1-42 所示，其中(a)为主电路，由刀开关 QB，熔断器 FA，接触器 QA1、QA2 的主触点，热继电器 BB 的热元件和电动机 MA 构成。

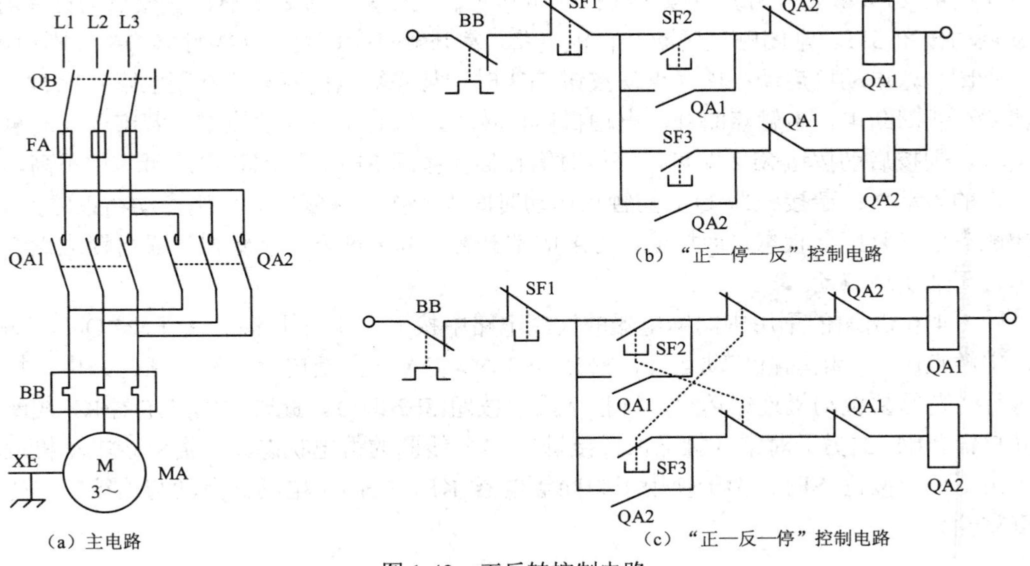

图 1-42　正反转控制电路

(1)“正—停—反”控制电路。图 1-42(b)为“正—停—反”控制电路。由于两个接触器 QA1 和 QA2 主触点所接电源的相序不同，从而可改变电动机转向。接触器 QA1 和 QA2 触点不可同时闭合，以免发生相间短路故障，为此需要在各自的控制电路中串接对方的常闭触点，构成互锁。电动机正转时，按下正向启动按钮 SF2，QA1 线圈得电并自锁，QA1 常闭触点断开，这时，即使按下反向启动按钮 SF3，QA2 也无法得电。当需要反转时，先按下停止按钮 SF1，使接触器 QA1 断电，QA1 常闭触点复位闭合，电动机停转。再按下反向启动按钮 SF3，接触器 QA2 线圈才能得电，电动机反转。由于电动机由正转切换成反转时，需先停下来，再反向启动，故称该电路为“正—停—反”控制电路。图 1-42(b)的电路中，利用两个接触器辅助常闭触点互相制约对方线圈得电状态的方法称为互锁，这两个辅助常闭触点称为互锁触点。

(2)“正—反—停”控制电路。图 1-42(b)中，使电动机由正转切换到反转时，需要先按停止按钮 SF1，显然不方便操作。为了解决这个问题，可利用复合按钮进行控制，将启动按钮的常闭触点串联接入到对方接触器线圈的电路中，如图 1-42(c)所示。

电动机正转时，接触器 QA1 线圈吸合，主触点 QA1 闭合。若希望电动机反转，则只需按下反向启动按钮 SF3 即可。按下复合按钮 SF3 后，其常闭触点先断开接触器 QA1 线圈回路，QA1 主触点断开正序电源；复合按钮 SF3 的常开触点后闭合，接通接触器 QA2 的线圈回路，接触器 QA2 得电并自锁，主触点闭合，反序电源送入电动机绕组，电动机将反向启动运行，从而实现正转和反转之间的直接切换。

若希望电动机由反转直接切换成正转，则只需操作正向启动按钮 SF2 即可。切换方向时不需先停下来，故称该电路为“正—反—停”控制电路。

3) 自动停止与循环控制电路

图 1-43 所示为自动停止与循环控制电路，其本质与正反转控制电路相同。其中图 1-43(a)为主电路，由断路器 QA0，接触器 QA1、QA2 的主触点和电动机 MA 构成。断路器 QA0 作为电源开关，具有短路保护、过载保护和失电压保护的功能。图 1-43(b)为其工作示意图。

图 1-43(c)为具有自动停止功能的正反转控制电路。它以行程开关作为位置检测元件来控制电动机的自动停止。正转接触器 QA1 的线圈回路中串接正向行程开关 BG1 的常闭触点，反转接触器 QA2 线圈回路中串接反向行程开关 BG2 的常闭触点，即可构成具有自动停止功能的正反转控制电路。这种电路能使生产机械每次启动后自动停止在规定的位置。它也常用于机械设备的行程极限保护。

图 1-43(c)所示的自动停止的正反转控制电路的工作原理为：按下正转启动按钮 SF2 后，接触器 QA1 线圈得电并自锁，电动机正转，拖动运动部件正向移动，运动到规定位置时，安装在运动部件上的挡铁便压下行程开关 BG1，使其常闭触点断开，QA1 线圈断电，电动机停止正向运行。这时即使再按 SF2 按钮，QA1 也不会得电，只有按下反转启动按钮 SF3，电动机反转，使运动部件退回，挡铁脱离行程开关 BG1，其常闭触点复位，为下次正向运行做准备。反向自动停止的控制原理与上述相同。这种利用运动部件的行程作为控制参量的控制方式称为按行程原则的控制电路。

图 1-43(d)为自动循环控制电路，它采用复合行程开关 BG1 和 BG2 实现自动往返控制。在图 1-43(c)所示电路的基础上，将 BG1 的常开触点并联在反转启动按钮 SF3 两端，BG2

的常开触点并联在正转启动按钮 SF2 的两端，即可构成自动循环控制电路。读者可自行分析该电路的工作原理。另外，行程开关应 BG3 和 BG4 安装在工作台往返运动的极限位置上，以防止行程开关 BG1 和 BG2 失灵、工作台继续运动而造成事故，起到极限保护的作用。行程开关 BG1、BG2、BG3 和 BG4 的安装位置如图 1-43(b)所示。

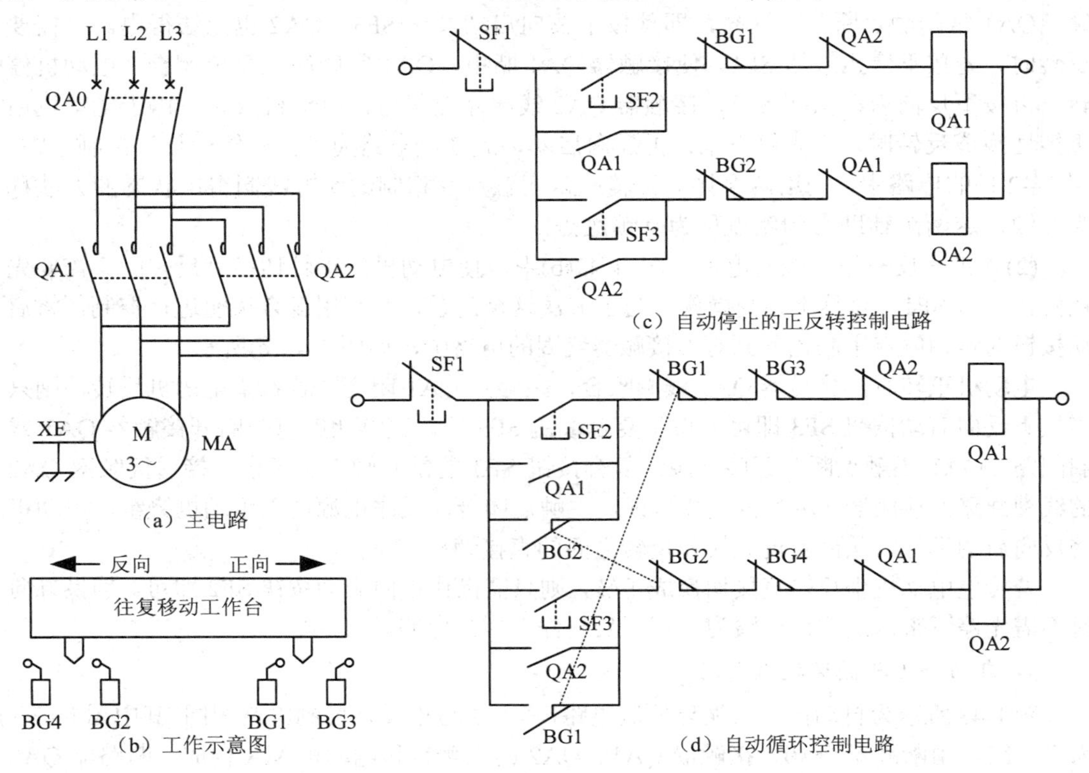

图 1-43　自动停止与循环控制电路

2. 降压启动控制线路

异步电动机基本控制线路：降压启动控制

大容量笼型异步电动机全压启动时的电流很大，会对电网、电动机以及机械负载造成较大冲击，还会影响同一供电网络线路末端其他设备的正常工作，所以大容量笼型异步电动机不允许直接全压启动，往往采用降压启动方式以限制其启动电流。

常见的降压启动方法有定子绕组串电阻降压启动、自耦变压器降压启动和星三角降压启动等。早期应用较多的是星三角降压启动，启动时将三相定子绕组接为星型，如图 1-44(b)所示，待转速上升到接近额定转速时，将三相定子绕组改接成三角型，如图 1-44(c)所示，电动机便进入全电压正常运行状态。星型连接启动时，加到电动机的每一相绕组上的电压为额定值的 $1/\sqrt{3}$，减小了启动电流对电网的影响。

图 1-44(a)和(d)分别为星三角降压启动的主电路和控制电路，主电路由 3 个接触器进行控制，其中 QA2 和 QA3 不能同时吸合，否则将造成三相电源短路。

星三角降压启动的工作原理为：按下启动按钮 SF2，时间继电器 KF、电源接触器 QA1 和星型接触器 QA2 的线圈得电，并利用 QA1 辅助常开触点进行保持，电动机以星型方式启动。待电动机转速接近额定转速时(时间继电器 KF 定时时间到)，KF 延时常闭和延时常开触点动作，接触器 QA2 失电，主触点断开，星型启动过程结束；同时 QA2 辅助常闭触点复位，角型接触器 QA3 线圈得电并自锁，将电动机三相绕组改接成三角型，电动机进入全压运行状态。

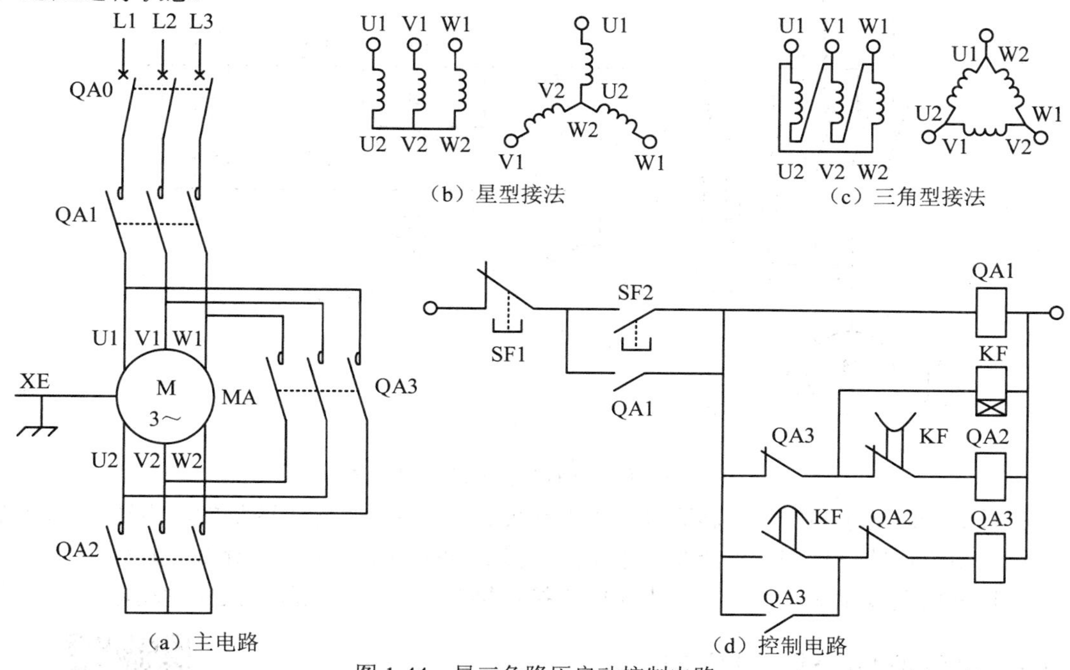

图 1-44　星三角降压启动控制电路

星三角降压启动方式虽然减小了启动电流对电网的影响，但也带来了启动转矩下降的问题，因此本控制电路仅适用于电动机空载或轻载启动的场合。

3. 制动控制线路

由于机械惯性的存在，异步电动机从切除电源到完全停止旋转总要经过一段时间，这往往不能适应某些生产机械快速性的要求(如万能铣床、卧式镗床和电梯等)。为了提高生产效率及准确停位，要求电动机能迅速停车，需要对电动机进行制动控制。制动方法一般有两大类：机械制动和电气制动。电气制动中常用反接制动和能耗制动等方式。

反接制动是采用改变电动机电源相序，使三相定子绕组产生的旋转磁场与转子旋转方向相反，因而产生制动力矩的一种制动方法。

图 1-45 所示为单向运行反接制动控制电路。主电路中，接触器 QA1 的主触点用来提供电动机的工作电源，接触器 QA2 的主触点用来提供电动机停车时的制动电源。

反接制动控制电路的工作原理为：启动时，首先手动闭合电源开关 QA0，按下启动按钮 SF2，接触器 QA1 线圈得电并自锁，主触点闭合，电动机运行。当电动机转速升高到一定数值时，速度继电器 BS 的常开触点闭合，为反接制动作准备。停车时，按下停止按钮 SF1，接触器 QA1 线圈断电，利用主触点断开电机的工作电源；而接触器 QA2 线圈得电并自锁，主触点闭合，串入电阻 RA 进行反接制动，电动机产生一个反向电磁转矩(制动转矩)，迫使电动机转速迅速下降，当转速较低时，速度继电器 BS 的常开触点复位断开，使接触器 QA2 线圈断电，及时切断电动机的制动电源，防止电动机反向启动。

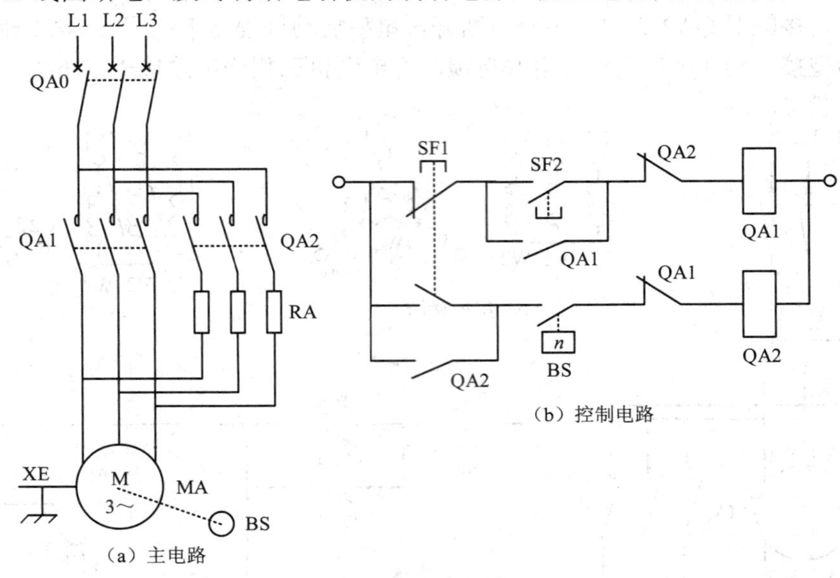

图 1-45　单向运行反接制动控制电路

反接制动时转子与定子旋转磁场的相对速度为 n_1+n，接近于两倍的同步转速，所以定子绕组中流过的反接制动电流相当于全压直接启动时电流的两倍。所以，在 10 kW 以上的电动机采用反接制动时，应在主电路中串接反接制动电阻，以限制反接制动电流。

1.2.3　电气控制线路设计实例

电气控制线路设计实例

电气控制系统的设计一般包括确定控制方案、选择电动机容量和设计控制线路。电气控制线路的设计又分为主电路设计和控制电路设计。电气控制线路设计主要指的是控制电路的设计。传统的电气控制线路的设计方法有两种，即一般设计法和逻辑设计法。

一般设计法又称经验设计法。该方法主要是根据生产工艺要求，借助经验选择基本环节，并把它们有机地组合起来。设计时需要逐步完善，一般不易获得最佳方案。

逻辑设计法是利用逻辑代数来分析和设计控制线路。用该方法设计出来的线路比较合理，适合完成复杂生产工艺要求的控制线路的设计。但该方法难度较大，不易掌握。

由于 PLC 的出现和发展，复杂的电气控制线路基本上已被 PLC 取代。因此逻辑设计法已不再被用于设计复杂的电气控制线路。而对于简单的控制电路，考虑到成本因素，仍然可以使用继电器接触器控制线路，并可以运用一般设计法来实现。

1. 一般设计法的基本逻辑电路

1)“与”逻辑电路

如图 1-46(a)所示，“与”逻辑电路是由两个或以上按钮、开关或继电器和接触器的触点串联构成。按钮 SF1 和 SF2 必须同时按下，接触器 QA 的线圈才能通电。

2)“或”逻辑电路

如图 1-46(b)所示，“或”逻辑电路是由两个或以上按钮、开关或继电器和接触器的触点并联构成。按钮 SF 按下或接触器 QA 的常开触点闭合，接触器 QA 的线圈即可通电。

3) “非”逻辑电路

如图 1-46(c)所示，“非”逻辑电路是指两个触点或两个线圈的状态相反互斥的逻辑电路。按钮 SF 的触点闭合时，继电器 KF1 的线圈通电，常闭触点 KF1 断开，导致继电器 KF2 线圈不能通电，常开触点 KF2 保持断开；反过来，按钮 SF 的触点断开时，继电器 KF2 的常开触点闭合。触点 SF 和 KF2，线圈 KF1 和 KF2 的状态相反，具有“非”的逻辑。

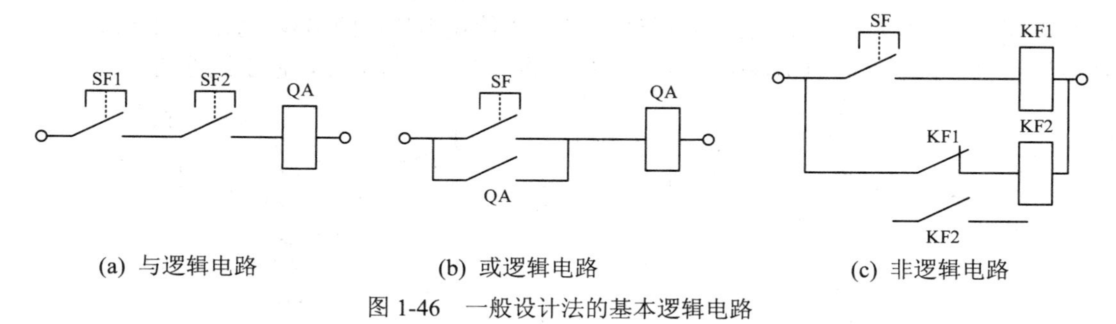

(a) 与逻辑电路　(b) 或逻辑电路　(c) 非逻辑电路

图 1-46　一般设计法的基本逻辑电路

2. 一般设计法的基本电路环节

1) 自锁环节

如图 1-47(a)所示的控制电路，当按下启动按钮 SF2，接触器线圈 QA 得电，同时与 SF2 触点并联的常开触点 QA 闭合，即使按钮 SF2 复位后，接触器线圈仍然能够利用其自身常开辅助触点的闭合而保持得电，实现自锁。

2) 互锁环节

如图 1-47(b)所示的控制电路，按下按钮 SF2，接触器 QA1 线圈得电，在实现自锁的同时，还使串联在接触器 QA2 线圈回路中的常闭触点 QA1 断开，导致接触器线圈 QA2 无法得电。同理，按下按钮 SF3，则会导致接触器 QA1 线圈无法得电。通过常闭触点的相互制约，可以实现两个线圈之间的互锁。

3) 顺序环节

如图 1-47(c)所示的控制电路，若 QA1 线圈不通电，则即使按下按钮 SF2，也无法使 QA2 线圈通电。只有先按下按钮 SF1，QA1 线圈得电并自锁，使串联在 QA2 线圈回路中的常开触点 QA1 闭合；再按下按钮 SF2，才能使线圈 QA2 通电，即实现顺序控制。

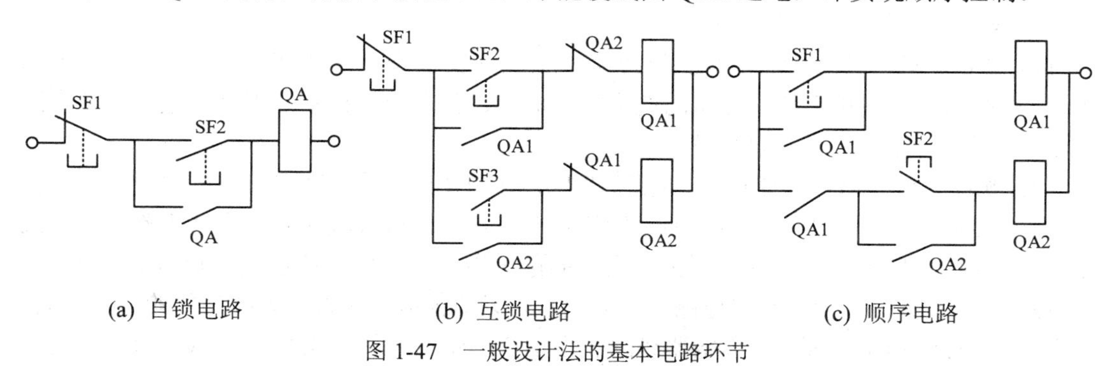

(a) 自锁电路　(b) 互锁电路　(c) 顺序电路

图 1-47　一般设计法的基本电路环节

3. 一般设计法的基本要求

在用一般设计法设计控制电路时，应最大限度地满足生产机械和工艺的要求，在此基础上，尽量使控制电路简单、经济和安全可靠。其基本要求是正确地连接电器元件的触点和线圈。

1) 正确连接触点

在控制电路中，应尽量将所有触点接在线圈的左端或上端，线圈的右端或下端直接接到电源的另一根母线上(左右端和上下端是针对控制电路水平绘制或垂直绘制而言的)。这样可以减少线路内产生虚假回路的可能性，还可以简化电气柜的出线。如图 1-48(a)所示的触点连接就不合理，而图 1-48(b)所示的连接较为合理，所有触点均位于线圈的一侧。

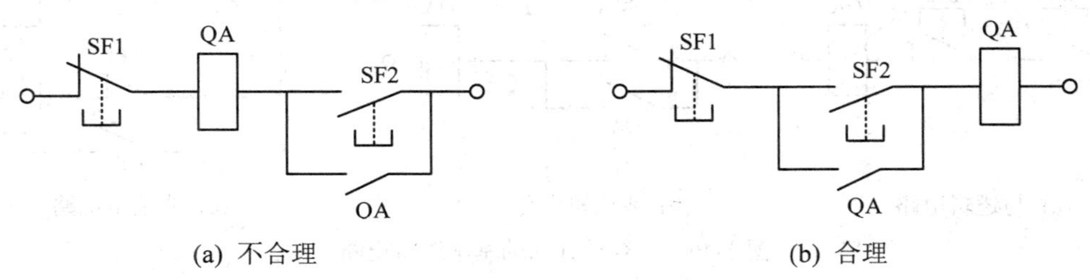

(a) 不合理　　(b) 合理

图 1-48　触点的连接

2) 正确连接电器的线圈

交流控制电路中不能将两个线圈进行串联，如图 1-49(a)所示。因为串联具有分压作用，先吸合的线圈分得电压较高，有可能导致另一个线圈无法吸合。如果两个线圈需要同时动作，则应将它们并联，如图 1-49(b)所示。

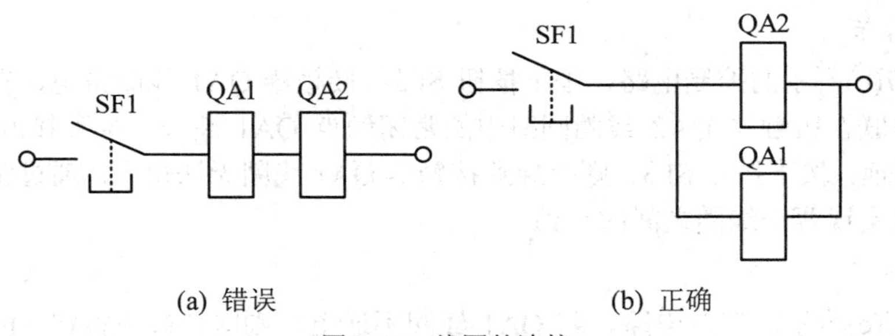

(a) 错误　　(b) 正确

图 1-49　线圈的连接

4. 应用举例

1) 实例一：三路抢答器设计

(1) 题目。试设计一个三路抢答器控制系统，供 3 名选手比赛使用。要求当主持人启动抢答系统后，最先按下抢答按钮的选手抢答成功，其对应的指示灯点亮，直到主持人清除抢答指示灯，完成一个抢答循环。

(2) 题目分析。该系统通过三个指示灯指示抢答情况，需要设置三个按钮用于选手抢答，还需要两个按钮供主持人启动和复位每轮抢答。每轮抢答只能有一个选手胜出，因此三个选手的指示灯需要进行互锁。抢答成功的选手指示灯需要保持点亮，则需要自锁。

(3) 电路设计。由于抢答器电路不需要电机，只需控制指示灯。系统需要的电压不高，采用继电器控制指示灯即可。继电器线圈和指示灯额定电压均采用直流 24 V。每一个抢答回路中将继电器线圈与指示灯并联，通过继电器的自锁触点维持指示灯常亮。为了保证只有一路抢答胜出，每路继电器线圈串联其他两路继电器的常闭触点，实现互锁。控制电路图如图 1-50 所示。该电路既体现了常用的自锁和互锁电路环节，又体现了顺序控制环节，即只有先按下按钮 SF4，常开触点 KF4 接通后，抢答开关才起作用。

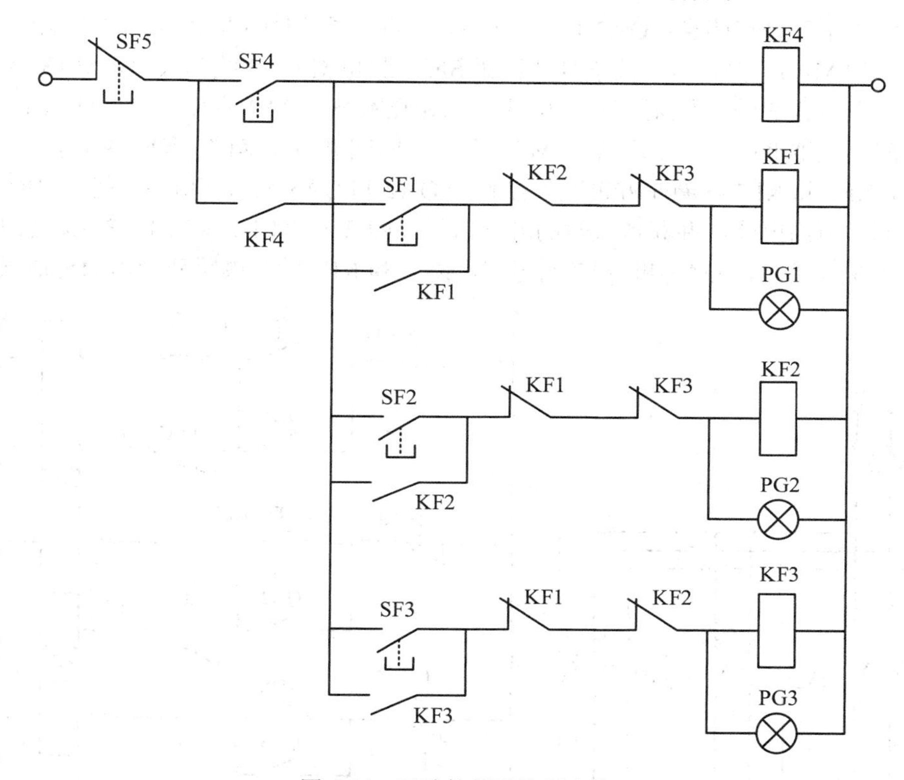

图 1-50 三路抢答器控制电路

2) 实例二：三台电机顺序启停控制

(1) 题目。一台三级带式输送机，分别由 MA1、MA2 和 MA3 三台电动机拖动。启动顺序为：先启动 MA1，经 T_1 后启动 MA2，再经 T_2 后启动 MA3；停车时要求：先停 MA3，经 T_3 后再停 MA2，再经 T_4 后停 MA1。三台电动机使用的接触器分别为 QA1、QA2 和 QA3。试设计该三台电动机的启/停控制线路。

(2) 题目分析。该系统需要使用三个交流接触器 QA1、QA2、QA3 来控制三台电动机，需要一个启动按钮 SF1 和一个停止按钮 SF2，另外还需要用四个时间继电器 KF1、KF2、KF3 和 KF4 进行定时，其定时值依次为 T_1、T_2、T_3 和 T_4。工作顺序如图 1-51 所示。

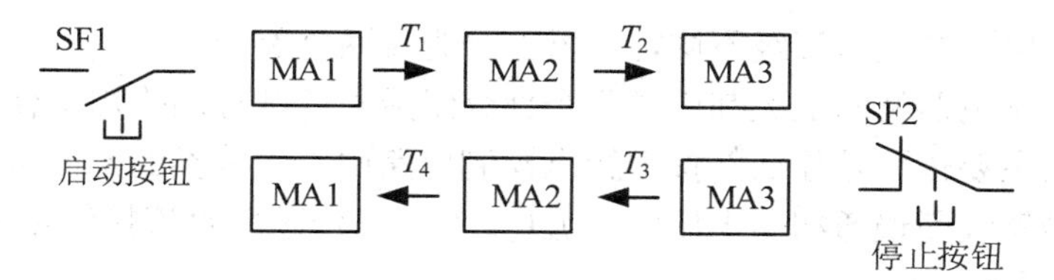

图 1-51 三台电动机的工作顺序

(3) 电路设计。该电气控制系统的主电路如图 1-52(a)所示，控制电路如图 1-52(b)所示。MA1 的启动信号为 SF1，停止信号为 KF4 定时到；MA2 的启动信号为 KF1 定时到，停止信号为 KF3 定时到；MA3 的启动信号为 KF2 定时到，停止信号为 SF2。

启动时，按下按钮 SF1，QA1 自锁，MA1 启动，同时时间继电器 KF1 开始定时。T_1 时间后，KF1 常开触点闭合，QA2 自锁，MA2 启动，同时时间继电器 KF2 开始定时。T_2 时间后，启动 MA3。停止时，按下复合按钮 SF2，接触器 QA3 线圈失电，MA3 停止，同时启动时间继电器 KF3。T_3 时间后，KF3 常闭触点断开，QA2 线圈失电，MA2 停止，同时启动时间继电器 KF4。T_4 时间后，MA1 停止。时间继电器 KF3、KF4 复位。

另外，KF1 和 KF2 线圈左方串联了接触器 QA2 和 QA3 的常闭触点，能及时断开时间继电器线圈，节约电能，并获得短暂的触发信号；KF2 和 KF1 线圈上的常闭触点 KF3 和 KF4 的作用是为了防止 QA3 和 QA2 断电后，KF2 和 KF1 的线圈重新得电而造成误动作。

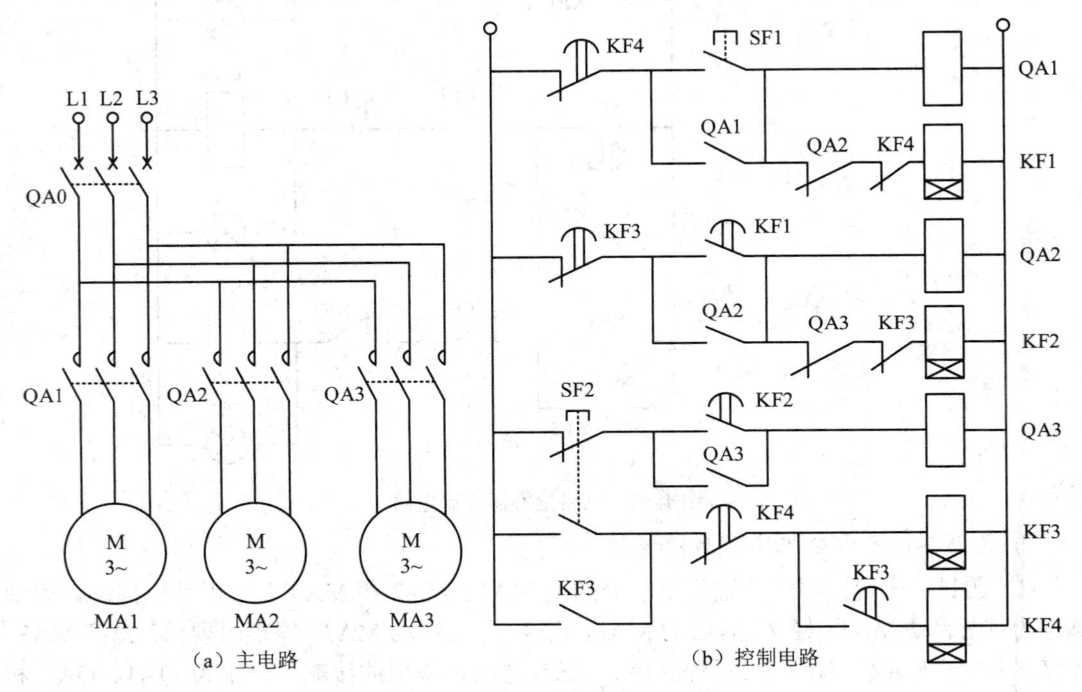

图 1-52　三台电动机顺序启/停控制电路

本 章 习 题

1. 按照接入电路的电压等级不同，电器可分为哪两种类型？

2. 电磁式低压电器结构上大都由哪几个部分组成？各部分的作用是什么？

3. 接触器的主要作用是什么？按主触点控制电路中电流种类的不同可分为哪两类？

4. 交流接触器线圈误通相同电压的直流电，有什么现象？直流接触器线圈误通相同电压的交流电，有什么现象？

5. 试比较中间继电器和接触器的异同。

6. 试比较热继电器和温度继电器的异同。

7. 按照延时方式不同，有哪两种类型的时间继电器？延时时间到后，延时型常开、常闭触点如何动作？

8. 熔断器的作用是什么？与热继电器有何异同？

9. 画出接触器、中间继电器的标准图文符号。

10. 什么是自锁电路？试画出自锁控制电路，并标明自锁触点。

11. 试设计异步电动机的正反转控制的主电路和控制电路。

12. 试设计异步电动机星三角降压启动的主电路和控制电路。

13. 试设计四人抢答器的控制电路。

第 2 章　可编程序控制器概述

可编程序控制器全称为可编程逻辑控制器(Programmable Logic Controller，PLC)，是一种以微处理器为核心、采用软件手段实现各种控制工艺的工业自动控制装置，它综合了计算机技术、自动控制技术、网络通信技术以及图形显示技术。

PLC 具有通用性强、可靠性高、程序修改灵活、易于通信联网、体积小、寿命长、维护方便等优点，逐步取代了具有明显缺点的传统继电器接触器控制系统，已经被广泛应用在机械、化工、石油、冶金、电力、轻工、电子、纺织和交通等行业。作为现代工业控制系统的三大支柱(PLC、CAD/CAM、ROBOT)之一，PLC 应用的深度和广度已经成为衡量一个国家工业先进水平的重要标志之一。

本章首先介绍 PLC 的定义与发展、主要功能、特点和分类，接着重点讲解 PLC 的硬件组成与工作原理，为后续学习 PLC 控制系统的硬件接线及软件编程打下基础。

2.1　PLC 的定义与发展

2.1.1　PLC 的定义

美国电气制造商协会(NEMA)于 1980 年提出了 PLC 的定义：“可编程序控制器是一种数字式的电子装置。它使用可编程序的存储器来存储指令，可以实现逻辑运算、顺序控制、计数、计时和算术运算功能，用来对各种机械或生产过程进行控制”。

PLC 的定义与发展

国际电工委员会(IEC)曾于 1982 年 11 月颁布了可编程序控制器相关标准的草案第一稿，1985 年 1 月颁布了草案第二稿，1987 年 2 月又颁布了草案第三稿。该草案对可编程序控制器的定义是：“可编程序控制器是一种数字运算操作的电子系统，专为在工业环境下应用而设计。它采用可编程序的存储器，用来在其内部存储执行逻辑运算、顺序控制、定时、计数和算术运算等操作的命令，并通过数字式和模拟式的输入与输出，控制各种类型的机械或生产过程。PLC 及其相关的外部设备，都应按照易于与工业控制系统联成一个整体、易于扩展功能的原则而设计”。

上述定义都说明 PLC 是一种数字运算操作的电子系统，实质上就是一种计算机控制系统。但强调了 PLC 应该直接应用于工业环境，它必须具有很强的抗干扰能力、广泛的适应能力和应用范围，这是 PLC 区别于一般计算机控制系统的一个重要特征。

2.1.2　PLC 的发展

1. PLC 的产生

PLC 产生之前，继电器接触器控制系统在工业应用中占据主导地位。随着工业系统的控制要求越来越高、逻辑关系越来越复杂，继电器接触器控制系统的缺点日益凸显，表现为体积大、耗电多、可靠性差、寿命短、运行速度慢以及适应性差，尤其当系统控制工艺发生变化时，就必须重新设计和安装，造成时间和资金的浪费。

为了改变这一现状，1968 年美国最大的汽车制造商通用汽车公司(GM)为了适应汽车型号不断更新的需求，以在激烈竞争的汽车行业中占据优势，提出要研制一种新型的工业控制装置来取代继电器接触器控制装置，为此，特拟定了十项公开招标的技术要求，即：

(1) 编程简单方便，可在现场修改程序；

(2) 硬件维护方便，最好是插件式结构；

(3) 可靠性要高于继电器控制装置；

(4) 体积小于继电器控制装置；

(5) 可将数据直接送入管理计算机；

(6) 成本上可与继电器控制装置竞争；

(7) 输入可以是交流 115 V；

(8) 输出为交流 115 V、2 A 以上，能直接驱动接触器或电磁阀；

(9) 扩展时，原有系统只需做很小的改动；

(10) 用户程序存储器至少可以扩展到 4 KB。

以上就是著名的“GM 十条”。根据招标要求，1969 年美国数字设备公司(DEC)研制出世界上第一台 PLC(PDP-14 型)，并在通用汽车公司自动装配线上进行了试用，获得了成功，从而开创了工业自动控制系统的新时代。从此，可编程序控制器这一新的控制技术迅速发展起来。

2. PLC 的发展过程

PLC 的发展与计算机技术、半导体技术、控制技术、数字技术和通信网络技术等高新技术的进步息息相关，这些高新技术推动了 PLC 的发展，而 PLC 的发展又对这些高新技术提出了更高、更新的要求，也促进了它们的发展。PLC 的发展速度十分惊人，目前用可编程序控制器设计自动控制系统已成为世界潮流。PLC 的发展大致可分为以下五个阶段：

1) 第一阶段：初创阶段

从 1969 年第一台 PLC 问世到 1972 年，是 PLC 的初创阶段。1969 年美国 DEC 公司研制的第一台 PDP-14 型 PLC 与现代的 PLC 产品有很大的差别，它实质上只是一台专用的逻辑控制计算机，还缺乏 PLC 自己鲜明的特点。第一台 PLC 的功绩是把计算机的程序存储技术引入到继电器接触器控制系统中。这个阶段的 PLC 控制功能比较简单，主要用于逻辑运算、计时、计数和顺序控制等功能。

2) 第二阶段：崛起阶段

从 20 世纪 70 年代初期到 80 年代初期，是 PLC 的崛起阶段。由于 PLC 在取代继电器接触器控制系统方面的卓越表现，自从它在电气自动控制领域开始普及应用之后便得到了飞速的发展。计算机的发展促进了 PLC 的发展，很快出现了以微处理器为核心的新一代 PLC。这个阶段的 PLC 功能增强了很多，处理速度更快，同时增加了多种特殊功能，如浮点数运算、平方、三角函数、数据表运算、脉宽调制变换、高速计数、PID 控制、定位控制、中断控制和模拟量控制等。

3) 第三阶段：成熟阶段

从 20 世纪 80 年代初期到 90 年代初期，是 PLC 的成熟阶段。这个时期，PLC 面向工业控制的鲜明特点受到各方面的欢迎，PLC 由最初应用在汽车行业中取代继电器接触器控制系统，发展到广泛应用于机械、冶金、石油、化工、煤炭、动力、交通运输、轻工、建筑和纺织等工业领域，其应用面几乎覆盖了所有工业行业。某些大规模、多控制器的应用场合，要求 PLC 控制系统必须具备通信联网功能。这个时期的 PLC 顺应工业需求，在大型 PLC 中一般都扩展了遵守一定协议的通信接口。通过 PLC 的网络通信功能，可构成多级通信网络，实现工厂的管理与控制的自动化。具备通信和联网功能，是 PLC 发展成熟的标志。

4) 第四阶段：飞速发展阶段

从 20 世纪 90 年代初期到 90 年代末期，是 PLC 的飞速发展阶段。由于超大规模集成电路技术的迅速发展以及微处理器价格的大幅度下跌，使得 PLC 采用的微处理器的处理能力和处理速度普遍提高，PLC 的软硬件功能已接近于工业控制计算机的性能。由于模拟量处理功能和网络通信功能的完善，PLC 控制系统开始大面积使用在过程控制领域中。随着计算机技术、通信技术和控制技术的发展，PLC 的功能得到了进一步提高。现在的 PLC 产品无论是从体积、端子接线技术、人机界面技术，还是从内在性能(运算速度、存储容量等)、实现功能(运动控制、通信网络、多机处理等)等方面都远非过去的 PLC 可比。20 世纪 90 年代，是 PLC 发展最快的时期，年增长率一直都保持在 30%～40%之间。

5) 第五阶段：标准化阶段

从 20 世纪 90 年代末期至今，是 PLC 的标准化阶段。长期以来，PLC 的研制采用的是专用化方式，使其在获得成功的同时也带来许多的不便。PLC 硬件和软件的体系结构都是封闭的。硬件方面，各厂家的 CPU 和 I/O 模块互不通用，通信网络和通信协议往往也是专用的；软件方面，各厂家 PLC 的编程语言和指令系统的功能和表达方式也不一致，甚至差异很大。因而各厂家的 PLC 互不兼容。这种不兼容问题为在工业自动化中实现互换性、互操作性和标准化都带来了极大的不便。如今，随着可编程序控制器国际标准 IEC61131 的逐步完善和实施，特别是 IEC61131-3 标准编程语言的推广，使得 PLC 真正走入了一个开放性和标准化的时代。

3. PLC 的发展趋势

PLC 是当今增长速度最快的工业专用控制器，这种情况还将要持续下去。PLC 将向着两个方向发展：一方面向着大型化的方向发展，另一方面向着小型化的方向发展，以适应不同场合和不同要求的控制需要。

1) 大型化

为适应大规模控制系统的需求，大型 PLC 向着大存储容量、高速度、高性能和增多 I/O 点数的方向发展。主要表现在以下几个方面：

(1) 增强通信联网功能。

PLC 已具有计算机集散控制系统(Distributed Control System，DCS)的功能。网络化和强化通信能力是 PLC 的一个重要发展趋势。PLC 构成的网络将由多个 PLC 和多个智能 I/O 模块相连接，并可与工业计算机、以太网等构成整个工厂的自动控制系统，以 PLC 为基础的现场总线技术(Fieldbus)在工业控制中将会得到越来越广泛的应用。现场总线及智能化仪表的控制系统(Fieldbus Control System，FCS)将逐步取代 DCS。PLC 采用了计算机信息处理技术、网络通信技术和图形显示技术，使得 PLC 系统的生产控制功能和信息管理功能融为一体，以满足现代化大生产的控制与管理的需要。

(2) 发展智能模块。

为了满足不同特殊功能的需要，各种智能模块层出不穷。智能模块是以微处理器为基础的功能部件，它们的 CPU 与 PLC 的 CPU 并行工作，占用主机 CPU 的时间很少，有利于提高 PLC 的运算速度和完成特殊的控制要求。智能模块的种类非常丰富，例如有通信模块、位置控制模块、快速响应模块、闭环控制模块、模拟量 I/O 模块、高速计数模块、数控模块、计算模块、模糊控制模块和视觉处理模块等，今后还将不断出现新的 I/O 智能模块，使 PLC 在实时性精度、分辨率和人机对话等方面的性能得到进一步改善和提高。

(3) 外部故障诊断功能。

PLC 广泛应用了自诊断技术、冗余技术和容错技术，保证了 PLC 的可靠性。同时，PLC 还不断提高外部故障诊断功能。由于 PLC 系统中 80%的故障发生在外围，能快速准确地诊断外部故障将大大减少 PLC 的维修时间并提高开机率。为了及时准确地诊断故障，大部分 PLC 厂家研制了智能可编程 I/O 系统，供用户了解 I/O 组件状态和监控系统的故障，还开发了故障检测程序并发展了公共回路远距离诊断技术和网络诊断技术等。

(4) 实现软件和硬件标准化。

由于早期没有统一的规范和标准，不同厂家的 PLC 产品在使用上存在着较大差别，这些差别对 PLC 产品的制造商和用户都是不利的，一方面它增加了制造商的开发费用；另一方面它也增加了用户学习和培训的负担。为了消除这种不利影响，从 1978 年起，国际电工委员会 IEC 专设了 WGT 工作组用来制定 PLC 的国际标准，对 PLC 未来的发展制定了一种方向和框架。现已颁布的 PLC 标准有：

① IEC 61131-1：Generallnformation(一般信息)；

② IEC 61131-2：Equipment Characteristics And Test Requirement(设备特性与测试要求)；

③ IEC 61131-3：Programming Language(编程语言)；

④ IEC 61131-4：User Guidelines(用户导则)；

⑤ IEC 61131-5：MMS Companion Standard(制造信息规范伴随标准)。

目前，越来越多的厂商推出了符合 IEC61131-3 标准的指令系统或在个人计算机上运行的软件包，所有的 PLC 制造商都在尽量向该标准靠拢。尽管由于受到硬件和成本等因素的制约，不同的 PLC 和 IEC61131-3 兼容的程度有大有小，但 PLC 标准化已成为一种趋势。

(5) 人机交互技术发展迅速。

PLC 的编程设备已从手持式编程器发展为个人计算机编程，另外为了实现对整个系统的监视和控制，各个 PLC 厂家开发了通用的、功能更强的组态软件，而且一直在不断改善软件系统的开发环境、提高开发效率。

早期的 PLC 控制系统中，设定和显示内部参数的过程非常麻烦，输入设定参数和输出显示参数都要占用大量的 I/O 资源，而且功能少、接线繁琐。现在各种单色或彩色的显示设定单元、触摸屏、覆膜键盘等输入输出设备比较齐全，不仅能完成大量数据的设定和显示，更能直观地显示动态图形画面，而且还能完成数据管理功能。

中大型的 PLC 控制系统中，仅靠简单的显示设定单元已不能解决人机交互的问题，所以基于 Windows 的 PC 机已成为监控 PLC 系统状态的最佳选择。采用适当的通信接口或适配器，再结合组态软件，PC 机就可以和 PLC 之间进行信息交换，完成复杂的和大量的画面显示、数据处理、报警处理和设备管理等任务。使用 PC 机结合组态软件来取代触摸屏的方案已成为一种比较好的选择。

2) 小型化

发展小型 PLC，其目的是为了适应广大的、分散的和中小型的工业控制场合，使 PLC 不仅成为继电器控制柜的替代物，还能超过继电器接触器控制系统的功能。小型、超小型和微小型 PLC 不仅便于机电一体化，也是实现家庭自动化的理想控制器。小型 PLC 向着简易化、体积小、功能强和价格低的方向发展。随着 PLC 技术的不断提高，目前已将原有大、中型 PLC 的功能移植到小型机上，如模拟量处理、复杂的功能指令和网络通信等，使之具有灵活的组态特性。微小型 PLC 一般采用整体式结构，集成有控制功能、操作和显示单元、电源、I/O 接口、扩展接口以及通信接口等。不仅可用于小型工业控制领域，而且也可以用于家庭自动化、建筑、商业、农业和交通等领域。

2.2 PLC 的主要功能、特点与分类

2.2.1 PLC 的主要功能

PLC 产品的性能在不断地完善，功能在不断地增强。目前具备的主要功能有：

PLC 的主要功能、特点与分类

1. 开关量逻辑控制

这是 PLC 最基本的功能。PLC 具有强大的逻辑运算能力，可以实现各种简单和复杂的逻辑控制，常用于取代传统的继电器控制系统。

2. 模拟量控制

工业生产过程中，有许多连续变化的量，如温度、压力、流量、液位和速度等都是模拟量。而 PLC 中的微处理器 CPU 只能处理数字量。所以 PLC 中配置了 A/D 和 D/A 转换模块，把现场输入的模拟量信号经过 A/D 转换后送 CPU 处理。而 CPU 处理完的数字量结果经 D/A 转换成模拟量去控制被控设备，以完成对连续量的控制。

3. 闭环过程控制

PLC 不仅可以对模拟量进行开环控制，还可以进行闭环控制。配置 PID 控制单元或模块，对控制过程中的某些变量(如电压、电流、温度、速度和位置等)进行 PID 闭环控制。

4. 定时控制

PLC 具有定时控制的功能，它为用户提供了若干个定时器。定时时间可以由用户在编写用户程序时设定，也可以用输入设备在外部设定，实现延时控制。

5. 计数控制

PLC 具有计数控制的功能，它为用户提供了若干个计数器。计数器的计数值可以由用户在编写用户程序时设定，也可以用输入设备在外部设定，实现计数控制。

6. 顺序(步进)控制

工业控制中，选用 PLC 实现顺序(步进)控制，可以采用 IEC 规定的用于顺序控制的标准化语言——顺序功能图(Sequential Function Chart，SFC)进行设计。可以用移位寄存器和顺控指令编写程序。

7. 数据处理

现代 PLC 产品具备完善的数据处理能力，不仅能进行数值运算(包括四则运算、矩阵运算、函数运算、字逻辑运算以及求反、循环、移位和浮点数运算等)和数据传送，还能进行数据比较、数据类型转换、数据显示、数据打印和数据通信等。

8. 通信和联网

现代 PLC 产品大多具有网络通信功能，既可以对远程 I/O 模块进行控制，又能实现 PLC 与 PLC、PLC 与计算机之间的网络通信，从而构成“集中管理、分散控制”的分布式控制系统，实现工厂自动化。PLC 还可以与其他智能控制设备(如变频器、数控装置)实现网络通信。其中，PLC 与变频器组成联控系统，可提高电力拖动控制的自动化水平。

2.2.2 PLC 的特点

PLC 是专为在工业环境下应用而设计的，具有面向工业控制的鲜明特点。

1. 可靠性高、抗干扰能力强

为了确保 PLC 在恶劣的工业环境下能够可靠地工作，在设计中强化了 PLC 的抗干扰能力，使之能耐受诸如电噪声、电源波动、振动和电磁波等干扰，能耐受 1000 V、1 μm 的脉冲干扰，能在高温、高湿以及存在强腐蚀物质粒子的恶劣环境下可靠地工作。PLC 允许电源电源波动范围较大，一般由直流 24 V 供电的机型，允许电压范围为 16 V～32 V；由交流供电的机型，允许电压范围为 115 V/230 V(1% ± 15%)、允许频率范围为 47 Hz～63 Hz。即使在电源瞬间断电的情况下，PLC 仍可正常工作。

PLC 在设计和生产过程中，除了对电子元器件进行严格筛选外，硬件和软件还采用屏蔽、滤波、光电隔离和故障诊断、自动恢复等措施，某些大型 PLC 产品还采用了热备冗余技术，进一步增强了 PLC 的可靠性。通常 PLC 的平均无故障时间可达几万小时以上，有的甚至长达几十万小时。

2. 通用性强、灵活性好、功能齐全

PLC 是通过软件实现控制功能的，其控制程序编写在软件中，实现程序软件化，因而对于不同的控制对象都可采用相同的硬件进行配置。

目前的 PLC 产品已经系列化、模块化和标准化，能方便灵活地组成大小不同、功能不同的控制系统，通用性强。由于可编程序控制功能齐全，几乎可以满足所有控制场合的需求。组成系统后，即使控制工艺发生变化，只需修改软件即可，增强了系统的灵活性。

3. 编程简单、使用方便

所有的 PLC 产品都支持梯形图编程，梯形图是图形化的编程语言，与电气控制线路图非常类似，形式简练，直观性强，易于被广大电气工程师接受。PLC 还可以采用面向控制过程的控制系统流程图编程和语句表方式编程。梯形图、流程图和语句表之间可有条件地相互转换，使用极其方便。这是 PLC 能够迅速普及和推广的重要原因之一。

4. 模块化结构

PLC 的各个部件，包括 CPU、电源和 I/O 单元等均采用模块化设计，由机架和电缆将各模块连接起来。系统的功能和规模可根据用户的实际需求自行配置，从而实现最佳性价比。由于配置灵活，PLC 控制系统的扩展和维护更加方便。

5. 安装简便、调试方便

PLC 安装简便，只要把现场的 I/O 设备与 PLC 相应的 I/O 端子相连接就完成了全部的接线任务，极大地缩短了安装时间。

PLC 的调试工作可分为室内调试和现场调试。室内调试时，用外部开关模拟现场输入信号，其输入状态和输出状态可以通过 PLC 硬件指示灯或软件监控表进行监视。根据监视到的输入输出状态，可以方便地对 PLC 程序进行测试、排错和修改。室内模拟调试后，即可到现场进行联机调试。

6. 网络通信

PLC 提供了符合各种标准的通信接口，可以方便地与其他设备进行网络通信。

7. 其他特点

PLC 体积小、能耗低，便于机电一体化。

2.2.3 PLC 的分类

PLC 一般可按控制规模和结构形式两种方式进行分类。

1. 按 PLC 的控制规模分类

PLC 按控制规模可分为小型机、中型机和大型机。

(1) 小型机：通常小型机的控制点数小于 256 点，用户程序存储器的容量小于 8 K 字。小型机常用于单机控制和小型控制场合，在通信网络中常作为从站。例如，西门子公司的 S7-1200 PLC 就属于小型机。小型机中，控制点数小于 64 点的称为超小型或微型 PLC。

(2) 中型机：中型机的控制点数一般在 256 点～2048 点之间，用户程序存储器的容量小于 50 K 字。中型机控制点数较多且控制功能强，常用于中型控制场合，在通信网络中可以作为主站也可作为从站。例如，西门子公司的 S7-300 PLC 就属于中型机。

(3) 大型机：大型机的控制点数都在 2048 点以上，用户程序存储器的容量达 50 K 字以上。大型机控制点数多、功能很强且运算速度很快，常用于大型控制场合，在通信网络中常用作主站。例如，西门子公司的 S7-400 PLC 就属于大型机。

以上分类没有十分严格的界限，随着 PLC 技术的飞速发展，这些界限会发生变更。

2. 按 PLC 的结构形式分类

PLC 按结构形式可分为整体式、模块式和叠装式三类。

(1) 整体式 PLC 是将电源、CPU 和 I/O 单元都集中在一个机壳内。其结构紧凑、体积小且价格低。一般小型 PLC 采用这种结构。整体式 PLC 由包含不同 I/O 点数的基本单元和扩展单元组成。基本单元内有 CPU、I/O 和电源。扩展单元内只有 I/O 和电源。整体式 PLC 一般配备有特殊功能单元，如模拟量处理模块、位置控制模块等，易于实现功能扩展。

(2) 模块式 PLC 是将 PLC 系统分成若干个单独的模块，如电源模块、CPU 模块、I/O 模块和各种功能模块。模块式 PLC 由机架和各种模块组成。不同模块可以直接插接在机架内的相应插座上。模块式 PLC 配置灵活、装配方便且便于扩展和维修。一般大、中型 PLC 宜采用模块式结构，如西门子公司的 S7-300 PLC、S7-400 PLC 均采用模块式结构形式。有的小型 PLC 也采用这种结构。

(3) 叠装式 PLC 是将整体式和模块式两种方式结合起来。它除了基本单元外还有扩展模块和特殊功能模块，配置比较方便。叠装式 PLC 将整体式结构与模块式结构的优点集于一身，其结构紧凑、体积小、配置灵活并且安装方便。西门子公司的 S7-1200 PLC 就采用了叠装式结构。

2.3　PLC 的基本组成与工作原理

2.3.1　PLC 的基本组成

PLC 本质上是一种工业控制计算机，与一般计算机相比，PLC 具有更强的与工业过程相连接的接口和更直接的适用于工业控制的编程语言。所以 PLC 也具有中央处理单元(CPU)、存储器、输入/输出(I/O)接口和电源等，PLC 的基本组成如图 2-1 所示。

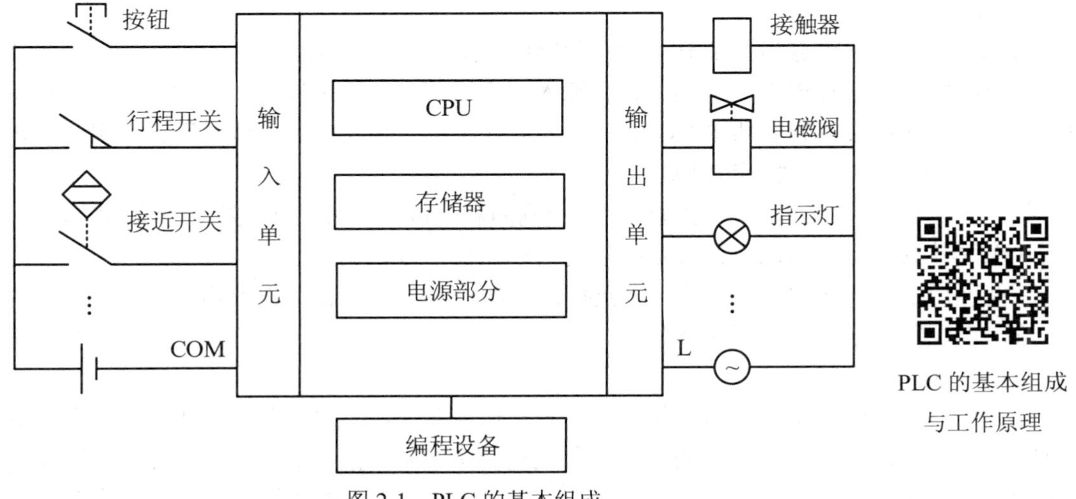

图 2-1　PLC 的基本组成

1. 中央处理单元

中央处理单元是 PLC 的核心部分，包括微处理器和控制接口电路。

微处理器是 PLC 的运算和控制中心，由它实现逻辑运算和数字运算、协调控制系统内部各部分的工作，它的运行是按照系统程序所赋予的任务进行的。其主要任务有：接收和存储从编程设备输入的用户程序和数据；通过输入端子接收外部设备的状态或数据，并存放在输入映像寄存器或数据存储器中；诊断电源和 PLC 内部电路的工作故障、用户程序的语法错误等；PLC 运行后，从存储器逐条读取用户指令，并按指令描述的任务进行数据传递、逻辑运算或数字运算等；根据运算结果，更新相关标志位的状态和输出映像寄存器的内容，再经由输出端子实现输出控制、报表打印或数据通信等功能。

PLC 常用的微处理器主要有通用微处理器、单片机和位片式微处理器。

一般地，小型 PLC 大多采用 8 位微处理器或单片机作为 CPU，如 Z80A、8085 或 8031 等，具有价格低、普及通用性好等优点。

中型 PLC 大多采用 16 位微处理器或单片机作为 CPU，如 Intel8086 或 Intel96 系列单片机，具有集成度高、运行速度快、可靠性高等优点。

大型 PLC 大多采用高速位片式微处理器作为 CPU，具有灵活性强、速度快和效率高等优点。

一些厂家生产的 PLC 还采用了热备冗余技术，即采用双 CPU 或三 CPU 工作，进一步提高了系统的可靠性。采用冗余技术可使 PLC 平均无故障工作时间达几十万小时以上。

2. 存储器

PLC 系统中的存储器包括系统程序存储器和用户程序存储器。

1) 系统程序存储器

系统程序存储器用于存放 PLC 生产厂家编写的系统程序，并固化在 ROM 或 EPROM 存储器中，用户不可访问和修改。系统程序相当于个人计算机的操作系统，它关系到 PLC 的系统性能。系统程序包括系统监控程序、用户指令解释程序、标准程序模块、系统调用和管理等程序以及各种系统参数。

2) 用户程序存储器

用户程序存储器可分为三部分：用户程序区、数据区、系统区。

用户程序区用于存放用户经编程设备输入的应用程序。为了调试和修改方便，先把用户程序存放在随机读写存储器 RAM 中，经过运行考核、修改完善，达到设计要求后，再把它固化到 EPROM 中，替代 RAM 使用。

数据区用于存放 PLC 在运行过程中所用到的和生成的各种工作数据，包括输入/输出数据映像区数据、定时器以及计数器的设定值和当前值等数据。

系统区用于存放 CPU 相关的组态数据，例如输入输出组态、设置输入滤波、脉冲捕捉、输出表配置、定义存储区保持范围、模拟电位器设置、高速计数器配置、高速脉冲输出配置以及通信组态等。

上述用户程序或数据是不断变化的，不需要长久保存，因此可存放在随机读写存储器 RAM 中。由于 RAM 是一种挥发性器件，供电电源关掉后，其存储的内容会丢失，因此在实际使用中通常为其配备掉电保护电路，当供电电源关断后，由备用电池或大电容为它供电，保护其存储的内容不丢失。

3) 输入/输出单元(Input/Output Unit)

输入/输出单元是 PLC 的 CPU 与现场外部输入/输出装置或其他外部设备之间的接口电路。

输入单元将现场的输入信号经过输入单元接口电路的转换，变换为中央处理器能接受和识别的低电压信号，送给中央处理器进行运算；输出单元则将中央处理器输出的低电压信号变换为控制器件所能接受的电压、电流信号，以驱动信号灯、电磁阀、接触器等。

所有输入/输出单元均带有光电耦合电路，其目的是把 PLC 与外部电路隔离开来，以提高 PLC 的抗干扰能力。

为了滤除外部噪声和便于 PLC 对外部信号的处理，输入单元还有滤波、电平转换和信号锁存电路；输出单元也有输出锁存器、显示、电平转换和功率放大电路。

通常，PLC 的输入单元有直流、交流和交直流输入三种类型；PLC 的输出单元有晶体管输出、晶闸管输出和继电器输出三种类型，其中晶体管输出类型用于驱动直流负载，晶闸管输出类型用于驱动交流负载，继电器输出类型用于驱动交流和直流负载。此外，PLC 还提供一些智能型输入和输出单元。

4) 编程设备

过去的编程设备一般是编程器，由于其使用不方便，现在已经不再使用，取而代之的是在 PC 上运行的基于 Windows 的编程软件。使用编程软件可以直接在屏幕上编辑和生成梯形图、语句表、功能块图和顺序功能图程序，并可以实现不同编程语言的相互转换。程序被编译后下载到 PLC，也可以将 PLC 中的程序上传到计算机。程序可以保存和打印，通过网络，还可以实现远程编程和传送。更方便的是，编程软件的实时调试功能非常强大，不仅能监视 PLC 运行过程中的各种参数和程序执行情况，还能进行智能化的故障诊断。

5) 电源单元

电源单元是 PLC 的供电部分。它的作用是把外部供应的电源变换成系统内部各单元所需的电源。有的电源单元还向外提供 24 V 直流电源，可供开关量输入单元连接的现场无源开关等使用。电源单元还包括掉电保护电路和后备电池电源，以保持 RAM 在外部电源断电后存储的内容不丢失。PLC 的电源一般采用开关电源，其特点是输入电压范围宽、体积小、重量轻、效率高以及抗干扰性能好。

2.3.2 PLC 的工作原理

1. 模拟继电器接触器控制系统的编程方法

电气控制线路图中，根据流过电流的大小不同可分为主电路和控制电路。用 PLC 替代继电器接触器控制系统只是替代其中的控制电路部分，而主电路部分基本保持不变。对于控制电路，它又可分成三个部分：输入部分、逻辑部分和输出部分，如图 2-2(a)所示。输入部分由全部的外部输入信号构成，这些输入信号来自被控对象上的各种开关信息，如控制按钮、操作开关、限位开关或光敏管信号等。输出部分由全部的外部输出元件构成，如接触器线圈或电磁阀线圈等执行电器以及信号灯。逻辑部分由各种主令电器、继电器或接触器等电器的触点和导线组成，各电器触点之间以固定的方式接线，其控制逻辑就体现在硬接线中，这种固化的逻辑结构不能灵活变更。

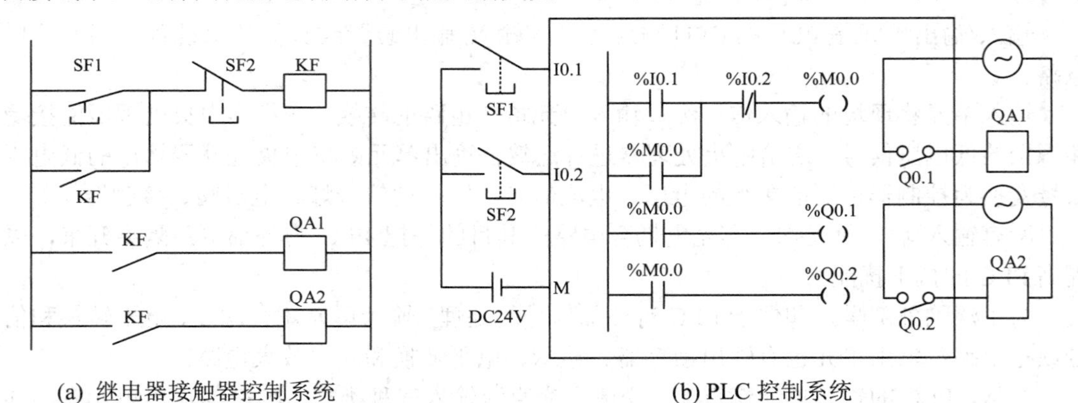

(a) 继电器接触器控制系统　　(b) PLC 控制系统

图 2-2　PLC 控制系统与继电器控制系统比较

图 2-2(b)为对应的 PLC 控制系统，PLC 控制系统也可分为三个部分：输入部分、逻辑部分和输出部分，这与继电器接触器控制系统很相似。其输入/输出部分与继电器接触器控制系统所用的电器相同，不同的是 PLC 中输入/输出部分多了输入/输出单元，增加了光电耦合、电平转换和功率放大等功能。PLC 的逻辑部分是由微处理器和存储器组成，由计算机软件替代继电器控制电路，实现“软接线”，可以灵活编程。尽管 PLC 与继电器接触器控制系统的逻辑部分组成元件不同，但所起的逻辑控制作用是一致的。因而我们可以把 PLC 内部看作有许多“软继电器”，如“输入继电器”“输出继电器”“中间继电器”“时间继电器”等。这样就可以模拟继电器接触器控制系统，仍然按照设计电气控制线路图的方法来编写程序，也就是 PLC 中的梯形图编程方法，其与电气控制线路图相对应，使用起来非常方便。使用梯形图语言编程时，完全可以不考虑微处理器内部的复杂结构，也不必使用计算机高级语言。由于 PLC 的输入/输出部分与继电器接触器控制系统大致相同，因而在安装和使用时也完全可以按常规继电器接触器控制系统的接线方式进行。

图 2-2(a)所示的继电器接触器控制系统是一种硬件逻辑系统，按下按钮 SF1 后，中间继电器 KF 得电并自锁，同时 KF 的另外两个常开触点闭合，接触器 QAI 和 QA2 同时得电，所以继电器接触器控制系统采用的是并行工作方式。

而 PLC 是一种工业计算机系统，它建立在计算机工作原理基础之上，即通过执行反映控制工艺的用户程序来实现的，如图 2-2(b)所示。CPU 是以分时操作方式来处理各项任务的，计算机在每一瞬间只能做一件事，执行梯形图程序时，按照从上向下、从左往右的顺序依次完成各元件指令的动作，所以它属于串行工作方式。

2. 建立 I/O 映像区

PLC 存储器内部设置了 I/O 映像区，该区域大小决定于 PLC 的系统程序。对于系统的任一数字量输入(模拟量输入)，总有输入过程映像区的一个位(一个字)与之相对应；对于系统的任一数字量输出(模拟量输出)，都有输出过程映像区的一个位(一个字)与之相对应。系统输入和输出通道的编址号与 I/O 映像区的寄存器地址号相对应。

PLC 工作时，将采集到的外部输入信号状态存放在输入过程映像区对应的位或字地址中；将运算结果存放在输出过程映像区对应的位或字地址中。PLC 在执行用户程序时所需的输入/输出数据直接从对应的 I/O 映像区中读取，而不直接访问外部设备。

I/O 映像区使 PLC 工作时只和内存地址内所存放的信息状态发生联系，而系统输出时也只向内存对应地址中写入一个数据。这样不仅加快了程序执行的速度；而且还使 PLC 控制系统与外设信号隔开，提高了系统的抗干扰能力；同时控制系统远离实际控制对象，为硬件标准化生产创造了条件。

3. 循环扫描的工作方式

1) PLC 的工作过程

PLC 上电后，操作系统将按照从上向下、从左往右的顺序周期性循环地对系统内部的各种任务进行查询、判断和执行，即采用顺序循环扫描的工作方式。执行一个循环扫描过程所需的时间称为扫描周期，其典型值为(1～100) ms。PLC 的工作过程如图 2-3 所示。

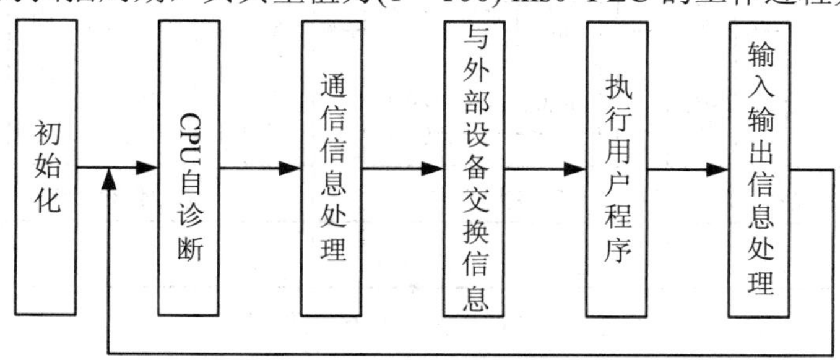

图 2-3　PLC 的工作过程

(1) 初始化。

PLC 上电后，首先进行系统初始化，清除内部寄存器数据、复位定时器等。

(2) CPU 自诊断。

PLC 在每个扫描周期开始时都要进入 CPU 自诊断阶段，对电源、PLC 内部电路和用户程序语法进行检查，定期复位监控定时器(看门狗)等，以确保系统可靠运行。

(3) 通信信息处理。

每个扫描周期完成一次 PLC 的通信处理，进行 PLC 与 PLC 之间、PLC 与计算机之间的信息交换以及 PLC 与其他带微处理器的智能装置(智能 I/O 模块)之间的通信。

(4) 与外部设备交换信息。

PLC 与外部设备连接时，每个扫描周期内要与外部设备交换信息。这些外部设备有编程设备、终端设备、触摸屏或打印机等。编程设备是人机交互的设备，用户可以通过编程设备进行程序的编写、调试和在线监视等。用户把应用程序下载到 PLC 时，PLC 与编程设备之间要进行信息交换，当在线编程、在线修改或在线运行监控时，也要求 PLC 与编程设备进行信息交换。

(5) 执行用户程序。

PLC 在运行状态下将执行用户程序，以扫描的方式按照从上向下、从左往右的顺序逐句扫描处理，扫描一条执行一条，并把运算结果存放在对应的输出过程映像区中。

(6) 输入输出信息处理。

PLC 在运行状态下，以扫描的方式把外部输入信号的状态存放在输入过程映像区；将运算处理后的结果存放在输出过程映像区，直至传送到外部实际被控设备。

PLC 周而复始地执行上述工作过程，直至停机。

2) 用户程序的循环扫描过程

PLC 的工作过程与 CPU 的操作方式有关。CPU 有两个操作方式：STOP 和 RUN。它们的主要差别在于 RUN 方式下执行用户程序，而在 STOP 方式下不执行用户程序。下面对 RUN 方式下执行用户程序的过程进行详细讨论。

PLC 对用户程序进行循环扫描可分为三个阶段：输入采样阶段、程序执行阶段和输出刷新阶段。如图 2-4 所示为 PLC 用户程序的工作过程。

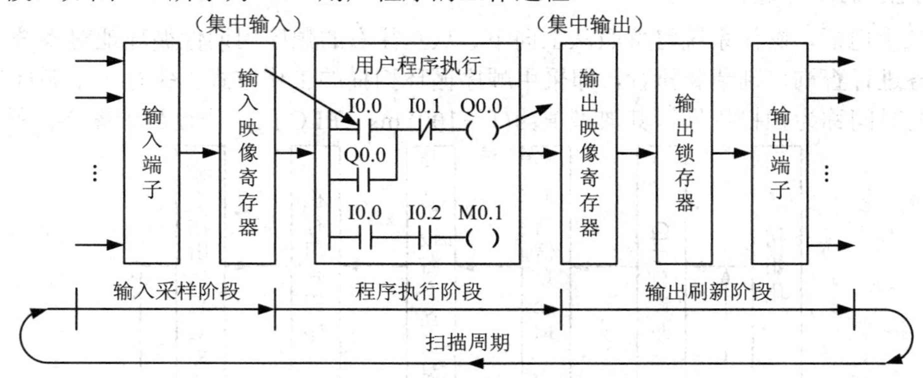

图 2-4　PLC 用户程序的工作过程

(1) 输入采样阶段。

每个扫描周期内，PLC 将现场的外设输入状态采集到控制器中，通常在扫描周期的开始或结束时进行定时采集，这一阶段称为输入采样阶段。

PLC 在输入采样阶段，以扫描方式顺序读入所有输入端的状态，并将此状态存入到输入过程映像区，这是一种集中采样方式。输入过程映像区的数据供操作系统执行用户程序时读取。程序执行期间即使外部输入信号状态发生变化，输入过程映像区的内容也不会再改变，这些变化只有到下一个扫描周期的输入采样阶段才被读入。

(2) 程序执行阶段。

PLC 在程序执行阶段，在无中断或跳转指令的情况下，从梯形图首地址开始按照从上向下、从左往右的顺序，对每条指令逐句扫描，扫描一条，执行一条。执行程序时，梯形图中的输入继电器的状态取自于输入过程映像寄存器的状态，并将运算的结果存放在输出过程映像寄存器中。实际上，CPU 在执行程序时所取用的输入输出信号数据均取自于输入和输出过程映像寄存器；CPU 程序执行的结果则写入到相应的输出过程映像寄存器(不是实际物理输出)，输出过程映像区的内容将随着程序执行的进程而变化。

PLC 的扫描既可按固定的顺序进行，也可以按用户程序所指定的可变顺序进行。因为有的程序不需要每个扫描周期执行一次，而且在复杂控制系统中需要处理的 I/O 点数较多，通过灵活调用不同的程序块，采用分时分批扫描执行的办法，可缩短循环扫描的周期和提高系统的实时响应性。

(3) 输出刷新阶段。

所有指令执行完毕后，进入到输出刷新阶段，CPU 将输出过程映像区的内容集中转存到输出锁存器，然后传送到相应的输出硬件端子，最后再去驱动实际输出负载，这才是 PLC 的实际输出过程，是一种集中输出的方式。

用户程序执行中，集中输入采样与集中输出刷新的工作方式是 PLC 的一个特点，在采样期间，将所有输入信号(不管该信号当时是否要用)一起读入，此后在整个程序处理过程中 PLC 系统与外设信号隔开，直至输出控制信号。外设信号状态的变化要等到下一个扫描周期再进行处理。这样从根本上提高了系统的抗干扰能力和工作的可靠性。

在程序执行阶段，由于输出过程映像区的内容会随着程序执行的进程而变化，所以在程序执行过程中，所扫描到的指令经执行后，其结果马上就可以被后面将要扫描的指令所利用，因而简化了程序的设计。

由于 PLC 采用周期性循环扫描方式，会稍微造成物理输入和输出信号的延迟响应，编程时的指令顺序也会影响响应时间。因此，在编程时应该优化程序指令的顺序。

本章习题

1. 国际电工委员会关于 PLC 的定义是什么？
2. PLC 的主要功能有哪些？
3. PLC 的结构形式有哪些？
4. PLC 有哪些基本组成部分？
5. 简述 PLC 的用户程序存储器的划分。
6. 简述 PLC 用户程序的工作过程。

第 3 章　S7-1200 PLC 基础知识

随着工业自动化程度的不断提高以及计算机网络通信技术的不断发展，工业自动控制系统正在向分散化、智能化和网络化方向发展。作为西门子公司在小型 PLC 市场中的主流产品，S7-200 PLC 已无法满足通信联网的要求。为了继续保持市场占有率，西门子公司于 2009 年正式发布了新一代紧凑型、模块化的 PLC——SIMATIC S7-1200，专门用以取代 S7-200 PLC。与 S7-200 PLC 相比，S7-1200 PLC 除了结构更紧凑、硬/软件资源更丰富、模块扩展更灵活、处理速度更快、可以完成更为复杂的逻辑控制及各种集成工艺控制等优点外，它还增加了 Profinet 通信功能，非常容易与其他智能设备(其他 PLC、HMI 或变频器等)之间进行通信联网。由于 S7-1200 PLC 自身强大的功能和较高的性价比，加上 2013 年 S7-200 PLC 的停产，S7-1200 PLC 正逐步成为小型 PLC 市场的主流产品。

本章首先介绍 S7-1200 PLC 的硬件系统，如各种 CPU 和扩展单元的硬件资源、输入/输出端接线等，为读者进行系统硬件配置、外部接线以及后续程序编写提供依据；然后重点讲解 S7-1200 PLC 的软件系统，如软件程序架构、内部存储区及寻址方式，为读者更好地理解 S7-1200 PLC 的工作原理及软件资源打下基础；接着介绍 S7-1200 PLC 中的各种数据类型，这些数据类型在数据处理中有着广泛的应用，也是编程所具备的基本知识；最后简单介绍 S7-1200 PLC 支持的编程语言，并通过实例对比分析各种程序设计方法的特点。

3.1　S7-1200 PLC 硬件系统

3.1.1　CPU 模块

1. 技术参数

S7-1200 属于新一代小型 PLC，其主机单元(CPU)上集成了微处理器、电源、Profinet 通信端口以及一定数量的输入/输出(I/O)点，自身即可组成一个小的控制系统，其实物图如图 3-1 所示。如果需要其他控制功能(如串口通信、模拟量输入输出处理等)，仅需外扩相应的模块即可。

S7-1200 PLC
硬件系统

S7-1200 PLC 有五种型号的 CPU 模块：CPU1211C、CPU1212C、CPU1214C、CPU1215C 以及 CPU1217C，主要技术参数如表 3-1 所示。

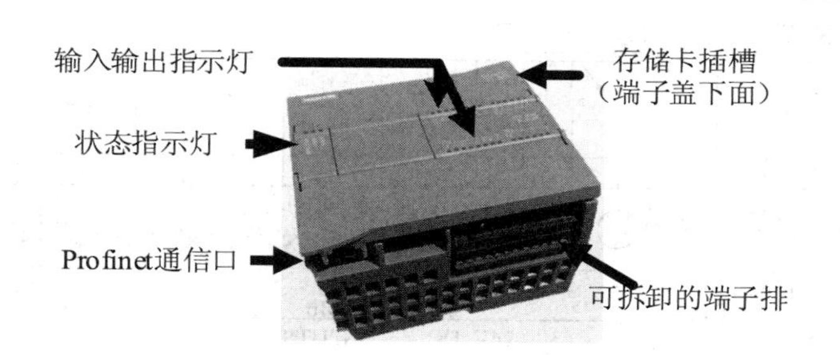

图 3-1　S7-1200 CPU 实物图

表 3-1　S7-1200 CPU 主要技术参数

CPU 参数	CPU1211C	CPU1212C	CPU1214C	CPU1215C	CPU1217C
类型	DC/DC/DC，AC/DC/RLY，DC/DC/RLY				
集成数字量 I/O	6DI/4DO	8DI/6DO	14DI/10DO	14DI/10DO	14DI/10DO
集成模拟量 I/O	2AI	2AI	2AI	2AI/2AO	2AI/2AO
最大本地数字量I/O	14	82	284	284	284
最大本地模拟量I/O	3	19	67	69	69
高速计数器	3	4	6	6	6
CPU 通信端口	1	1	1	2	2
SB 信号板扩展	最多 1 个	最多 1 个	最多 1 个	最多 1 个	最多 1 个
SM 信号模块扩展	无	最多 2 个	最多 8 个	最多 8 个	最多 8 个
CM 通信模块扩展	3	3	3	3	3
上升沿/下降沿中断	6/6	8/8	12/12	12/12	12/12
高速计数器个数/最高频率	3/100 kHz	3/100 kHz、1/30 kHz	3/100 kHz、3/30 kHz	3/100 kHz、3/30 kHz	3/100 kHz、2/30 kHz、1/1 MHz

2. 硬件接线

根据供电电源和输入/输出接口电路的不同，S7-1200 PLC 中的每个 CPU 均具有三种类型：AC/DC/RLY、DC/DC/RLY、DC/DC/DC。以下以 CPU1214C 为例，来介绍三种类型 CPU 的接线图，其他 CPU 可参照 CPU1214C 进行接线。

图 3-2 为 AC/DC/RLY 型 CPU 的接线图，供电电源一般采用外部电源 AC220V；输入接口电路所需的 DC24V，可以采用外部 DC24V 电源，也可采用 CPU 内部的 DC24V 电源(左上角)，若采用内部电源，需将输入电路的 1M 与内部电源的 M 短接，将内部电源的 L+ 引出作为外部输入信号的公共端；输出接口电路为无源节点，可驱动交、直流负载，需根据实际负载选择外部电源。

图 3-3 为 DC/DC/RLY 型 CPU 的接线图，供电电源一般采用外部电源 DC 24 V；输入输出接口电路与 AC/DC/RLY 相同。

图 3-4 为 DC/DC/DC 型 CPU 的接线图，供电电源一般采用外部电源 DC 24 V；输出接口电路只能驱动直流负载，需要外部提供 DC 24 V 电源。

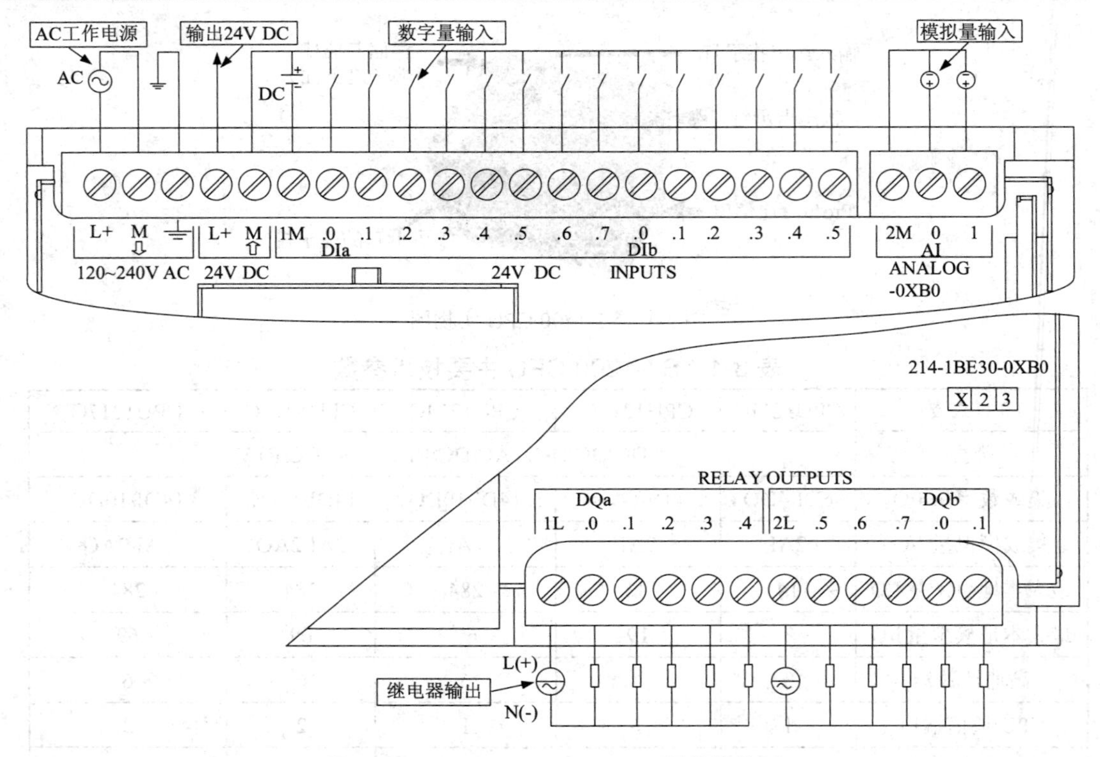

图 3-2　CPU1214C AC/DC/RLY 硬件接线图

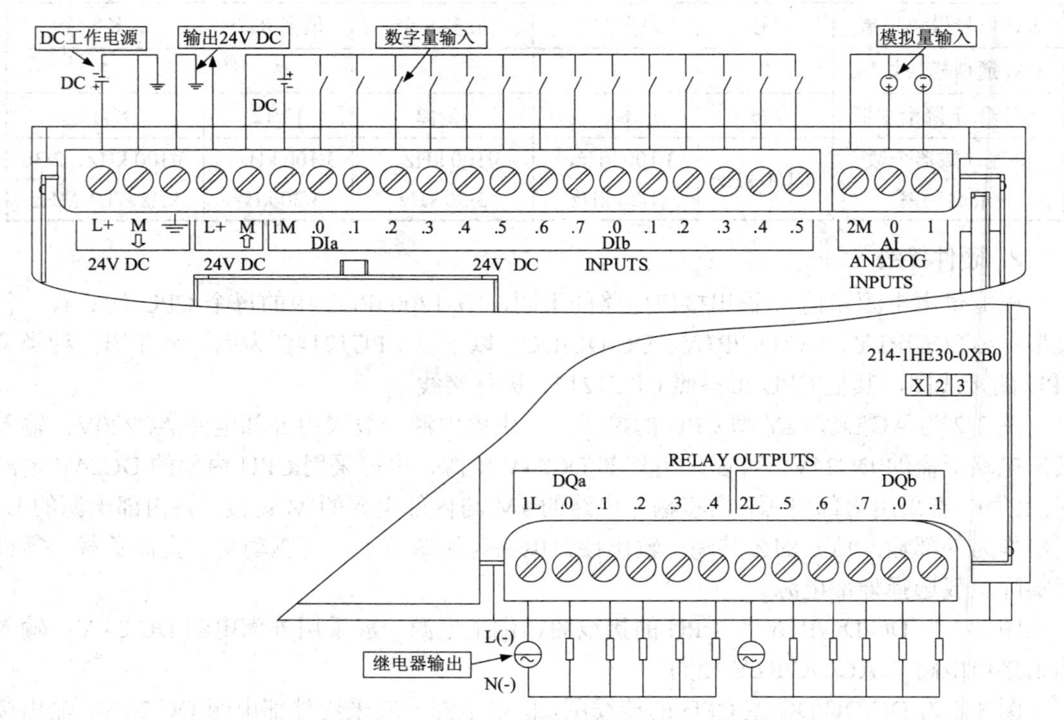

图 3-3　CPU 1214C DC/DC/RLY 硬件接线图

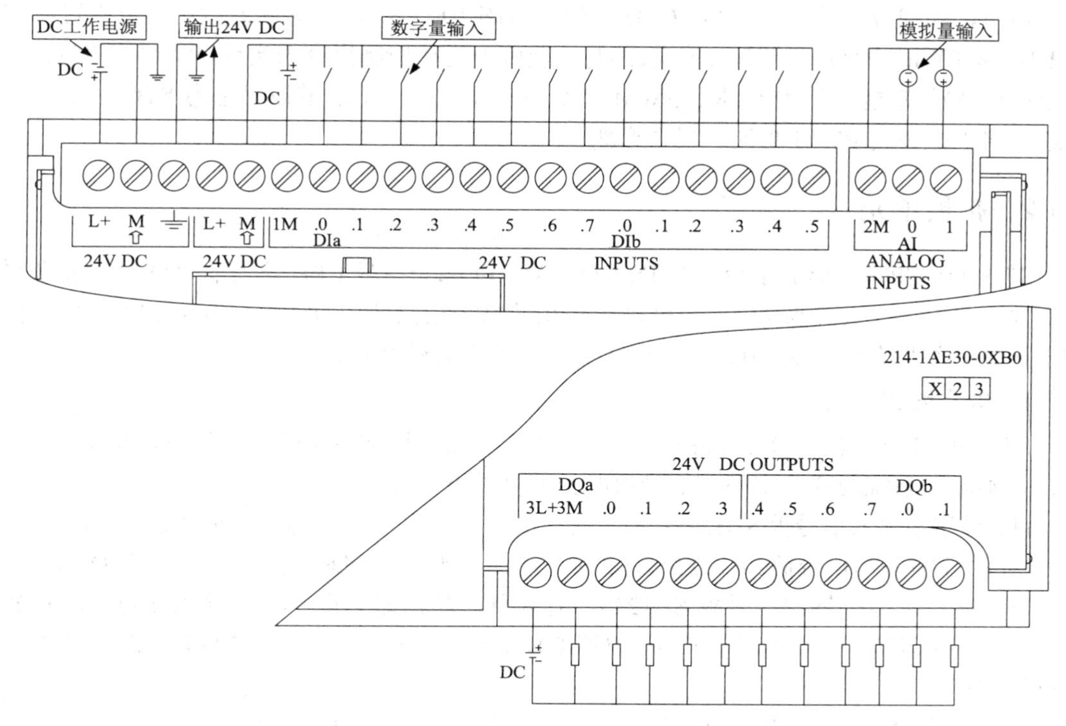

图 3-4　CPU1214C DC/DC/DC 硬件接线图

3. 工艺功能

针对工业常见的控制要求，S7-1200 CPU 集成了相应的工艺功能，如高速计数器、PID 功能、运动控制功能以及高速脉冲发生器(PTO/PWM)等。

1) 高速计数器

S7-1200 CPU 集成了最多 6 个高速计数器(如表 3-1)，其不受 CPU 循环扫描周期的影响，用来对轴编码器等设备发出的高频脉冲进行计数。可测量的单相脉冲最高频率高达 100 kHz，双相或 A/B 相脉冲最高频率高达 30 kHz。

2) PID 功能

PID 功能常用于需要进行闭环控制的过程控制系统中，如温度、压力、流量、转速等物理量的闭环控制。S7-1200 CPU 提供了最多 16 个 PID 控制器，可同时进行多个回路闭环控制，用户可手动调试 PID 参数，也可使用 PID 参数自整定功能来自动计算回路增益、积分时间和微分时间等参数。

3) 运动控制功能

运动控制功能常用于伺服电机、步进电机的速度及位置控制场合。S7-1200 PLC 在运动控制功能中使用轴的概念，通过对轴的组态(驱动器接口、位置限制、动态特性以及机械特性等)，结合相应的指令块(满足 PLCopen 规范)，可实现绝对位置、相对位置、转速控制以及自动寻找参考点的功能。

4) 高速脉冲发生器(PTO/PWM)

高速脉冲发生器可在 S7-1200 CPU 和信号板的指定端口发出高频脉冲，用以精确控制电机转速、阀门位置等。S7-1200 CPU 提供了两路 100 kHz 的高速脉冲输出，分别可组态为 PTO 或 PWM，PTO(固定 50%占空比)的功能可由运动控制指令来实现，PWM(周期固定、占空比可变)的功能可使用 CTRL_PWM 指令块实现。当一个通道被组态为 PTO 功能时，该通道将不能使用 PWM 功能，反之亦然。

3.1.2 扩展单元

S7-1200 CPU 上集成了少量的 DI/DO、AI/AO(部分型号 CPU 不具有 AO)，当复杂系统需要更多 I/O 点或其他功能时，可以在 CPU 的基础上增加扩展单元。S7-1200 CPU 支持的扩展单元类型有信号板 SB、信号模块 SM 以及通信模块 CM。

1) 信号板 SB

S7-1200 本体上(正面)可支持扩展一块信号板，用于增加少量的数字量或模拟量 I/O 点数，且不增加系统的安装空间。信号板的类型有以下 5 种：

(1) 数字量输入信号板 SB1221：有 2 种产品，即 4 点 5 V DC 输入、4 点 24 V DC 输入。

(2) 数字量输出信号板 SB1222：有 2 种产品，即 4 点 5 V DC 输出、4 点 24 V DC 输出。

(3) 数字量输入/输出信号板 SB1223：有 3 种产品，即 2 点 5VDC 输入/2 点 5VDC 输出、2 点 24VDC 输入/2 点 24VDC 输出(普通)、2 点 24VDC 输入/2 点 24VDC 输出(支持高速脉冲输出)。

(4) 模拟量输入信号板 SB1231：有 3 种产品，即 1 路 AI、1 路热电阻(RTD)输入、1 路热电偶(TC)输入。

(5) 模拟量输出信号板 SB1232：有 1 种产品，即 1 路 AO。

以 SB1223 和 SB1232 为例，其信号板的硬件接线如图 3-5 所示。

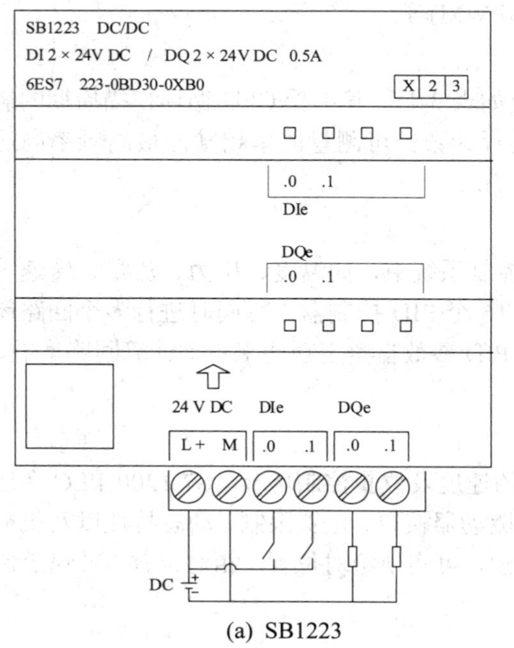

(a) SB1223

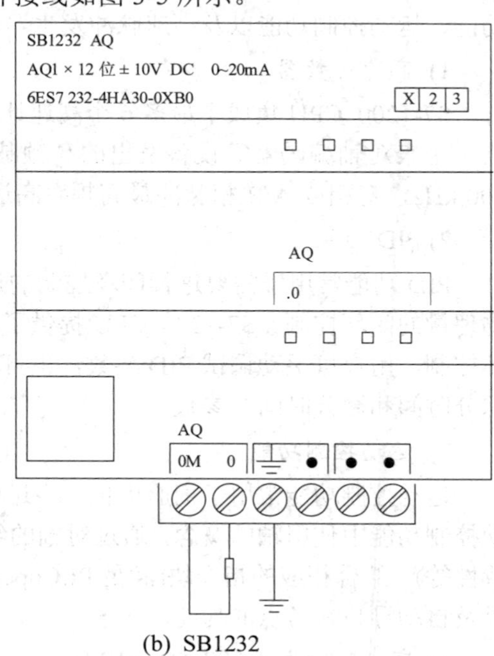

(b) SB1232

图 3-5　信号板硬件接线图

2) 信号模块 SM

若实际系统所需的数字量或模拟量 I/O 点数较多，可根据需要扩展信号模块(不同型号 CPU 可扩展的信号模块个数详见表 3-1)，将它们依次安装在机架中 CPU 的右侧，并通过通信总线连接即可。信号模块的类型有以下 6 种：

(1) 数字量输入信号模块 SM1221：有 2 种产品，即 8 点 24 V DC 输入、16 点 24 V DC 输入。

(2) 数字量输出信号模块 SM1222：有 5 种产品，即 8 点 RLY 输出、8 点 24 V DC 输出、8 点 RLY 输出(NC 和 NO 可切换)、16 点 RLY 输出、16 点 24 V DC 输出。

(3) 数字量输入/输出信号模块 SM1223：有 5 种产品，即 8 点 24 V DC 输入/8 点 RLY 输出、8 点 24 V DC 输入/8 点 24 V DC 输出、16 点 24 V DC 输入/16 点 RLY 输出、16 点 24 V DC 输入/16 点 24 V DC 输出、8 点 120 V(230 V)输入/8 点 RLY 输出。

(4) 模拟量输入信号模块 SM1231：有 7 种产品，即 4 路 13 位输入、4 路 16 位输入、8 路 13 位输入、4 路热电阻(RTD)输入、4 路热电偶(TC)输入、8 路热电阻(RTD)输入、8 路热电偶(TC)输入。

(5) 模拟量输出信号模块 SM1232：有 2 种产品，即 2 路 14 位输出、4 路 14 位输出。

(6) 模拟量输入/输出信号模块 SM1234：有 1 种产品，即 4 路输入/2 路输出。

以 SM1231 和 SM1232 为例，其信号模块的硬件接线如图 3-6 所示。

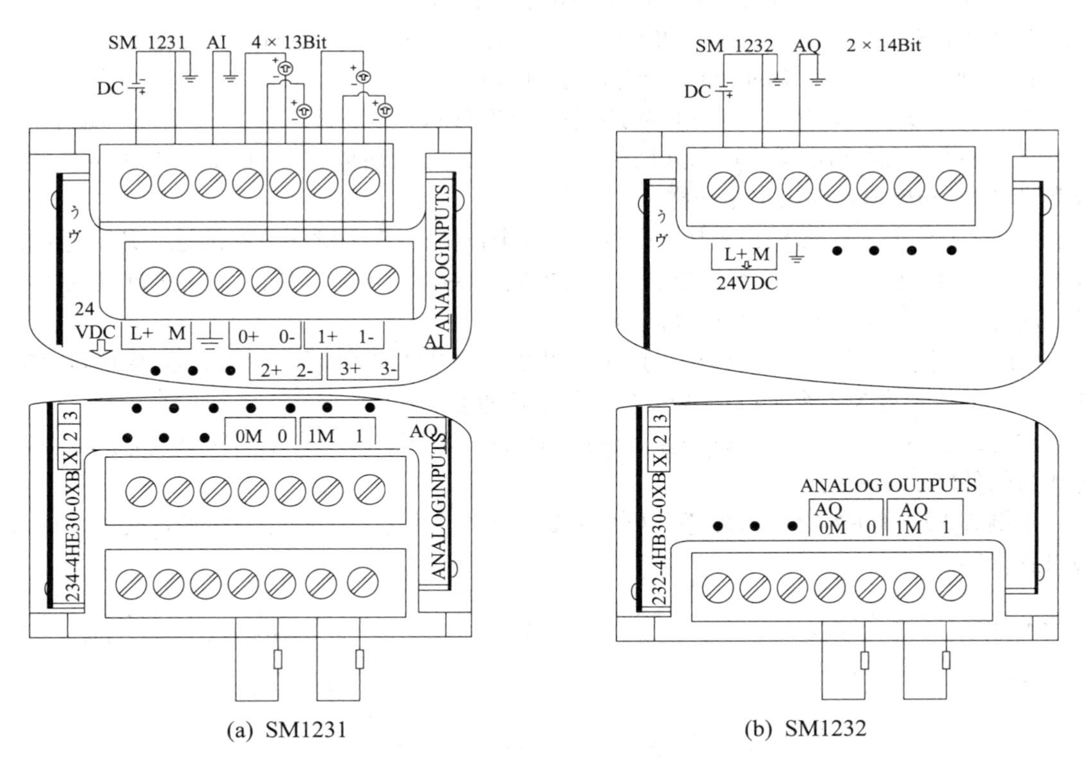

(a) SM1231　　(b) SM1232

图 3-6　信号模块硬件接线图

3) 通信模块 CM

S7-1200 CPU 本机上已集成了最多两个 Profinet 以太网通信端口，若实际系统需要其他通信方式时，可根据需要扩展通信模块(S7-1200 CPU 最多可扩展 3 个通信模块)，将它们依次安装在机架中 CPU 的左侧，并通过总线连接即可。通信模块的类型有以下 4 种：

(1) 点到点通信模块 CM1241：有 3 种产品，即 RS232 通信模块、RS485 通信模块、RS422/485 通信模块。

(2) Profibus 通信模块：有 2 种产品，即 CM1242-5 通信模块(从站)、CM1243-5 通信模块(主站)。

(3) AS-i 通信模块：有 1 种产品，即 CM1243-2 通信模块。

(4) 工业远程通信模块：有 5 种产品，即 CP1243-1 通信模块(以太网)、CP1243-1 DNP3 通信模块(DNP3 协议)、CP1243-1 IEC 通信模块(IEC 协议)、CP1243-7 GPRS 通信模块(连接至 GSM/GPRS)、CP1243-7 LTE 通信模块(通过 LTE-EU 标准连接至 GSM/GPRS)。

3.1.3　扩展 I/O 点的编址

在利用信号模块进行 I/O 点数扩展时，除了模块之间的硬件连接之外，还需对扩展的信号模块进行 I/O 地址的分配。

S7-200 中，CPU 和各个扩展模块中 I/O 的地址是固定的，软件自行按照从 CPU 到扩展模块的顺序依次分配相应地址，用户无法修改。S7-1200 与 S7-200 不同，CPU 和各个扩展模块的 I/O 地址可以选择为默认分配，也可在硬件组态时灵活修改，然而 S7-1200 默认分配的地址会有一定的间隔，为了方便编程，有时需对默认地址进行重新分配。

S7-1200 扩展信号模块的 I/O 地址分配原则如下：

(1) 从 CPU 开始，按照从左到右的次序，依次对同类型的输入/输出模块进行编址。

(2) 数字量输入和模拟量输入共用同一个映像寄存器，所以它们的地址不能相互重复，数字量 输出和模拟量输出也是一样。

(3) 对于数字量输入/输出模块，按照一组 8 个位(1 个字节)顺序分配地址。实际使用地址不足 8 位的模块，未用位不能分配给后续扩展模块(保留给本模块)，后续扩展模块的同类型地址应从下一组(下一字节)开始分配。

(4) 对于模拟量输入/输出模块，按照一组 2 个字节(1 个字)顺序分配地址(模拟量对应的数字量单位长度为 2 个字节)，只要保证地址不重复即可。

注意：上述分配地址的原则是作者建议的做法，不同工程师有不同的分配方法，也可选择为软件默认分配的地址。

【例 3-1】 某 S7-1200 控制系统硬件配置如图 3-7 所示，请按照顺序对各模块的输入输出进行编址。

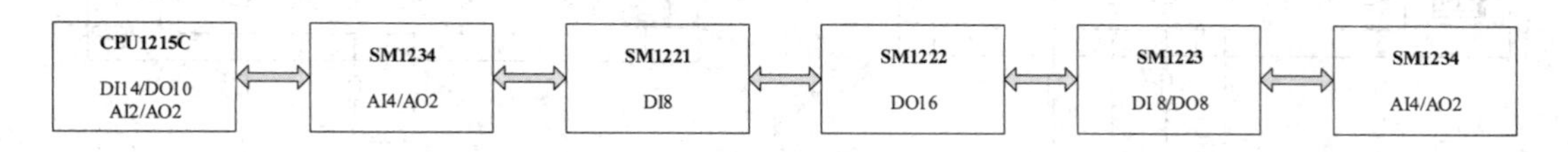

图 3-7　S7-1200 控制系统硬件配置图

解　该题中的地址分配并不唯一，一般习惯从 CPU 方向向右依次编址。CPU 中，数字量输入、输出默认起始于第 0 个字节，模拟量输入、输出默认起始于第 64 个字节，后续扩展模块可顺序编址。具体地址分配表如表 3-2 所示。

表 3-2　某 S7-1200 控制系统地址分配表

CPU1215C				SM1234		SM1221	SM1222	SM1223		SM1234	
DI14	DO10	AI2	AO2	AI4	AO2	DI8	DO16	DI8	DO8	AI4	AO2
I0.0	Q0.0	IW64	QW64	IW68	QW68	I2.0	Q2.0	I3.0	Q4.0	IW76	QW72
I0.1	Q0.1	IW66	QW66	IW70	QW70	I2.1	Q2.1	I3.1	Q4.1	IW78	QW74
I0.2	Q0.2			IW72		I2.2	Q2.2	I3.2	Q4.2	IW80	
I0.3	Q0.3			IW74		I2.3	Q2.3	I3.3	Q4.3	IW82	
I0.4	Q0.4					I2.4	Q2.4	I3.4	Q4.4		
I0.5	Q0.5					I2.5	Q2.5	I3.5	Q4.5		
I0.6	Q0.6					I2.6	Q2.6	I3.6	Q4.6		
I0.7	Q0.7					I2.7	Q2.7	I3.7	Q4.7		
I1.0	Q1.0						Q3.0				
I1.1	Q 1.1						Q3.1				
I1.2	*Q1.2*						Q3.2				
I1.3	*Q1.3*						Q3.3				
I1.4	*Q1.4*						Q3.4				
I1.5	*Q1.5*						Q3.5				
I1.6	*Q1.6*						Q3.6				
I1.7	*Q1.7*						Q3.7				

备注：斜体地址表示未被分配，保留给本模块。

3.2　S7-1200 PLC 软件系统

S7-1200 PLC 的软件系统包括程序架构、程序执行方式、数据类型、寻址方式以及编程语言等。其软件系统与 S7-300/400 PLC 更接近，开发环境为全集成自动化软件 TIA portal，该软件支持对 S7-1500/1200/300/400 控制器、西门子 HMI 产品、基于 PC 的 WinCC 自动化系统以及变频驱动产品等大多数西门子自动化产品进行组态、编程和调试。

S7-1200 PLC
软件系统

3.2.1　S7-1200 PLC 程序架构

与 S7-300/400 相似，S7-1200 在编程时采用“块”(类似于子程序块)的概念。将整个程序分解为相互独立的各个子块。对于复杂控制系统，利用各种块对整个复杂系统进行分解简化，有利于程序的设计和理解；也可以将类似的功能设计成标准的程序块进行重复调用，达到简化程序、方便修改等目的。

S7-1200 PLC 软件支持 4 种类型的块结构，如表 3-3 所示。

表 3-3　S7-1200 支持的块结构

块类型	块 说 明
组织块 OB	操作系统和用户程序之间的接口，用来定义程序结构
功能块 FB	用户编写的代码块，带存储器(将输入/输出参数永久地存储在对应背景数据块中)
功能 FC	用户编写的代码块，不带存储器，可使用全局数据块存储数据
数据块 DB	存储用户程序数据的区域，分为全局数据块和背景数据块

1. 组织块

组织块(Organization Block，OB)是操作系统和用户程序之间的接口，可通过对组织块编程来控制 PLC 的动作。组织块由操作系统调用，对应于 CPU 中的特定事件。用组织块可以创建在特定时间执行的程序以及响应特定事件的程序等。

S7-1200 PLC 支持 7 种类型的组织块：程序循环组织块、启动组织块、延时中断组织块、循环中断组织块、硬件中断组织块(包括边沿中断和 HSC 中断)、时间错误中断组织块和诊断错误中断组织块，如表 3-4 所示。

表 3-4　S7-1200 的组织块类型

事件名称	数量	OB 编号	启动事件	队列深度	优先级	优先组
程序循环	≥1	1；≥123	启动或结束前一循环 OB	1	1	1
启动	≥0	100；≥123	从 STOP 切换到 RUN	1	1	
延时中断	≤4	20～23；≥123	延迟时间到	8	3	2
循环中断	≤4	30～38；≥123	固定的循环时间到	8	4	
边沿中断	≤32	40～47；≥123	16 个 DI 上升沿/16 个 DI 下降沿	32	5	
HSC 中断	≤18	40～47；≥123	6 个 HSC 计数值＝设定值、6 个计数方向变化、6 个外部复位	16	6	
诊断错误中断	0 或 1	82	模块检测到错误	8	9	
时间错误中断	0 或 1	80	超过最大循环时间	8	26	3

由表 3-4 可知：不同类型的组织块被分为三个优先组，高优先组(组号大者)中的组织块可中断低优先组中的组织块；如果同一优先组中的组织块同时触发，则按其优先级由高到低顺序进行排队依次执行；如果同一个优先级的组织块同时触发，则按块的编号由小到大依次执行。

S7-1200 为每个优先组中的事件提供了临时(本地)存储器，依次为 16 KB 用于启动和程序循环(包括相应的 FB 和 FC)、4KB 用于标准中断事件(包括相应的 FB 和 FC)、4 KB 用于错误中断事件(包括相应的 FB 和 FC)。

注意：在每个 OB 块中均可调用功能 FC 或功能块 FB 等程序代码块，且支持嵌套调用。若从程序循环或启动 OB 开始调用 FC/FB 等程序代码块，嵌套深度为 16 层；若从延时中断、循环中断、硬件中断、时间错误中断或诊断错误中断 OB 开始调用 FC/FB 等程序代码块，嵌套深度为 4 层。

1) 程序循环组织块

CPU 处于 RUN 模式时，程序循环(Program cycle)组织块将周期性循环执行，新建 S7-1200 项目时，默认生成的主程序 Main[OB1]即为程序循环组织块。若要启动用户程序的执行，项目中至少要有一个程序循环组织块。操作系统每个循环周期调用该程序循环组织块一次，从而启动用户程序的执行。用户可根据实际需要，在程序循环组织块中放置控制程序的指令或调用其他 FC/FB 功能块。

S7-1200 允许同时使用多个程序循环组织块，按它们的编号由小到大顺序执行。程序循环组织块默认编号为 OB1，其他程序循环组织块的编号必须不小于 123。程序循环组织块的优先级为 1(最低优先级)，可被高优先级的组织块中断；程序循环执行一次需要的时间即为程序的循环扫描周期时间。最长循环时间缺省设置为 150 ms。如果程序超过最长循环时间，操作系统将调用时间错误组织块 OB80；如果 OB80 不存在，则 CPU 停机。

S7-1200 程序循环工作过程如图 3-8 所示，其工作过程可分为以下步骤：

(1) 操作系统启动扫描循环监视时间；

(2) 操作系统将输出过程映像区的值写到输出模块；

(3) 操作系统读取输入模块的输入状态，并更新输入过程映像区；

(4) 操作系统处理用户程序并执行程序中包含的运算；

(5) 当循环结束时，操作系统执行所有未决的任务，例如加载和删除块、调用其他循环 OB 等；

(6) CPU 返回循环起点，并重新启动扫描循环监视时间。

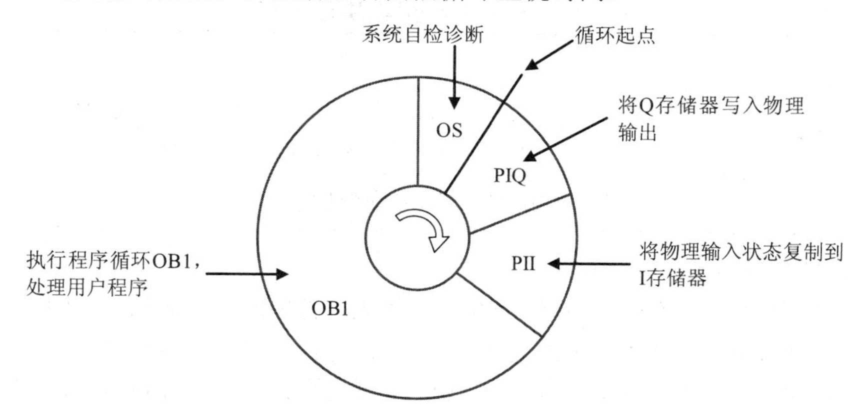

图 3-8　S7-1200 程序循环工作过程图

2) 启动组织块

启动(Startup)组织块一般用于编写初始化程序，如赋初始值等。如果 CPU 操作模式从 STOP 切换到 RUN(包括 RUN 模式下 CPU 断电再上电、执行 STOP 到 RUN 命令切换)，启动组织块将被执行一次。启动组织块执行完毕后才开始执行主程序循环组织块。S7-1200 同时支持多个启动组织块，按照编号由小到大顺序依次执行。启动组织块默认编号为 OB100。其他编号必须不小于 123。

3) 延时中断组织块

延时中断(Time delay interrupt)组织块在经过一段用户自定义的延时时间后，才执行该组织块里的程序，可用于故障处理等延时控制场合。S7-1200 最多同时支持四个延时中断组织块，编号必须为 20～23 或不小于 123。实现延时中断功能需相关指令加以配合，如表 3-5 所示。

表 3-5　延时中断组织块相关指令

指令名称	功 能 说 明
SRT_DINT	当 EN 使能端产生下降沿时，开始定时，启动 OB_NR 参数指定的延时中断组织块；达到 DTIME 参数指定的时间后，执行指定的延时中断组织块
CAN_DINT	取消已启动但尚未执行的延时中断组织块(由 OB_NR 参数指定)
QRY_DINT	使用该指令查询延时中断组织块的状态

一般在主程序中调用“SRT_DINT”指令来启动延时中断组织块，通过 OB_NR 和 DTIME 参数来指定需要启动的延时中断组织块以及延时时间，到达设定时间后，执行相应的延时中断组织块；调用“CAN_DINT”指令可以取消已启动但尚未执行的延时中断组织块；调用“QRY_DINT”指令可以查询延时中断组织块的工作状态。

4) 循环中断组织块

循环中断(Cyclic interrupt)组织块以固定的时间间隔周期性执行，可以用于模拟量采样等循环控制场合。S7-1200 最多同时支持四个循环中断组织块，编号必须为 30～38 或不小于 123。在创建循环中断组织块时即可设定循环周期；若需要在 CPU 运行时修改循环周期、相移时间，可使用“SET_CINT”和“QRY_CINT”指令，如表 3-6 所示。

表 3-6　循环中断组织块相关指令

指令名称	功 能 说 明
SET_CINT	当 EN 使能端产生上升沿时，重新设置 OB_NR 参数指定的循环中断组织块的循环时间、相移时间，以开始新的循环中断程序扫描过程
QRY_CINT	使用该指令查询循环中断组织块的状态

5) 硬件中断组织块

硬件中断(Hardware interrupt)组织块在发生相关硬件中断事件时执行，可以快速响应硬件中断事件并执行硬件中断组织块中的程序(例如立即停止某些关键设备)。

硬件中断事件包括数字量输入端的上升沿/下降沿事件和高速计数器事件。当发生硬件中断事件时，硬件中断组织块将中断正常的循环程序而优先执行。S7-1200 可以在硬件配置属性中预先定义硬件中断事件，一个硬件中断事件只允许对应一个硬件中断组织块，而一个硬件中断组织块可以分配给多个硬件中断事件。另外，在 CPU 运行期间，可使用“ATTACH”附加指令和“DETACH”分离指令对中断事件重新分配。硬件中断组织块的编号必须为 40～47，或不小于 123。

6) 诊断错误中断组织块

S7-1200 支持诊断错误中断，可以为具有诊断功能的模块启用诊断错误中断功能来检测模块状态。模块出现错误和解除错误时，系统均触发诊断错误中断(Diagnostic error interrupt)组织块 OB82，同时中断正常的循环程序；此时无论程序中有无诊断错误中断 OB82，CPU 均保持 RUN 模式，同时 ERROR 指示灯闪烁。如果希望 CPU 在接收到该类型的错误时进入 STOP 模式，可以在 OB82 中加入“STP”指令使 CPU 进入 STOP 模式。

调用诊断错误中断组织块时，通过监视 OB82 接口变量的信息，可以确定出现错误的设备、通道和错误原因。

7) 时间错误中断组织块

S7-1200 支持时间错误中断，当程序执行时间超过最大循环时间或发生时间错误事件(如：被调用的组织块正在执行、中断组织块队列发生溢出、由于中断负荷过大而导致中断丢失)时，将触发时间错误中断(Time error interrupt)组织块 OB80。OB80 优先级最高，它将中断所有正常循环程序或其他所有 OB 事件的执行而优先执行。

调用时间错误中断组织块时，通过监视 OB80 接口变量的信息，可确定相关错误信息。

2. 功能和功能块

功能(Function，FC)和功能块(Function Block，FB)是用户编写的程序块，作为子程序被 OB 或其他 FC、FB 进行调用。在被调用的 FC(或 FB)的块接口中定义输入/输出等参数，即可实现与调用它的块之间的数据传递。

FB 具有自己的存储区域(背景数据块)，在调用 FB 时必须为其指定至少一个背景数据块，用于存放 FB 的输入/输出参数、静态变量等数据，但不会保存局部变量(存放在临时数据存储区中)。背景数据块在 FB 被调用时自动打开，在 FB 执行完成后自动关闭；当 FB 执行完成后，存放在背景数据块中的数据不会丢失，这些数据可直接被其他程序块或 HMI(人机界面)直接访问。

FC 没有自己的存储区域，所使用的局部变量被临时存放在临时数据存储区中，FC 执行完成后，局部变量信息将丢失。若有 FC 执行后需要保存的数据，可采用全局变量(全局数据块或位存储区 M 等)，但会影响 FC 的可移植性；如果 FC 中仅使用局部变量，可直接将该 FC 移植到其他工程中；如果 FC 中包含全局变量，需保证移植后 FC 中使用的全局变量与其他块中使用的全局变量不冲突。由于 FC 没有自己的存储区域，不能给局部变量设置初始值，调用时需给所有的形参指定实参。另外，PLC 操作系统只负责分配临时区域而不管资源回收，所以 FC 编程时遵循的原则是先赋值再使用，否则临时区域的数据有可能是其他 FC 用剩下的，造成程序的混乱。

3. 数据块

数据块(Data Block，DB)是用于存放执行程序时所需数据以及程序执行结果的数据存储区，用户程序以位、字节、字或双字方式访问数据块中的数据。与代码块不同，数据块不含指令，数据块中变量的地址由软件按照变量生成先后顺序自动分配。

按照变量使用范围及用途不同，S7-1200 的数据块分为全局数据块和背景数据块。全局数据块用于存储全局数据，所有代码块(OB、FB、FC)都可访问全局数据块；背景数据块用于存储只在某个 FB 中需要存储的数据，是直接分配给特定 FB 的局部存储区，仅限特定的 FB 访问，S7-1200 中，除了一般 FB 使用的背景数据块外，还有专为定时器、计数器等指令使用的背景数据块。

全局数据块只包含静态变量，用户可以在变量表中自定义要包含的变量；背景数据块的结构和参数完全取决于指定功能块的接口声明，用户不能自行修改它的结构。用户在编辑生成数据块时，需要指定是否启用仅符号访问选项，此特性在数据块生成后无法修改。

3.2.2　S7-1200 PLC 存储区及寻址

S7-1200 与其他计算机控制系统一样，其具有的存储器用于存放操作系统数据、用户程序以及变量信息等，以保证 PLC 能够正常工作。

1. 物理存储器类型

1) 随机存取存储器(RAM)

RAM 是与 CPU 直接交换数据的内部存储器，类似于计算机的内存。RAM 中的数据可以根据用户需要进行读取或写入。电源断电后，RAM 中存储的数据将丢失，属于易失性存储器。

RAM 的工作速度快、价格便宜且改写方便，在 PLC 外部电源断电后，可通过锂电池对 RAM 中的用户程序和部分数据进行保存。早期的 PLC 产品大多采用 RAM 存放用户程序和数据。

2) 只读存储器(ROM)

ROM 中的数据只能供用户读取，不能写入。电源断电后，ROM 中存储的数据不会丢失，属于非易失性存储器，类似于计算机的 C 盘。ROM 主要用来存放 PLC 的系统程序和数据。

3) 闪存(Flash EPROM)/电可擦可编程只读存储器(EEPROM)

Flash EPROM 和 EEPROM 中存储的数据掉电后均可保持，属于非易失性存储器，类似于计算机的硬盘。可通过编程设备对其进行读取/写入数据，它兼顾 RAM 的随机存取和 ROM 的非易失性，但读写速度比 RAM 要慢。Flash EPROM 和 EEPROM 主要用来存放 PLC 的用户程序以及需要掉电保存的重要数据。S7-1200 的存储卡就属于这一类。

2. S7-1200 的内部存储器/区

物理存储器在逻辑上也可称为内部存储区，根据逻辑功能的不同，S7-1200 的内部存储区可分为用户存储区(User Memory)和系统存储区(System Memory)。

1) 用户存储区

用户存储区包括装载存储区(Load Memory)、工作存储区(Work Memory)和断电保持存储区(Retentive Memory)三种。

(1) 装载存储区：属于非易失性存储器，用于存放用户程序、数据及配置信息，物理性质上属于闪存/电可擦可编程只读存储器。下载到 CPU 中的用户程序将存储在装载存储区中，因此每种 CPU 都有内部装载存储区，且 CPU 电源断电后数据不会丢失。若未插入存储卡，则 CPU 使用内部装载存储区；若插入存储卡，则 CPU 使用该存储卡作为装载存储区，但装载存储区的实际容量不会超过内部装载存储区的容量(即使存储卡容量大于内部装载存储区容量)。另外，用户程序中的符号名和注释也可被下载到装载存储区中，便于用户程序的后期调试和维护。

(2) 工作存储区：属于易失性存储器，用于存放 CPU 运行时从装载存储区中复制来的用户数据，物理性质上属于随机存取存储器。CPU 上电后，将与程序执行有关的用户程序(如 OB、FB、FC 或 DB)从装载存储区复制到工作存储区中，提高了 CPU 的数据访问速度；CPU 断电后，工作存储区中的数据丢失。工作存储区容量不能被扩展。

(3) 断电保持存储区：属于非易失性存储器，用于存放断电时需要保存的重要数据。

CPU 断电时，将工作存储区指定的数据保存在断电保持存储区中，待电源恢复后(暖启动时)再将保存的数据还原至之前的地址，S7-1200 系列 CPU 均有 10 KB 的断电保持存储区。

S7-1200 用户存储区的具体大小如表 3-7 所示。

表 3-7　S7-1200 用户存储区大小

型号	CPU 1211C	CPU 1212C	CPU 1214C	CPU 1215C	CPU 1217C
装载存储区	1 MB	1 MB	4 MB	4 MB	4 MB
工作存储区	30 KB	50 KB	75 KB	100 KB	125 KB
断电保持存储区	10 KB	10 KB	10 KB	10 KB	10 KB

2) 系统存储区

系统存储区用于存放执行用户程序时所需的操作数据。不同类型的数据存放在不同的地址区域，用户可以使用不同方式对相应地址区域中的数据进行寻址。

系统存储区包括输入过程映像区(Input process image area)、输出过程映像区(Output process image area)、位存储区(Bit Memory)、临时数据存储区(Temporary Memory)以及数据块存储区(Data block Memory)。

(1) 输入过程映像区 I。

CPU 在每个循环周期的开始都会扫描外设的物理地址，并把得到的数据存放到输入过程映像区，该存储区允许用户程序以位、字节、字或者双字形式进行访问，如 I0.0、IW20 等。输入过程映像区允许在全局范围内进行读/写操作，但一般情况都是进行读操作。

若在输入地址后面加“：P”(如 I0.6：P)，操作系统会跳过输入过程映像区(不更新)，立即读取外设的内容。外设内容是不允许 CPU 进行写操作的，所以 I0.6：P 是只读的；而 I0.6 是访问输入过程映像区的数据，它是外设内容的拷贝，所以可读可写。

(2) 输出过程映像区 Q。

CPU 在每个循环周期的最后都会把输出过程映像区的内容复制到外设地址对应的输出模块中，该存储区允许用户程序以位、字节、字或者双字形式进行访问，如 Q0.0、QW10 等。输出过程映像区允许在全局范围内进行读/写操作，但一般情况都是进行写操作。

若在输出地址后面加“：P”(如 Q0.2：P)，系统将运算结果立即输出到外设的物理地址中，同时更新输出过程映像区。Q0.2：P 是只写的，而 Q0.2 是访问输出过程映像区的数据，所以可读可写。

(3) 位存储区 M。

位存储区用于存放程序运行时所需的大量中间变量和临时数据，因此该存储区使用频率很高。允许用户程序以位、字节、字或者双字形式进行访问，如 M0.0、MD20 等。位存储区允许在全局范围内进行读/写操作，不会因为程序块调用结束而被系统收回；但位存储区的数据在 CPU 断电后丢失，如需保存该数据，可将该数据设置为断电保持性。

(4) 临时数据存储区 Temp。

临时数据存储区用于存放 FC 或 FB 执行时所需的临时变量，只在 FC/FB 被调用的过程中有效，调用结束后该变量的存储区被操作系统收回。临时数据存放区的数据是局部有效的，临时变量也称为局部变量，只能被调用的 FC/FB 访问。临时变量不能保存到断电保持存储区。

(5) 数据块存储区 DB。

数据块存储区用以存放用户程序的各种数据，允许用户以位、字节、字或者双字形式进行访问，如 DB1.DBX3.2、DB3.DBB10 等。某些指令运算所需的数据结构也存放在数据块存储区中，数据块分为全局数据块和背景数据块，数据块中的数据具有断电保持性，程序块调用结束后不会被系统收回。可参考第 3.2.1 节相关内容。

3. S7-1200 的寻址

每个存储区均有唯一的地址，寻址即是用户程序寻找这些地址并访问存储区中数据的过程。S7-1200 支持的寻址方式有直接寻址和间接寻址两类，本书仅介绍直接寻址，其又分为绝对寻址和符号寻址两种。

1) 数据长度

不同类型的指令所处理的数据长度不同。位指令的操作数是一位二进制数(bit)，而传送指令的操作数可以是字节(Byte)、字(Word)或者双字(Double Word)等。

位、字节、字和双字是 S7-1200 的基本数据类型，详见第 3.3.2 节。它们之间的转换关系为 1DW = 2W = 4B = 32b。

2) 绝对寻址

绝对寻址是指直接采用存储区域标识符、数据长度及直接地址来表示的寻址方式，如 I0.3、QB2、MW4、DB1.DBD6 等。S7-1200 的存储区按字节为基本单元进行分配，无论寻址何种数据，通常应指出该数据所在存储区域内的字节地址。

(1) 位寻址：由存储区域标识符、字节地址以及位号组成。例如：I0.3 表示输入过程映像区 I 中的第 0 个字节的第 3 位，如图 3-9(a)所示；DB1.DBX2.5 表示数据块存储区 DB1 中的第 2 个字节的第 5 位。

(2) 字节、字和双字寻址：由存储区域标识符、数据长度及起始字节号组成。例如 MB0 表示位存储区 M 中的第 0 个字节开始的一个字节地址；MW0 表示位存储区 M 中的第 0 个字节开始的一个字地址；MD0 表示位存储区 M 中的第 0 个字节开始的一个双字地址；DB1.DBD6 表示数据块存储区 DB1 中的第 6 个字节开始的一个双字地址。字节、字、双字寻址示意图如图 3-9(b)所示。

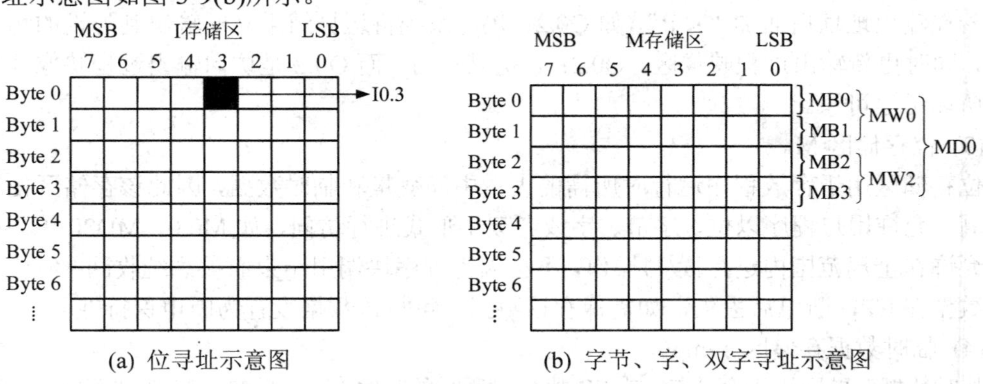

(a) 位寻址示意图　　(b) 字节、字、双字寻址示意图

图 3-9　绝对寻址示意图

S7-1200 的不同存储区均为一块连续地址，用户可根据需求将其划分为若干单元，类似于盖楼，以层(字节)为基本单元、每层分割为 8 个房间(位)。如图 3-9(b)所示，M 存储区可

划分为多个字节地址，第 0 个字节即 MB0，由 M0.0～M0.7 共 8 个位组成(M0.7 为高位)；第 1 个字节即 MB1，由 M1.0～M1.7 共 8 个位组成(M1.7 为高位)。若将 MB0 和 MB1 合起来看成一个连续区域，可写为 MW0(MB0 为高字节)；若将 MB2 和 MB3 合起来看成一个连续区域，可写为 MW2(MB2 为高字节)；若将 MW0 和 MW2 合起来看成一个连续区域，可写为 MD0(MW0 为高字、MB0 为高字节)。可以看出，字节型地址的序号按“加 1”规律递增，如 MB0、MB1、MB2…；字型地址的序号按“加 2”递增，如 MW0、MW2、MW4…；双字型地址的序号按“加 4”递增，如 MD0、MD4、MD8…。具体应用可参考第 6 章例 6-6。

编程时应注意：同一存储区域中切勿使用重叠地址，否则会造成数据处理错误。如 MW20、MB20、M20.3 和 MD20 等地址之间均存在重叠部分，如非人为需要，不要同时在同一个程序中出现。

3) 符号寻址

符号寻址是对绝对地址定义一个符号名，并利用该符号名进行寻址。在变量表中将 I0.0、Q0.0 的符号名分别定义为 Start、Motor_On，即可通过 Start 和 Motor_On 两个符号名去访问用户程序中的地址，可提高程序的直观性和易读性。符号寻址尤其适用于变量较多的复杂系统，定义的符号应符合行业内标准。

对于数据块 DB，因在添加该块时默认属性是“优化的块访问”，所以在程序中只能为该存储区的绝对地址创建符号，并采用符号寻址方式进行访问。如想采用直接寻址方式(如 DB2.DBX0.3)，可右键点击项目树中的数据块→属性→取消勾选“优化的块访问”。

3.3 数制与数据类型

在复杂 PLC 系统中，常采用不同变量代替各个存储区的物理地址进行编程，以增强程序的直观性和降低程序扩展及修改难度。不同变量存放或处理的数据可能不同，需要用户事先为各个变量指定具体数据类型(即数据的属性和长度)，以确保变量的正确调用。

数制与数据类型

3.3.1 数制

计算机控制系统常采用的数制包括二进制、十六进制以及 BCD 码。

1. 二进制

二进制是最简单的数制，一位(bit)只有 0 和 1 两种取值，对应数字量的两种不同状态，如线圈的得电和失电、触点的闭合和断开等。如果该位为 1 或者 TRUE，则代表软件中对应的位元件(如位存储区 M、输出过程映像区 Q)的线圈得电，其常开触点闭合、常闭触点断开。如果该位为 0 或者 FALSE，则代表对应的位元件的线圈失电，其常开触点断开、常闭触点闭合。二进制常数前应加 2#，如 2#1100_1010 代表是一个 8 位的二进制数。

2. 十六进制

采用二进制表示计算机系统数据比较直观，但数据长度过长，不方便阅读。计算机控制系统常采用十六进制来表达数据，每个十六进制数对应为一组 4 位二进制数，取值范围为 0～9 和 A～F(对应十进制下的 10～15)。十六进制常数前应加 16#，如 16#CA 代表是一个十六进制数，转换为二进制数为 2#1100_1010。S7-1200 中，也可采用在 16# 前加数据类型以指定数据长度，如 B#16#、W#16# 和 DW#16# 分别表示十六进制下的字节、字和双字常数，16#CA 也可表示为 B#16#CA。

3. BCD 码

在计算机控制系统和数字式仪器中，常采用二进制码表示十进制数。BCD 码即是用一组 4 位二进制数来表示一位十进制数，每一位 BCD 码取值范围为 0～9，对应 2#0000～2#1001(2#1010～2#1111 在 BCD 码中未使用)。

S7-1200 中存在 BCD16 和 BCD32 两种数值范围不同的 BCD 码，如图 3-10 所示。通常用 BCD 码的最高位(最左侧 4 位二进制数)作为符号位，0000 表示为正、1111 表示为负。BCD16、BCD32 格式数值范围分别为−999～+999、−9 999 999～+9 999 999。图 3-10(a)和(b)中的 BCD 码数值分别为+428 和−4 229 801。

15			0
0000	0100	0010	1000
符号位	百位	十位	个位

(a) BCD16 格式示意图

31			16	15			0
1111	0100	0010	0010	1001	1000	0000	0001
符号位	百万位	十万位	万位	千位	百位	十位	个位

(b) BCD32 格式示意图

图 3-10　S7-1200 中 BCD 码格式

BCD 码没有独立的表示方法，其借用了十六进制数的表示方法，在数据前加 16#。区分一个数据是 BCD 码还是十六进制数，需要根据数据的实际用途和具体指令来加以判断。

注意，BCD 码在 PLC 中的应用主要有两个场合：PLC 通过外部 BCD 码拨码开关设定 PLC 的内部数据；通过外部 BCD 码显示器显示 PLC 的内部数据。随着 HMI 设备的快速发展，以上两种应用场合也日趋减少。

不同数制下的数据表示方法如表 3-8 所示。

表 3-8　不同数制下的数据表示方法

二进制	十进制	十六进制	BCD 码	二进制	十进制	十六进制	BCD 码
0000	0	0	0000 0000	1000	8	8	0000 1000
0001	1	1	0000 0001	1001	9	9	0000 1001
0010	2	2	0000 0010	1010	10	A	0001 0000
0011	3	3	0000 0011	1011	11	B	0001 0001
0100	4	4	0000 0100	1100	12	C	0001 0010
0101	5	5	0000 0101	1101	13	D	0001 0011
0110	6	6	0000 0110	1110	14	E	0001 0100
0111	7	7	0000 0111	1111	15	F	0001 0101

3.3.2　数据类型

数据类型用于定义操作数的类型和长度，以确保操作数与指令类型的一致性。S7-1200 支持的数据类型有基本数据类型、复杂数据类型、PLC 数据类型、参数类型、系统数据类型和硬件数据类型。

1. 基本数据类型

S7-1200 支持的基本数据类型如表 3-9 所示。

表 3-9　S7-1200 的基本数据类型

数据类型	符号	长度	取值范围	常数示例
位	Bool	1	0、1	0、1 或 TRUE、FALSE
字节	Byte	8	16# 00～16# FF	16# 23、16# EA
字	Word	16	16# 0000～16# FFFF	16# 1233、16# EADB
双字	DWord	32	16# 0000_0000～16# FFFF_FFFF	16# 1234_ABCD
字符/ASCII 码	Char	8	16# 00～16# FF	“A”、“b”、“%”
短整数	SInt	8	−128～127	100、−50
整数	Int	16	−32 768～32 767	1 000、−50
双整数	DInt	32	−2 147 483 648～2 147 483 647	100 000、−50
无符号短整数	USInt	8	0～255	100
无符号整数	UInt	16	0～65 535	100
无符号双整数	UDInt	32	0 ～4 294 967 295	100
浮点数/实数	Real	32	$\pm1.18\times10^{-38}$～$\pm3.40\times10^{38}$	123.45、−4.3E−5
双精度浮点数	LReal	64	$\pm2.23\times10^{-308}$～$\pm1.80\times10^{308}$	12 345.678、−1.2E+3
时间	Time	32	T# −24d_20h_31m_23s_648ms～ T# 24d_20h_31m_23s_647ms	T#2d_10h_13m_53s_28ms、 T#−3d_20h
BCD16	BCD16	16	−999 ～ 999	100、−100
BCD32	BCD32	32	−9 999 999 ～ 9 999 999	100、−100

由表 3-9 可知，基本数据类型有以下特点：

(1) BCD16 和 BCD32 不属于数据类型，但转换指令 CONV 支持这两个格式，故列入上表中。

(2) 字节、字和双字数据类型均为无符号数，字符又称 ASCII 码。

(3) 短整数 SInt、整数 Int 和双整数 DInt 分别表示 8 位、16 位和 32 位的有符号整数。最高位为符号位：0 代表正数、1 代表负数。在有符号整数前加符号 U(Unsigned)，数据类型将表示为无符号整数 USInt、UInt、UDInt，该类整数只有正值。

(4) 浮点数是用符号、指数和尾数来表示实数的数据，在计算机中的格式为 $1.m\times2^{e}$。32 位单精度浮点数 Real 的精度最高为 7 位有效数字，结构如图 3-11 所示。

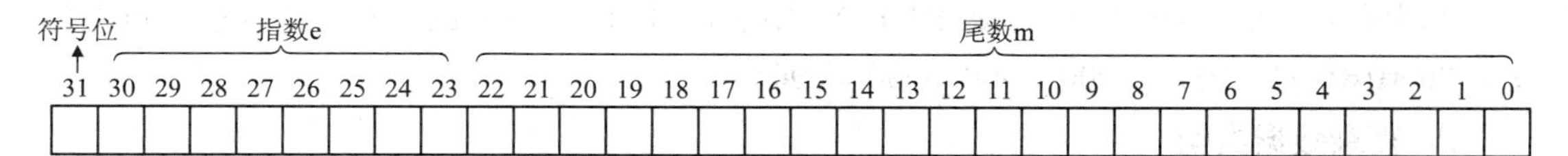

图 3-11　32 位单精度浮点数格式

最高位(第 31 位)为符号位；第 23～30 位为 8 位指数位，第 0～22 位为 23 位尾数位。IEEE754 标准规定，浮点数的整数部分始终为 1，只保留尾数中的小数部分。浮点数对应的实数计算公式为

$$\text{实数值} = (-1)^{\text{符号位}} \times 1.(\mathrm{m}) \times 2^{(\mathrm{e}-127)} \tag{3-1}$$

式中，符号位取值为 0 或 1；e 为 8 位指数位对应的短整数，取值范围为 0～255；m 为 23 位尾数位对应的小数部分，尾数位的最高位权值为 2^{-1}，最低位权值为 2^{-23}。

浮点数的优势在于可以用较小的存储空间(4B)表示极大或极小的数据。然而，外部信号在 PLC 中对应的输入/输出存储区中的数据大多是整数(如模拟量输入/输出值)，如想利用浮点数来处理这些数据，需要进行整数与浮点数之间的转换，浮点数的运算速度比整数的运算速度要慢一些。

(5) 64 位双精度浮点数 LReal 与单精度浮点数 Real 表示方法相同，但 LReal 取值范围更大、精度更高(最高为 15 位有效数字)。最高位(第 63 位)为符号位，第 52～62 位为 11 位指数位，第 0～51 位为 52 位尾数位。由于 LReal 类型的数据占用 64 个位地址，用户无法使用绝对寻址方式，只能使用符号寻址方式。

(6) Time 类型数据在存储时，采用 32 位有符号双整数的形式，其数据范围比 16 位的 S5Time 类型更宽，最小时基为 1 ms，最大计量单位为天(d)，格式为 T#0d_1h_1m_0s_0ms(下划线可不写，不需指定全部时间单位)。

【例 3-2】 ① 若 32 位单精度浮点数为 0011_1111_1110_0000_0000_0000_0000_0000，试求对应的实数值。② 若浮点数为 1100_0010_0100_1010_0000_0000_0000_0000，试求对应的实数值。

解　① 按照图 3-11，将该浮点数写为 0_0111_1111_110_0000_0000_0000_0000_0000。其符号位为 0；指数位为 0111_1111，即 127；尾数位为 110_0000_0000_0000_0000_0000，即 $1 \times 2^{-1} + 1 \times 2^{-2} = 0.75$。代入式(3-1)可得对应实数为 $(-1)^0 \times 1.75 \times 2^{(127-127)} = 1.75$。

② 将该浮点数写为 1_1000_0100_100_1010_0000_0000_0000_0000，其符号位为 1；指数位为 1000_0100，即 132；尾数位为 100_1010_0000_0000_0000_0000，即 $2^{-1} + 2^{-4} + 2^{-6} = 0.578125$。代入式(3-1)可得对应实数为 $(-1)^1 \times 1.578125 \times 2^{(132-127)} = -50.5$。

【例 3-3】 若 S7-1200 中有一个实数 123.75，试求其对应的 32 位单精度浮点数。

解　① 将实数的整数部分 123 转换为二进制数，即 10# 123 = 2# 1111011。

② 将小数部分 0.75 转换为二进制数，0.75 × 2 = 1.5，第一位取 1；剩下的 0.5 × 2 = 1.0，第二位取 1。实数 123.75 转化为二进制下的 1111011.11。

③ 向左移动小数点，小数点前只保留 1 位有效数据位(值为 1)，得到 1.11101111×2^6。对比式(3-1)可得，符号位为 0；尾数位 m 为 2#1110_1111；指数位 e 为 133(6 + 127)，即 2#1000_0101。

综上分析，结合图 3-11 可得 S7-1200 中实数 123.75 对应的 32 位单精度浮点数为 0_1000_0101_111_0111_1000_0000_0000_0000。

2. 复杂数据类型

复杂数据类型是基本数据类型的组合，S7-1200 支持的复杂数据类型如表 3-10 所示。

表 3-10　S7-1200 的复杂数据类型

数据类型	符号	描　述
长型日期和时间	DTL	表示日期和时间，格式：DTL#年-月-日-小时:分钟:秒.纳秒，不输入星期
字符串	String	16# 23、16# EA
数组	Array	16# 1 233、16# EADB
结构	Struct	100、-100

1) DTL 数据类型

DTL(长型日期和时间)数据类型使用 12 个字节保存日期和时间信息。可在块的临时存储区或者 DB 中定义 DTL 数据。DTL 变量由 8 个部分构成，各部分的数据类型和取值范围不同，如表 3-11 所示。

表 3-11　DTL 数据结构

数据	对应字节	数据类型	取值范围	数据	对应字节	数据类型	取值范围
年	0、1	UInt	1 970～2 554	小时	5	USInt	0～23
月	2	USInt	0～12	分钟	6	USInt	0～59
日	3	USInt	1～31	秒	7	USInt	0～59
星期	4	USInt	1(星期日)～7	纳秒	8～12	UDInt	0～999 999 999

2) String 数据类型

String(字符串)数据类型的变量用于存储一串 Char 类型的数据，表达时应对字符串数据加单引号，如 'A'、'DEF' 和 '123.4' 等。String 类型的变量最多占 256 个字节，首字节用于存放“用户总字符数”，第 2 个字节用于存放“用户当前字符数”，其余最多 254 个字节用于存放“用户字符数据”(每个字符占 1 个字节)。整个 String 数据占用的字节数应为用户总字符数加 2。

String 类型的变量可定义在程序块的块接口或全局数据块中，但不能定义在变量表中(仅能定义基本数据类型)。可将数据类型定义为 String[20]，其中[20]表示该字符串包含的用户总字符数为 20；也可直接定义为 String，此时默认用户总字符数为最大的 254。指定字符串的当前字符数应不超过总字符数，若当前字符数小于总字符数，剩余的字符空间将保留给本变量。

如表 3-12 所示，该 String 类型的变量共占 22 个字节地址，可表示最大 20 个单字节字符，当前只使用了 2 个单字节字符，其余字节地址保留给本变量，不能分配给后续 String 类型的变量。

表 3-12　String 数据类型

用户总字符数	用户当前字符数	字符 1	字符 2	字符 3	…	字符 20
20	2	'A'	'E'	—	…	—
首字节	第 1 个字节	第 2 个字节	第 3 个字节	第 4 个字节	…	第 21 个字节

3) Array 数据类型

Array(数组)数据类型由多个相同数据类型的元素组成，数组中元素的数据类型可以是所有的基本数据类型。Array 变量可定义在程序块的块接口或者全局数据块中，但不能定义在变量表中。定义 Array 数据时，应选择数据类型“Array [lo .. hi] of type”，其中 lo 和 hi 分别表示数组元素标号的下限值和上限值，最大范围为[−32 768 .. 32 767]，且下限值应不大于上限值；type 表示数据元素的数据类型，如 Bool、Byte、SInt 等。Array 数据可以是一维到六维数组，用逗号将多维元素的标号分开。

可以通过 Array 中的标号访问各元素，如表 3-13 所示。“#"Array_Bool"[1]”表示引用数组 Array_Bool 的第 2 个元素；“#"Array_DInt"[2,4]”表示引用数组 Array_DInt 的第 5 个元素。注意：“#”符号由程序编辑器自动生成，用户无需输入。

表 3-13　Array 数据类型

名　称	数据类型	说　　明
Array_Bool	Array[0 .. 3] of Bool	一维数组，包含 4 个布尔型元素
Array_Byte	Array[−4.. 4] of Byte	一维数组，包含 9 个字节型元素
Array_DInt	Array[1 .. 2 , 3 .. 5] of DInt	二维数组，包含 6 个双整型元素

4) Struct 数据类型

Struct(结构)数据类型也由多个元素组成，但结构中元素的数据类型可以不同，可以是基本数据类型，也可以是 Struct、数组等复杂数据类型。Struct 类型变量嵌套 Struct 类型变量的深度限制为 8 级。Struct 类型变量可以作为一个变量整体使用，也可单独使用 Struct 的各元素。Struct 变量可定义在程序块的块接口、全局数据块中，变量和内部各元素地址按照定义的先后顺序由软件自动生成。Struct 变量整体地址以字为基本单位，未占满 1 个字的地址保留给本变量。

3. PLC 数据类型

PLC 数据类型是用户自定义的数据类型(UDT，User-Defined Type)，其与 Struct 数据类型相似，也由用户自定义的多个元素组成。各元素的数据类型可以是基本数据类型，也可以是 Struct 或数组等复杂数据类型，或是其他 UDT 类型。UDT 类型变量嵌套 UDT 类型变量的深度限制为 8 级。

UDT 类型的变量可以作为一个变量整体与 Variant、DB_ANY 类型及相关指令配合使用，也可单独使用 UDT 的各元素；还可直接创建 UDT 类型的 DB 块。UDT 变量可定义在程序块的块接口、全局数据块以及变量表中的 I 和 Q 中，该变量可在程序中重复使用并统一更改，一旦 UDT 变量发生修改，通过全编译程序可自动更新到所有使用该变量的场合。

UDT 类型是 Struct 类型的升级指令，功能基本完全兼容 Struct 类型。需使用 Struct 类型时，可以使用 UDT 类型进行替代，因为 Struct 类型相对于 UDT 类型具有以下缺点：

(1) Struct 类型的数据无法统一修改，多次调用同一个 Struct 数据时，如需修改该数据，需在每一个调用的地方进行修改，可扩展性较差。

(2) Struct 类型与 UDT 类型的相同结构不兼容。

(3) 操作系统会对 Struct 中所有元素的类型进行匹配检查，大量使用 Struct 数据会降低系统性能。

(4) 每个 Struct 都是一个单独的数据对象，其信息将加载到 PLC 中，浪费存储空间。

4. 参数类型

各类程序块(OB/FC/FB)之间传递数据时，需在块接口中定义形参(形式参数，如 ADD 指令的 IN1 输入标示符)，形参的类型可定义为基本数据类型、复杂数据类型、PLC 数据类型、系统数据类型和硬件数据类型，也可定义为参数类型。参数类型包括 Variant 和 Void 两种。

类似高级编程语言中的泛函，Variant 类型的实参(实际参数，如 ADD 指令 IN1 输入端对应的绝对地址 MW100 等)是一个可以指向不同数据类型变量的指针。Variant 指针可以是基本数据类型的对象(如 Int、Real)，也可以是 String、DTL、Struct、Array 或 UDT 等复杂数据类型。Variant 指针可以识别结构并指向各个结构元素。

Variant 类型的参数不是一个对象，而是对另一个对象的引用。只能在 OB/FC/FB 的块接口(静态变量除外)中定义 Variant 类型的形参，该参数不占用背景数据块或工作存储器的空间(内存空间)，但占用装载存储器的空间(硬盘空间)。

Variant 类型的实参表示方法如表 3-14 所示。

表 3-14　Variant 类型实参的表示方法

寻址方式	长度(字节)	表示方法实例
符号地址	0	MyTag、MyDB.Struct.speed 等
绝对地址	0	MW100、P#DB0.DBX2.0 WORD 3 等

Void 参数类型不保存任何数据，新建的程序块 FC 默认不需要任何返回值，其块接口中 Return 参数默认为 Void 类型。如果程序块 FC 需要返回值，可将 Return 参数修改为其他数据类型，重新编译调用 FC 后，会在 FC 方框的右端出现作为输出参数的返回值。

5. 系统数据类型

系统数据类型由系统提供具有预定义的结构，结构由固定数目的具有各种数据类型的元素构成，用户不能更改该结构。系统数据类型只能用于特定指令，可以在 DB 块、OB/FC/FB 接口区使用。S7-1200 的常见系统数据类型如表 3-15 所示。

表 3-15　S7-1200 的常见系统数据类型

系统数据类型	长度(B)	说　明
IEC_TIMER	16	定时器结构，可用于 TP、TON、TONR、TOF、RT 和 PT 指令
IEC_SCOUNTER	3	计数值为 SInt 类型的计数器结构，可用于 CTU、CTD 和 CTUD 指令
IEC_USCOUNTER	3	计数值为 USInt 类型的计数器结构，可用于 CTU、CTD 和 CTUD 指令
IEC_COUNTER	6	计数值为 Int 类型的计数器结构，可用于 CTU、CTD 和 CTUD 指令
IEC_UCOUNTER	6	计数值为 UInt 类型的计数器结构，可用于 CTU、CTD 和 CTUD 指令
IEC_DCOUNTER	12	计数值为 DInt 类型的计数器结构，可用于 CTU、CTD 和 CTUD 指令
IEC_UDCOUNTER	12	计数值为 UDInt 类型的计数器结构，可用于 CTU、CTD 和 CTUD 指令
ERROR_STRUCT	28	编程信息错误或 I/O 访问错误信息的结构，可用于 Get_Error 指令
CREF	8	数据类型 Error_Struct 的组成，在其中保存有关块地址的信息
NREF	8	数据类型 ERROR_Struct 的组成，在其中保存有关操作数的信息

续表

系统数据类型	长度(B)	说　明
VREF	12	用于存储 Variant 指针，可用在运动控制工艺对象块中
CONDITIONS	52	自定义数据结构，定义数据接收的开始/结束条件，用于 RCV_CFG 指令
TADDR_Param	8	指定存储 UDP 通信连接的数据块结构，用于 TUSEND 和 TURCV 指令
TCON_Param	64	指定工业以太网通信连接的数据块结构，用于 TSEND 和 TRCV 指令
HSC_Period	12	指定时间段测量的数据块结构，用于 CTRL_HSC_EXT 指令

可以在新建 DB 块时，直接指定表 3-15 中的大部分系统数据类型。定时器、计数器对应的系统数据类型也可在调用指令时自动生成相应的背景 DB 块。

6. 硬件数据类型

硬件数据类型由 CPU 提供，该数据类型的数目取决于 CPU 配置。根据硬件配置中设置的模块存储特定硬件数据类型的常量。在用户程序中插入用于控制或激活已组态模块的指令时，可将这些可用常量用作参数。S7-1200 的常见硬件数据类型如表 3-16 所示。

表 3-16　S7-1200 的常见硬件数据类型

硬件数据类型	基本数据类型	说　明
REMOTE	ANY	在 PUT/GET 指令中指定远程 CPU 地址，以 P#指针作为实参
HW_ANY	UInt	任何硬件组件(如模块)的标识
HW_DEVICE	HW_ANY	DP 从站/PROFINET IO 设备的标识，用于 ModuleStates 指令
HW_DPSLAVE	HW_DEVICE	DP 从站的标识，用于 ModuleStates、DPNRM_DG 指令
HW_IO	HW_ANY	CPU 或硬件配置接口的标识号，该编号自动分配和存储
HW_IOSYSTEM	HW_ANY	PN/IO 系统或 DP 主站系统的标识，用于 DeviceStates 指令
HW_SUBMODULE	HW_IO	重要硬件组件的标识，用于 GETIO 指令
HW_INTERFACE	HW_SUBMODULE	接口组件的标识
HW_IEPORT	HW_SUBMODULE	端口的标识(PN/IO)
HW_HSC	HW_SUBMODULE	高速计数器标识，用于 CTRL_HSC、CTRL_HSC_EXT 等指令
HW_PWM	HW_SUBMODULE	脉冲宽度调制标识，用于 CTRL_PWM 指令
HW_PTO	HW_SUBMODULE	脉冲发生器标识，用于 CTRL_PTO 指令
AOM_IDENT	DWord	AS 运行系统中对象的标识
EVENT_ANY	AOM_IDENT	用于标识任意事件
EVENT_ATT	EVENT_ANY	指定硬件中断 OB 对应的事件，用在 ATTACH、DETACH 指令
EVENT_HWINT	EVENT_ANY	用于指定硬件中断事件

续表

硬件数据类型	基本数据类型	说　明
OB_ANY	Int	用于指定任意组织块，在时间错误 OB 启动信息中出现
OB_DELAY	OB_ANY	指定调用的延时中断 OB，用于 SRT_DINT、CAN_DINT 等指令
OB_TOD	OB_ANY	指定调用的时间中断 OB，用于 SET_TINT、CAN_TINT 等指令
OB_CYCLIC	OB_ANY	指定调用的循环中断 OB，用于 SET_CINT、QRY_CINT 指令
OB_ATT	OB_ANY	指定调用的硬件中断 OB，用于 ATTACH、DETACH 指令
OB_PCYCLE	OB_ANY	用于指定循环 OB 事件类别事件的组织块
OB_HWINT	OB_ATT	用于指定发生硬件中断时调用的组织块
OB_DIAG	OB_ANY	用于指定发生诊断中断时调用的组织块
OB_TIMEERROR	OB_ANY	用于指定发生时间错误时调用的组织块
OB_STARTUP	OB_ANY	用于指定发生启动事件时调用的组织块
PORT	HW_SUBMODULE	用于指定通信端口，用于自由口、Modbus RTU 指令
RTM	UInt	用于指定运行小时计数器值，用于 RTM 指令
CONN_ANY	Word	用于指定任意连接
CONN_OUC	CONN_ANY	指定工业以太网通信的连接，用于 TCON、TSEND_C 指令

3.4 编程语言

1993 年，IEC(国际电工委员会)制定了 PLC 编程语言的国际标准——IEC61131-3，该标准已成为 DCS、IPC、FCS、SCADA 和运动控制等工业控制系统的软件标准。IEC61131-3 规定了 PLC 的 5 种编程语言分别为梯形图(Ladder Diagram，LD/LAD)、功能块图(Function Block Diagram，FBD)、指令表(Instruction List，IL)、结构文本(Structured Text，ST)和顺序功能图(Sequential Function Chart，SFC)。

编程语言

西门子 PLC 编程软件 TIA(V13 以上版本)提供了 3 种标准编程语言：梯形图 LAD、功能块图 FBD 和结构化控制语言 SCL(即标准中的结构文本 ST)。在添加各程序块时即可选择编程语言；或者打开现有程序块，点击右下角的“属性”→“常规”→“语言”，可进行 LAD 与 FBD 之间的相互转换。

3.4.1 梯形图

梯形图 LAD 类似于继电器接触器控制系统中的电气控制线路图，特别适合于逻辑控制场合。梯形图编程方法简单、修改方便且直观易懂，容易被初学者和熟悉继电器接触器系统的工程师掌握，是目前使用最为广泛的图形化编程语言。

梯形图由母线、触点、线圈和功能框等元素组成，其特点如下：

(1) 母线相当于继电器接触器控制系统的电源线，以左、右两条竖线表示(西门子 PLC 编程软件中省略了右母线)，左母线状态始终为 ON，所有指令均应从左母线出发。

(2) 触点和线圈沿用了继电器接触器控制系统的术语。触点表示逻辑输入条件，如开关、按钮等外部输入信号或内部的常开、常闭触点。线圈通常表示逻辑输出结果，用以控制继电器、接触器等外部输出或内部的线圈等。

(3) 功能框用于表示定时器、计数器或数学运算等复杂的指令。

图 3-12(b)为梯形图编程实例，图 3-12(a)为其对应的控制线路图，读者可对比来看，加深理解。

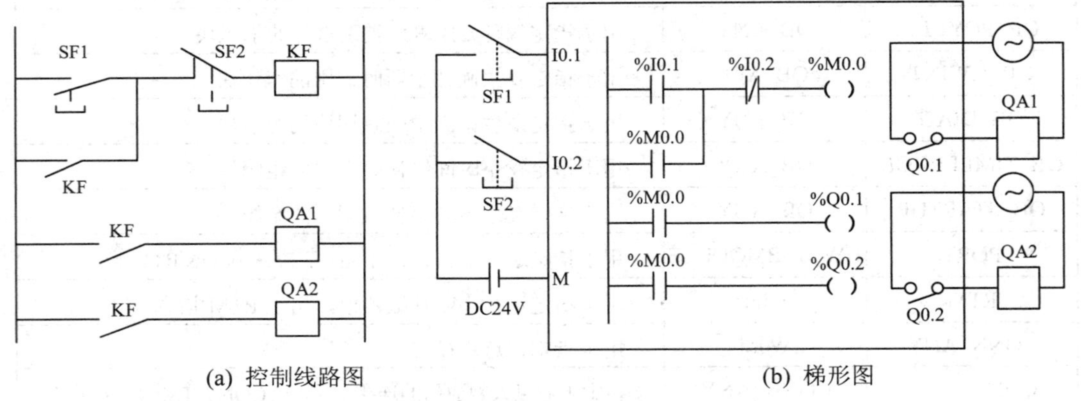

(a) 控制线路图　　(b) 梯形图

图 3-12　梯形图编程实例

编写 LAD 程序段时应注意以下规则：

(1) 每一行都是从左母线开始，然后是各种触点的逻辑连接，最后以线圈或功能框指令来结束。

(2) 同一程序中，应尽量避免使用双线圈输出。

(3) 应把串联多的指令块放在上边，把并联多的指令块放在左边，这样既节省机器指令又相对美观。

(4) 每行程序串联的指令个数没有限制，但由于受到屏幕限制，串联过多的指令会导致程序查看起来不方便，且打印出来不美观。

(5) 不能创建可能导致短路的分支，如图 3-13(a)所示。

(6) 不能创建可能导致反向能流的分支，如图 3-13(b)所示。

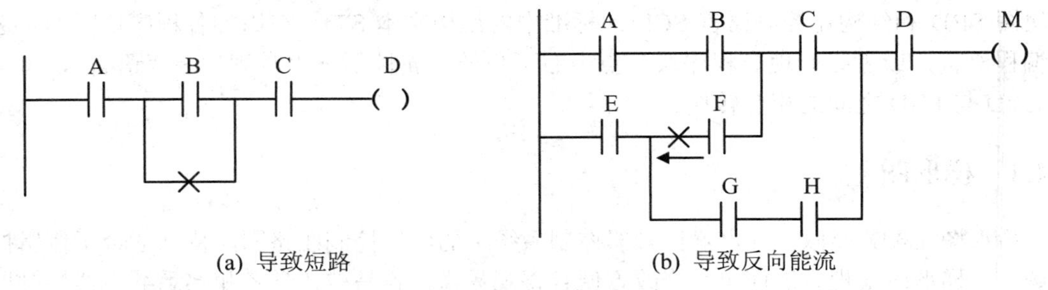

(a) 导致短路　　(b) 导致反向能流

图 3-13　梯形图编程规则

3.4.2　功能块图

功能块图 FBD 是一种类似于数字逻辑门电路的图形化编程语言，也具有简单直观的优点，容易被具有数字逻辑电路基础的工程师掌握。功能块图用类似与门、或门的方框来表示逻辑运算关系，方框的左侧为逻辑运算的输入信号，右侧为输出信号，输入、输出端的小圆圈表示“取反”运算，各方框的连接线即为信号线，信号从左往右流动。

功能块图编程语言的特点是：

(1) 以功能指令或功能块为单位，容易理解，分析方便。

(2) 功能块图也是图形化编程语言，直观性强，容易掌握。

(3) 对于控制逻辑复杂的系统，由于功能块图能清楚表达功能关系，使编程调试时间大大减少。

图 3-14(b)为功能块图编程实例，图 3-14(a)为其对应的梯形图，读者可对比来看，加深理解。

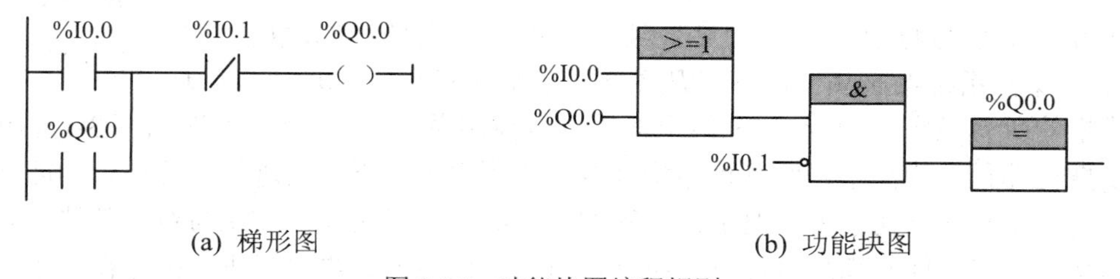

(a) 梯形图　　(b) 功能块图

图 3-14　功能块图编程规则

3.4.3　结构化控制语言

结构化控制语言 SCL 是基于 PASCAL 的高级编程语言，支持赋值、数学运算、比较和位逻辑等标准语句，也支持 IF-THEN、CASE-OF 和 WHILE-Do 等控制语句，特别适合复杂算法、数学函数编程以及数据和配方管理过程优化等。

SCL 的许多指令(如定时器和计数器等)都可与 LAD/FBD 中的指令相对应，SCL 程序块也可与 LAD/FBD 程序块相互调用。相对于 LAD/FBD，SCL 能够实现条件处理、循环和嵌套等控制结构，更容易实现复杂的控制算法。所以 SCL 也逐渐成为西门子 PLC 的重要编程语言之一。

SCL 指令使用标准编程运算符，例如“(,)”表示表达式，“:=”表示赋值，数学运算“+”表示相加、“-”表示相减、“*”表示相乘、“/”表示相除、“**”表示平方，“<>”表示不等于，“NOT”表示取反等。

图 3-14(a)所示的梯形图为典型的启保停电路，其功能也可以用 SCL 编程语言来实现。先在 PLC 变量表中定义三个变量名：I0.0、I0.1 和 Q0.0，对应的地址分别为%I0.0、%I0.1 和%Q0.0，在 SCL 程序块中编写如下代码：

```
IF ("I0.0" OR "Q0.0") AND (NOT "I0.1") THEN
    // Statement section IF
    "Q0.0" :=1 ;
```

```
ELSE
    "Q0.0" := 0;
END_IF;
```

本书主要讲解应用最为广泛的梯形图编程语言，对于功能块图和结构化控制语言，读者可自行查询西门子手册。

3.5　程序设计方法

TIA 编程软件提供了三种 PLC 程序设计方法：线性化编程、模块化编程和结构化编程。

程序设计方法

3.5.1　线性化编程

线性化编程是将整个用户程序连续放置在一个循环组织块(主程序 OB1)中，操作系统按照从上向下、从左至右的顺序周期性循环执行循环组织块中的所有程序，这种结构和继电器接触器控制系统类似，其示意图如图 3-15(a)所示。

线性化编程结构简单，所有程序均存放于主程序中，不需要进行功能块、功能和数据块的调用，比较适合初学者。但是该编程方法的缺点也很明显，表现为对于某些具有前提条件的指令，在条件不满足时可不必执行，但循环扫描方式决定了所有指令在每个扫描周期都将执行一次，增加了 CPU 的负担；另外，系统中若存在相同或相似的控制工艺，线性化编程需要重复编写相同或类似的控制程序，增加了程序的复杂性和修改难度。所以，线性化编程虽然可以实现所有控制要求，但一般仅用于简单的系统中。

图 3-15(b)为采用线性化编程方法编写的 3 台电机控制程序结构。

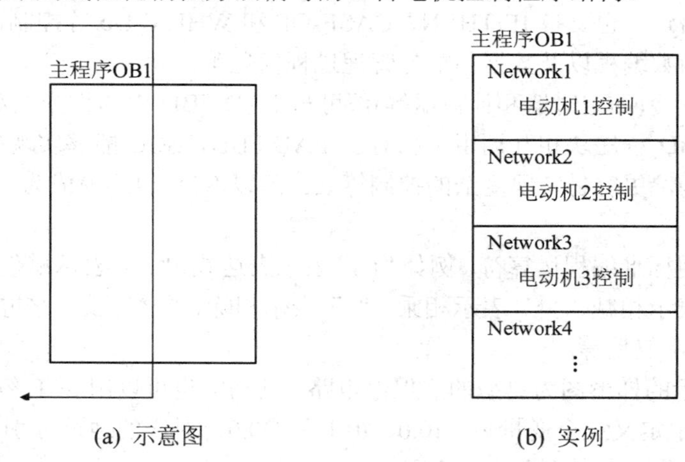

图 3-15　线性化编程方法

3.5.2　模块化编程

模块化编程是将复杂系统的控制要求分解为若干个子要求，对每个子要求编写独立的程序块(FC/FB)，并在主程序 OB1 中根据条件对独立的程序块进行调用。被调用的程序块执行结束后，返回到 OB1 中的调用点，继续执行后续程序或调用其他程序块。模块化编程中 OB1 起着主程序的作用，FC/FB 控制着不同的子要求，相当于在主程序中调用的子程序。模块化编程中被调用块不向调用块返回数据，其示意图如图 3-16(a)所示。

模块化编程中，主程序和各个被调用的子程序间没有参数的直接传递，可单独编写各子程序块，程序结构直观性强，且方便调试、修改及查找故障；另外，在主程序中调用子程序时，只需执行满足条件的程序块，提高了 CPU 的利用效率。图 3-16(b)为采用模块化编程方法编写的 3 台电机控制程序结构。

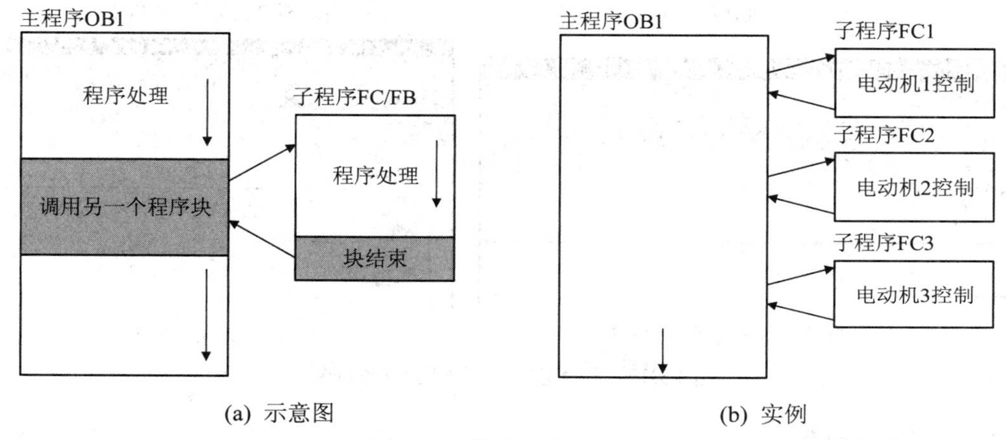

(a) 示意图　　(b) 实例

图 3-16　模块化编程方法

【例 3-4】 要求对现场 3 台电动机进行启停控制，控制方式相同：按下启动按钮，对应电动机连续运行；按下停止按钮，对应电动机停止。试用模块化编程方法实现 PLC 程序。

解　(1) 首先为系统配置 I/O 分配表，如表 3-17 所示。

表 3-17　系统 I/O 分配表

输　入	地　址	输　出	地　址
电动机 1 启动	I0.0	电动机 1 启停	Q0.1
电动机 1 停止	I0.1	电动机 2 启停	Q0.2
电动机 2 启动	I1.0	电动机 3 启停	Q0.3
电动机 2 停止	I1.1		
电动机 3 启动	I2.0		
电动机 3 停止	I2.1		

(2) 本例中 3 台电机均为典型的启保停控制方式，可分别在 FC1、FC2、FC3 中对它们进行单独控制，然后在主程序 OB1 中调用 FC1、FC2 和 FC3 即可，其模块化编程程序如图 3-17 所示。

(3) 可以看出，若采用模块化编程方法分析复杂系统时，各部分结构将非常直观。本例还可以在 OB1 中调用各个程序块时添加判断条件，条件不满足的程序块不会被执行，减轻 CPU 的工作负担。

(4) 采用模块化编程方式也存在一定问题，3 台电机控制程序的形式完全相同，对应编写的三个相同程序块略显复杂，其可读性、存储区容量及运行效率可以借助下面的结构化编程方法进一步提高。

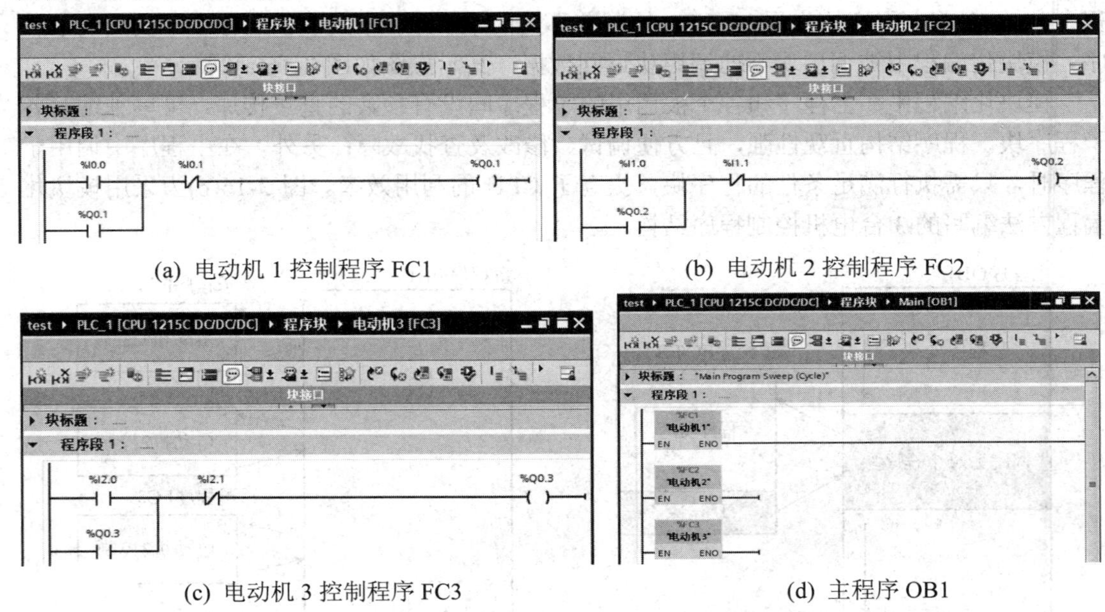

(a) 电动机 1 控制程序 FC1　　(b) 电动机 2 控制程序 FC2

(c) 电动机 3 控制程序 FC3　　(d) 主程序 OB1

图 3-17　3 台电机的模块化编程程序

3.5.3　结构化编程

结构化编程是在将复杂系统进行任务分解的基础上，进一步对过程要求类似或相关的任务归类，在 FC 或 FB 中编程，形成通用程序结构。通过不同的参数调用相同的 FC 或通过不同的背景数据块调用相同的 FB。结构化编程必须对系统功能进行合理分析、分解和综合，同时需要对数据进行管理，对设计人员的水平要求较高。对例 3-4 中的 3 台电机控制系统进行结构化编程，程序结构如图 3-18 所示，其中图 3-18(a)为采用 FC 的结构化编程，图 3-18(b)为采用 FB 的结构化编程。

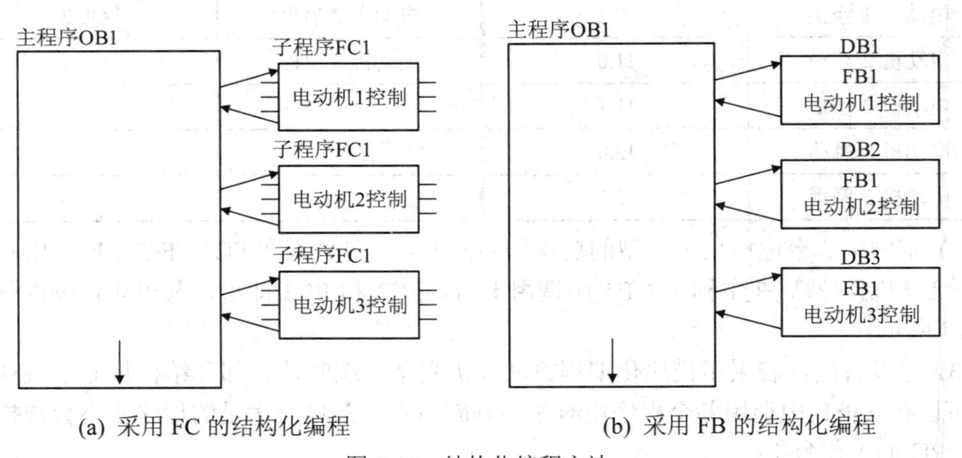

(a) 采用 FC 的结构化编程　　(b) 采用 FB 的结构化编程

图 3-18　结构化编程方法

结构化编程的特点是分析出类似或相同的控制要求，根据控制要求编写统一的结构化程序块。该方法有如下优点：

(1) 结构化程序块只需生成一次，显著减少了编程时间。

(2) 结构化程序块只在用户存储区中保存一次，显著降低了存储区用量。

(3) 结构化程序块可被程序多次调用，该程序块采用形参(IN、OUT 或 IN/OUT 参数)编程，当用户程序调用该块时，要用实际地址(实参)给这些参数赋值。

【例 3-5】 试用结构化编程方法实现例 3-4 中系统的 PLC 程序。

解　根据图 3-18(a)，搭建结构化的 FC1。在 FC1 块接口中定义接口形参：Input 中定义 2 个 Bool 型变量(start 和 stop)、Output 或 InOut 中定义 1 个 Bool 型变量(motor)；利用形参在 FC1 中编写统一的电机启保停程序；最后在 OB1 中调用 3 次 FC1 程序，每次调用时用对应电机的实参输入至形参接口处即可，详情如图 3-19 所示。

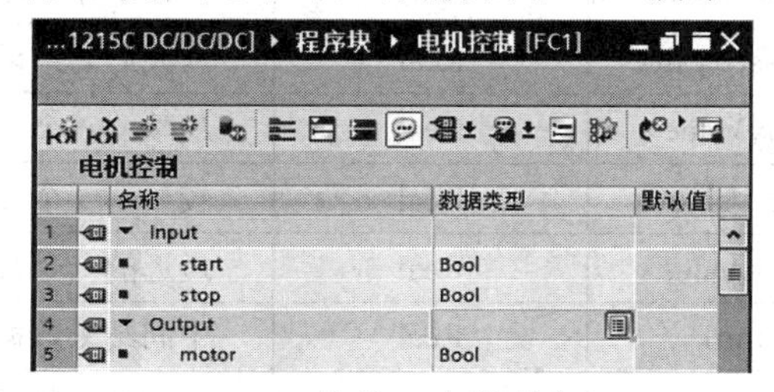

(a) FC 块接口中的形参

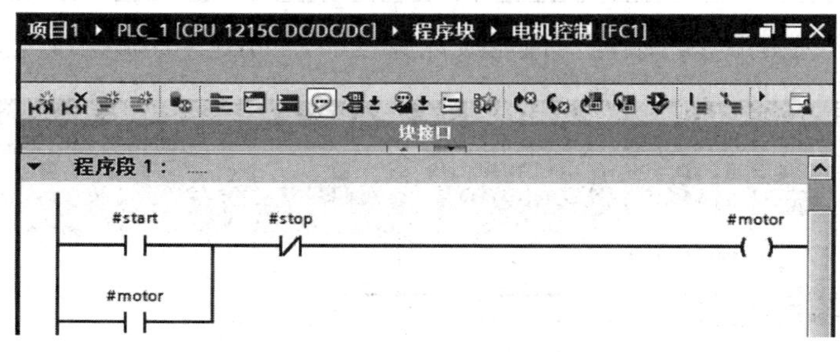

(b) FC 程序块

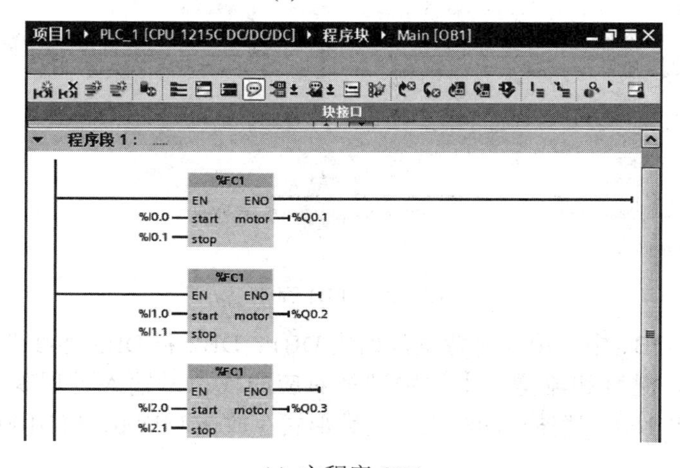

(c) 主程序 OB1

图 3-19　3 台电机的 FC 结构化编程程序

【例 3-6】 某 PLC 控制系统要求测量压力、温度和流量三个物理量，试用结构化编程方法实现上述物理量的均值滤波(假设连续取 3 个采样值)。

解　均值滤波是将最近 N(本题 $N = 3$)个周期的采样值求算数平均，作为本周期的采样值，即将第 $N-2$、第 $N-1$ 和第 N 个周期采样值的平均值作为第 N 个周期的采样值。设计程序时需将三个周期的采样值保存下来，可以用 FC 进行结构化编程，但必须自定义数据块(或位存储区)来存储需保持的数据，比较麻烦。而 FB 中的静态变量可由软件自动保存，还可避免自定义存储区发生冲突的危险。本例根据图 3-18(b)，设计结构化的 FB。

(1) 添加功能块 FB1，在块接口中定义所需形参，如表 3-18 所示。

表 3-18　FB1 形式参数

参数类型	名　称	数据类型	说　明
Input	RawValue	Int	模拟量输入过程映像区的原始采样值
Output	ProcessedValue	Real	滤波后的结果数据
Static	EarlyValue	Real	最早的一个数据(第 $N-2$ 周期)
Static	LastValue	Real	较早的一个数据(第 $N-1$ 周期)
Static	LatestValue	Real	最近的一个数据(第 N 周期)
Temp	temp1	Real	中间结果数据
Temp	temp2	Real	中间结果数据

(2) 在 FB1 中利用形参，编写均值滤波计算程序，如图 3-20 所示。

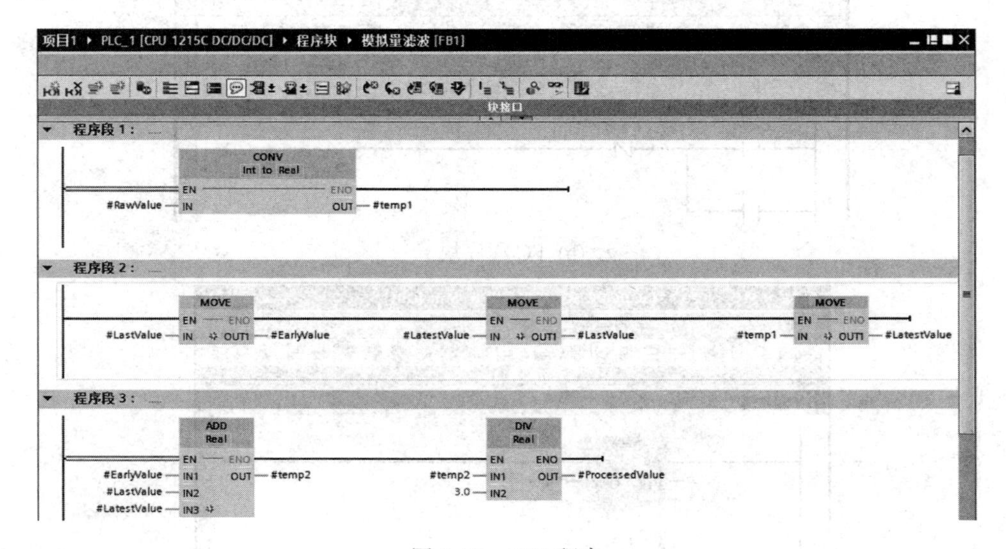

图 3-20　FB1 程序

(3) 在主程序 OB1 中，用 3 个背景数据块 DB1、DB2 和 DB3 连续调用 3 次 FB1，分别用以处理压力、温度和流量。上述物理量对应的模拟量输入过程映像区地址分别为 IW96、IW98 和 IW100，滤波后的结果以实数形式存放在 MD96、MD100 和 MD104 中，如图 3-21 所示。

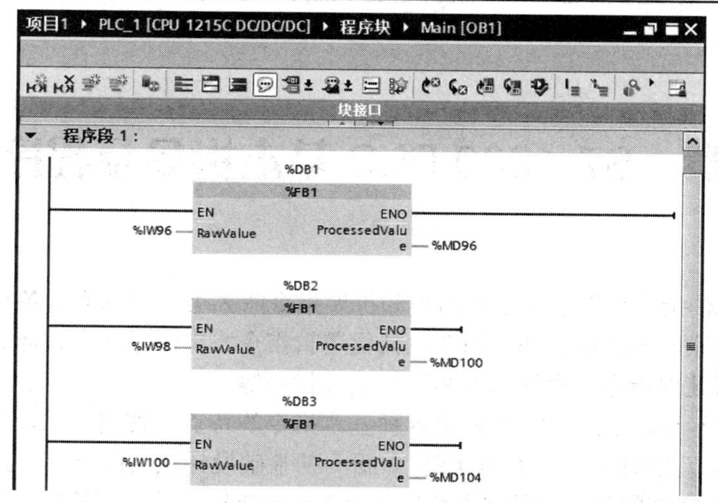

图 3-21　OB1 程序

本 章 习 题

1. S7-1200 系列 PLC 包含几种型号的 CPU？各 CPU 上集成的数字量、模拟量 I/O 点数分别为多少？

2. 某控制系统需要 20 点数字量输入、30 点数字量输出、6 点模拟量输入和 3 点模拟量输出，试对该系统进行硬件配置，并对 I/O 地址进行合理分配。

3. S7-1200 PLC 软件架构包含几种块结构？简述各块的作用。

4. 简述功能 FC 和功能块 FB 的异同。

5. 装载存储区和工作存储区分别对应哪一种类型的物理存储器？各自作用是什么？

6. 系统存储区包含哪几种类型？

7. 在 S7-1200 中，试将 50.25 转化为 32 位单精度浮点数。

8. S7-1200 PLC 的编程语言有几种？各有什么特点？

9. S7-1200 PLC 的程序设计有几种方法？各有什么特点？

第 4 章　S7-1200 PLC 基本指令及程序设计

S7-1200 PLC 指令系统包括基本指令和扩展指令两大类，可以实现各种逻辑控制、数据处理以及通信联网等功能。基本指令包括位逻辑指令、定时器指令、计数器指令、程序控制指令、数据处理指令、数学运算和逻辑运算指令等。

本章首先详细讲解 S7-1200 PLC 中各种基本指令的特点及使用方法，然后针对初学者在设计 PLC 控制系统时无从下手的问题，介绍一种基础设计法，并给出该方法的参考实例。

本章是学习 PLC 的重点，学完本章后，读者可以自行设计一些简单的 PLC 控制系统。

4.1　位逻辑指令

位逻辑指令

工业自动化控制系统中，所需处理的信号大多属于数字量信号，需要用到 S7-1200 PLC 的位逻辑指令，其基本逻辑指令主要包括触点和线圈指令、位操作指令和位检测指令等 17 种，具体形式及描述如表 4-1 所示。

表 4-1　基本逻辑指令

符号	描述	符号	描述
bit ─┤ ├─	常开触点	bit ─┤/├─	常闭触点
bit ─( )─	输出线圈	bit ─(/)─	取反线圈
bit ─(S)─	置位输出线圈	bit ─(R)─	复位输出线圈
bit ─(SET_BF)─ N	置位指定范围的位	bit ─(RESET_BF)─ N	复位指定范围的位
─┤ NOT ├─	取反逻辑运算结果		
bit SR S　Q R1	复位优先触发器	bit RS R　Q S1	置位优先触发器
bit ─┤P├─ M_bit	捕获信号的上升沿	bit ─┤N├─ M_bit	捕获信号的下降沿

续表

符 号	描 述	符 号	描 述
bit —(P)— M_bit	信号上升沿置位操作数	bit —(N)— M_bit	信号下降沿置位操作数
P_TRIG CLK　Q M_bit	信号上升沿置位输出	N_TRIG CLK　Q M_bit	信号下降沿置位输出

4.1.1　触点和线圈指令

触点指令有常开触点、常闭触点和取反触点，线圈指令包括输出线圈、取反线圈、置位输出线圈以及复位输出线圈等，这些都是构成逻辑控制的基本元件。

1. 触点指令

(1) 常开触点：其状态取决于操作数 bit 对应的映像寄存器状态。当映像寄存器的值为 1 时，常开触点闭合；当映像寄存器的值为 0 时，常开触点断开。

(2) 常闭触点：其状态取决于操作数 bit 对应的映像寄存器状态。当映像寄存器的值为 1 时，常闭触点断开；当映像寄存器的值为 0 时，常闭触点闭合。

(3) 取反触点：对逻辑运算结果(Result of Logic Operation，RLO)的信号状态进行取反操作。如果该指令输入为 1，则输出为 0；如果该指令输入 0，则输出为 1。

触点指令实例如图 4-1 所示。

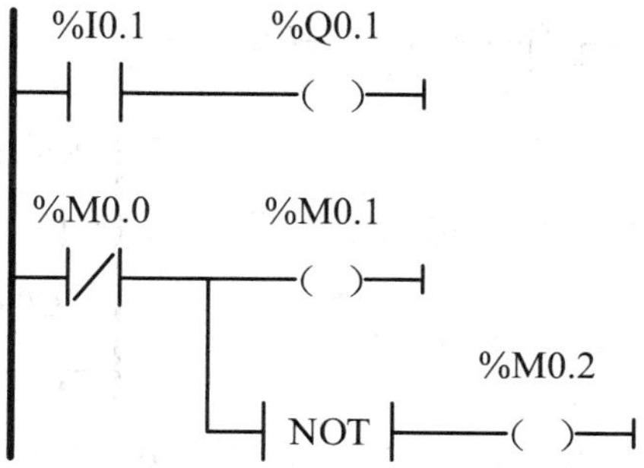

%I0.1　%Q0.1

%M0.0　%M0.1

%M0.2

NOT

图 4-1　触点指令实例

图 4-1 中，I0.1 映像寄存器的值为 1 时，常开触点闭合，Q0.1 线圈得电；M0.0 映像寄存器的值为 0 时，常闭触点闭合，M0.1 线圈得电，取反后 M0.2 线圈失电。

注意：在输入过程映像寄存器 I 地址的后面加“：P”(如 I0.1：P)，可以跳过输入过程映像寄存器(不更新)，立即直接读取外部物理设备的输入状态。

2. 线圈指令

(1) 输出线圈：其状态取决于线圈输入端的逻辑运算结果。如果输入端的逻辑运算结果为 1，则输出线圈得电，对应映像寄存器的值写入 1；如果输入端的信号状态为 0，则输出线圈失电，对应映像寄存器的值写入 0。

(2) 取反线圈：其状态取决于线圈输入端的逻辑运算结果的取反。如果输入端的逻辑运算结果为 1，则输出线圈失电，对应映像寄存器的值写入 0；如果输入端的信号状态为 0，则输出线圈得电，对应映像寄存器的值写入 1。

线圈指令实例如图 4-2 所示。

图 4-2 中，I0.1 常开触点闭合后，Q0.1 线圈得电，对应映像寄存器的值写入 1；M0.1 线圈失电，对应映像寄存器的值写入 0。

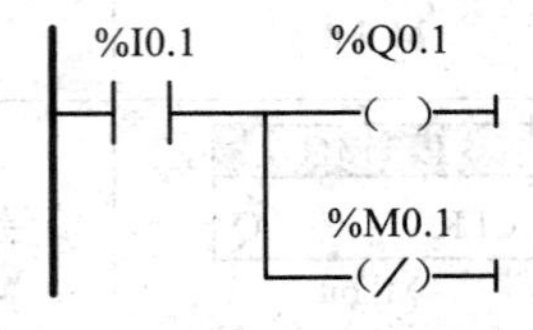

图 4-2　线圈指令实例

注意：在输出过程映像寄存器 Q 地址的后面加"：P"(如 Q0.1：P)，系统将运算结果立即输出到外设的物理地址，同时更新输出过程映像寄存器 Q0.1。

3. 触点串、并联指令

触点串、并联指令是对多个触点的组合状态进行逻辑运算，并将最终的逻辑运算结果赋值给输出线圈。

(1) 触点串联对应于"与"逻辑。如果串联回路中的所有触点均闭合，该回路中有能流流过，即当所有的输入信号都为 1，则输出信号为 1；只要输入信号有一个不为 1，则输出信号为 0。

(2) 触点并联对应于"或"逻辑。如果并联回路中的一个或一个以上触点闭合，该回路中有能流流过，即只要有一个输入信号为 1，则输出信号为 1；所有输入信号都为 0，则输出信号为 0。

触点串、并联指令实例如图 4-3 所示。

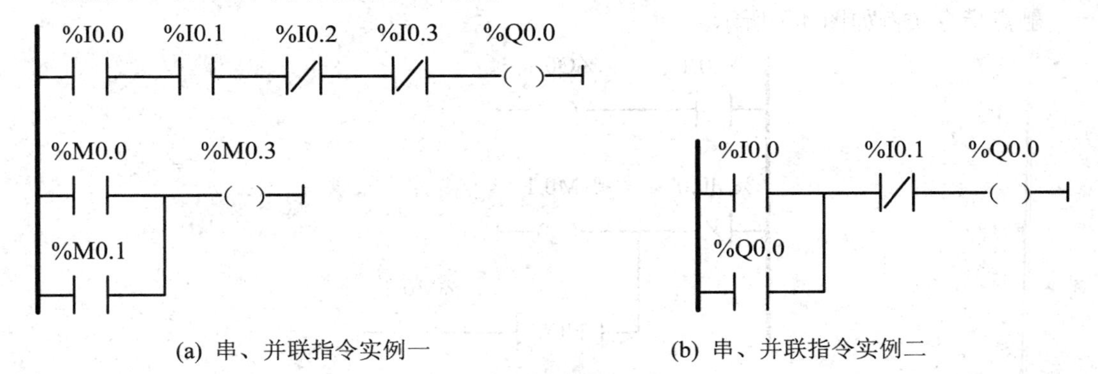

(a) 串、并联指令实例一　　(b) 串、并联指令实例二

图 4-3　触点串、并联指令实例

图 4-3(a)中，I0.0、I0.1、I0.2 及 I0.3 触点需全部闭合，Q0.0 线圈才能得电；M0.0 或 M0.1 触点中只要有一个闭合，M0.3 线圈就会得电。

图 4-3(b)为典型的"启保停"电路，I0.0 与 Q0.0 并联后再与 I0.1 串联，将最终的逻辑运算结果输出给 Q0.0 线圈。只要 I0.0 或 Q0.0 其中一个触点闭合，同时 I0.1 常闭触点闭合，Q0.0 线圈就会得电。

4.1.2　置位和复位指令

置位(SET)和复位(RESET)指令的 LAD 形式及功能如表 4-2 所示。

表 4-2　置位和复位指令的 LAD 形式及功能表

指令	LAD	功 能 说 明
置位输出	bit —(S)—	将指定操作数 bit 位置 1 并保持
复位输出	bit —(R)—	将指定操作数 bit 位清零并保持
置位位域	bit —(SET_BF)— N	从指定操作数 bit 位开始的 N 个位同时置 1 并保持
复位位域	bit —(RESET_BF)— N	从指定操作数 bit 位开始的 N 个位同时清零并保持

1. 置位输出、复位输出指令

使用置位输出指令，可将指定操作数 bit 位的信号状态置位为 1，在对该位进行复位操作前，其将保持置位状态。线圈输入端的逻辑运算结果为 1 时，执行该指令。

使用复位输出指令，可将指定操作数 bit 位的信号状态复位为 0，在对该位进行置位操作前，其将保持复位状态。线圈输入端的逻辑运算结果为 1 时，执行该指令。

置位、复位输出指令实例如图 4-4 所示。

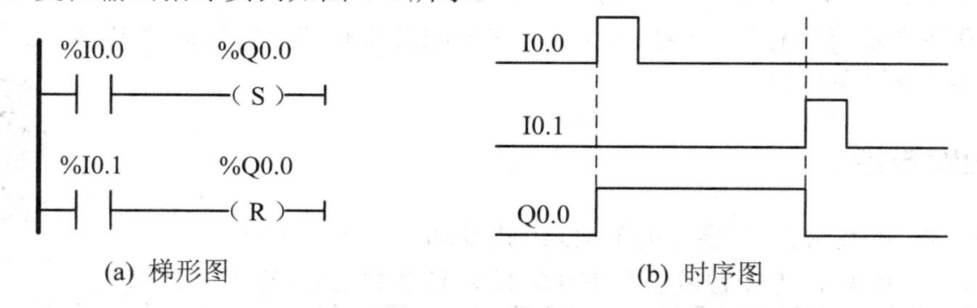

(a) 梯形图　　(b) 时序图

图 4-4　置位、复位输出指令实例

图 4-4 中，I0.0 闭合后，Q0.0 线圈被置位为 1(始终得电)；I0.1 闭合后，Q0.0 线圈被复位为 0(始终失电)。

2. 置位位域、复位位域指令

使用置位位域指令，可对一块连续位域中的所有位同时进行置位。需要置位位域的首位地址和位数分别由操作数 bit 位和 *N* 值指定，若 *N* 值大于所选字节的位数，则将对下一字节的位进行置位。在对该 *N* 个位进行复位操作前，它们将保持置位状态。线圈输入端的逻辑运算结果为 1 时，执行该指令。

使用复位位域指令，可对一块连续位域中的所有位同时进行复位。需要复位位域的首位地址和位数分别由操作数 bit 位和 *N* 值指定，若 *N* 值大于所选字节的位数，则将对下一字节的位进行复位。在对该 *N* 个位行置位操作前，它们将保持复位状态。线圈输入端的逻辑运算结果为 1 时，执行该指令。

置位位域、复位位域指令实例如图 4-5 所示。

图 4-5 中，I0.0 和 I0.1 同时闭合后，M2.0、M2.1 及 M2.2 三个线圈(M2.0 开始的 3 个位)同时被置位为 1，线圈保持得电状态；I0.0 和 I0.2 同时闭合后，M2.0、M2.1 及 M2.2 三个线圈同时被复位为 0，线圈保持失电状态。

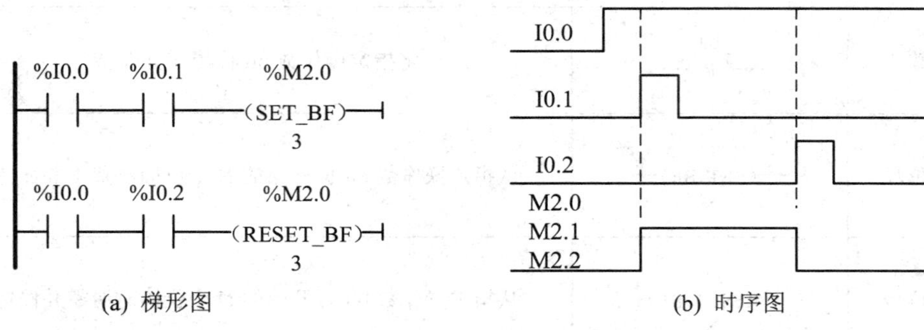

(a) 梯形图　　(b) 时序图

图 4-5　置位位域、复位位域指令实例

3. 使用说明

(1) 对位元件来说，一旦被置位，就保持在通电状态，除非对它进行复位；而位元件一旦被复位就保持在断电状态，除非对它进行置位，因此，置位/复位指令往往成对出现在同一程序中。

(2) 置位和复位指令在使用时可以互换顺序，但由于 PLC 采用从上向下、从左往右循环扫描的工作方式，所以写在后面的指令具有优先权。在图 4-4 中，若 I0.0 和 I0.1 同时闭合，则 Q0.0 线圈最终执行复位操作而失电，对应映像寄存器中的状态为 0。如无特殊需要，一般将复位指令放在后面。

4.1.3　触发器指令

位逻辑指令(2)

SR 触发器和 RS 触发器指令的 LAD 形式及功能如表 4-3 所示。

表 4-3　SR 触发器和 RS 触发器指令的 LAD 形式及功能表

指令	LAD	功 能 说 明
SR 触发器(复位优先触发器)	bit SR S　Q R1	当置位信号(S)和复位信号(R1)同时有效时，执行复位操作
RS 触发器(置位优先触发器)	bit RS R　Q S1	当置位信号(S1)和复位信号(R)同时有效时，执行置位操作

触发器指令的真值表如表 4-4 所示。

表 4-4　触发器指令的真值表

指令	S 输入端	R 输入端	输出(bit)
SR 触发器 (复位优先)	0	0	保持前一状态
	0	1	0
	1	0	1
	1	1	0
RS 触发器 (置位优先)	0	0	保持前一状态
	0	1	0
	1	0	1
	1	1	1

1. SR 触发器指令

使用 SR 触发器指令，可以根据表 4-4 所示的真值表对指定操作数 bit 进行置位或复位操作。如果置位输入信号 S 和复位输入信号 R1 都为 0，则不执行该指令；如果置位输入信号 S 和复位输入信号 R1 只有一个有效(为 1)，则执行有效输入信号对应的操作；如果置位输入信号 S 和复位输入信号 R1 同时有效(均为 1)，则优先执行复位操作。操作数 bit 的当前状态将同步传送到输出端 Q。

2. RS 触发器指令

使用 RS 触发器指令，可以根据表 4-4 所示的真值表对指定操作数 bit 进行置位或复位操作。如果置位输入信号 S1 和复位输入信号 R 都为 0，则不执行该指令；如果置位输入信号 S1 和复位输入信号 R 只有一个有效(为 1)，则执行有效输入信号对应的操作；如果置位输入信号 S1 和复位输入信号 R 同时有效(均为 1)，则优先执行置位操作。操作数 bit 的当前状态将同步传送到输出端 Q。

触发器指令实例如图 4-6 所示。

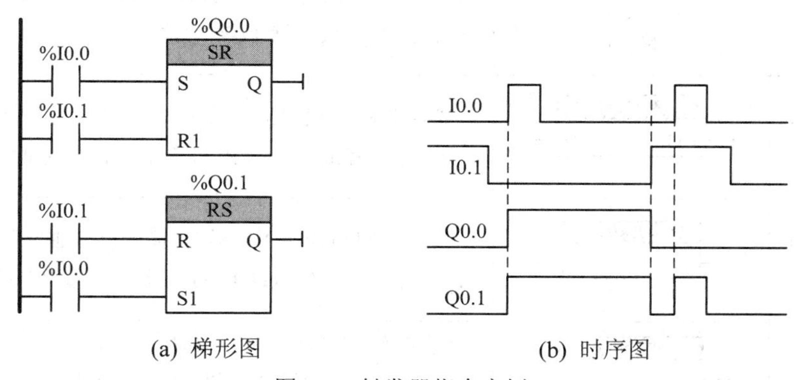

(a) 梯形图　　(b) 时序图

图 4-6　触发器指令实例

图 4-6 中，I0.0 和 I0.1 分别作为 SR 触发器的置位输入和复位输入信号，对 Q0.0 线圈进行优先复位操作；I0.0 和 I0.1 也分别作为 RS 触发器的置位输入和复位输入信号，对 Q0.1 线圈进行优先置位操作；由时序图可知：若只有 I0.0 有效，则 Q0.0 和 Q0.1 被置位；若只有 I0.1 有效，则 Q0.0 和 Q0.1 被复位；若 I0.0 和 I0.1 同时有效，则 Q0.0 被优先复位、Q0.1 被优先置位。

4.1.4 信号边沿指令

当信号状态发生变化时，将产生跳变沿(上升沿或下降沿)。如图 4-7 所示的边沿检测原理图，当 Q0.0 线圈由 0 变为 1 时，产生一个正跳变的上升沿(Edge Up)；当 Q0.0 线圈由 1 变为 0 时，产生一个负跳变的下降沿(Edge Down)。S7-1200 执行边沿指令时，在每个扫描周期中把信号状态和它在上一扫描周期的状态(存储在边沿存储器位中)进行比较，如果不同，则表明出现了上升沿或下降沿。

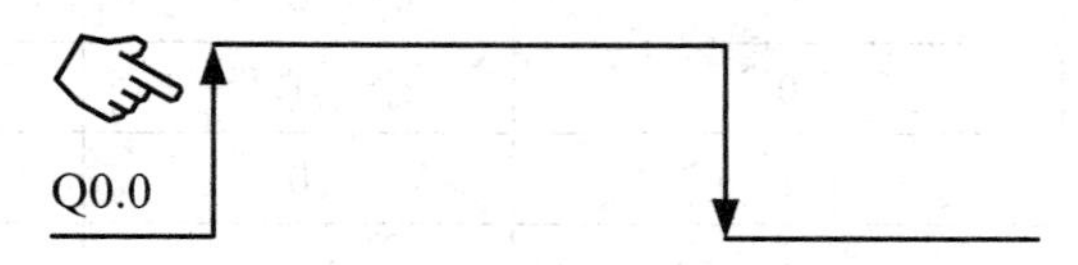

图 4-7　边沿检测原理图

信号边沿指令的 LAD 形式及功能如表 4-5 所示。

表 4-5　信号边沿指令的 LAD 形式及功能表

指令	LAD	功能说明
上升沿检测触点指令	bit ─┤P├─ M_bit	操作数 bit 出现上升沿时，该触点导通一个扫描周期；边沿存储器位 M_bit 用于存放操作数 bit 在上一扫描周期的状态
下降沿检测触点指令	bit ─┤N├─ M_bit	操作数 bit 出现下降沿时，该触点导通一个扫描周期；边沿存储器位 M_bit 用于存放操作数 bit 在上一扫描周期的状态
上升沿检测线圈指令	bit —(P)— M_bit	线圈输入端出现上升沿时，操作数 bit 对应线圈导通一个扫描周期；M_bit 用于存放操作数 bit 在上一扫描周期的状态
下降沿检测线圈指令	bit —(N)— M_bit	线圈输入端出现下降沿时，操作数 bit 对应线圈导通一个扫描周期；M_bit 用于存放操作数 bit 在上一扫描周期的状态
扫描 RLO 的上升沿指令	P_TRIG CLK　Q M_bit	输入端 RLO 出现上升沿时，输出 Q 导通一个扫描周期；M_bit 用于存放输入端 RLO 在上一扫描周期的状态
扫描 RLO 的下降沿指令	N_TRIG CLK　Q M_bit	输入端 RLO 出现下降沿时，输出 Q 导通一个扫描周期；M_bit 用于存放输入端 RLO 在上一扫描周期的状态
上升沿检测功能块指令	R_TRIG EN　ENO CLK　Q	EN 输入端有效时，启用边沿检测。CLK 输入端出现上升沿时，输出 Q 导通一个扫描周期；本质为功能块 FB，CLK 输入端 RLO 在上一扫描周期的状态保存在背景数据块中
下降沿检测功能块指令	F_TRIG EN　ENO CLK　Q	EN 输入端有效时，启用边沿检测。CLK 输入端出现下降沿时，输出 Q 导通一个扫描周期；本质为功能块 FB，CLK 输入端 RLO 在上一扫描周期的状态保存在背景数据块中

1. 边沿检测触点指令

使用上升沿检测触点指令，可以根据操作数 bit 有无上升沿来控制触点通断。当操作数 bit 出现上升沿时，该触点导通一个扫描周期。边沿存储器位 M_bit 用于存放操作数 bit 在上一扫描周期的状态，通过比较操作数 bit 的当前状态与上一扫描周期的状态，来确定是否存在上升沿。

使用下降沿检测触点指令，可以根据操作数 bit 有无下降沿来控制触点通断。当操作数 bit 出现下降沿时，该触点导通一个扫描周期。边沿存储器位 M_bit 用于存放操作数 bit 在上一扫描周期的状态，通过比较操作数 bit 的当前状态与上一扫描周期的状态，来确定是否存在下降沿。

边沿检测触点指令使用说明：

(1) 边沿检测触点指令不能放在逻辑块结束处。

(2) 只能使用全局 DB、FB 中的静态变量或位存储区 M 作为边沿存储器位 M_bit。

(3) 边沿存储器位 M_bit 的地址在程序中只能使用一次，否则会导致结果出错。

边沿检测触点指令实例如图 4-8 所示。

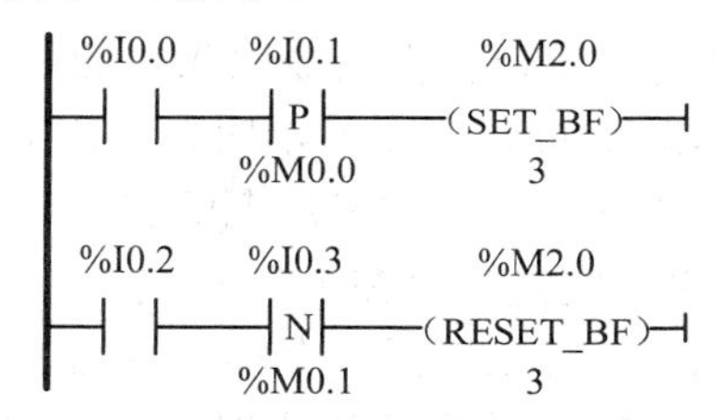

图 4-8　边沿检测触点指令实例

图 4-8 中，当 I0.0 闭合且 I0.1 出现上升沿时，置位 M2.0～M2.2；当 I0.2 闭合且 I0.3 出现下降沿时，复位 M2.0～M2.2。边沿存储器位 M0.0 和 M0.1 分别用以存放 I0.1 和 I0.3 在上一扫描周期的状态。

2. 边沿检测线圈指令

使用上升沿检测线圈指令，可以根据线圈输入端信号有无上升沿来控制线圈通断。当线圈输入信号出现上升沿时，操作数bit对应的线圈导通一个扫描周期。边沿存储器位M_bit 用于存放线圈输入信号在上一扫描周期的状态，通过比较线圈输入信号的当前状态与上一扫描周期的状态，来确定是否存在上升沿。

使用下降沿检测线圈指令，可以根据线圈输入端信号有无下降沿来控制线圈通断。当线圈输入信号出现下降沿时，操作数bit对应的线圈导通一个扫描周期。边沿存储器位M_bit 用于存放线圈输入信号在上一扫描周期的状态，通过比较线圈输入信号的当前状态与上一扫描周期的状态，来确定是否存在下降沿。

边沿检测线圈指令使用说明：

(1) 边沿检测线圈指令可以放在逻辑块中间或结束处。

(2) 只能使用全局 DB、FB 中的静态变量或位存储区 M 作为边沿存储器位 M_bit。

(3) 边沿存储器位 M_bit 的地址在程序中只能使用一次，否则会导致结果出错。

(4) 边沿检测线圈指令放在逻辑块中间时，不会影响逻辑块的逻辑运算结果，它将输入端的逻辑运算结果直接送给线圈的输出端。

边沿检测线圈指令实例如图 4-9 所示。

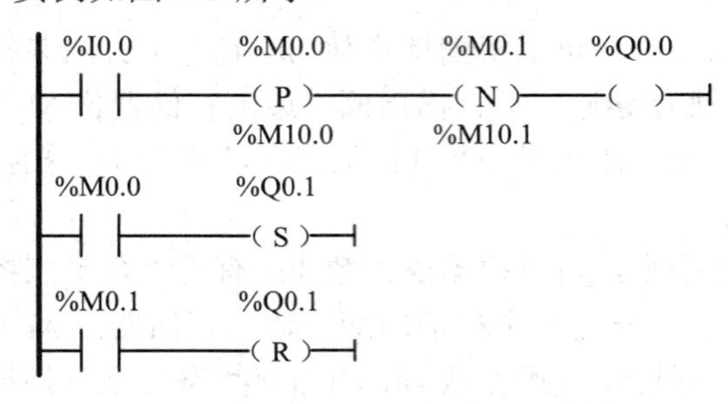

图 4-9　边沿检测线圈指令实例

图 4-9 中，当 I0.0 闭合时，能流经过两个边沿检测线圈送给 Q0.0 线圈；当 I0.0 出现上升沿时，M0.0 常开触点导通一个扫描周期，置位 Q0.1；当 I0.0 出现下降沿时，M0.1 常开触点导通一个扫描周期，复位 Q0.1。边沿存储器位 M10.0 和 M10.1 分别用于存放输入信号 I0.0 在上一扫描周期的状态。

3. 扫描 RLO 的边沿指令

使用扫描 RLO 的上升沿指令，可以根据指令输入端的逻辑运算结果 RLO 有无上升沿来控制输出 Q 的通断。当输入端 RLO 出现上升沿时，输出 Q 导通一个扫描周期。边沿存储器位 M_bit 用于存放输入端 RLO 在上一扫描周期的状态，通过比较输入端 RLO 的当前状态与上一扫描周期的状态，来确定是否存在上升沿。

使用扫描 RLO 的下降沿指令，可以根据指令输入端的逻辑运算结果 RLO 有无下降沿来控制输出 Q 的通断。当输入端 RLO 出现下降沿时，输出 Q 导通一个扫描周期。边沿存储器位 M_bit 用于存放输入端 RLO 在上一扫描周期的状态，通过比较输入端 RLO 的当前状态与上一扫描周期的状态，来确定是否存在下降沿。

扫描 RLO 的边沿指令使用说明：

(1) 扫描 RLO 的边沿指令不能放在逻辑块的开始和结束处。

(2) 只能使用全局 DB、FB 中的静态变量或位存储区 M 作为边沿存储器位 M_bit。

(3) 边沿存储器位 M_bit 的地址在程序中只能使用一次，否则会导致结果出错。

扫描 RLO 的边沿指令实例如图 4-10 所示。

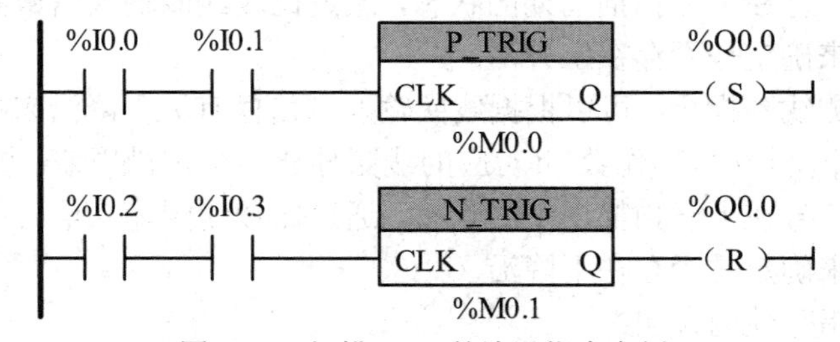

图 4-10　扫描 RLO 的边沿指令实例

图 4-10 中，当 I0.0 和 I0.1 相串联的逻辑运算结果为由 0 变为 1 时，CLK 输入端出现上升沿，置位 Q0.0 线圈；当 I0.2 和 I0.3 相串联的逻辑运算结果为由 1 变为 0 时，CLK 输入端出现下降沿，复位 Q0.0 线圈。边沿存储器位 M0.0 和 M0.1 用于存放对应指令的输入端 RLO 在上一扫描周期的状态。

4. 边沿检测功能块指令

使用上升沿检测功能块指令，可以在 EN 输入端有效时，根据 CLK 输入端的逻辑运算结果有无上升沿来控制输出 Q 的通断。CLK 输入端出现上升沿时，输出 Q 导通一个扫描周期。CLK 输入端 RLO 在上一扫描周期的状态保存在背景数据块中。

使用下降沿检测功能块指令，可以在 EN 输入端有效时，根据 CLK 输入端的逻辑运算结果有无下降沿来控制输出 Q 的通断。CLK 输入端出现下降沿时，输出 Q 导通一个扫描周期。CLK 输入端 RLO 在上一扫描周期的状态保存在背景数据块中。

边沿检测功能块指令使用说明：

(1) 边沿检测功能块指令本质为功能块 FB，调用该指令时会自动生成背景数据块。

(2) 可利用 EN 输入端启用边沿检测功能，一般 EN 输入端始终有效。

边沿检测功能块指令实例如图 4-11 所示。

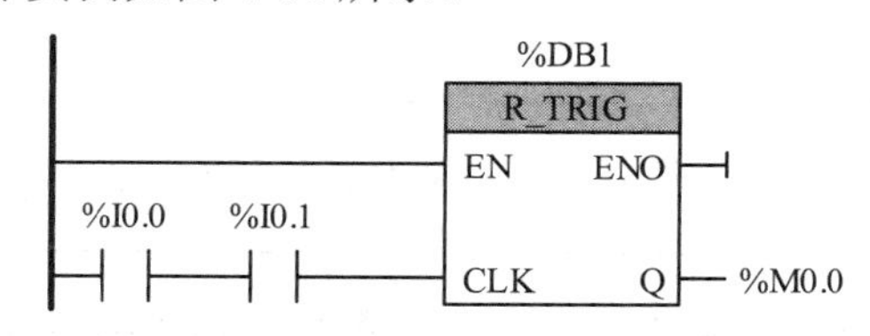

图 4-11　边沿检测功能块指令实例

图 4-11 中，EN 输入端始终有效，当 I0.0 和 I0.1 相串联的逻辑运算结果为由 0 变为 1 时，CLK 输入端出现上升沿，输出 M0.0 线圈得电一个扫描周期。CLK 输入端 RLO 在上一扫描周期的状态保存在背景数据块 DB1 中。

4.1.5　比较指令

比较指令用于对数据类型相同的两个操作数按照指定条件进行比较。条件成立时，逻辑运算结果输出为 1；条件不成立时，逻辑运算结果输出为 0。所以比较指令本质上属于位逻辑指令。实际应用中，比较指令多用于实现数值大小比较和上、下限幅控制。

S7-1200 PLC 支持的比较指令如表 4-6 所示。

表 4-6　比 较 指 令

指令	关系类型	满足以下条件时比较结果为真	数据类型
== ???	等于	上操作数 = 下操作数	SInt、Int、DInt、USInt、UInt、UDInt、Real、LReal、String、Char、Time、DTL、Constant
<> ???	不等于	上操作数 ≠ 下操作数	
>= ???	大于等于	上操作数 ≥ 下操作数	
<= ???	小于等于	上操作数 ≤ 下操作数	
> ???	大于	上操作数 > 下操作数	
< ???	小于	上操作数 < 下操作数	

续表

指令	关系类型	满足以下条件时比较结果为真	数据类型
IN_RANGE ??? MIN VAL MAX	值在范围内	MAX ≥ VAL ≥ MIN	SInt、Int、DInt、USInt、UInt、UDInt、Real、Constant
OUT_RANGE ??? MIN VAL MAX	值在范围外	VAL > MAX 或 VAL < MIN	
─┤OK├─	检查有效性	操作数是有效的浮点数	Real、LReal
─┤NOT_OK├─	检查无效性	操作数不是有效的浮点数	

比较指令实例如图 4-12 所示。

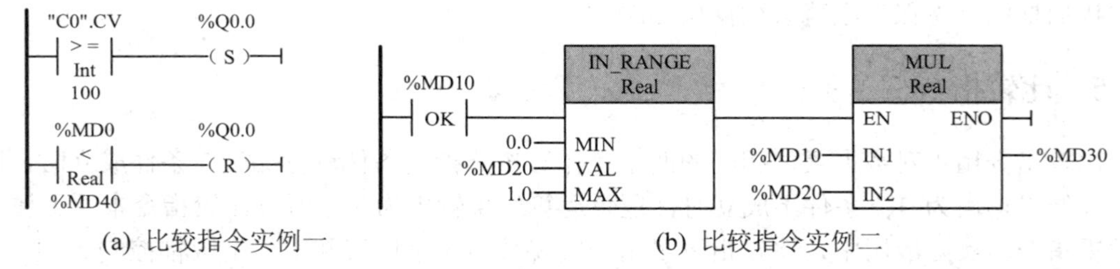

(a) 比较指令实例一　　(b) 比较指令实例二

图 4-12　比较指令实例

图 4-12(a)中，当计数器当前值"C0".CV 大于等于 100 时，置位 Q0.0；当 MD0 小于 MD40 的数值时，复位 Q0.0。

图 4-12(b)中，当 MD10 中的操作数为实数时，并且 MD20 中的实数型操作数在[0.0，1.0]范围时，将 MD10 与 MD20 的操作数相乘，并将结果存放在 MD30 中。

4.2　定时器与计数器指令

4.2.1　定时器指令

定时器及计数器指令(1)

定时器指令用于完成与时间有关的控制要求，是 PLC 中最常用的指令之一。定时器在使用时需提前输入设定值，启动定时后，当前值从 0 或上次的保持值开始增加，当定时器的当前值达到设定值后

(定时时间到)，定时器输出发生动作，进而完成后续各种定时逻辑。

相比于 S7-200 PLC 中的普通定时器和 S7-300 PLC 中的 S5 定时器，S7-1200 PLC 使用的是满足 IEC61131-3 标准的 IEC 定时器，其功能更加完善，使用更加灵活。IEC 定时器本质为功能块，使用时需要为其指定背景数据块或数据类型为 IEC_TIMER 的数据块变量(相当于定时器的名字)。IEC 定时器不再采用定时器编号(如 T37)方式，而是采用不同的背景数据块或数据块变量来区分不同的定时器，所以可使用的定时器数量将大大提高。

S7-1200 PLC 支持 4 种类型的功能块型定时器和对应的线圈型定时器，此外还包含更新设定值指令 PT 和复位定时器指令 RT，如表 4-7 所示。

表 4-7　定 时 器 指 令

指令	功能块型	线圈型	功 能 说 明
脉冲定时器 TP	TP Time：IN、PT → Q、ET	—(TP Time)—	输入端 IN 出现上升沿时，通过输出端 Q 产生预设时间间隔(由 PT 输入值决定)的脉冲
接通延时定时器 TON	TON Time：IN、PT → Q、ET	—(TON Time)—	输入端 IN 变为 1 时启动定时器，当前值从 0 增加，达到设定值后，输出端 Q 导通；输入端 IN 变为 0 时，定时器复位
保持型接通延时定时器 TONR	TONR Time：IN、R、PT → Q、ET	—(TONR Time)—	输入端 IN 变为 1 时启动定时器，当前值从上次的保持值继续增加，达到设定值后，输出端 Q 导通；输入端 IN 变为 0 时，定时器当前值保持
断开延时定时器 TOF	TOF Time：IN、PT → Q、ET	—(TOF Time)—	输入端 IN 变为 1 时复位定时器，当前值为 0，输出端 Q 导通；输入端 IN 变为 0 时启动定时器，当前值从 0 增加，达到设定值后，输出端 Q 断开
更新设定值		—(PT)—	通过条件更新定时器的设定值。
复位定时器		—[RT]—	通过条件复位定时器

功能块型定时器中，TP、TON 和 TOF 具有相同的输入和输出参数，TONR 定时器具有外部复位输入参数 R。各定时器指令的参数说明见表 4-8。

表 4-8　定时器指令参数说明

参数	数据类型	参 数 说 明
IN	Bool	使能输入端，上升沿启动 TP、TON 和 TONR，下降沿启动 TOF
R	Bool	复位输入端，高电平时复位 TONR
PT	Bool	预设定的时间值
Q	Bool	定时器输出端，当前值达到设定值时，输出状态变化
ET	Time	当前时间值

本节主要介绍使用较多的功能块型定时器的原理和使用方法。

1. 脉冲定时器 TP

使用脉冲定时器指令，可以产生预设时间间隔的脉冲。上电周期或首次扫描时，定时器当前值和输出 Q 均为 0。输入端 IN 出现上升沿后，输出 Q 导通；同时启动定时器，当前值 ET 由 0 增加，当前值达到设定值 PT 时(定时时间到)，输出 Q 断开，即输出 Q 导通时间取决于设定值 PT。

脉冲定时器指令使用说明：

(1) 输入端出现上升沿时，启动定时器；在当前值未达到设定之前，若输入端信号断开或检测到新的上升沿信号，均不会影响输出 Q 的导通时间。

(2) 当前值达到设定值 PT 时，如果输入端 IN 为 1，则当前值保持在设定值；如果输入端 IN 为 0，则当前值复位为 0。

脉冲定时器指令实例如图 4-13 所示。

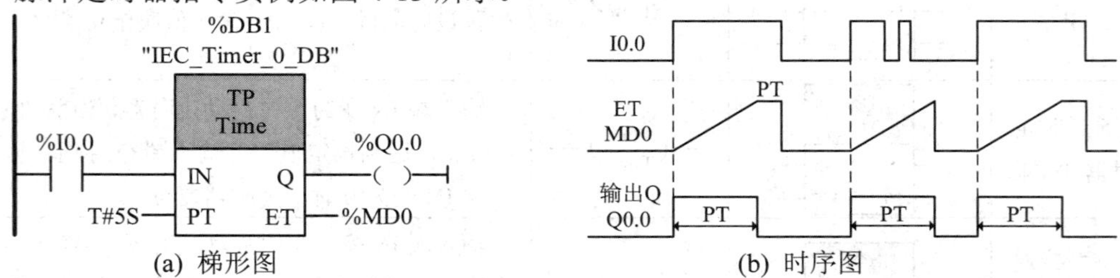

(a) 梯形图　　(b) 时序图

图 4-13　脉冲定时器指令实例

图 4-13 中，为脉冲定时器 TP 指定了默认名称为“IEC_Timer_0_DB”的背景数据块 DB1(相当于定时器的名字，该名称可以根据需要修改，但只能指定给唯一的定时器)。I0.0 出现上升沿时，Q0.0 线圈维持得电。MD0 中装载定时器的当前值，在当前值未达到设定值 5 s 之前，即使输入端 I0.0 断开或再次出现上升沿，对 Q0.0 线圈的得电时间均不产生影响。当前值达到设定值后，输出端 Q 断开，Q0.0 线圈失电，若此时 I0.0 仍闭合，则当前值维持在设定值；若 I0.0 断开，则定时器复位。

2. 接通延时定时器 TON

使用接通延时定时器指令，可以将输出端 Q 延迟指定时间后导通。上电周期或首次扫描时，定时器当前值和输出端 Q 均为 0。输入端 IN 由 0 变为 1(出现上升沿)时，启动定时器，当前值 ET 由 0 增加，当前值达到设定值 PT 时(定时时间到)，输出端 Q 导通，即输出端 Q 延迟导通时间取决于设定值 PT。输入端 IN 在任意时刻由 1 变为 0 时，定时器自动复位，当前值为 0，输出端 Q 断开。

接通延时定时器指令使用说明：

(1) 输入端 IN 断开时，接通延时定时器将自动复位。该指令用于对单段时间进行定时；并且为了保证定时时间到，输入端 IN 的闭合时间应不小于设定时间。

(2) 当前值达到设定值 PT 后，如果输入端 IN 为 1，则当前值保持在设定值；如果输入端 IN 为 0，则当前值复位为 0。

接通延时定时器指令实例如图 4-14 所示。

图 4-14 中，为接通延时定时器 TON 指定了名称为“数据块_1.接通延时定时器”的全

局 DB 变量。输入端 I1.0 由 OFF 变为 ON 后，启动定时器，MD0 中装载的定时器当前值由 0 开始增加，当前值达到设定值后，输出端 Q 接通，Q0.0 线圈得电。输入端 I1.0 由 ON 变为 OFF 后，定时器复位，当前值 ET 为 0，输出端 Q 断开。

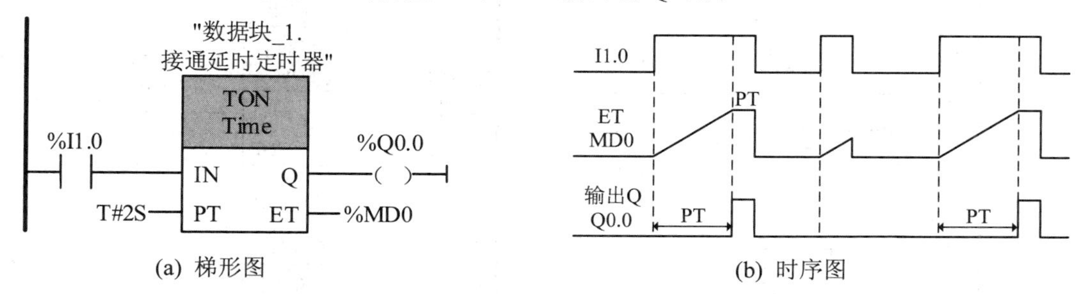

(a) 梯形图　　(b) 时序图

图 4-14　接通延时定时器指令实例

TON 是应用较广泛的定时器类型，用好、用对该定时器对后续逻辑设计非常重要。以下再结合两个例子来加深理解。

【例 4-1】　设计定时器，按下启动按钮 I0.0，延时 10 s 后电动机 Q0.0 启动；按下停止按钮 I0.1，延时 5 s 后电动机 Q0.0 停止。

解　在设计时应该注意以下 3 个问题：

(1) 外部控制信号发出后，系统延时动作，需要用到定时器指令。采用 TP、TON、TONR 和 TOF 指令均能实现定时功能，本例选择为 TON 指令。

(2) 外部按钮默认选择为常开型的自复位按钮，提供的是短脉冲型启动信号，需要利用中间变量 M 将其转化为长电平信号(可以用启保停电路或置复位指令)，以维持 TON 定时器线圈的持续得电。

(3) TON 定时器定时时间到后，应及时对其进行复位。

通过上述分析，编写的 PLC 控制程序如图 4-15 所示。

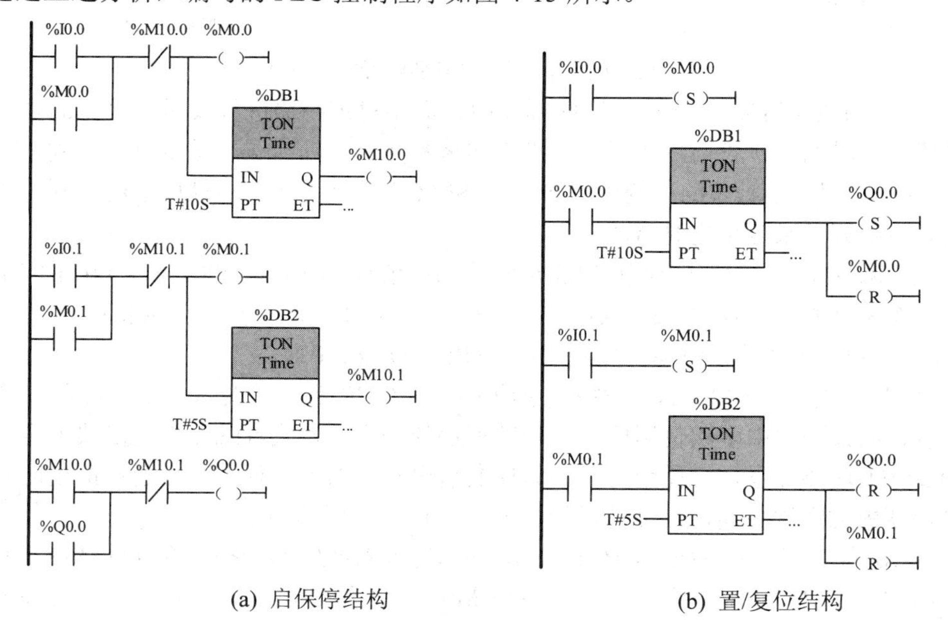

(a) 启保停结构　　(b) 置/复位结构

图 4-15　电动机延时启动/延时停止控制程序

【例 4-2】 要求 TON 定时时间到，产生宽度为单个扫描周期的脉冲。

根据要求，其控制程序如图 4-16 所示。

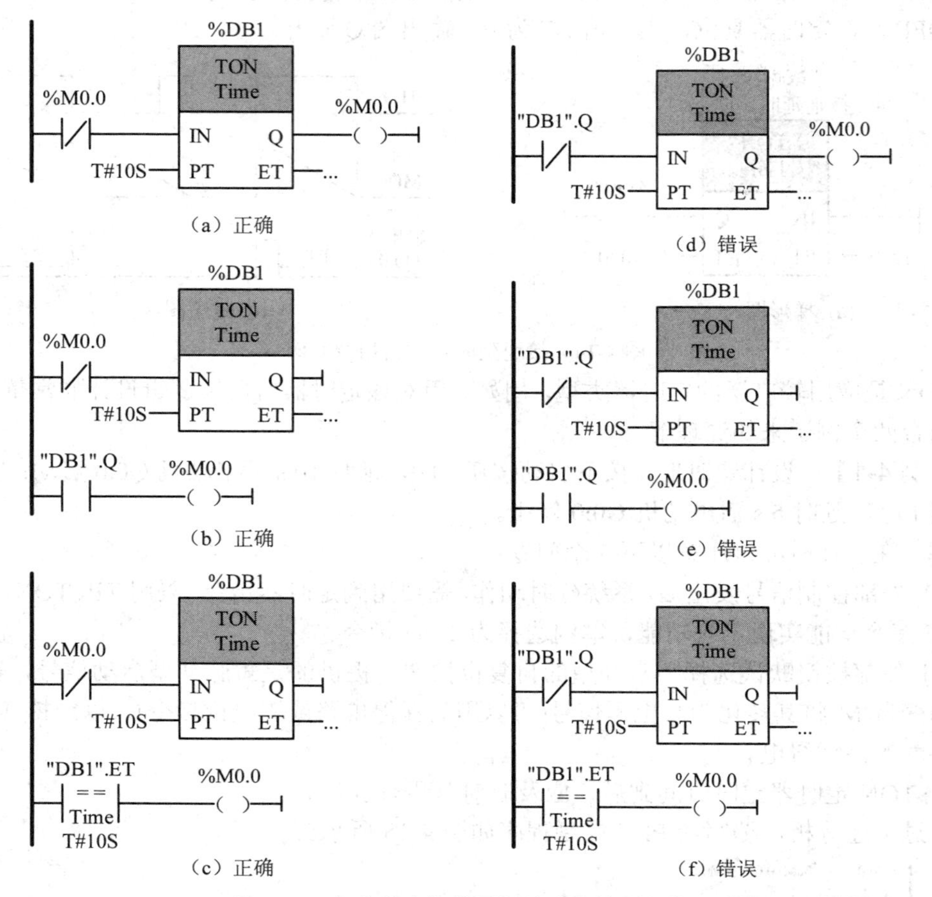

图 4-16　产生单个扫描周期脉冲的控制程序

解　例 4-1 采用启保停结构编写的程序中，需要对定时器进行及时、可靠的复位。一般定时器定时时间到，我们将在下一扫描周期将其复位。具体做法是定时时间到，产生宽度为一个扫描周期的脉冲(如上例中的 M10.0 和 M10.1)，在下一扫描周期内，利用该脉冲的常闭触点断开，来复位定时器。

注意：S7-1200 定时器的刷新(更新定时器当前值)方式和 S7-200、S7-300 中的定时器刷新方式有所不同。S7-1200 定时器在以下任一情况发生时均会更新当前值：

(1) 程序执行到功能块型定时器指令的输出端 Q 或 ET 时；

(2) 程序执行到定时器的背景数据块(或 IEC_TIMER 类型的变量)中的 Q 或 ET 时。

所以，如果程序中多次使用同一背景数据块的输出 Q，或者既使用功能块型定时器指令的 Q 或 ET 连接变量，又使用背景数据块的输出 Q，以上两种情况都会造成定时器在一个扫描周期内的多次更新，可能造成定时器不能正常使用的问题。

图 4-16 左侧控制程序(图 4-16(a)、(b)、(c))均可以产生单个扫描周期的脉冲，其思路是将输出端 Q 和 ET 的状态赋值给中间变量 M0.0，并利用 PLC 从上向下、从左往右周期性循环扫描的工作方式来产生单个扫描周期的脉冲。

图4-16右侧控制程序(即图4-16(d)、(e)、(f))均不能可靠地产生一个扫描周期的脉冲。以图4-16(e)所示的程序为例，结合S7-1200定时器的刷新方式，分为以下3种情况进行讨论：

(1) 如果定时器TON当前值在执行"DB1".Q常闭触点之前达到设定值，则在执行该常闭触点时将更新定时器，常闭触点断开，定时器TON复位，M0.0线圈无法得电。

(2) 如果当前值在定时器TON指令到"DB1".Q常开触点之间达到设定值，则在执行"DB1".Q常开触点时将更新定时器，常开触点闭合，M0.0线圈得电；下一扫描周期在执行"DB1".Q常闭触点时，再次更新，"DB1".Q常闭触点断开，定时器复位，M0.0线圈断开，可以产生单个扫描周期的脉冲。

(3) 如果当前值在"DB1".Q常开触点之后才达到设定值，则本周期已无定时器指令或背景数据块中的输出端Q，待到下一扫描周期，与情况(1)相同，在执行"DB1".Q常闭触点时更新定时器，常闭触点断开，定时器TON复位，M0.0线圈无法得电。

可以看出，以上3种情况中，情况(1)和(3)一定无法产生单个扫描周期的脉冲；而情况(2)虽然可以满足要求，但程序执行在该情况下的可能性较小，无法满足系统可靠性要求。

3. 保持型接通延时定时器TONR

使用保持型接通延时定时器指令，可以将输出端Q延迟指定的有效时间后导通。上电周期或首次扫描时，定时器当前值和输出端Q均为上次掉电前状态。输入端IN由0变为1时启动定时器，当前值ET从上次的保持值继续增加，当前值达到设定值PT时，输出端Q导通，即输出端Q延迟导通的有效时间取决于设定值PT。输入端IN由1变为0时，定时器停止计时并保持当前值，待输入端IN再次由0变为1时，当前值继续增加。

定时器及计数器指令(2)

保持型接通延时定时器指令使用说明：

(1) 输入端IN断开时，保持型接通延时定时器不复位，而是停止在当前状态。该指令用于对多段时间进行累计定时，可以实现某个设备的累计运行时间；输入端IN的单次闭合时间与设定时间无关。

(2) 定时时间到后，当前值保持在设定值，需要通过外部复位输入端R对该定时器进行手动复位。

保持型接通延时定时器指令实例如图4-17所示。

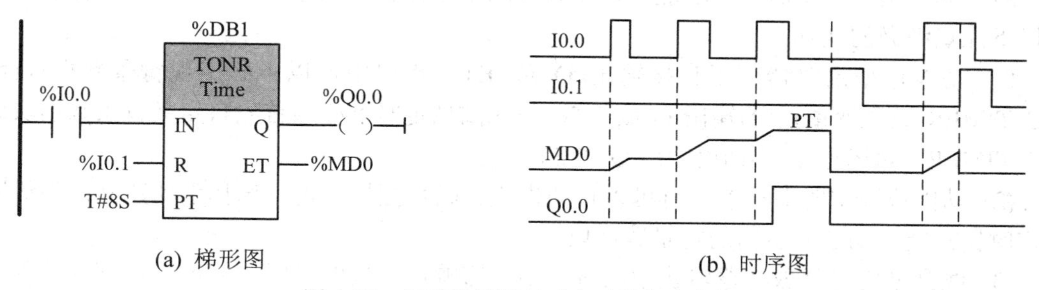

(a) 梯形图　　(b) 时序图

图4-17　保持型接通延时定时器指令实例

图4-17中，保持型接通延时定时器TONR定时时间为8 s。输入端I0.0每次由0变为1后，启动定时器，MD0中的当前值从上次保持值继续增加；输入端I0.0每次由1变为0

后，暂停定时器，当前值保持不变；当前值达到设定值后，输出端 Q 导通，Q0.0 线圈保持得电。复位信号 I0.1 由 0 变为 1 后，定时器复位，当前值为 0，输出端 Q 断开。

4. 断开延时定时器 TOF

使用断开延时定时器指令，可以将输出端 Q 延迟指定时间后断开。上电周期或首次扫描时，定时器当前值和输出端 Q 均为 0。输入端 IN 由 1 变为 0 时，启动定时器，当前值由 0 增加，当前值达到设定值 PT 时，输出端 Q 断开，即输出端 Q 延迟断开时间取决于设定值 PT。输入端 IN 在任意时刻由 0 变为 1 时，定时器复位，当前值为 0，输出端 Q 导通。

断开延时定时器指令使用说明：

(1) 输入端 IN 闭合时，断开延时定时器将自动复位。该指令用于对单段时间进行定时，可以实现某个设备停机后的延时(如电动机停机后延时关闭风机)；为了保证定时时间到，输入端 IN 的断开时间应不小于设定时间。

(2) 当前值达到设定值 PT 后，如果输入端 IN 为 0，则当前值保持在设定值；如果输入端 IN 为 1，则当前值复位为 0。

断开延时定时器指令实例如图 4-18 所示。

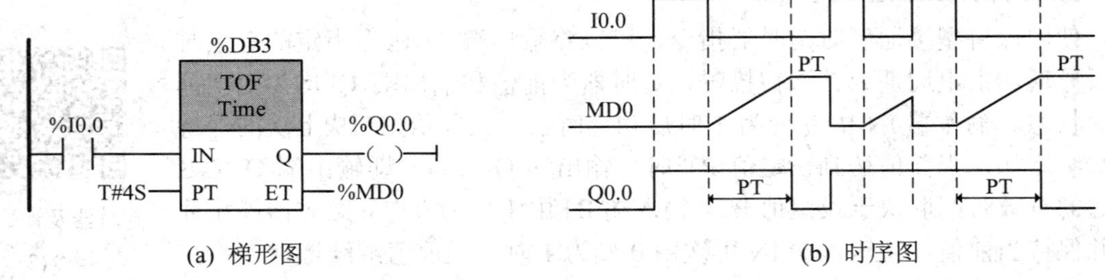

(a) 梯形图　　(b) 时序图

图 4-18　断开延时定时器指令实例

图 4-18 中，断开延时定时器 TOF 定时时间为 4 s。输入端 I0.0 由 OFF 变为 ON 后，定时器复位，MD0 中装载的定时器当前值为 0，输出端 Q 接通，Q0.0 线圈得电。输入端 I0.0 由 ON 变为 OFF 后，启动定时器，当前值由 0 开始增加，当前值达到设定值后，输出端 Q 断开，Q0.0 线圈失电。

5. 线圈型定时器指令

对于同一类型的定时器，功能块指令和线圈指令在原理上是完全一样的，具体使用时有以下几点细微的区别：

(1) 功能块型定时器可以直接输出 Q 或 ET，程序中可以不必出现背景数据块(或 IEC_TIMER 类型变量)中的输出 Q 或 ET；而线圈型定时器必须首先自定义背景数据块或 IEC_TIMER 类型变量，再调用输出 Q 或 ET。

(2) 功能块型定时器在使用时可以自动生成背景数据块，也可选择手动建立；而线圈型定时器只能手动建立所需的背景数据块。

(3) 线圈型定时器放在逻辑块中间时，不会影响逻辑块的逻辑运算结果，它将输入端的逻辑运算结果直接送给线圈的输出端。

图 4-19 中，采用线圈型的 TONR 定时器对 Q0.0 进行延时控制，假设 I0.0 代表电动机运行信号，当累积运行 5 s 后，定时时间到，定时器的输出 Q 导通，Q0.0 线圈得电(可控

制指示灯等后续逻辑)。I0.1 为复位信号，若 I0.1 闭合，则将 TONR 定时器当前值清零，定时器输出 Q 断开，Q0.0 线圈失电，为下次延时控制做好准备。

线圈型定时器指令实例如图 4-19 所示。

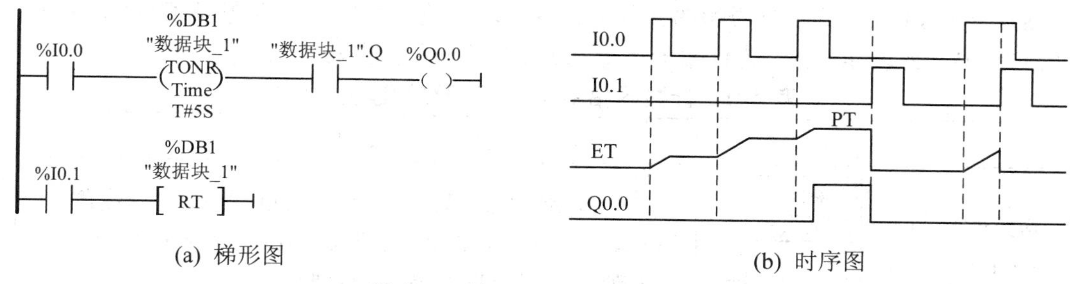

(a) 梯形图　　(b) 时序图

图 4-19　线圈型定时器指令实例

注意：该程序与图 4-17 中采用功能块型的 TONR 定时器程序原理是一样的，但是线圈型定时器不含输出端 Q 或 ET，需要手动调用定时器的背景数据块(或 IEC_TIMER 变量)中的 Q 或 ET，否则定时器不会计时。例如：图 4-19(a)中，如果去掉 "数据块_1".Q 的常开触点，则定时器当前值始终为 0(不计时)，定时器线圈直接将左侧 I0.0 的状态传递给右侧的 Q0.0 线圈(即 Q0.0 线圈状态完全由 I0.0 常开触点决定)。

6. 定时器使用注意事项

通过分析上述定时器实例，可以看出 IEC 定时器种类较多，使用起来有一定难度，使用时应注意以下事项：

1) IEC 定时器不计时的原因

(1) 定时器输入端 IN 只有在检测到电平信号的跳变时，才会开始计时。TP、TON 和 TONR 在输入端 IN 由 0 变为 1 时启动，TOF 在输入端 IN 由 1 变为 0 时启动。如果把始终保持不变的信号作为输入端，定时器不会计时。

(2) 同一背景数据块或 IEC_TIMER 变量多次指定给不同的定时器，即定时器的背景数据块存在重复使用情况时，定时器不会计时。

(3) 只有在功能块型定时器的输出端 Q 或 ET 连接至实际变量，或者在程序中使用背景数据块(或 IEC_TIMER 变量)中的输出 Q 或 ET 时，定时器才会开始计时，并会更新定时时间。

2) IEC 定时器刷新方式

(1) 程序执行到功能块型定时器指令的输出端 Q 或 ET 时，将更新定时时间。

(2) 程序执行到定时器的背景数据块(或 IEC_TIMER 变量)中的输出 Q 或 ET 时，将更新定时时间。

(3) 如果程序中多次使用同一背景数据块(或 IEC_TIMER 变量)中的输出 Q，或者既使用功能块型定时器的 Q 或 ET 连接变量，又使用背景数据块的 Q，则以上两种情况都会造成定时器在一个扫描周期内的多次更新，可能造成定时器不能正常使用的问题。

4.2.2　计数器指令

计数器指令用于累计外部输入脉冲的个数，常见于产品计数或

定时器及计数器指令(3)

其他复杂的逻辑控制场合，是 PLC 中最常用的指令之一。计数器在使用时需提前输入设定值，启动计数后，当前值从 0 开始增加(或从设定值开始减少)，计数器当前值增加到设定值(或当前值减少到 0)后，计数次数到，计数器输出发生动作，进而完成后续各种控制逻辑。

S7-1200 PLC 支持 3 种类型的计数器指令：增计数器 CTU、减计数器 CTD 和增减计数器 CTUD。如表 4-9 所示为计数器指令的 LAD 形式及功能表。

表 4-9　计数器指令的 LAD 形式及功能表

指令	LAD	功 能 说 明
增计数器 CTU	CTU ??? CU　Q R　CV PV	脉冲输入端 CU 出现上升沿时，当前值 CV 加 1，当前值大于等于设定值 PV 后，输出端 Q 导通；复位输入端 R 为 1 时，复位计数器，当前值为 0，输出端 Q 断开
减计数器 CTD	CTD ??? CD　Q LD　CV PV	脉冲输入端 CD 出现上升沿时，当前值 CV 减 1，当前值小于等于 0 后，输出端 Q 导通；装载输入端 LD 为 1 时，复位计数器，当前值为设定值 PV，输出端 Q 断开
增减计数器 CTUD	CTUD ??? CU　QU CD　QD R　CV LD PV	增计数脉冲 CU 出现上升沿时，当前值 CV 加 1，大于等于设定值后，输出端 QU 导通；减计数脉冲 CD 出现上升沿时，当前值 CV 减 1，小于等于 0 后，输出端 QD 导通；复位输入端 R 为 1 时，当前值为 0，输出端 QU 断开、QD 导通；装载输入端 LD 为 1 时，当前值为设定值 PV，输出端 QD 断开、QU 导通

计数器指令的参数说明如表 4-10 所示。

表 4-10　计数器指令参数说明表

参数	数 据 类 型	描　述
CU	Bool	增计数脉冲输入端，上升沿有效
CD	Bool	减计数脉冲输入端，上升沿有效
R	Bool	增计数器复位输入端，高电平有效
LD(LOAD)	Bool	减计数器装载输入端，高电平有效
PV	Int、SInt、DInt、USInt、UInt、UDInt	预设定的计数值
CV	Int、SInt、DInt、USInt、UInt、UDInt	当前计数值
QU	Bool	增计数器输出端，CV≥PV 时导通
QD	Bool	减计数器输出端，CV≤0 时导通

1. 计数器使用注意事项

S7-1200 PLC 采用的是功能块型计数器指令，使用时应注意以下 3 个问题：

(1) 需要设置计数值的数据类型，如表 4-10 中 PV 和 CV 的 6 种数据类型，计数值的数值范围取决于所选的数据类型。如果计数值是无符号整数类型，则当前值可以减到 0 或增到上限值；如果计数值是有符号整数类型，则当前值可以减到负整数的下限值或增到正整数的上限值。

(2) 与定时器指令类似，需要给每个计数器分配唯一的背景数据块或者系统数据类型为 IEC_COUNTER(或 IEC_UCOUNTER、IEC_SCOUNTER、IEC_USCOUNTER 等，根据计数值的数据类型而定)的数据块变量(相当于计数器的名字)。

(3) 本节所介绍的计数器属于普通计数器，最高计数频率将受限于其所在的程序循环组织块的扫描周期。如果需要对频率很高的脉冲(如轴编码器)进行计数，可以使用高速计数器指令(HSC)。

2. 增计数器

上电周期或首次扫描时，增计数器当前值 CV 为 0，输出端 Q 断开。脉冲输入端 CU 每次出现上升沿时，当前值 CV 加 1，当前值 CV 最大可达到所选数据类型的上限值，达到上限值后，CU 输入端再来脉冲上升沿，CV 值也不再增加。

当前值 CV 大于等于设定值 PV 时，输出端 Q 导通；复位输入端 R 为 1 时，复位增计数器，当前值为 0，输出端 Q 断开。

增计数器指令实例如图 4-20 所示。

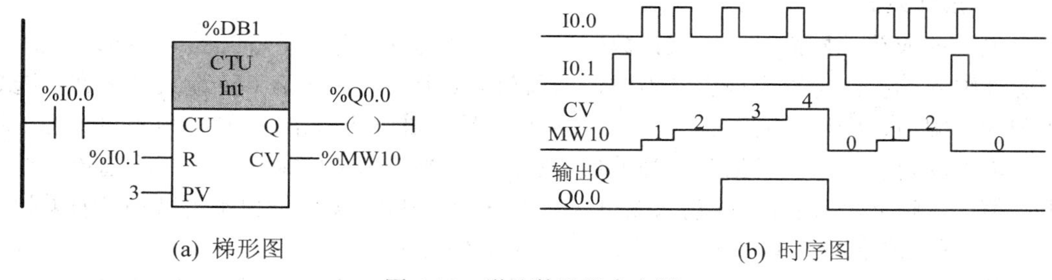

(a) 梯形图　　(b) 时序图

图 4-20　增计数器指令实例

图 4-20 中，DB1 为增计数器 CTU 的背景数据块，计数值的数据类型为 Int，设定值为 3。上电周期或首次扫描时，当前值为 0，输出端 Q 断开；脉冲输入端 I0.0 每出现一次上升沿，当前值加 1；当前值到达或者超过设定值时，输出端 Q 导通，Q0.0 线圈得电；复位输入端 R 为高电平时，复位增计数器，当前值为 0，输出端 Q 断开，Q0.0 线圈失电。

注意：本实例中如果不对 CTU 进行复位，则其计数当前值可一直增加到 32 767 后保持不变(所选数据类型为 Int)，将失去计数功能，所以在实际使用时，应在当前值达到设定值之后，及时对计数器进行复位。

3. 减计数器

上电周期或首次扫描时，减计数器当前值 CV 为 0，输出端 Q 闭合。脉冲输入端 CD 每次出现上升沿时，当前值 CV 减 1，当前值 CV 最小可达到所选数据类型的下限值，达到下限值后，CD 输入端再来脉冲上升沿，CV 值也不再减小。

当前值 CV 小于等于 0 时，输出端 Q 导通；装载输入端 LD 为 1 时，把设定值 PV 装载到当前值 CV 中，输出端 Q 断开(相当于复位减计数器)。实际使用减计数器前，首先使能装载输入端 LD，对减计数器进行复位，然后再启动计数功能。

减计数器指令实例如图 4-21 所示。

图 4-21 中，DB2 为减计数器 CTD 的背景数据块，计数值的数据类型为 UInt，设定值

为 3。上电周期或首次扫描时，当前值为 0，输出端 Q 导通；首先闭合 I1.1 使能装载输入端 LD，复位减计数器，当前值为设定值，输出端 Q 断开；开始计数后，脉冲输入端 I1.0 每出现一次上升沿，当前值减 1；当前值小于等于 0 时，输出端 Q 导通，Q0.0 线圈得电。

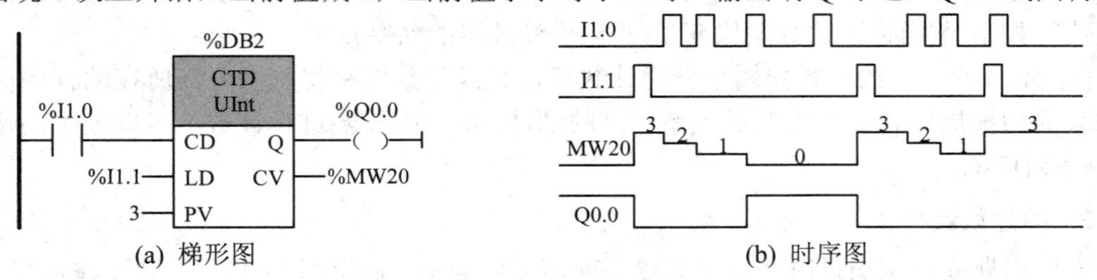

(a) 梯形图　　(b) 时序图

图 4-21　减计数器指令实例

注意：本实例中如果不对 CTD 进行重新装载，则因所选数据类型为 UInt，计数当前值可一直减小到 0 后保持不变(如果选数据类型为 Int，则计数值可减小到−32 768)，将失去计数功能，所以在实际使用时，应在当前值减小到 0 之后，及时对计数器当前值进行重新装载。

4. 增减计数器

上电周期或首次扫描时，增减计数器当前值 CV 为 0，输出端 QU 断开，QD 导通。

脉冲输入端 CU 每次出现上升沿时，当前值 CV 加 1，当前值 CV 最大可达到所选数据类型的上限值，达到上限值后，CU 输入端再次输入脉冲上升沿，CV 值也不再增加。脉冲输入端 CD 每次出现上升沿时，当前值 CV 减 1，当前值 CV 最小可达到所选数据类型的下限值，达到下限值后，CD 输入端再次输入脉冲上升沿，CV 值也不再减小。如果脉冲输入端 CU 和 CD 同时出现上升沿，则当前值 CV 保持不变。

当前值 CV 大于等于设定值 PV 时，输出端 QU 导通，反之断开；当前值 CV 小于等于 0 时，输出端 QD 导通，反之断开。

复位输入端 R 为 1 时，复位增减计数器，当前值为 0，输出端 QU 断开、QD 导通。复位输入端优先级最高，即 R 输入端有效时，CU、CD 以及 LD 等输入端均不起作用。

装载输入端 LD 为 1 时，重新装载增减计数器，当前值为设定值，输出端 QU 导通、QD 断开。

增减计数器指令实例如图 4-22 所示。

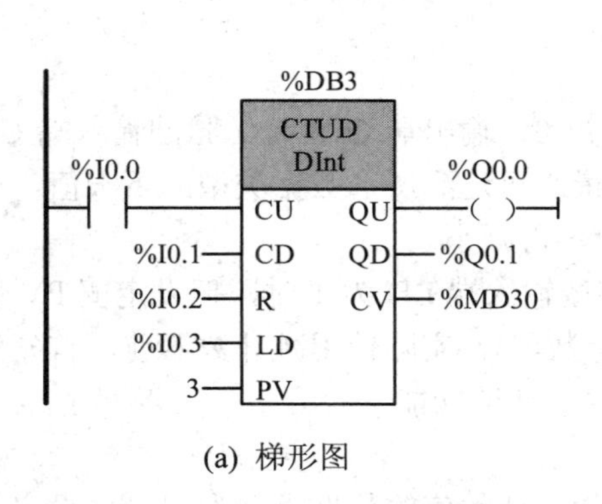

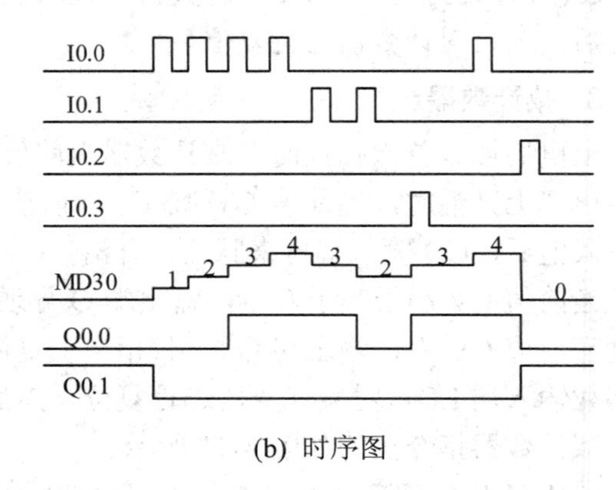

(a) 梯形图　　(b) 时序图

图 4-22　增减计数器指令实例

图 4-22 中，I0.0 和 I0.1 分别为增计数和减计数脉冲，I0.2 和 I0.3 分别为复位和装载输入端，读者可根据时序图自行进行分析。

4.3　程序控制指令

程序控制指令可以根据不同条件来灵活执行控制程序，合理使用该类指令可以达到优化程序结构、增强程序流向的控制功能。

S7-1200 PLC 支持的程序控制指令有基本程序控制指令和扩展程序控制指令两大类。

程序控制指令

4.3.1　基本程序控制指令

基本程序控制指令包括跳转指令和返回指令，该类指令打破了 PLC 从上向下、从左往右的线性扫描方式的限制，根据不同的有效条件，灵活跳转到同一程序块的不同程序段中执行。基本程序控制指令的 LAD 形式及功能说明如表 4-11 所示。

表 4-11　基本程序控制指令表

指令	LAD	功 能 说 明
高电平跳转	—(JMP)—	线圈输入端 RLO = 1 时，跳转到目标标签后的第一条指令执行
低电平跳转	—(JMPN)—	线圈输入端 RLO = 0 时，跳转到目标标签后的第一条指令执行
跳转标签	Lable	定义 JMP 或 JMPN 跳转指令的目标标签
定义跳转列表	JMP_LIST EN　DEST0 K　DEST1	同时定义多个条件跳转，输入端 EN 有效时，跳转到由参数 K 指定的目标标签后第一条指令继续执行
跳转分支	SWITCH ??? EN　DEST0 K　DEST1 ==　ELSE ==	输入端 EN 有效时，将多个输入信号与参数 K 进行不同类型的比较，根据比较结果，执行对应分支的跳转
返回	—(RET)—	线圈输入端 RLO = 1 时，停止调用当前程序块，返回至调用它的程序块中继续执行

注意：S7-1200 中方框形式的指令通常会含有一个使能输入端 EN(Enable In)和一个使能输出端 ENO(Enable Out)。当指令的 EN 端有效(即有能流流过)时，该指令将会被执行；

如果该指令正确执行后，ENO 输出为 1(有能流输出)，则可以继续执行后续的指令。

1. 高电平/低电平跳转及标签指令

使用高电平跳转指令，当线圈输入端的逻辑运算结果 RLO 为 1 时，跳转到指定的目标标签后的第一条指令，继续以线性扫描方式执行程序。

使用低电平跳转指令，当线圈输入端的逻辑运算结果 RLO 为 0 时，跳转到指定的目标标签后的第一条指令，继续以线性扫描方式执行程序。

使用标签指令，可以事先为 JMP 或 JMPN 指令定义对应的目标标签。

高/低电平跳转指令实例如图 4-23 所示。

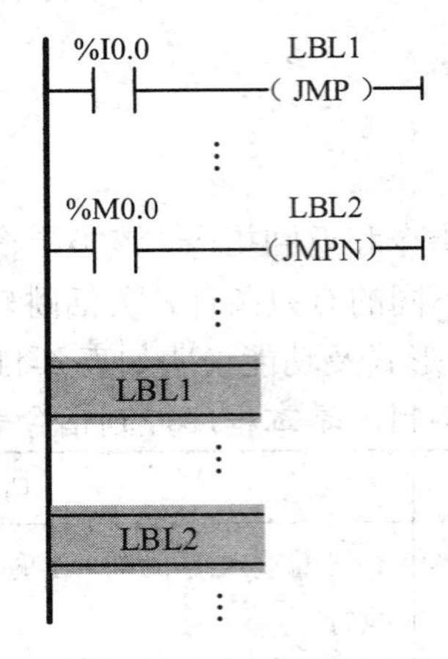

图 4-23　高/低电平跳转指令实例

图 4-23 中，I0.0 闭合时，高电平跳转线圈得电，程序直接跳转到标号 LBL1 后的第一条指令继续执行；I0.0 断开且 M0.0 断开时，低电平跳转线圈失电，程序直接跳转到标号 LBL2 后的第一条指令继续执行。

高/低电平跳转及标签指令使用说明：

(1) 只能在同一个程序块内跳转，即跳转指令和目标标签应在同一个程序块中，且每个目标标签只能出现一次。

(2) 被跳过的程序段在本扫描周期不会被执行，待下一扫描周期再根据条件决定是否执行。

(3) 目标标签名称的第一个字符必须是字母，其余的可以是字母、数字和下划线。

2. 定义跳转列表和跳转分支指令

使用定义跳转列表指令，可以同时定义多个有条件跳转，输入端 EN 为 1 时，跳转到由参数 K 指定的目标标签后第一条指令继续执行。

使用跳转分支指令，可以将多个输入信号与参数 K 进行不同类型的比较，根据比较结果，执行对应分支的跳转。

定义跳转列表和跳转分支指令实例分别如图 4-24(a)和图 4-24(b)所示。

图 4-24(a)中，M0.0 闭合时，若 MW10=0，则跳转到 DEST0 输出的标号 High 后的第一条指令继续执行；若 MW10=1(或 2)，则跳转到 DEST1(或 DEST2)输出的标号 Mid(或 Low)后的第一条指令继续执行。

图 4-24(b)中，I1.0 闭合时，若 MW0 中的整数 = MW10 中的整数，则跳转到 DEST0 输出的标号 A 后继续执行；若 MW0 中的整数＞MW20 中的整数，则跳转到 DEST1 输出的标号 B 后继续执行；若条件都不满足，则跳转到 ELSE 输出的 C 后继续执行。

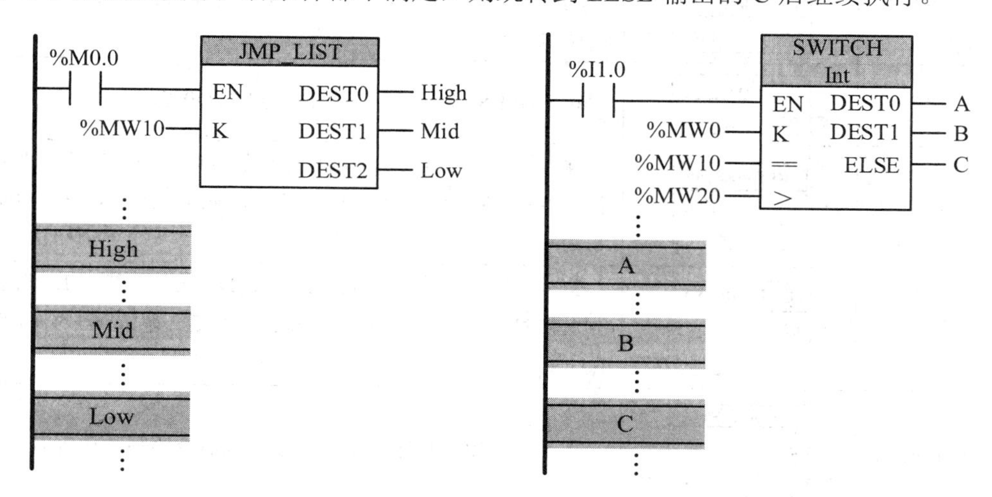

(a) 定义跳转列表指令　　(b) 跳转分支指令

图 4-24　定义跳转列表和跳转分支指令实例

定义跳转列表和跳转分支指令使用说明：

(1) 对于定义跳转列表指令，可以手动增减输出端(目标标签)，输出端编号从 0 开始，每增加一个新输出，编号会自动升序连续递增，S7-1200 最多可以声明 32 个输出。如果参数 K 的值大于可用的输出编号，则不执行跳转，继续执行原程序块中的下一段程序。

(2) 对于跳转分支指令，也可手动增减输出端，编号从 0 开始，新增的输出编号自动升序连续递增，S7-1200 最多可以声明 32 个输出(外加 1 个 ELSE 输出)。进行比较的操作数数据类型可以是字符串、整数、浮点数、TIME、DATE 等。

(3) 对于跳转分支指令，按照输入端从上向下的顺序依次进行比较，直到满足条件为止，如果满足比较条件，后续比较将不执行；如果条件均不满足，则执行输出端 ELSE 处的跳转，如果 ELSE 中未定义跳转的目标标签，则不执行任何跳转，继续向下执行。

3. 返回指令

使用返回指令，线圈通电后，停止执行当前的程序块，并返回至调用它的程序块中继续执行。使用时应为该指令指定位存储区，用以存放程序块的返回值(Bool 类型)。如果当前的程序块是 OB，则返回值被忽略；如果当前的块是 FC 或 FB，则返回值作为 FC 或 FB 的 ENO 值传送给调用它的程序块。

返回指令主要用于根据条件提前结束正在执行的程序块。若不需要提前结束，则可以不调用该指令，操作系统会自动在用户程序后加上无条件返回指令。

4.3.2　扩展程序控制指令

扩展程序控制指令包括重置循环监视时间、停止运行、查询错误信息、查询错误 ID 以及测量运行时间。扩展程序控制指令的 LAD 形式及功能说明如表 4-12 所示。

表 4-12　扩展程序控制指令的 LAD 形式及功能说明

指令	LAD	功能说明
重置循环监视时间	RE_TRIGR EN　ENO	输入端 EN 有效时，复位看门狗，即重置循环监视定时器的定时时间
停止运行	STP EN　ENO	输入端 EN 有效时，CPU 进入到 STOP 模式
查询错误信息	GET_ERROR EN　ENO ERROR	输入端 EN 有效时，输出程序块执行时出错的信息。错误信息通过 ERROR 输出到预定义的 ErrorStruct 数据类型的变量中
查询错误 ID	GET_ERR_ID EN　ENO ID	执行程序块出错时，仅显示错误 ID。第一个错误 ID 输出到 ID 对应的地址中，第一个错误消失后，输出下一个错误 ID
测量运行时间	RUNTIME EN　ENO MEM　Ret_Val	用于测量整个程序、单个程序块或命令序列的运行时间

1. 重置循环监视时间指令 RE_TRIGR

使用重置循环监视时间指令，可以延长循环监视定时器(看门狗)的时间。正常工作时，最大扫描循环时间小于监视定时器的时间设定值，监视定时器不起作用，每次循环扫描将自动复位监视定时器一次。

当出现用户程序过长、一个扫描周期内执行中断程序的时间过长或者循环指令执行时间过长等情况时，一个扫描周期的循环时间可能大于监视定时器的设定时间，监视定时器将会起作用。此时可以在程序块的任意位置使用 RE_TRIGR 指令来复位监视定时器。该指令仅在优先级为 1 的程序循环 OB 和它调用的程序块中起作用，在硬件中断、诊断中断或循环中断 OB 等优先级较高的程序块中将不会被执行。

在组态 CPU 时，可以利用“常规”→“周期”→“循环周期监视时间”参数设置最大扫描循环时间，默认值为 150 ms。

2. 停止运行指令 STP

使用重置循环监视时间指令，当输入端 EN 有效时，设置 CPU 为 STOP 模式。STP 指令执行后，CPU 本机以及扩展单元的数字量/模拟量输出进入到组态时设置的安全状态。可以使输出冻结在最后的状态，或用替代值设置为安全状态。默认情况下，数字量输出状态和模拟量输出值为 0。

3. 查询错误信息指令 GET_ERROR 和查询错误 ID 指令 GET_ERR_ID

使用查询错误信息指令，当输入端 EN 有效时，输出程序块在执行时出错的信息。错误信息通过输出端 ERROR 保存到预定义的 ErrorStruct 数据类型的变量中。可利用程序对错误信息进行分析和处理，第一个错误消失后，输出下一个错误的信息。

使用查询错误 ID 指令，当输入端 EN 有效且执行程序块出错时，仅显示错误 ID。第一个错误 ID 输出到 ID 对应的地址中，第一个错误消失后，输出下一个错误 ID。

利用上述两个指令对程序块(OB、FC 及 FB)进行错误查询和处理时，需先右键点击程序块“属性”→勾选“处理块内的错误”。

4. 测量运行时间 RUNTIME

使用测量运行时间指令，当输入端 EN 有效时，可以测量整个程序、单个程序块或命令序列的运行时间。第一次调用 RUNTIME 指令设置时间测量的起始点并且存储在输入端 MEM 对应的 LReal 数据类型的变量中，同时作为第二次调用的参考点；然后调用需要测量运行时间的程序块；程序块执行完后，第二次调用 RUNTIME 指令将计算出该程序块的运行时间，并将结果保存在输出端 Ret_Val 对应的 LReal 数据类型的变量中。

4.4　数据处理指令

数据处理指令主要用于对各类数据的非数值运算操作，包括传送、移位和循环等指令。

数据处理指令

4.4.1 传送指令

传送指令包括传送、填充以及字节交换指令。传送指令的 LAD 形式及功能说明如表 4-13 所示。

表 4-13　传送指令的 LAD 形式及功能说明

指令	LAD	功 能 说 明
单一传送	MOVE EN　ENO IN　OUT1	输入端 EN 有效时，将输入端 IN 的数据传送到 OUT1 所指定的存储单元中，并转换为 OUT1 指定的数据类型
块传送	MOVE_BLK EN　ENO IN　OUT COUNT	输入端 EN 有效时，将输入端 IN 对应的 Array 结构体起始元素开始的若干个元素(由 COUNT 决定)，依次传送到 OUT 所指定的 Array 结构体起始元素开始的若干个地址
不可中断的块传送	UMOVE_BLK EN　ENO IN　OUT COUNT	输入端 EN 有效时，执行块传送操作，且该操作不会被操作系统的其他任务中断
填充块	FILL_BLK EN　ENO IN　OUT COUNT	输入端 EN 有效时，将输入端 IN 的数据填充到 OUT 所指定的 Array 结构体起始元素开始的若干个地址(由 COUNT 决定)
不可中断的填充块	UFILL_BLK EN　ENO IN　OUT COUNT	输入端 EN 有效时，执行块填充操作，且该操作不会被操作系统的其他任务中断
字节交换	SWAP ??? EN　ENO IN　OUT	输入端 EN 有效时，将输入端 IN 的数据按照字节进行顺序交换，结果存放在 OUT 所指定的存储单元中

1. 传送指令

使用单一传送指令 MOVE，输入端 EN 有效时，将输入端 IN 对应的数据类型转换为 OUT1 所对应的数据类型，并存放在 OUT1 指定的存储单元中，输入端 IN 的源数据保持不变。IN 和 OUT1 的操作数可以是除 Bool 之外的所有基本数据类型，也可以是 DTL、Struct 和 Array 数据类型，IN 也可以是常数。

使用块传送指令 MOVE_BLK，输入端 EN 有效时，将输入端 IN 对应的 Array 结构体起始元素开始的若干个元素(由 COUNT 数值决定)，依次传送到 OUT 所指定的 Array 结构体起始元素开始的若干个地址。

使用不可中断的块传送指令 UMOVE_BLK，其功能与块传送 MOVE_BLK 指令基本相同，但该操作不会被操作系统的其他任务中断。

传送指令使用说明：

(1) 传送指令 MOVE 中，IN 和 OUT1 的数据类型可以相同，也可以不同。例如可以将 MW0 中的数据传送至 MD4，此时 MW0 存放在 MD4 的低位字(MW6)中，高位字 MW4 中补零；也可以将 MD4 中的数据传送至 MW0，此时只将低位字 MW6 中的数据存放在 MW0 中，高位字 MW4 则会丢失，应尽量避免此类传送方式。

(2) 块传送指令 MOVE_BLK 中，IN 和 OUT1 必须是数据块 DB 或局部数据区 L 中的数组元素。COUNT 为传送数组元素的个数，数据类型为 USINT、UINT、UDINT 或常数。

传送指令实例如图 4-25 所示。

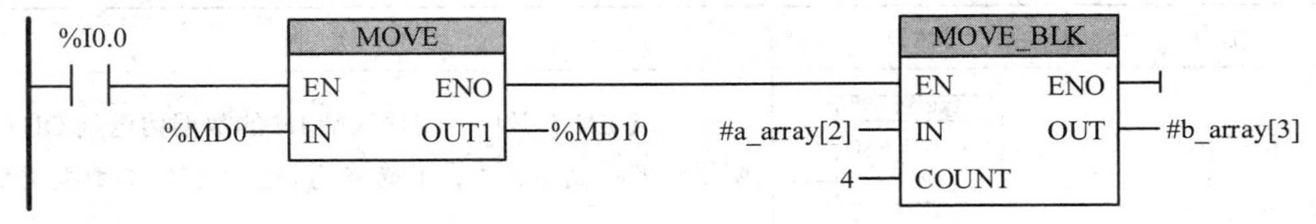

图 4-25　传送指令实例

图 4-25 中，I0.0 闭合后，将 MD0 中的数据传送给 MD10；然后将数组#a_array 中第 3 个元素开始的 4 个元素，依次传送到数组#b_array 中第 4 个元素开始的 4 个变量中。

2. 填充块指令

使用填充块指令 FILL_BLK，输入端 EN 有效时，将输入端 IN 的数据填充到 OUT 所指定的 Array 结构体起始元素开始的若干个地址(由 COUNT 数值决定)。

使用不可中断的填充块指令 UFILL_BLK，其功能与填充块 FILL_BLK 指令基本相同，但该操作不会被操作系统的其他任务中断。

填充块指令使用说明：

(1) 填充块指令 FILL_BLK 中，IN 的数据类型可以是各种基本数据类型和复杂数据类型，也可以是常数；OUT 必须是数据块 DB 或局部数据区 L 中的数组元素；COUNT 为填充块的个数，其数据类型为 USINT、UINT、UDINT 或常数。

(2) 不可中断的填充块指令 UFILL_BLK 中，操作数的数据类型与 FILL_BLK 指令相同，唯一区别在于 UFILL_BLK 不会被操作系统的其他任务中断。

填充块指令实例如图 4-26 所示。

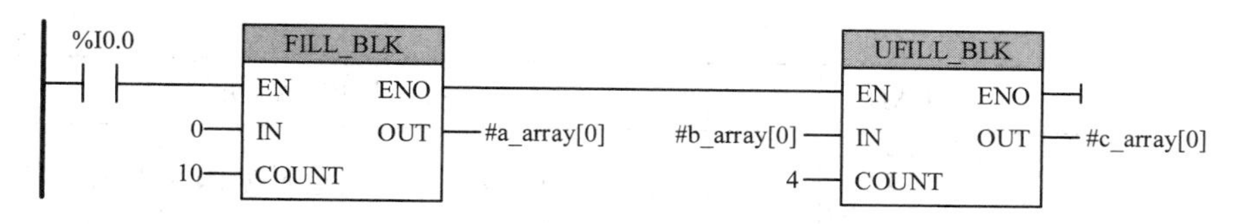

图 4-26　填充块指令实例

图 4-26 中，I0.0 闭合后，将输入端 IN 的常数 0 填充到数组#a_array 中第 1 个元素开始的 10 个变量中；然后将数组#b_array 中第 1 个元素填充到数组#c_array 中第 1 个元素开始的 4 个变量中。

3. 字节交换指令

使用字节交换指令 SWAP，输入端 EN 有效时，将输入端 IN 的数据按照字节进行顺序交换，结果存放在 OUT 所指定的存储单元中。

IN 和 OUT 为 Word 数据类型时，将输入端 IN 的高、低字节交换后，存放在 OUT 指定的字地址中；IN 和 OUT 为 DWord 数据类型时，将输入端 IN 的 4 个字节依次交换顺序后，存放在 OUT 指定的双字地址中。

字节交换指令实例如图 4-27 所示。

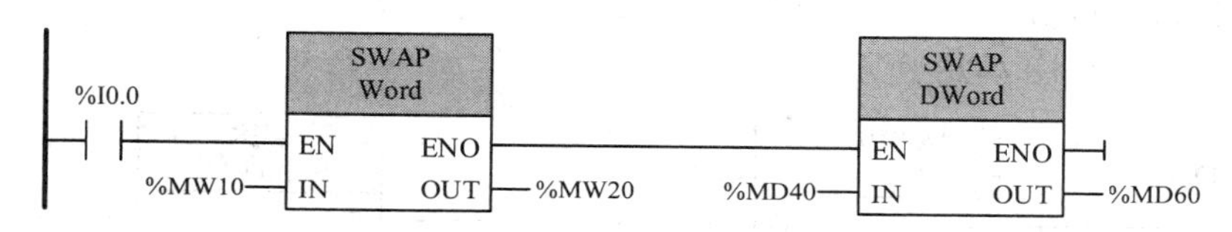

图 4-27　字节交换指令实例

图 4-27 中，I0.0 闭合后，将 MW10 的高字节 MB10 与低字节 MB11 交换后，存放在 MW20 中，MW20 的高字节 MB20 为交换前的 MB11，低字节 MB21 为交换前的 MB10；再将 MD40 中的 4 个字节 MB40、MB41、MB42、MB43 交换顺序为 MB43、MB42、MB41、MB40，存放在 MD60 中。

4.4.2 移位和循环指令

移位和循环指令包括左移、右移、循环左移以及循环右移指令。移位和循环指令的 LAD 形式及功能说明如表 4-14 所示。

表 4-14　移位和循环指令的 LAD 形式及功能说明

指令	LAD	功 能 说 明
左移	SHL ??? EN　ENO IN　OUT N	输入端 EN 有效时，将输入端 IN 的数据左移 *N* 位，并将结果存放在 OUT 指定的存储单元中
右移	SHR ??? EN　ENO IN　OUT N	输入端 EN 有效时，将输入端 IN 的数据右移 *N* 位，并将结果存放在 OUT 指定的存储单元中

续表

指令	LAD	功 能 说 明
循环左移	ROL ??? EN ENO IN OUT N	输入端 EN 有效时，将输入端 IN 的数据循环左移 *N* 位，并将结果存放在 OUT 指定的存储单元中
循环右移	ROR ??? EN ENO IN OUT N	输入端 EN 有效时，将输入端 IN 的数据循环右移 *N* 位，并将结果存放在 OUT 指定的存储单元中

1. 移位指令

使用左移指令 SHL 和右移指令 SHR，可以将输入端 IN 的数据逐位左移或右移若干位(由 *N* 值决定)，移位完的结果存放在输出端 OUT 指定的存储单元中。

对于无符号数进行左移/右移时，空位补 0；对于有符号数进行左移时，空位补 0；对于有符号数进行右移时，最高位(符号位)为空位，该位保持符号位不变。

如果 *N* 为 0 时不移位，直接将输入端 IN 的数据存放在 OUT 指定的地址中；如果 *N* 大于移位操作数的位数，原来的所有位均被移除，结果为 0。

移位指令实例如图 4-28 所示。

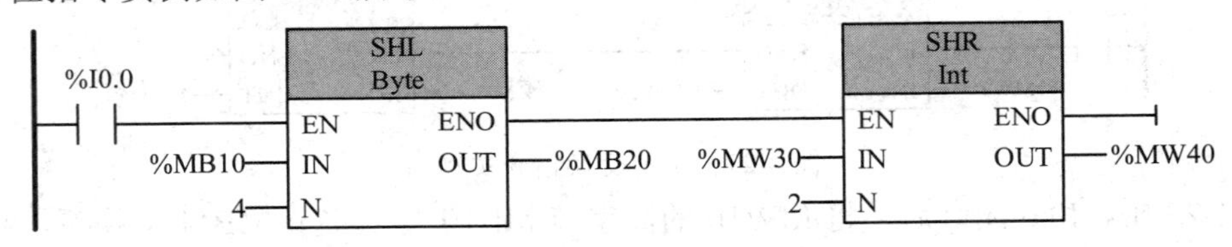

图 4-28　移位指令实例

图 4-28 中，I0.0 闭合后，将 MB10 中的数据左移 4 位，并将结果存放于 MB20 中，若 MB10=2#1010_1111，则执行后 MB20=2#1111_0000；再将 MW30 的数据右移 2 位后存放在 MW40 中，若 MW30=2#1111_0000_1010_0101，则执行后 MW40=2#1111_1100_0010_1001。

2. 循环移位指令

使用循环左移指令 ROL 和循环右移指令 ROR，可以将输入端 IN 的数据逐位循环左移或循环右移若干位(由 *N* 值决定)，即移出位补到另一端的空位中，移位完的结果存放在输出端 OUT 指定的存储单元中。

如果 *N* 为 0 时不移位，直接将输入端 IN 的数据存放在 OUT 指定的地址中；如果 *N* 大于移位操作数的位数，将执行 *N* 次循环移位操作。

循环移位指令如图 4-29 所示。

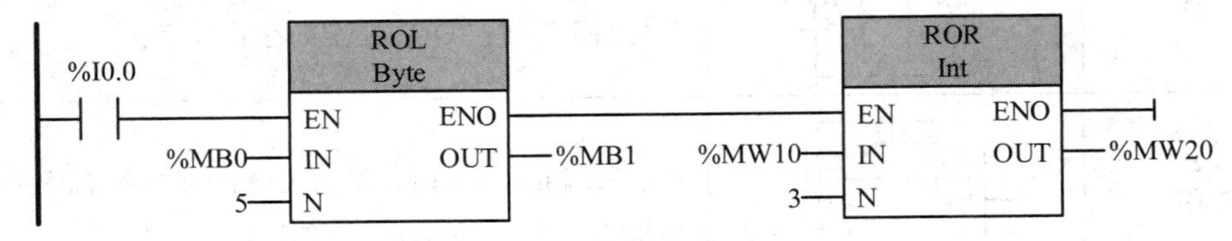

图 4-29　循环移位指令实例

图 4-29 中，I0.0 闭合后，将 MB0 中的数据循环左移 5 位，结果存放于 MB1 中，若

MB0=2#1111_0000，则 MB1=2#0001_1110；再将 MW10 中的数据循环右移 3 位后存放在 MW20 中，若 MW10=2#1111_0000_1010_0101，则 MW20=2#1011_1110_0001_0100。

关于移位和循环移位指令的应用案例，可以参考 6.2 节和 6.3 节。

4.5　数学运算和逻辑运算指令

S7-1200 PLC 除具有强大的逻辑控制功能外，还具备完善的数学运算和逻辑运算功能。

数学运算和逻辑运算指令(1)

4.5.1　数学运算指令

1. 四则运算指令

四则运算指令包括加、减、乘、除以及计算器指令。四则运算指令的 LAD 形式及功能说明如表 4-15 所示。

表 4-15　四则运算指令的 LAD 形式及功能说明

指令	LAD	功 能 说 明
加法 ADD	ADD Auto(???) EN ENO IN1 OUT IN2	输入端 EN 有效时，将操作数 IN1+IN2 的结果存放在 OUT 指定的输出地址中
减法 SUB	SUB Auto(???) EN ENO IN1 OUT IN2	输入端 EN 有效时，将操作数 IN1-IN2 的结果存放在 OUT 指定的输出地址中
乘法 MUL	MUL Auto(???) EN ENO IN1 OUT IN2	输入端 EN 有效时，将操作数 IN1×IN2 的结果存放在 OUT 指定的输出地址中
除法 DIV	DIV Auto(???) EN ENO IN1 OUT IN2	输入端 EN 有效时，将操作数 IN1÷IN2 的结果存放在 OUT 指定的输出地址中
计算器 CALCULATE	CALCULATE ??? EN ENO OUT := <AAA> IN1 OUT IN2	输入端 EN 有效时，执行用户自定义的表达式，并将结果存放在 OUT 指定的输出地址中

四则运算指令使用说明：

(1) 四则运算指令默认包含 2 个输入操作数，其中加法和乘法可以扩展输入个数。

(2) 同一运算指令的所有输入 IN 和输出 OUT 的数据类型应相同，可选数据类型有

SInt、Int、DInt、USInt、UInt、UDInt、Real、LReal；输入 IN 可以是变量，也可以是常数。

(3) 整数除法指令在计算时只保留商，余数将丢失。

(4) 使用计算器指令 CALCULATE，用户可以灵活定义计算表达式。IN 和 OUT 的操作数可以是除 Bool 类型之外的所有基本数据类型；根据操作数数据类型的不同，用户自定义的表达式支持不同的数学运算。

四则运算指令实例如图 4-30 所示。

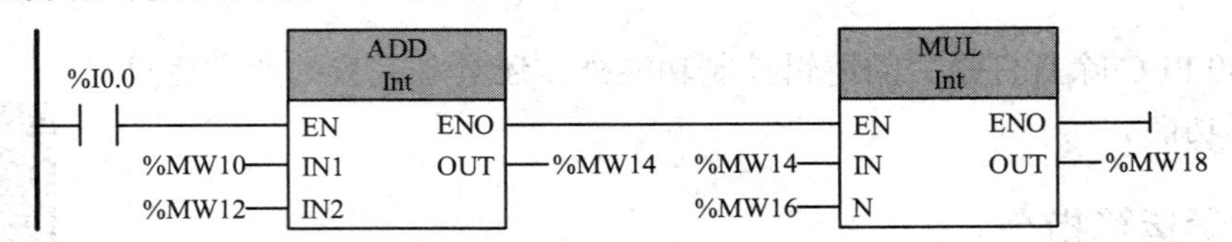

(a) 基本四则运算指令

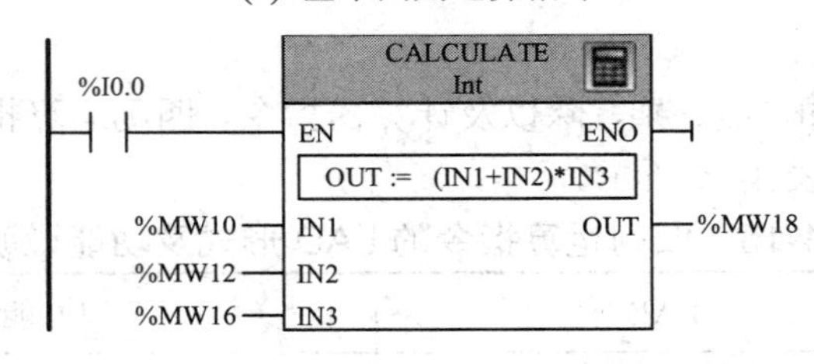

(b) 计算器指令

图 4-30　四则运算指令实例

图 4-30(a)中，I0.0 闭合后，将 MW10 和 MW12 相加后的结果存放在 MW14 中，然后将 MW14 与 MW16 相乘后的结果存放在 MW18 中。若 MW10=25、MW12=55、MW16=100，则运算后 MW14=80，MW18=8000。

图 4-30(b)可以实现与图 4-30(a)相同的运算功能，但结构更为简单、直观。

注意：多个整数相乘时，容易出现结果超过整数所能表示的最大范围(32767)，从而导致运算结果不正确的问题。实际运算时为了防止该问题，可以结合转换指令将整数型操作数转换为浮点数再相乘。

2. 其他数学运算指令

其他数学运算指令包括取余、取反、递增、递减、取绝对值、取最小值、取最大值以及设置限值指令。其他数学运算指令的 LAD 形式及功能说明如表 4-16 所示。

表 4-16　其他数学运算指令的 LAD 形式及功能说明

指令	LAD	功 能 说 明
取余 MOD	MOD Auto(???) EN ENO IN1 OUT IN2	输入端 EN 有效时，将操作数 IN1÷IN2 所得的余数存放在 OUT 指定的输出地址中
取反 NEG	NEG ??? EN ENO IN OUT	输入端 EN 有效时，将输入端 IN 的数据取反后，存放在 OUT 指定的输出地址中

续表

指令	LAD	功 能 说 明
递增 INC	INC ??? EN　ENO IN/OUT	输入端 EN 有效时，将 IN/OUT 对应的变量加 1 后，存放在原变量中
递减 DEC	DEC ??? EN　ENO IN/OUT	输入端 EN 有效时，将 IN/OUT 对应的变量减 1 后，存放在原变量中
取绝对值 ABS	ABS ??? EN　ENO IN　OUT	输入端 EN 有效时，将输入端 IN 的有符号数取绝对值后，存放在 OUT 指定的输出地址中
取最小值 MIN	MIN ??? EN　ENO IN1　OUT IN2	输入端 EN 有效时，将输入端 IN1 和 IN2 的数据进行比较，取最小值存放在 OUT 指定的输出地址中
取最大值 MAX	MAX ??? EN　ENO IN1　OUT IN2	输入端 EN 有效时，将输入端 IN1 和 IN2 的数据进行比较，取最大值存放在 OUT 指定的输出地址中
设置限值 LIMIT	LIMIT ??? EN　ENO MN　OUT IN MX	输入端 EN 有效时，将输入端 IN 的数据与下限 MN 以及上限 MX 进行比较。如果在限值范围内，直接将 IN 输出到 OUT 指定的地址中；如果低于下限或高于上限，将限值输出到 OUT 指定的地址中

其他数学运算指令使用说明：

(1) 取余指令 MOD 主要是为了解决整数相除时只保留商的问题，其操作数必须是整数，输入也可以是常数。

(2) 取反指令 NEG 和取绝对值指令 ABS 的数据类型必须是有符号数，如 SInt、Int、DInt、Real 和 LReal，输入也可以是常数。

(3) 递增指令 INC 和递减指令 DEC 的数据类型必须是整数，如 SInt、USInt、Int、UInt、DInt 和 UDInt。

(4) 取最小值指令 MIN 和取最大值指令 MAX 的数据类型可以是整数或浮点数，如 SInt、USInt、Int、UInt、DInt、UDInt、Real 和 LReal，输入也可以是常数。它们的输入个数可以扩展。

(5) 设置限值指令 LIMIT 的数据类型可以是整数或浮点数，如 SInt、USInt、Int、UInt、DInt、UDInt、Real 和 LReal，输入也可以是常数。

其他数学运算指令实例如图 4-31 所示。

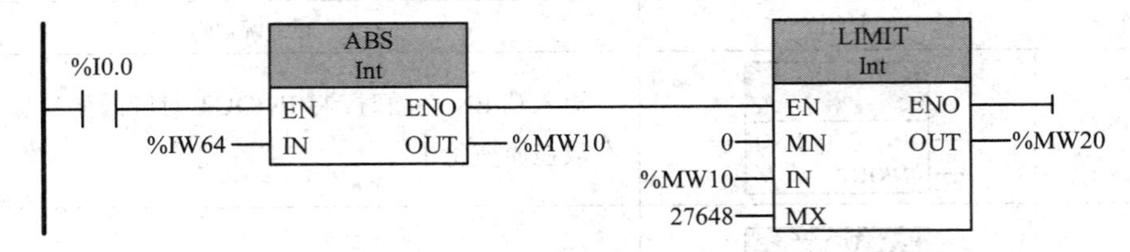

图 4-31　其他数学运算指令实例

图 4-31 为模拟量处理部分程序。I0.0 闭合后，将 IW64 的值取绝对值(相当于将双极性信号转换为单极性信号)，并限制该值在正常范围 0～27 648 之内。

3. 浮点数函数运算指令

浮点数函数运算指令包括平方、平方根、自然对数、指数、三角函数、反三角函数、返回小数和取幂指令。浮点数函数运算指令如表 4-17 所示。

表 4-17　浮点数函数运算指令

指令	LAD	指令	LAD
平方 SQR	SQR ??? EN ENO IN OUT	正切 TAN	TAN ??? EN ENO IN OUT
平方根 SQRT	SQRT ??? EN ENO IN OUT	反正弦 ASIN	ASIN ??? EN ENO IN OUT
自然对数 LN	LN ??? EN ENO IN OUT	反余弦 ACOS	ACOS ??? EN ENO IN OUT
指数 EXP	EXP ??? EN ENO IN OUT	反正切 ATAN	ATAN ??? EN ENO IN OUT
正弦 SIN	SIN ??? EN ENO IN OUT	返回小数 FRAC	FRAC ??? EN ENO IN OUT
余弦 COS	COS ??? EN ENO IN OUT	取幂 EXPT	EXPT ??? ** ??? EN ENO IN1 OUT IN2

浮点数函数运算指令使用说明：

(1) 所有的浮点数函数运算指令，操作数 IN 和 OUT 的数据类型均为 Real 或 LReal。

(2) 自然对数指令 LN 和指数指令 EXP 中，底数均为 e=2.71828。

(3) 平方根指令 SQRT 和自然对数指令 LN 的输入端 IN 如果小于 0，输出 OUT 返回一个无效的浮点数。

(4) 三角函数和反三角函数指令的输入端 IN 均应为浮点数格式下的弧度数值。

(5) 使用返回小数指令 FRAC，输入端 EN 有效时，提取输入端 IN 的小数位，存放在 OUT 指定的输出地址中。

(6) 使用取幂指令 EXPT，用来计算以 IN1 为底、IN2 为指数的幂，输出 $OUT=IN1^{IN2}$，底数 IN1 和 OUT 的数据类型均为 Real 或 LReal，指数 IN2 可选 7 种数据类型。

浮点数函数运算指令实例如图 4-32 所示。

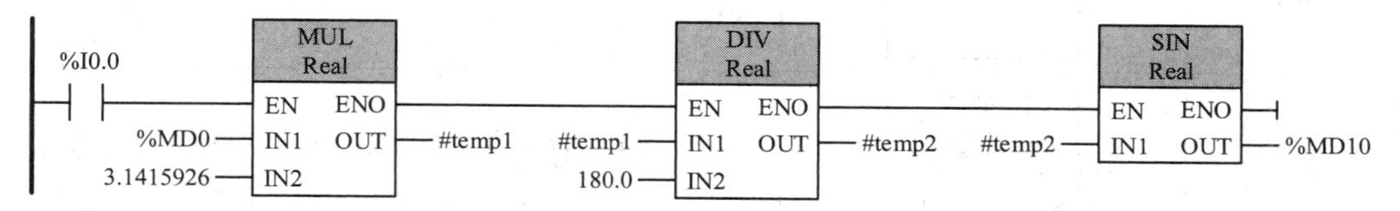

图 4-32　浮点数函数运算指令实例

图 4-32 为计算角度的正弦值程序。I0.0 闭合后，需要先将 MD0 中的角度值转换为弧度值，然后进行正弦计算，结果存放在 MD10 中。

数学运算和逻辑运算指令(2)

4.5.2　逻辑运算指令

逻辑运算指令包括逻辑与、或、异或、取反、编码、译码、选择、多路复用以及分路分用指令。逻辑运算指令的 LAD 形式及功能说明如表 4-18 所示。

表 4-18　逻辑运算指令的 LAD 形式及功能说明

指令	LAD	功 能 说 明
逻辑与 AND	AND ??? EN　ENO IN1　OUT IN2	输入端 EN 有效时，将输入 IN1 和 IN2 逐位进行与运算，并将结果存放在 OUT 指定的输出地址中
逻辑或 OR	OR ??? EN　ENO IN1　OUT IN2	输入端 EN 有效时，将输入 IN1 和 IN2 逐位进行或运算，并将结果存放在 OUT 指定的输出地址中
逻辑异或 XOR	XOR ??? EN　ENO IN1　OUT IN2	输入端 EN 有效时，将输入 IN1 和 IN2 逐位进行异或运算，并将结果存放在 OUT 指定的输出地址中
逻辑取反 INV	INV ??? EN　ENO IN　OUT	输入端 EN 有效时，将输入 IN 逐位取反，并将结果存放在 OUT 指定的输出地址中

续表

指令	LAD	功 能 说 明
编码 ENCO	ENCO ??? EN ENO IN OUT	输入端 EN 有效时，将输入 IN 的最低有效位(值为 1 的位)的位号存放在 OUT 指定的输出地址中
译码 DECO	DECO UInt to ??? EN ENO IN OUT	输入端 EN 有效时，利用输入 IN 表示的最低有效位的位号对 OUT 输出变量的对应位置 1，其余位置 0
选择 SEL	SEL ??? EN ENO G OUT IN0 IN1	输入端 EN 有效时，利用输入端 G(Bool 型)对输入信号进行选择性输出。若 G 为 0，输出 IN0；反之输出 IN1
多路复用 MUX	MUX ??? EN ENO K OUT IN0 IN1 ELSE	输入端 EN 有效时，利用输入端 K 对输入信号进行选择性输出。若 K 为 0，输出 IN0；若 K 为 1，输出 IN1。依此类推，若 K 值超过允许范围，输出 ELSE
分路分用 DEMUX	DEMUX ??? EN ENO K OUT0 IN OUT1 ELSE	输入端 EN 有效时，利用输入端 K 将输入 IN 存放到不同的输出端。若 K 为 0，将 IN 输出到 OUT0，其余输出不变；若 K 为 1，将 IN 输出到 OUT1，其余输出不变。依此类推，若 K 超过允许范围，则将 IN 输出到 ELSE，其余输出不变

逻辑运算指令使用说明：

(1) 与指令 AND、或指令 OR 和异或指令 XOR 对应操作数的数据类型可以是十六进制下的 Byte、Word 和 DWord。与运算时，两个位均为 1 时输出为 1，否则输出为 0；或运算时，两个位均为 0 时输出为 0，否则输出为 1；异或运算时，两个位相同时输出为 0，否则输出为 1。上述 3 个指令的输入个数可以灵活扩展。

(2) 取反指令 INV 对应操作数的数据类型可以是 Byte、Word 和 DWord，也可以是各种类型的整数。取反运算时，将输入操作数逐位取反，即 0 变成 1，1 变成 0。

(3) 使用编码指令 ENCO，输入端 EN 有效时，将输入端 IN 的最低有效位(值为 1 的位)的位号存放在 OUT 指定的输出地址中。输入端 IN 对应数据类型是十六进制下的 Byte、Word 和 DWord；输出端 OUT 的数据类型是 Int。

(4) 使用译码指令 DECO，与编码指令相反，输入端 EN 有效时，将输入 IN 的数据作为 OUT 输出变量的最低有效位(假设 IN 的数据为 n，则将 OUT 对应输出变量的第 n 位置 1，其余位置 0)。输入端 IN 的数据类型是 UInt；输出端 OUT 的数据类型是 Byte、Word 和 DWord。当 IN 的值为 0～7 时，OUT 的数据类型为 Byte；当 IN 的值为 0～15 时，OUT 的数据类型为 Word；当 IN 的值为 0～31 时，OUT 的数据类型为 DWord；如果 IN 的值大于 31，则将 IN 的值除以 32 以后，用余数来进行译码。

(5) 使用选择指令 SEL，输入端 EN 有效时，利用输入端 G(Bool 型)对输入信号进行选择性输出。若 G 为 0，输出 IN0；反之输出 IN1。输入端 G 只能为 Bool 型，其他操作数的数据类型可以是除了 Bool 之外的所有基本数据类型。

(6) 使用多路复用指令 MUX 和分路分用指令 DEMUX，可以对输入输出信号进行灵活选择。输入端 K 的数据类型为 UInt，其他操作数的数据类型可以是除了 Bool 之外的所有基本数据类型。上述 2 个指令的输入个数可以灵活扩展。

编码和译码指令实例如图 4-33 所示。

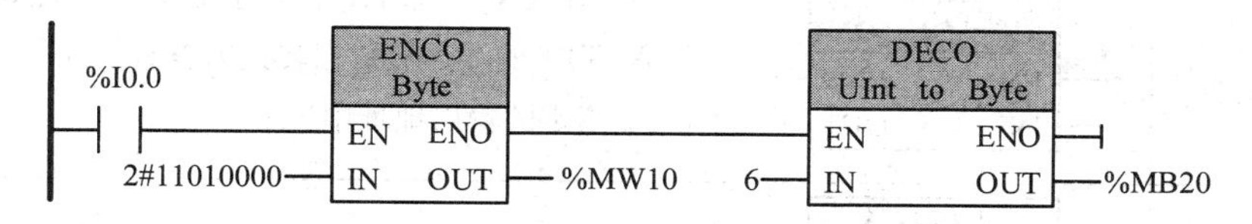

图 4-33　编码和译码指令实例

图 4-33 中，I0.0 闭合后，MW10 的值为 4，MB20 的值为 2#0100_0000。

多路复用和分路分用指令实例如图 4-34 所示。

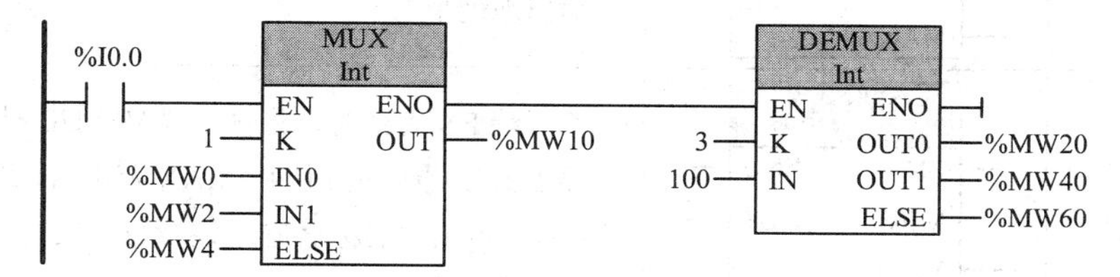

图 4-34　多路复用和分路分用指令实例

图 4-34 中，I0.0 闭合后，多路复用指令中的 K 为 1，将 IN1 对应的 MW2 输出至 MW10 中；分路分用指令中的 K 为 3，将 IN 输入的常数 100 输出至 ELSE 对应的 MW60 中。

4.5.3　转换指令

转换指令包括数据类型转换、取整、向上取整、向下取整、截尾取整、比例缩放以及标幺化指令。转换指令的 LAD 形式及功能说明如表 4-19 所示。

表 4-19　转换指令的 LAD 形式及功能说明

指令	LAD	功 能 说 明
数据类型转换 CONV	CONV ??? to ??? EN　ENO IN　OUT	输入端 EN 有效时，将输入端 IN 的操作数转换为指定的数据类型，存放在 OUT 指定的输出地址中
取整 ROUND	ROUND Real to ??? EN　ENO IN　OUT	输入端 EN 有效时，采用四舍五入原则将输入端 IN 的浮点数数据转换为整数格式，存放在 OUT 指定的输出地址中
向上取整 CEIL	CEIL Real to ??? EN　ENO IN　OUT	输入端 EN 有效时，采用向上取整原则将输入端 IN 的浮点数数据转换为整数格式，存放在 OUT 指定的输出地址中

续表

指令	LAD	功能说明
向下取整 FLOOR	FLOOR Real to ??? EN ENO IN OUT	输入端 EN 有效时，采用向下取整原则将输入端 IN 的浮点数数据转换为整数格式，存放在 OUT 指定的输出地址中
截尾取整 TRUNC	TRUNC Real to ??? EN ENO IN OUT	输入端 EN 有效时，采用直接舍去小数的原则，将输入端 IN 的浮点数数据转换为整数格式，并存放在 OUT 指定的输出地址中
比例缩放 SCALE_X	SCALE_X ??? to ??? EN ENO MIN OUT VALUE MAX	输入端 EN 有效时，将输入端 VALUE 对应的浮点数数据(应在 0.0～1.0 范围内)线性转化为 MIN～MAX 范围内的整数或浮点数，并将结果存放在 OUT 指定的输出地址中
标幺化 NORM_X	NORM_X ??? to ??? EN ENO MIN OUT VALUE MAX	输入端 EN 有效时，将输入端 VALUE 对应的整数或浮点数数据(应在 MIN～MAX 范围内)线性转化为 0.0～1.0 范围内的标幺值，并将结果存放在 OUT 指定的输出地址中

转换指令使用说明：

(1) 使用数据类型转换指令 CONV，可以将操作数由一种数据类型转化为另一种数据类型。操作数的数据类型可以是 DWord、SInt、Int、DInt、USInt、UInt、UDInt、BCD16、BCD32、Real、LReal 以及 Char，输入 IN 也可以是常数。BCD16 类型只能转化为 Int 类型，BCD32 类型只能转化为 DInt 类型。

(2) 使用取整指令 ROUND、截尾取整指令 TRUNC、向上取整指令 CEIL 和向下取整指令 FLOOR，均可以将浮点数(Real 和 LReal)转化为整数，ROUND 指令使用较多。

(3) 使用比例缩放指令 SCALE_X，输入端 EN 有效时，将输入端 VALUE 对应的浮点数数据(应在 0.0～1.0 范围内)线性转化为 MIN～MAX 范围内的整数或浮点数(通常转化为整数，作为 QW 输出)，并将结果存放在 OUT 指定的输出地址中。参数 MIN、MAX 和 OUT 的数据类型应相同，可以是 SInt、Int、DInt、USInt、UInt、UDInt、Real 和 LReal；MIN、MAX 也可以是常数。SCALE_X 输入输出对应的线性关系如图 4-35(a)所示，其表达式为 OUT=VALUE×(MAX−MIN)+MIN。输入端 VALUE 也可以不在 0.0～1.0 范围内，此时对应的输出结果也会超出 MIN～MAX 的范围，应尽量避免该情况。

(4) 使用标幺化指令 NORM_X，输入端 EN 有效时，将输入端 VALUE 对应的整数或浮点数数据(该数据应在 MIN～MAX 范围内，且通常选择为整数用以外接 IW 输入)线性转化为 0.0～1.0 范围内的标幺值，并将结果存放在 OUT 指定的输出地址中。参数 VALUE、MIN 和 MAX 的数据类型应相同，可以是 SInt、Int、DInt、USInt、UInt、UDInt、Real 和

LReal，也可以是常数。NORM_X 输入输出对应的线性关系如图 4-35(b)所示，其表达式为 OUT=(VALUE−MIN)/(MAX−MIN)。输入端 VALUE 也可以不在 MIN～MAX 范围内，此时对应的输出结果也会超出 0.0～1.0 的范围，应尽量避免该情况。

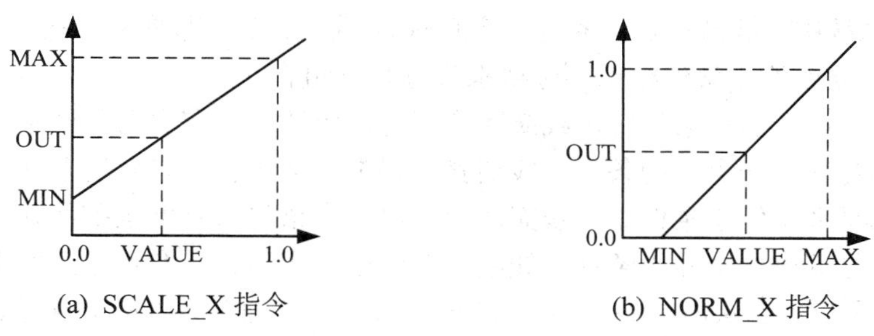

图 4-35　SCALE_X 指令和 NORM_X 指令的输入输出线性关系

SCALE_X 指令和 NORM_X 指令实例如图 4-36 所示。

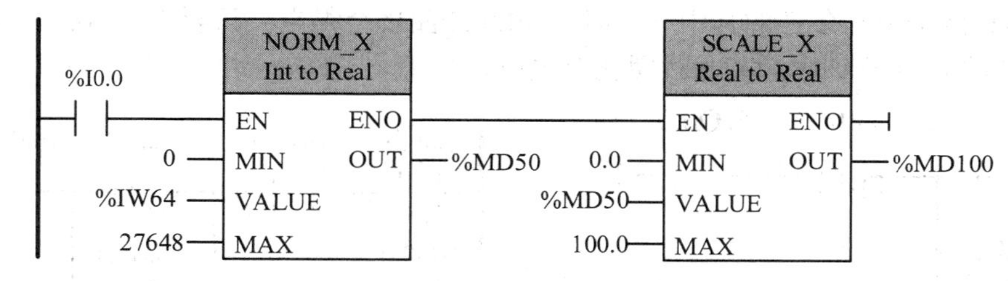

图 4-36　SCALE_X 指令和 NORM_X 指令实例

图 4-36 为温度采集及处理的部分程序，I0.0 闭合后，温度检测对应的数字量存放在 IW64 中，先将其转化为 0.0～1.0 的标幺值存放在 MD50 中，再线性转化为 0.0～100.0 的实际温度数值存放在 MD100，后续可加以显示。利用图 4-35 所示的对应关系可得：若 IW64 数值为 13824，则 MD50 数值为 0.5、MD100 数值为 50.0。

4.6　PLC 程序的基础设计法及应用实例

4.6.1　PLC 程序的基础设计法

1. 基础设计法思想

实际应用中的 PLC 控制系统往往比较复杂，要求设计者具备一定的编程经验。本节将介绍一种基于“启保停”电路的基础设计法，对于尚未具备编程经验的初学者而言，该方法通俗易懂、容易掌握，可以帮助初学者较快掌握 PLC 编程的思想和技巧。

PLC 程序的基本设计及应用实例

基础设计法的一般步骤如下：

(1) 找出控制系统所有的被控对象，即输出线圈或定时器线圈。

(2) 将所有的线圈采用“启保停”方式进行控制。

(3) 找出每个线圈的启动和停止条件，为了提高系统可靠性，启动和停止条件一般是短脉冲信号；分析线圈是否需要保持，如需保持，找出保持条件。

(4) 对整个程序进行检查、优化。

2. 编程注意事项

实际控制系统中，线圈的启动和停止条件往往不止一个，即具有一些约束条件。此时应该将所有的启动或停止条件根据实际要求进行合理组合。

(1) 同时满足多个启动条件时，线圈才应得电，应该将所有启动条件串联。

(2) 只要满足其中一个启动条件，线圈就会得电，应该将所有启动条件并联。

(3) 同时满足多个停止条件时，线圈才应失电，应该将所有停止条件并联。

(4) 只要满足其中一个停止条件，线圈就会失电，应该将所有停止条件串联。

图 4-37(a)为基本启保停电路。图 4-37(b)为考虑启停约束条件的启保停电路，当 I0.0 和 M0.0 两个启动条件同时满足时，Q0.0 线圈才会得电；I0.1 和 M0.1 两个停止条件同时满足时，Q0.0 线圈才会失电。图 4-37(c)为另一种启停约束条件下的启保停电路，只要满足 I0.0 或 M0.0 两个启动条件的其中一个时，Q0.0 线圈就会得电；只要满足 I0.1 或 M0.1 两个停止条件的其中一个时，Q0.0 线圈就会失电。

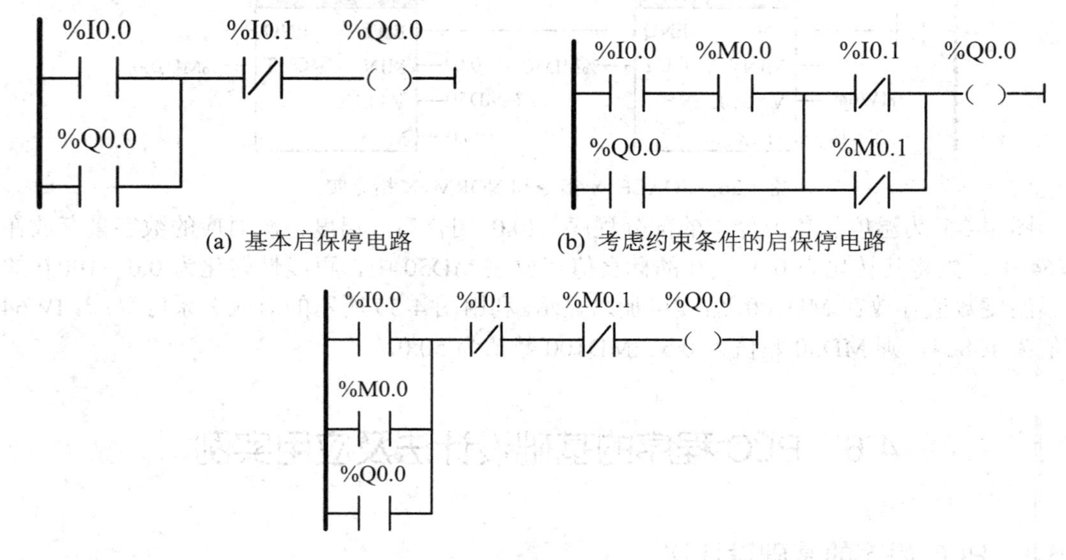

(a) 基本启保停电路　　(b) 考虑约束条件的启保停电路

(c) 考虑另外一种约束条件的启保停电路

图 4-37　启保停电路

4.6.2　应用实例

为了使读者深入理解 PLC 控制系统和继电器接触器控制系统的联系和区别，本节仍以第 1.2.3 节的两个实例为例，介绍 PLC 控制系统的基础设计法。

【例 4-3】 设计一个三路抢答器控制系统，要求当主持人启动抢答系统后，最先按下抢答按钮的选手对应的指示灯点亮，之后按下抢答按钮的选手对应的指示灯不会点亮。主持人按下复位按钮后，所有选手的指示灯熄灭，又可以进行下一题的抢答比赛。

解　首先对系统控制要求进行分析，给出该系统的 I/O 分配表(如表 4-20 所示)。

表 4-20　三路抢答器 I/O 分配表

输入	说明	输出	说　明
I0.1	1#选手抢答按钮	Q0.1	1#选手抢答指示灯
I0.2	2#选手抢答按钮	Q0.2	2#选手抢答指示灯
I0.3	3#选手抢答按钮	Q0.3	3#选手抢答指示灯
I0.0	复位按钮		

按照基础设计法的步骤来设计该系统：

(1) 该系统的被控对象有 3 个，分别为 3 个选手的指示灯线圈 Q0.1、Q0.2 和 Q0.3。

(2) 将所有的线圈采用“启保停”方式进行控制。

(3) Q0.1、Q0.2 和 Q0.3 线圈的启动条件分别为按下抢答按钮 I0.1、I0.2 和 I0.3；停止条件除了公共的按下复位按钮 I0.0 外，还各自含有约束条件，例如 Q0.1 的停止条件还包括 Q0.2 或 Q0.3 得电，应将这些停止条件进行串联；另外，要求对最先按下抢答按钮的选手的指示灯保持常亮状态，需要进行保持，保持条件为并联的自身常开触点。

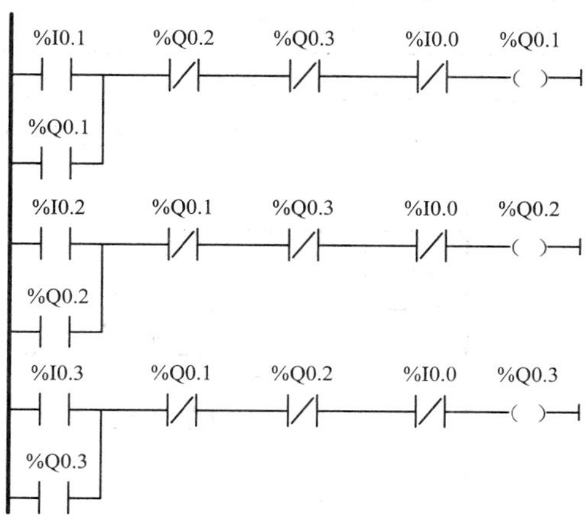

图 4-38　三路抢答器控制程序

(4) 对整个程序进行检查、优化。

通过以上步骤，可以得到三路抢答器的 PLC 控制程序，如图 4-38 所示。

【例 4-4】 任务要求：现场有 3 台电动机 M1、M2 和 M3，系统按照“顺序启、逆序停”的顺序进行工作，即按下启动按钮，先启动 M1，隔 5 s 后启动 M2，再隔 5 s 后启动 M3；按下停止按钮，先停止 M3，隔 3 s 后停止 M2，再隔 3 s 后停止 M1。

解　首先对系统控制要求进行分析，给出该系统的 I/O 分配表(如表 4-21 所示)。

表 4-21　电动机控制系统 I/O 分配表

输入	说　明	输出	说　明
I0.0	启动按钮	Q0.1	M1 电机接触器
I0.1	停止按钮	Q0.2	M2 电机接触器
		Q0.3	M3 电机接触器

另外，该系统要求进行 4 段时间的控制，需要用到定时器指令，可以采用所有类型的定时器指令，这里统一采用功能块型的接通延时定时器 TON，该指令也需要看成是系统的被控对象。

按照基础设计法来设计该系统时，仍需按照上述 4 个步骤，这里我们直接给出该系统的被控对象以及各个被控对象的启动、停止和保持条件，如表 4-22 所示。

表 4-22　被控对象的启动、停止和保持条件

被控对象	启动条件	停止条件	保持条件
Q0.1	启动按钮 I0.0	T4 定时时间到	自身常开触点
Q0.2	T1 定时时间到	T3 定时时间到	自身常开触点
Q0.3	T2 定时时间到	停止按钮 I0.1	自身常开触点
M2 启动定时器 T1	启动按钮 I0.0(Q0.1 得电)	T1 定时时间到(Q0.2 得电)	中间变量 M0.0
M3 启动定时器 T2	T1 定时时间到(Q0.2 得电)	T2 定时时间到(Q0.3 得电)	中间变量 M0.1
M2 停止定时器 T3	停止按钮 I0.1(Q0.3 失电)	T3 定时时间到(Q0.2 失电)	中间变量 M0.2
M1 停止定时器 T4	T3 定时时间到(Q0.2 失电)	T4 定时时间到(Q0.1 失电)	中间变量 M0.3

注意：TON 定时器自身的输出 Q 具有延时性，需逻辑扩展，用中间变量 M 进行保持。

3 台电机顺序启、逆序停的 PLC 控制程序如图 4-39 所示。

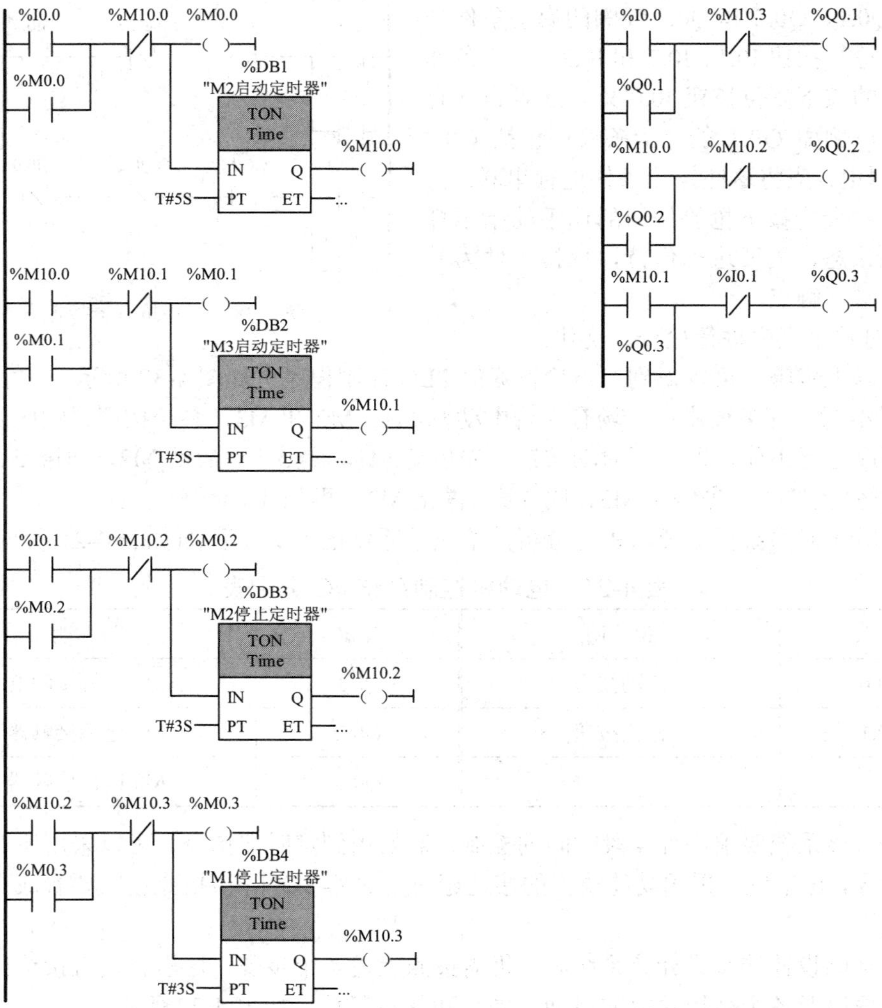

图 4-39　3 台电机顺序启、逆序停控制程序

本章习题

1. 简述线圈输出指令、置位输出指令和置位位域指令的区别。

2. 简述边沿检测触点指令、边沿检测线圈指令和扫描 RLO 的边沿指令的区别。

3. 试编写四人抢答器的 PLC 控制程序。

4. S7-1200 PLC 具有几种类型的 IEC 定时器？它们的工作原理分别是什么？简述 IEC 定时器的刷新方式以及导致不计时的可能原因。

5. S7-1200 PLC 具有几种类型的 IEC 计数器？它们的工作原理分别是什么？对它们进行复位后，对应的当前值 CV 和输出端 Q 分别是什么状态？

6. 试编写"通 2 秒、断 1 秒的闪烁电路"的 PLC 控制程序。

7. 分析图 4-40 的程序，根据输入信号 I0.0 的时序图，画出 Q0.0 的时序图。

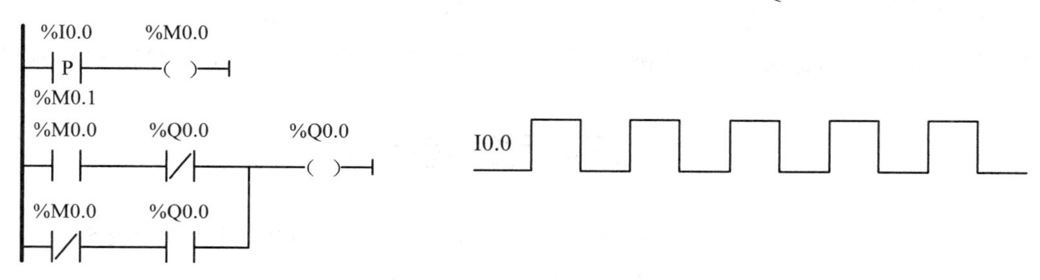

图 4-40　题 7 程序图

8. 试编写实现异步电机星三角降压启动的 PLC 控制程序，星三角切换时间为 10 s。

9. 试编写四台电动机顺序启、逆序停的 PLC 控制程序。

10. 简述取整 ROUND、截尾取整 TRANC、向上取整 CEIL 和向下取整 FLOOR 的区别？

11. 某电动机转速范围为 0～1420 r/min，检测其转速并通过 AD 模块存放在 PLC 的 IW80 地址中(范围为 0～27 648)，试编写 PLC 控制程序，通过数学运算指令求出电机转速的实际数值并存放在 MD10 中。

第 5 章　S7-1200 PLC 扩展指令

S7-1200 PLC 除了具有可实现各种逻辑控制、数据处理及数学运算的基本指令外，还具有丰富的扩展指令，极大地拓宽了 PLC 的应用范围，增强了 PLC 编程的灵活性。扩展指令包括日期和时间指令、字符串和字符指令、程序控制指令、中断指令、通信指令、高速脉冲输出指令、高速计数器指令、运动控制指令及 PID 控制指令等。

日期和时间指令

本章详细讲解 S7-1200 PLC 中常用扩展指令的原理及使用方法，结合实例介绍部分扩展指令的应用场合。本章内容属于 PLC 技术的高级应用，结合第 7 章和第 8 章的实际应用案例，大家可以更深层次地掌握 S7-1200 PLC 的相关内容。

5.1　日期和时间指令

日期和时间指令用于计算日期和时间。S7-1200 支持的日期和时间指令如表 5-1 所示。

表 5-1　日期和时间指令

指令	LAD	功能说明
时间转换 T_CONV	T_CONV ??? to ??? EN ENO IN OUT	用于转换时间值的数据类型，如将 Time 转换为 DInt 或者将 DInt 转换为 Time 等
时间相加 T_ADD	T_ADD ??? PLUS Time EN ENO IN1 OUT IN2	用于将一个时间段加到另一个时间段上，或者将一个时间段加到某个时间上。IN1 可以是 Time、TOD 和 DTL 类型，IN2 必须是 Time 类型
时间相减 T_SUB	T_SUB ??? MINUS Time EN ENO IN1 OUT IN2	用于将一个时间段减去另一个时间段，或者将某个时间减去一个时间段。IN1 可以是 Time、TOD 和 DTL 类型，IN2 必须是 Time 类型
时间值相减 T_DIFF	T_DIFF ??? To ??? EN ENO IN1 OUT IN2	用于将 IN1 的时间减去 IN2 的时间得到时间间隔。IN1 和 IN2 格式应相同，可以是 Date、TOD 和 DTL 类型，OUT 可以是 Time 或 Int 类型
组合时间 T_COMBINE	T_COMBINE Time_of_day To DTL EN ENO IN1 OUT IN2	将 IN1 的 Date 数据和 IN2 的 TOD 数据进行组合，形成 DTL 数据存放在 OUT 中

续表

指令	LAD	功 能 说 明
写入系统时钟 WR_SYS_T	WR_SYS_T DTL: EN, IN → ENO, RET_VAL	将 IN 中的 DTL 值作为日期和时间信息写入到 PLC 系统时钟中。输出 RET_VAL 指示错误信息，输出为 0 时，代表成功写入
读取系统时钟 RD_SYS_T	RD_SYS_T DTL: EN → ENO, RET_VAL, OUT	读取 PLC 系统时钟的日期和时间信息(DTL 数据类型)，存放在 OUT 对应的地址中。RET_VAL 指示错误信息，输出为 0 时，代表成功读取
读取本地时间 RD_LOC_T	RD_LOC_T DTL: EN → ENO, RET_VAL, OUT	读取 PLC 中的本地日期和时间信息(DTL 数据类型)，存放在 OUT 对应的地址中。RET_VAL 指示错误信息，输出为 0 时，代表成功读取

5.1.1　日期和时间数据类型

S7-1200 PLC 中，与日期和时间有关的数据类型如表 5-2 所示。

表 5-2　日期和时间的数据类型

数据类型	大小	范　围	实　例
Time	32 位	T#-24d_20h_31m_23s_648ms 到 T#24d_20h_31m_23s_647ms	T#10d_5h_2m_30s T#2h_23m_10s_234ms
Date	16 位	D#1990-1-1 到 D#2168-12-31	D#2020-4-10、 DATE#2030-2-5
Time_of_Day	32 位	TOD#0:0:0.0 到 TOD#23:59:59.999	TOD#21:12:32.32
长型日期和时间 DTL	12 个字节	DTL#1970-01-01-00:00:00.0 到 DTL#2554-12-31-23:59:59.999 999 999	DTL#2020-4-12-22:11:23.50 DTL#2039-1-21-10:20:43

日期和时间数据使用说明：

(1) 存储 Time 数据时，采用有符号双整数，存储格式为日期、小时、分钟、秒和毫秒；不需要指定全部时间单位。

(2) 存储 Date 数据时，采用无符号整数，存储格式为年、月和日；必须指定全部时间单位。

(3) 存储 Time_of_Day(TOD)数据时，采用无符号双整数，存储格式为小时、分钟、秒和毫秒；除毫秒外，其他时间单位必须全部指定。

(4) 存储 DTL 数据时，采用 12 个字节的结构，存储格式为年、月、日、星期、小时、分钟、秒和毫秒，星期信息不需输入；除毫秒外，其他时间单位必须全部指定。

5.1.2　日期和时间指令使用说明

(1) 使用时间转换指令 T_CONV，可以转换时间值的数据类型。如将 Time 数据类型转换为 DInt 数据类型，或将 DInt 数据类型转换回 Time 数据类型。IN 和 OUT 的数据类型可以是整数类型(SInt、Int、DInt、USInt、UInt、UDInt)，也可以是日期和时间类型(Time、Date、TOD、DTL)，从指令提供的下拉列表中即可选择 IN 和 OUT 的数据类型。

(2) 使用时间相加指令 T_ADD，可以将 IN1 的值加上 IN2 的值，结果存放在 OUT 指定的地址中。S7-1200 PLC 支持两种数据类型的时间相加运算，分别为将一个时间段加到另一个时间段上(Time + Time = Time)和将一个时间段加到某个时间上(DTL/TOD + Time = DTL/TOD)。IN1 和 OUT 的数据类型应相同，可以是 Time、TOD 和 DTL 类型，IN2 必须是 Time 类型。

(3) 使用时间相减指令 T_SUB，可以将 IN1 的值减去 IN2 的值，结果存放在 OUT 指定的地址中。S7-1200 PLC 支持两种数据类型的时间相减运算；分别为将一个时间段减去另一个时间段(Time − Time = Time)和将某个时间减去一个时间段(DTL/TOD − Time = DTL/TOD)。IN1 和 OUT 的数据类型应相同，可以是 Time、TOD 和 DTL 类型，IN2 必须是 Time 类型。

(4) 使用时间值相减指令 T_DIFF，可以将 IN1 的时间值减去 IN2 的时间值，将得到的时间间隔存放在 OUT 指定的地址中。S7-1200 PLC 支持的时间值相减运算为将某个时间减去另一个时间(Date/DTL/TOD − Date/DTL/TOD = Time/Int)。IN1 和 IN2 格式应相同，可以是 Date、TOD 和 DTL 类型，OUT 可以是 Time 或 Int 类型。

(5) 使用组合时间指令 T_COMBINE，可以将 IN1 的 Date 数据和 IN2 的 TOD 数据进行组合，形成 DTL 数据存放在 OUT 中。

时间和日期指令实例如图 5-1 所示。

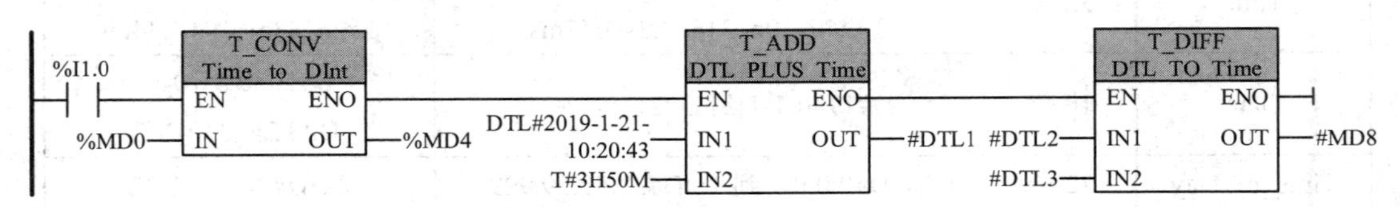

图 5-1　日期和时间指令实例

图 5-1 中，I1.0 闭合后，将 MD0 中的 Time 类型数据转换为 DInt 类型数据存放在 MD4 中；再将 DTL 数据 2019-1-21-10:20:43 加上 Time 数据 3H50M，得到的 DTL 类型结果 2019-1-21-14:10:43 存放在事先建立的全局变量 DTL1(DTL 类型)中；最后将 2 个 DTL 类型全局变量 DTL2 和 DTL3 做时间差，得到的时间间隔存放在 MD8 中。

5.1.3　时钟指令

时钟指令包括写入系统时钟指令 WR_SYS_T、读取系统时钟指令 RD_SYS_T 和读取本地时间指令 RD_LOC_T，时钟指令使用 DTL 数据类型提供日期和时间值。

使用写入系统时钟指令 WR_SYS_T，可以将 IN 中的 DTL 数据作为日期和时间信息写入到 PLC 系统时钟。输出 RET_VAL 为 Int 类型地址，用以指示指令执行错误信息，输出为 0 时，代表成功写入。

使用读取系统时钟指令 RD_SYS_T，可以读取 PLC 系统时钟的日期和时间信息(DTL 数据)，存放在 OUT 对应的地址中。输出 RET_VAL 为 Int 类型地址，用以指示指令执行错误信息，输出为 0 时，代表成功读取。

使用读取本地时间指令 RD_LOC_T，可以读取 PLC 中的本地日期和时间信息(DTL 数据类型)，存放在 OUT 对应的地址中。在读取本地日期和时间时，需要选择是否为夏令时和标准时间的时区，可以在 CPU 组态界面中设置实时时钟的时区为“Beijing”，不设置夏令时。输出 RET_VAL 为 Int 类型地址，用以指示指令执行错误信息，输出为 0 时，代表成功读取。

参数 RET_VAL 对应的错误代码如表 5-3 所示。

表 5-3　时钟指令错误代码说明

RET_VAL	错误说明	RET_VAL	错误说明
0000	无错误	8084	小时信息无效
8080	日期信息错误	8085	分钟信息无效
8081	时间信息错误	8086	秒信息无效
8082	月信息无效	8087	纳秒信息无效
8083	日信息无效	80B0	实时时钟故障

【例 5-1】 利用时钟指令控制路灯系统的自动启动和停止，要求路灯在 18：00 到 06：00 之间自动启动，其余时间自动停止。

解　如图 5-2 所示，首先利用读取本地时间指令 RD_LOC_T 读取实时时间，保存在 DTL 数据类型的局部变量 DTL0 中，由 DTL0.HOUR 参数即可获得当前的小时信息，然后通过比较指令控制路灯 Q0.0 的启停。

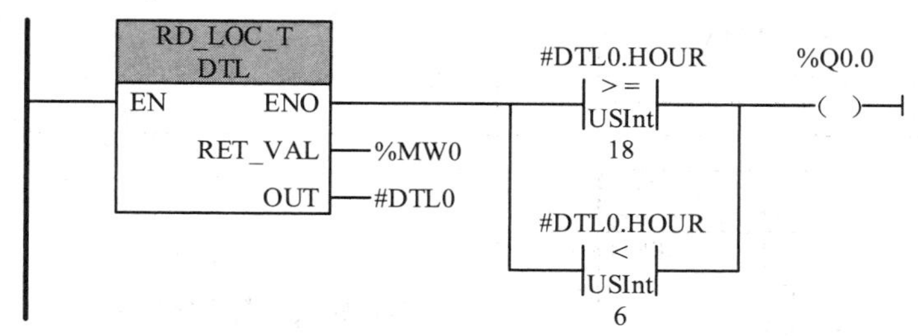

图 5-2　时钟指令实例

5.2　字符串和字符指令

字符串和字符指令包括字符串转换指令和字符串操作指令两大类，字符串转换指令用于字符串与数值之间的相互转换，字符串操作指令用于对字符串进行截取、删除、替换以及合并等操作。

字符串和字符指令

5.2.1　字符串数据类型

1. 字符串的结构

字符串(String)数据的前 2 个字节分别用于存放用户总字符数和用户当前字符数，其后最多 254 个字节用于存放用户字符数据，即字符串数据的结构为用户总字符数(1 个字节)、用户当前字符数(1 个字节)及最多 254 个用户字符(每个字符占 1 个字节)。整个字符串数据占用的字节数应为用户总字符数加 2。

2. 定义字符串

执行字符串指令之前，首先应定义字符串变量。字符串变量只能定义在程序块的块接口或全局数据块中，不能定义在变量表中，且用户总字符数必须大于 0 且小于 255。字符串数据类型的详细介绍可参考第 3.3.2 节。

5.2.2 字符串转换指令

S7-1200 PLC 支持的字符串转换指令如表 5-4 所示。

表 5-4 字符串转换指令

指令	LAD	功 能 说 明
字符串转换 S_CONV	S_CONV ??? to ??? EN ENO IN OUT	将数字字符串转换成数值或将数值转换成数字字符串。如果输入和输出均为 String 类型，则进行字符串复制
字符串转数值 STRG_VAL	STRG_VAL String to ??? EN ENO IN OUT FORMAT P	将数字字符串转换成数值
数值转字符串 VAL_STRG	VAL_STRG ??? to String EN ENO IN OUT SIZE PREC FORMAT P	将数值转换成数字字符串

1. 字符串转换指令 S_CONV

使用字符串转换指令 S_CONV，可以将输入的数字字符串转换为对应的数值，或者将数值转换成对应的数字字符串。该指令需要设置的参数很少，比 STRG_VAL 指令和 VAL_STRG 指令简单，但灵活性较差。

(1) 将字符串转换成数值。

输入端 IN 的数据类型为字符 Char 或字符串 String，输出端 OUT 的数据类型为所有的整数或浮点数格式。

允许转换的字符为数字 0～9、正负号和小数点对应的 ASCII 字符，转换后的数值存放在 OUT 指定的地址中。如果转换后的数值超出 OUT 对应数据类型允许的范围，则输出 OUT 和 ENO 为 0。

注意，输入数字字符串数据时，应符合以下规范：

① 对于数字字符串中的'.'，转换后认为是小数点。

② 对于数字字符串中的数字，如果每隔 3 位加分隔符','，转换后会自动忽略。

③ 对于数字字符串中的前导空格，转换后会自动忽略。

④ 只支持定点表示法，字符'e'和'E'不会被识别为指数表示法。

(2) 将数值转换成字符串。

输入端 IN 的数据类型为所有的整数或浮点数格式，输出端 OUT 的数据类型为字符串 String。转换前应先定义 OUT 对应的字符串变量，首字节中的用户总字符数(所需最大字符数)应不小于转换后的最大预计字符数，不同数据类型对应的最大字符数如表 5-5 所示。

表 5-5　不同数据类型对应的最大字符数

数据类型	所需最大字符数	实例	总字符数(所需最大字符数+2)
USInt	3	255	5
SInt	4	−128	6
UInt	5	65 635	7
Int	6	−32 768	8
UDInt	10	4 294 967 295	12
DInt	11	−2 147 483 648	13

注意，输出数字字符串数据时，应符合以下规范：

① 输入数值如果是正数，对应转换后的字符串不含符号位。

② 输入数值为 Real 数据类型时，对应转换后的字符串用'.'表示小数点。

③ 只支持定点表示法，不适用指数计数法。

(3) 复制字符串。

使用字符串转换指令 S_CONV 时，如果输入和输出均为 String 类型，则将输入 IN 对应的字符串直接复制到输出 OUT 对应的地址。如果输入 IN 字符串的实际长度超出输出 OUT 允许的最大长度，则只复制 OUT 允许的字符串长度，并且使能输出 ENO 为 0。

字符串转换指令实例如图 5-3 所示。

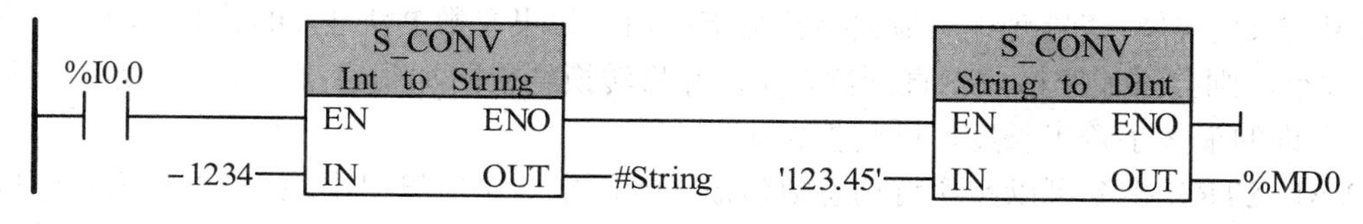

图 5-3　字符串转换指令实例 1

图 5-3 中，I0.0 闭合后，将 Int 类型数据−1234 转换为字符串类型数据'−1234'，存放在局部变量 String 中；再将字符串'123.45'经过截尾取整后转换为 DInt 类型数据 123，存放在 MD0 中。

2. 字符串转数值指令

使用字符串转数值指令 STRG_VAL，可以将输入端 IN 的数字字符串转换为对应的整数或浮点数，并将结果存放在 OUT 对应的地址中。输入端 EN 有效时，从输入 IN 对应字符串的第 P 个字符开始转换，直到字符串转换结束为止。该指令允许的合法字符有“+”“-”“.”“,”“e”“E”或“0”～“9”，转换中如遇到非法字符，则停止转换。若转换后的数值超过 OUT 数据类型允许的范围，则输出 OUT 和 ENO 为 0。

输入参数 P 用于指定要转换字符串数据的第一个字符的编号，P 为 1 代表从第 1 个字符开始转换。P 的数据类型为 UInt，P 的值为 0 或者大于字符串最大长度时无效。转换结束后，将终止位置的下一个字符编号存放在参数 P 中。

输入参数 FORMAT 用于指定字符串转换时的格式，数据类型为 Word。FORMAT 参数说明如表 5-6 所示。

输出参数 OUT 用于存放字符串转换结果，数据类型为所有的整数和浮点数。

表 5-6　STRG_VAL 指令的 FORMAT 参数说明

取值(W#16#)	表示法	小数点表示法	实例(转换为 Real 类型)
0000	小数	'.'	'123.45'→123.45，'123,45'→12345.0，'1.23E-4'→1.23
0001	小数	','	'123.45'→12345.0，'123,45'→123.45
0002	指数	'.'	'1.23E-4'→1.23E-4
0003	指数	','	
0004 至 FFFF	无效值	无效值	

注意，STRG_VAL 指令的转换符合以下规范：

(1) 数值中的小数点采用 '.' 方法表示(FORMAT 最低位为 0)时，允许字符串中使用 ',' 作为千位分隔符，转换时会自动忽略 ','。

(2) 对于字符串中的前导空格，转换后会自动忽略。

3. 数值转字符串指令

使用数值转字符串指令 VAL_STRG，可以将输入端 IN 的数值(整数或浮点数类型)转换为对应的字符串，并将结果存放在 OUT 对应的地址中。

执行转换前，输出 OUT 必须为有效字符串变量；转换后的字符串将取代 OUT 中初始字符串变量的一部分(从字符编号 P 开始的 SIZE 个字符位数)。输入参数 P 和 SIZE 应在 OUT 中初始字符串变量允许的最大字符数范围内，如果参数 P 大于 OUT 中初始字符串的当前大小，则会添加空格，一直到位置 P，并将转换结果附加到字符串末尾。如果达到了 OUT 允许的最大字符串长度，则转换结束。

VAL_STRG 指令可以实现将动态数值嵌入到固定文本字符串中，如可以将表示温度的动态数值 80 放入字符串 'Temperature = 80℃' 中，从而实现动态显示。该指令允许转换的合法字符有“+”“-”“.”“,”“e”“E”或“0”～“9”，转换中如遇到非法字符，则停止转换。

输入参数 FORMAT 用于指定字符串转换时的格式，数据类型为 Word。FORMAT 参数说明如表 5-7 所示。

输入参数 PREC 用于指定转换浮点数时保留的小数位数，Real 数值支持的最高精度为 7 位有效数字。如果要转换的数值为整数，可使用 PREC 参数指定放置小数点的位置，如果需转换的数值为 1234 和 PREC 为 1 时，转换结果为字符 '123.4'。

输出参数 OUT 用于存放数值转换为字符串后的结果，数据类型为 String。

表 5-7 VAL_STRG 指令的 FORMAT 参数说明

取值(W#16#)	表示法	符号	小数点表示法
0000	小数	'-'	'.'
0001	小数	'-'	','
0002	指数	'-'	'.'
0003	指数	'-'	','
0004	小数	'+' 和 '-'	'.'
0005	小数	'+' 和 '-'	','
0006	指数	'+' 和 '-'	'.'
0007	指数	'+' 和 '-'	','
0008 至 FFFF	无效值	'+' 和 '-'	无效值

字符串转换指令实例 2 如图 5-4 所示。

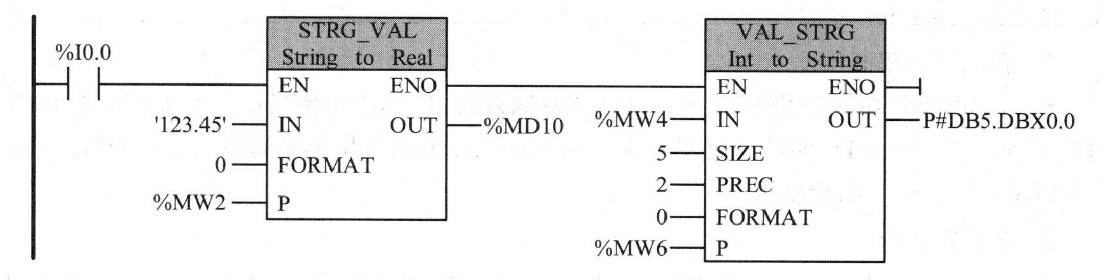

图 5-4 字符串转换指令实例 2

图 5-4 中，运行前，先将 MW2 赋值为 2、MW4 赋值为 5678、MW6 赋值为 6，将初始字符串 'Tem = ℃' 写入在全局数据块 DB5 中事先定义好的字符串变量 String(指针地址 P#DB5.DBX0.0)中。I0.0 闭合后，将 MW2 赋值为 2，表示从字符串 '123.45' 的第 2 个字符开始转换，转换后的结果 23.45 存放在 MD10 中。

另外，将 MW4 赋值为 5678，代表需要转换成字符串的数值；将 'Tem = ℃' 写入 P#DB5.DBX0.0，代表初始字符串；将 MW6 赋值为 6、SIZE 输入为 5，代表将初始字符串中第 6 个字符编号开始的 5 个字符地址用以存放转换后的字符串；PREC 输入为 2，代表在需要转换的数值中第 2 位放置小数点(从右向左第 2 位前)，转换后 P#DB5.DBX0.0 的监控数据为 'Tem = 56.78 ℃'。

5.2.3 字符串操作指令

S7-1200 PLC 支持的字符串操作指令的 LAD 形式及功能说明如表 5-8 所示。

表 5-8　字符串操作指令

LAD	功能说明	LAD	功能说明
LEN String EN　ENO IN　OUT	获取字符串长度	CONCAT String EN　ENO IN1　OUT IN2	合并两个字符串
LEFT String EN　ENO IN1　OUT L	获取字符串的 左侧子字符串	RIGHT String EN　ENO IN1　OUT L	获取字符串的 右侧子字符串
MID String EN　ENO IN　OUT L P	获取字符串的 中间子字符串	DELETE String EN　ENO IN　OUT L P	删除字符串的 子字符串
INSERT String EN　ENO IN1　OUT IN2 P	在字符串中 插入子字符串	REPLCAE String EN　ENO IN1　OUT IN2 L P	替换字符串中的 子字符串
FIND String EN　ENO IN1　OUT IN2	查找字符串中的 子字符串		

1. 获取字符串长度

使用获取字符串长度指令 LEN，可以获取输入端 IN 的字符串长度，结果存放在 OUT 对应的地址中，输入 IN 的数据类型为 String，输出 OUT 的数据类型可以为 Int、DInt、Real 和 LReal。空字符串的长度为 0。

2. 合并字符串

使用合并字符串指令 CONCAT，可以将输入端 IN1 和 IN2 的两个字符串合并起来(IN1 放左边，IN2 放右边)，结果存放在 OUT 对应的地址中。如果合并后的总字符串长度大于 OUT 允许的最大长度，则将结果限制在最大长度，并将 ENO 设置为 0。

3. 获取左侧子字符串

使用获取左侧子字符串指令 LEFT，可以获取输入端 IN 对应字符串的前 L 个字符，结果存放在 OUT 对应的地址中，L 的数据类型可以为 Byte、Int、SInt 和 USInt。如果 L 值大于 IN 对应字符串的长度，则 OUT 返回输入的字符串；如果 L 为负值或零，或者输入的是空字符串，则返回空字符串，并将 ENO 置为 0。

4. 获取右侧子字符串

使用获取右侧子字符串指令 RIGHT，可以获取输入端 IN 对应字符串的最后 L 个字符，结果存放在 OUT 对应的地址中。使用方法与获取左侧子字符串指令 LEFT 相似。

5. 获取中间子字符串

使用获取中间子字符串指令 MID，可以获取输入端 IN 对应字符串从第 P 个字符开始的 L 个字符，结果存放在 OUT 对应的地址中，L 和 P 的数据类型可以为 Byte、Int、SInt 和 USInt。如果 L 与 P 之和大于输入端 IN 对应字符串的长度，则返回从 IN 字符串的第 P 个字符到结束字符之间的字符串；如果 P 大于 IN 对应字符串的长度，或者 P 和 L 中有一个小于或等于 0，OUT 将返回空字符串，并将 ENO 置为 0。

6. 删除子字符串

使用删除子字符串指令 DELETE，可以删除输入端 IN 对应字符串从第 P 个字符开始的 L 个字符，结果存放在 OUT 对应的地址中，L 和 P 的数据类型可以为 Byte、Int、SInt 和 USInt。如果 L 或 P 等于 0，或者 P 大于 IN 对应字符串的长度，则 OUT 返回输入的字符串，并将 ENO 置为 0；如果 L 与 P 之和大于 IN 对应字符串的长度，则一直删除到该字符串的末尾；如果 L 为负值，或者 P 为非正值，则 OUT 返回空字符串，并将 ENO 置为 0。

7. 插入子字符串

使用插入子字符串指令 INSERT，可以将输入端 IN2 对应的字符串插入到 IN1 对应字符串的第 P 个字符之后，结果存放在 OUT 对应的地址中，P 的数据类型可以为 Byte、Int、SInt 和 USInt。如果 P 大于 IN1 对应字符串的长度，则将 IN2 对应字符串附加到 IN1 字符串之后；如果 P 为非正值，则 OUT 输出空字符串；如果插入后的总字符串长度大于 OUT 允许的最大长度，则将结果限制在最大长度。以上异常情况下，均会将 ENO 设置为 0。

8. 替换子字符串

使用替换子字符串指令 REPLACE，可以将输入端 IN2 对应的字符串替换掉 IN1 对应字符串中从第 P 个字符开始的 L 个字符，结果存放在 OUT 对应的地址中，L 和 P 的数据类型可以为 Byte、Int、SInt 和 USInt。如果 L 为 0，则 OUT 输出 IN1 对应的字符串；如果 P 大于 IN1 对应字符串的长度，则将 IN2 对应字符串附加到 IN1 字符串之后；如果 L 为负值，或者 P 为非正数，则 OUT 输出空字符串；如果替换后的总字符串长度大于 OUT 允许的最大长度，则将结果限制在最大长度。以上异常情况下，均会将 ENO 设置为 0。

9. 查找子字符串

使用查找子字符串指令 FIND，可以在输入端 IN1 对应的字符串中从左侧开始查找 IN2 字符串，将 IN2 字符串在 IN1 字符串中的起始字符编号存放在 OUT 对应的地址中，如果在 IN1 字符串中未找到 IN2 字符串，输出 OUT 为 0，OUT 的数据类型为 Int。

字符串转换指令实例 3 如图 5-5 所示。

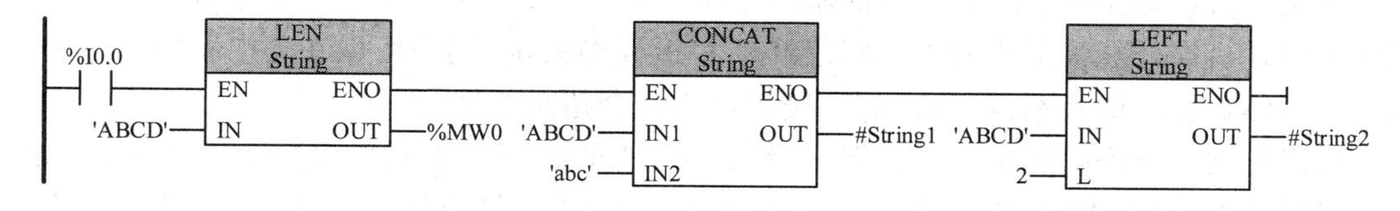

图 5-5　字符串转换指令实例 3

图 5-5 中，I0.0 闭合后，将字符串 'ABCD' 的长度 4 存放在 MW0 中，然后将字符串 'ABCD' 和 'abc' 合并为 'ABCDabc' 存放在局部变量 String1 中，最后将字符串 'ABCD' 取左边 2 个字符 'AB '存放在局部变量 String2 中。

5.3　程序控制指令

程序控制指令

扩展的程序控制指令包括重置循环监视时间、停止运行、查询错误信息以及查询错误 ID 指令等。程序控制指令的 LAD 形式及功能说明如表 5-9 所示。该部分内容在第 4.3.2 节已做过简单介绍，在此进一步补充。

表 5-9　程序控制指令

指令	LAD	功能说明
重置循环监视时间	RE_TRIGR（EN, ENO）	输入端 EN 有效时，复位看门狗，即重置循环监视定时器的定时时间
停止运行	STP（EN, ENO）	输入端 EN 有效时，CPU 进入到 STOP 模式
查询错误信息	GET_ERROR（EN, ENO, ERROR）	输入端 EN 有效时，输出程序块执行时出错的信息。错误信息通过 ERROR 输出到预定义的 ErrorStruct 数据类型的变量中
查询错误 ID	GET_ERR_ID（EN, ENO, ID）	执行程序块出错时，仅显示错误 ID。第一个错误 ID 输出到 ID 对应的地址中，第一个错误消失后，输出下一个错误 ID

1. 重置循环监视时间指令

重置循环监视时间指令 RE_TRIGR，用于在单个扫描循环期间重新启动扫描循环定时器。每次循环它都被自动复位一次，正常工作时，最大循环周期小于监控定时器的时间设定值，它不会起作用。反之，执行一次 RE_TRIGR 指令，使允许的最大扫描周期延长一个最大循环时间段。CPU 只允许将 RE_TRIGR 指令用于程序循环中。

(1) 设置 PLC 最大循环时间。

利用设备配置中的 CPU 属性可以在 PLC 设备配置中为“循环时间”设置组态最大扫描周期。允许的最大循环时间默认值为 150 ms，最小值为 1 ms。

(2) 循环监视时间超时。

如果最大扫描循环定时器在扫描循环完成前达到预置时间，则会生成错误。如果用户程序中包含错误处理代码块 OB80，则 PLC 将执行 OB80，用户可以在其中添加程序逻辑以创建具体响应。如果不包含 OB80，则忽略第一个超时条件。

如果在同一程序扫描中第二次发生最大扫描时间超时(2 倍的最大循环时间值)，则触发错误导致 PLC 切换到 STOP 模式。在 STOP 模式下，用户程序停止执行而 PLC 系统通信和系统诊断仍继续执行。

2. 停止运行指令

停止运行指令 STP，用于将 PLC 置于 STOP 模式，CPU 从 RUN 切换到 STOP 后，CPU

将保留过程映像，并根据组态写入相应的数字和模拟输出值。如果输入端 EN 为 1，PLC 处于 STOP 模式时，将停止程序执行及停止过程映像的物理更新。

3. 查询错误指令

(1) 查询错误信息指令 GET_ERROR。

使用查询错误信息指令，可以获取本地错误信息，并用输出参数 ERROR 显示程序块内发生的错误信息。如果块内存在多处错误，则更正了第一个错误后，该指令输出下一个错误的错误信息。参数 ERROR 的数据类型为 ErrorStruct，可以重命名错误数据结构，但不能重命名结构中的成员。ErrorStruct 系统数据类型的结构如表 5-10 所示。

表 5-10 ErrorStruct 系统数据类型的结构

数据元素	数据类型	参 数 说 明
ERROR_ID	Word	错误的标识符
FLAGS	Byte	显示块调用期间是否出错
REACTION	Byte	对错误的响应：0 = 忽略(写入错误)；1 = 使用替换值“0”继续(读取错误)；2 = 跳过该指令(系统错误)
BLOCK_TYPE	Byte	出错的块类型：1 = OB；2 = FC；3 = FB
CB_NUMBER	UInt	出错的程序块编号
MODE	Byte	有关操作数地址的信息
OPERAND_NUMBER	UInt	机器指令的操作数编号
POINTER_NUMBER_LOCATION	UInt	(A)内部指令指针位置
SLOT_NUMBER_SCOPE	UInt	(B)内部存储器中的存储区
AREA	Byte	(C)出错时引用的存储区
DB_NUMBER	UInt	(D)发生数据块错误时引用的数据块编号
OFFSET	UDInt	(E)出错时操作数的相对地址

(2) 查询错误 ID 指令 GET_ERR_ID。

使用查询错误 ID 指令，可以获取本地错误的标识符。如果执行程序块出现错误，且输入端 EN 为 1，第一个错误的 ID 将保存在输出端“ID”中，ID 的数据类型为 Word。第一个错误消失后，指令输出下一个错误的 ID。该指令的错误代码如表 5-11 所示。

表 5-11 GET_ERR_ID 指令的错误代码

ID 值(十六进制)	ID 值(十进制)	程序块执行错误
0	0	无错误
2503	9475	未初始化指针错误
2522	9506	操作数超出范围读取错误
2523	9507	操作数超出范围写入错误
2524	9508	无效区域读取错误
2525	9509	无效区域写入错误
2528	9512	数据分配读取错误(位赋值不正确)

续表

ID 值(十六进制)	ID 值(十进制)	程序块执行错误
2529	9513	数据分配写入错误(位赋值不正确)
2530	9520	DB 受到写保护
253A	9530	全局 DB 不存在
253C	9532	版本错误或 FC 不存在
253D	9533	指令不存在
253E	9534	版本错误或 FB 不存在
253F	9535	指令不存在
2575	9589	程序嵌套深度错误
2576	9590	局部数据分配错误
2942	10562	物理输入点不存在
2943	10563	物理输出点不存在

5.4　中断事件和中断指令

中断事件和中断指令

中断指令包括附加和分离中断指令、设置和查询循环中断参数指令、启动和取消延时中断指令等。不同中断指令调用的中断组织块不同，关于中断组织块的概念，可参考第 3.2.1 节。中断指令的 LAD 形式及功能说明如表 5-12 所示。

表 5-12　中 断 指 令

指令	LAD	功 能 说 明
附加中断	ATTACH EN　ENO OB_NR　RET_VAL EVENT ADD	用于将硬件中断事件和硬件中断组织块进行关联
分离中断	DETACH EN　ENO OB_NR　RET_VAL EVENT	用于将硬件中断事件和硬件中断组织块进行分离
设置循环中断参数	SET_CINT EN　ENO OB_NR　RET_VAL CYCLE PHASE	用于设置循环中断 OB 的参数
查询循环中断参数	QRY_CINT EN　ENO OB_NR　RET_VAL CYCLE PHASE STATUS	用于查询循环中断 OB 的参数

续表

指令	LAD	功 能 说 明
启动延时中断	SRT_DINT EN　ENO OB_NR　RET_VAL DTIME SIGN	用于启动延时中断处理过程
取消延时中断	CAN_DINT EN　ENO OB_NR　RET_VAL	用于取消延时中断处理过程
查询延时中断状态	QRY_DINT EN　ENO OB_NR　RET_VAL STATUS	用于查询延时中断的状态

5.4.1　中断事件

中断技术主要用于处理复杂的控制任务，当中断事件到来后，操作系统将暂停正在执行的程序块，转到相应的中断组织块(中断 OB)中去处理这些事件，处理结束后再返回到原程序块中继续执行。

中断 OB 只有在对应的中断事件到来后才会被执行，不同的中断 OB 之间无法相互调用，也无法通过 FB 或 FC 调用。多个中断事件同时到来时，CPU 将按照优先级顺序处理需要调用的中断 OB。不同组织块对应的启动事件如表 5-13 所示。

表 5-13　不同组织块对应的启动事件

事件名称	数量	OB 编号	启动事件	队列深度	优先级	优先组
程序循环	≥1	1；≥123	启动或结束前一循环 OB	1	1	1
启动	≥0	100；≥123	从 STOP 切换到 RUN	1	1	
延时中断	≤4	20～23；≥123	延迟时间到	8	3	2
循环中断	≤4	30～38；≥123	固定的循环时间到	8	4	
边沿中断	≤32	40～47；≥123	16 个 DI 上升沿/16 个 DI 下降沿	32	5	
HSC 中断	≤18	40～47；≥123	6 个 HSC 计数值＝设定值、6 个计数方向变化、6 个外部复位	16	6	
诊断错误中断	0 或 1	82	模块检测到错误	8	9	
时间错误中断	0 或 1	80	超过最大循环时间	8	26	3

备注：边沿中断和 HSC 中断统称为硬件中断。

由表 5-13 可以看出：每个中断 OB 的编号必须唯一且具有有效的定义范围；中断事件被分成 3 个优先组，组内各个中断事件还具有不同的优先级，CPU 按照优先级由高到低(编号越大，优先级越高)的顺序处理中断事件，优先级相同的事件则按照“先来先服务”的原则去处理。

不同的中断事件均有中断队列和不同的队列深度，如果队列中的中断事件个数达到上限，新的中断事件将因队列溢出而被丢失，同时产生时间错误中断事件。

5.4.2　附加中断和分离中断指令

1. 附加中断指令

使用附加中断指令 ATTACH，可以将硬件中断事件和硬件中断组织块进行关联，主要是为某个硬件中断事件分配硬件中断 OB。输入端 OB_NR 对应要调用的硬件中断 OB 的符号名或编号，此硬件中断 OB 将被分配给输入端 EVENT 指定的硬件中断事件。如果执行 ATTACH 指令后，发生了 EVENT 对应的硬件中断事件，则会调用 OB_NR 对应的中断 OB 并执行其程序。

输入端 ADD 的数据类型为 Bool，用于定义是否保留 OB_NR 对应的硬件中断 OB 与原有硬件中断事件之间的联系。如果 ADD 值为 0，则 ATTACH 指令执行后，输入端 OB_NR 对应的硬件中断 OB 将与原有硬件中断事件切断联系，并与 EVENT 对应的硬件中断事件新建联系；如果 ADD 值为 1，在保留硬件中断 OB 与原有硬件中断事件联系的基础上，附加与 EVENT 对应的硬件中断事件新的联系，即将同一个硬件中断 OB 分配给多个硬件中断事件(请注意：一个硬件中断事件只能分配给一个硬件中断 OB)。

附加中断指令的参数说明如表 5-14 所示。

表 5-14　附加中断指令的参数说明

参数	数据类型	参 数 说 明
OB_NR	OB_ATT	硬件中断 OB 标识符，需要事先在程序块中添加硬件中断 OB
EVENT	EVENT_ATT	硬件中断事件标识符，需要事先在设备组态中启用硬件中断事件
ADD	Bool	用于确定是否将该硬件中断事件取代先前为此 OB 附加的所有事件
RET_VAL	Int	指令执行的状态

2. 分离中断指令

使用分离中断指令 DETACH，可以将硬件中断事件和硬件中断组织块进行分离，主要作用是在出现指定硬件中断事件时，禁止执行指定的中断 OB。输入端 OB_NR 为硬件中断 OB 的符号名或编号；EVENT 是指定硬件中断事件的编号。如果指定了 EVENT，则仅将该事件与指定的 OB_NR 分离，当前附加到此 OB_NR 的任何其他事件仍保持附加状态。如果未指定 EVENT，则分离当前连接到 OB_NR 的所有事件。

3. 硬件中断事件

S7-1200 PLC 支持的硬件中断事件包括数字量输入端的上升沿/下降沿事件和高速计数器事件两大类，具体如下：

(1) 上升沿事件(CPU 本机和信号板 SB 上的所有数字量输入)。数字量输入从 OFF 切换为 ON(出现上升沿)时，会触发上升沿中断事件。

(2) 下降沿事件(CPU 本机和信号板 SB 上的所有数字量输入)。数字量输入从 ON 切换为 OFF(出现下降沿)时，会触发下降沿中断事件。

(3) 高速计数器(HSC)当前值等于参考值事件(HSC1～HSC6)。计数器的当前值达到设定值时，会触发该中断事件。

(4) HSC 计数方向变化事件(HSC1～HSC6)。当检测到 HSC 从增大变为减小或从减小变为增大时，会触发该中断事件。

(5) HSC 外部复位事件(HSC1～HSC6)。某些 HSC 模式允许利用数字量输入作为外部复位端，对 HSC 的计数值清零。当复位端从 OFF 切换为 ON 时，会触发该中断事件。

4. 硬件中断使用说明

(1) 在使用某个硬件中断事件前，需要通过“程序块”→“添加新块”→“硬件中断”来添加对应的硬件 OB，如图 5-6(a)所示。

(2) 若需要在硬件配置或程序运行期间附加某个硬件中断事件，必须事先在设备组态中启用该硬件中断事件，并指定图 5-6(a)新建的硬件中断 OB40，如图 5-6(b)所示。

(3) 在图 5-6(a)的硬件中断 OB40 中编写控制程序，在图 5-6(b)中的硬件中断事件“I0.0 上升沿”出现后，即可调用 OB40 中的程序，如图 5-6(c)所示，即 I0.0 出现上升沿时，Q0.0 被置位(启用系统和时钟存储器时，M1.2 始终为 ON)。

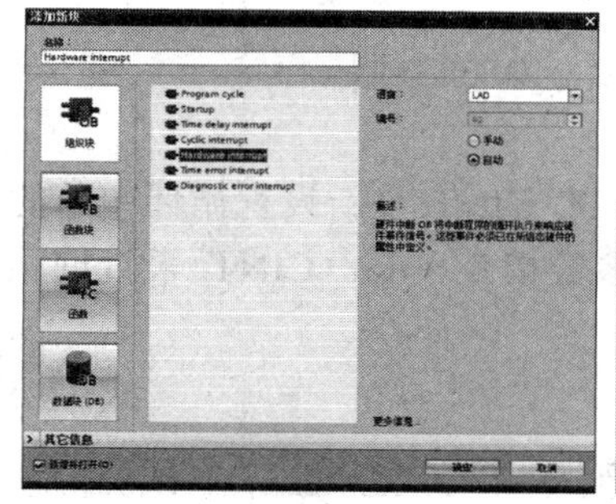

(a) 新建中断硬件 OB40

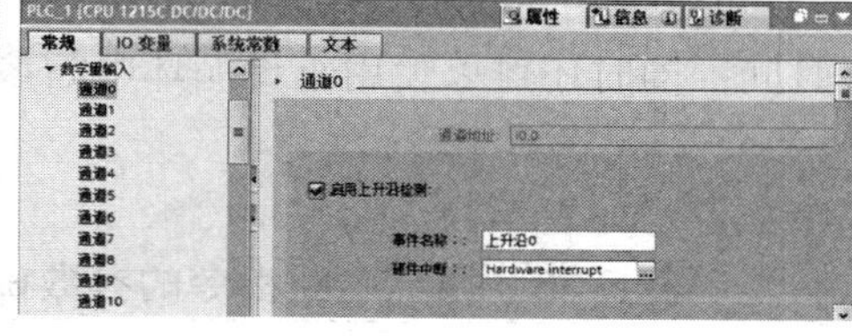

(b) 启用上升沿中断事件

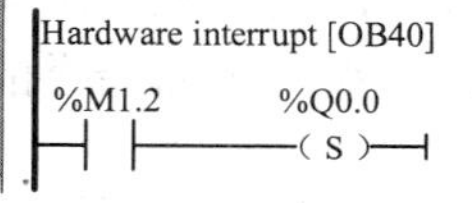

(c) OB40 控制程序

图 5-6　硬件中断的基本使用

(4) 如果需要在程序运行期间为 OB40 附加或分离指定的中断事件，可利用 ATTACH 和 DETACH 指令。附加和分离中断指令实例如图 5-7 所示。

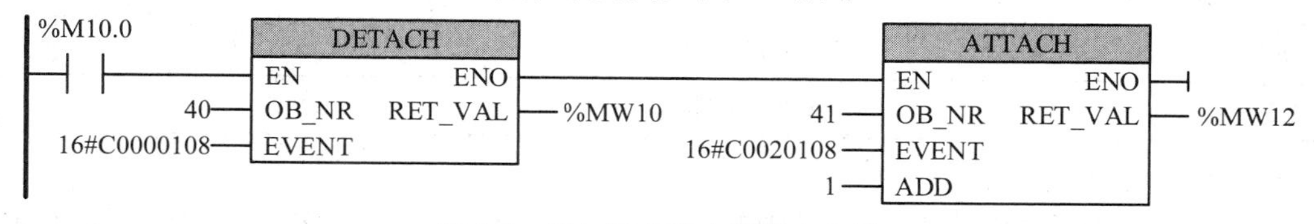

图 5-7　附加和分离中断指令实例

图 5-7 中，首先建立两个硬件中断 OB：OB40 和 OB41，在设备组态中，分别将 I0.0 上升沿中断事件和 I0.1 上升沿中断事件指定为 OB40 和 OB41。执行程序后，如果 M10.0 闭合，将 OB40 与 I0.0 上升沿中断事件(对应常数 16#C0000108)进行分离。在保留 OB41 与 I0.1 上升沿中断事件的基础上，附加 I0.2 上升沿中断事件(对应常数 16#C0020108)。

5.4.3　循环中断指令

循环中断 OB 由操作系统按照固定的周期自动循环调用，适用于模拟量采集和 PID 运算等周期性执行的场合。

S7-1200 PLC 最多支持 4 个循环中断 OB，在新建循环中断 OB 时可以设定固定的间隔扫描时间，如图 5-8(a)所示；在循环中断 OB 中编写控制程序，如图 5-8(b)所示。图 5-8 中，建立周期为 500 ms 的循环中断 OB30，则输出 Q0.0 输出为通 0.5 s、断 0.5 s 的脉冲。

(a) 新建循环中断 OB30

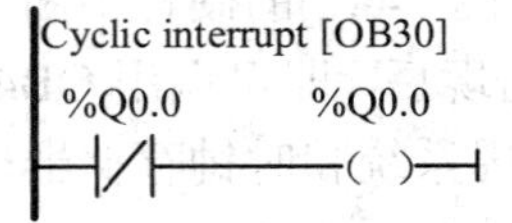

(b) OB30 控制程序

图 5-8　循环中断的基本使用

在 CPU 运行期间，可以使用设置循环中断参数指令 SET_CINT 重新设置循环中断的间隔扫描时间、相移时间；同时还可以使用查询循环中断参数指令 QRY_CINT 来查询循环中断的参数情况。

循环中断指令的参数说明如表 5-15 所示。

表 5-15　循环中断指令的参数说明

参数	数据类型	参 数 说 明
OB_NR	OB_CYCLIC	循环中断 OB 标识符，需要事先在程序块中添加循环中断 OB
CYCLE	UDInt	循环周期，单位为 ms
PHASE	UDInt	相位偏移时间，单位为 ms
STATUS	Word	循环中断的状态
RET_VAL	Int	指令执行的状态

循环中断指令使用说明：

当使用多个循环周期相同的循环中断事件时，需要设置相位偏移时间。因为同时调用的循环中断 OB 存在优先级顺序，只有在优先级高的 OB 处理完成后才会执行优先级低的 OB，低优先级 OB 执行的起始时刻会根据高优先级 OB 的处理时间而随机延迟，如果希望以固定周期来调用低优先级 OB，则低优先级 OB 需要设置相移时间，且相移时间应大于高优先级 OB 的执行时间。

除了可以利用 SET_CINT 指令修改相位偏移时间外，也可在新建循环中断 OB 后，在项目树中右键点击新建的循环中断 OB 块“属性”→“循环中断”→“相移中设置”。

循环中断的实例可参考第 7.3.5 节。

5.4.4　延迟中断指令

使用启动延时中断指令 SRT_DINT，操作系统将在达到指定延时时间后，自动调用指定的延时中断 OB。使用取消延时中断指令 CAN_DINT，操作系统将停止调用已启动或尚未启动的延时中断 OB。使用查询延时中断指令 QRY_DINT，可以查询延时中断 OB 的执行状态。S7-1200 PLC 最多可以组态 4 个延时中断事件。

延时中断指令的参数说明如表 5-16 所示。

表 5-16　延时中断指令的参数说明

参数	数据类型	参 数 说 明
OB_NR	OB_DELAY	延时中断 OB 标识符，需要事先在程序块中添加延时中断 OB
DTIME	Time	延时时间，单位为 ms
SIGN	Word	调用延时中断 OB 时的标示符，无意义但必须赋值
STATUS	Word	延时中断的状态
RET_VAL	Int	指令执行的状态

延时中断指令使用说明：

(1) 使用延时中断和循环中断的总数量不能超过 4 个。

(2) 延时时间范围为 1～60 000 ms，错误的延时时间将使 RET_VAL 报错 16#8091。

(3) 延时中断必须通过 SRT_DINT 指令设置参数，输入 EN 出现下降沿时开始计时。

(4) 多次调用延时中断 OB 时，调用时间间隔必须大于延时时间与延时中断 OB 的执行时间之和，否则会导致时间错误。

延时中断指令实例如图 5-9 所示。

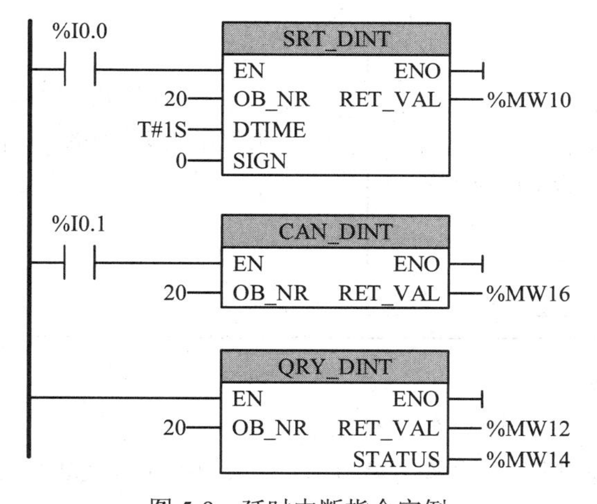

图 5-9　延时中断指令实例

图 5-9 中，首先建立延时中断 OB20，执行程序后，如果 I0.0 由 1 变为 0 时，触发启动延时中断指令，延时 1 s 后调用 OB20；如果 I0.1 由 0 变为 1 时，取消调用的 OB20。通过 QRY_DINT 指令中的 MW14 变量可以查询延时中断 OB20 的执行状态。

5.5　通 信 指 令

通信指令

通信指令包括可自动连接/断开的开放式以太网通信指令、控制通信过程的指令以及点到点指令等。使用通信指令都需要设置背景数据块。

5.5.1　可自动连接/断开的开放式以太网通信指令

可自动连接/断开的开放式以太网通信指令包括 TSEND_C 和 TRCV_C，其 LAD 形式及功能说明如表 5-17 所示。

表 5-17　可自动连接 / 断开的开放式以太网通信指令

指令	LAD	功 能 说 明
TSEND_C	TSEND_C EN — ENO REQ — DONE CONT — BUSY LEN — ERROR CONNECT — STATUS DATA ADDR COM_RST	用于设置并建立以太网通信连接、通过现有通信连接发送数据、终止通信连接
TRCV_C	TRCV_C EN — ENO EN_R — DONE CONT — BUSY LEN — ERROR ADHOC — STATUS CONNECT — RCVD_LEN DATA ADDR COM_RST	用于设置并建立以太网通信连接、通过现有通信连接接收数据、终止通信连接

1. TSEND_C 指令

TSEND_C 是异步指令，该指令具有以下功能：

(1) 使用 TSEND_C 指令可设置并建立 TCP 或 ISO-on-TCP 以太网通信连接。设置并建立连接后，CPU 会自动保持和监视该连接。参数 CONNECT 中指定的连接描述用于设置通信连接。要建立连接，输入端 CONT 必须设置为 1。连接成功建立后，输出端 DONE 在一个周期内为 1。若 CPU 转到 STOP 模式，将终止现有连接并删除所设置的相应连接，必须再次执行 TSEND_C，才能重新设置并建立该连接。

(2) 通过现有通信连接发送数据。通过输入端 DATA 指定要发送的区域，包括要发送数据的地址和长度。输入端 REQ 出现上升沿时执行发送数据，输入端 LEN 指定发送数据的最大字节数，发送完成前不允许编辑要发送的数据。如果发送数据成功执行，则输出端 DONE 为 1。注意：DONE 为 1 时并不能确认通信伙伴已读取所发送的数据。

(3) 终止通信连接。输入端 CONT 设置为 0 时，将终止通信连接。

2. TRCV_C 指令

TRCV_C 是异步指令，该指令具有以下功能：

(1) 使用 TRCV_C 指令可设置并建立 TCP 或 ISO-on-TCP 以太网通信连接。设置并建立连接后，CPU 会自动保持和监视该连接。参数 CONNECT 中指定的连接描述用于设置通信连接。要建立连接，输入端 CONT 必须设置为 1。连接成功建立后，输出端 DONE 在一个周期内为 1。若 CPU 转到 STOP 模式，将终止现有连接并删除所设置的相应连接。必须再次执行 TRCV_C，才能重新设置并建立该连接。

(2) 通过现有通信连接接收数据。如果输入端 EN_R 为 1，则启用数据接收，接收到的数据将输入到接收区中。根据所用的协议选项，通过输入端 LEN 指定接收区长度(如果 LEN≠0)，或通过输入端 DATA 的长度信息来指定(如果 LEN=0)。成功接收数据后，输出端 DONE 为 1。如果数据传送过程中出错，输出端 DONE 为 0。

(3) 终止通信连接。输入端 CONT 设置为 0 时，将终止通信连接。

5.5.2 控制通信过程的指令

控制通信过程的指令如表 5-18 所示。

表 5-18　控制通信过程的指令

指令	LAD	功 能 说 明
TCON	TCON EN　ENO REQ　DONE ID　BUSY CONNECT　ERROR STATUS	使用 TCON 指令可设置并建立通信连接。设置并建立连接后，CPU 会自动保持和监视该连接。TCON 是异步指令，使用参数 CONNECT 和 ID 指定的连接数据来设置通信连接。要建立该连接，必须在参数 REQ 中检测到上升沿。如果成功建立连接，参数 DONE 将设置为 1
TDISCON	TDICON EN　ENO REQ　DONE ID　BUSY ERROR STATUS	使用 TDISCON 指令可终止通信连接。参数 REQ 出现上升沿时，启动终止通信连接。参数 ID 指定要终止的通信连接。TDISCON 是异步指令，执行该指令后，为 TCON 指定的 ID 不再有效，即不能再用于发送或接收
TSEND	TSEND EN　ENO REQ　DONE ID　BUSY LEN　ERROR DATA　STATUS	使用 TSEND 指令可通过已有的通信连接发送数据。其参数与 TSEND_C 的参数意义相同，但 TSEND 指令不需要新建通信连接

续表

指令	LAD	功 能 说 明
TRCV	TRCV EN　ENO EN_R　NDR ID　BUSY LEN　ERROR DATA　STATUS RCVD_LEN	使用 TRCV 指令可通过已有的通信连接接收数据。其参数与 TRCV_C 的参数意义相同，但 TRCV 指令不需要新建通信连接
TUSEND	TUSEND EN　ENO REQ　DONE ID　BUSY LEN　ERROR DATA　STATUS ADDR	使用 TUSEND 指令可以通过 UDP 将数据发送至参数 ADDR 所寻址的远程通信伙伴。其参数与 TSEND 的参数意义相同
TURCV	TURCV EN　ENO EN_R　NDR ID　BUSY LEN　ERROR DATA　STATUS ADDR　RCVD_LEN	使用 TURCV 指令可通过 UDP 接收数据。该指令成功执行后，参数 ADDR 将会包含远程通信伙伴的地址(发送方)。其参数与 TRCV 的参数意义相同
T_CONFIG	T_CONFIG EN　ENO REQ　DONE INTERFACE　BUSY CONF_DATA　ERROR STATUS ERR_LOC	使用 T_CONFIG 指令可用于集成的 CPU PROFINET 接口或 CP/CM 接口的程控组态。使用该指令，可从用户程序更改 PROFINET 设备名称的以太网地址。同时将覆盖现有组态数据

5.5.3　点对点指令

点对点指令如表 5-19 所示。

表 5-19　点对点指令

指令	LAD	功能说明
PORT_CFG	PORT_CFG: EN, REQ, PORT, PROTOCOL, BAUD, PARITY, DATABITS, STOPBITS, FLOWCTRL, XONCHAR, XOFFCHAR, WAITTME / ENO, DONE, ERROR, STATUS	使用 PORT_CFG 指令可以动态组态点对点通信端口的通信参数。硬件配置中设置了端口的初始静态组态，可通过执行 PORT_CFG 指令更改该组态。使用该指令可更改以下通信参数：奇偶校验、波特率、每个字符的位数、停止位的数目、流控制的类型和属性等。PORT_CFG 指令所做的更改不会永久存储在目标系统中
SEND_CFG	SEND_CFG: EN, REQ, PORT, RTSONDLY, RTSOFFDLY, BREAK, IDLELINE / ENO, DONE, ERROR, STATUS	使用 SEND_CFG 指令可动态组态点对点通信端口的串行传送参数。硬件配置中设置了端口的初始静态组态，可通过执行该指令更改该组态。使用该指令可更改以下传送参数：激活 RTS 到开始传送之间的时间、结束传送到激活 RTS 之间的时间、定义中断的位时间数等
RCV_CFG	RCV_CFG: EN, REQ, PORT, CONDITIONS / ENO, DONE, ERROR, STATUS	使用 RCV_CFG 指令可动态组态点对点通信端口的串行接收参数。该指令可指定接收数据的开始和结束，可以更改通信端口的初始组态，所做的更改不会永久存储在目标系统中，该指令执行后将丢弃所有等待传送的消息
SEND_PTP	SEND_PTP: EN, REQ, PORT, BUFFER, LENGTH, PTRCL / ENO, DONE, ERROR, STATUS	使用 SEND_PTP 指令可启动数据传送。该指令不执行实际的数据传送。传送缓冲区中的数据将传送到相关通信伙伴，通信伙伴来处理实际传送
RCV_PTP	RCV_PTP: EN, EN_R, PORT, BUFFER / ENO, NDR, ERROR, STATUS, LENGTH	使用 RCV_PTP 指令可启用发送消息的接收，必须单独启用每条消息。只有相关通信伙伴确认消息后，发送的数据才会传送到接收区中

续表

指令	LAD	功 能 说 明
RCV_RST	RCV_RST EN　ENO REQ　DONE PORT　ERROR STATUS	使用RCV_RST指令可删除通信伙伴的接收缓冲区
SGN_GET	SGN_GET EN　ENO REQ　NDR PORT　ERROR STATUS DTR DSR RTS CTS DCD RING	使用 SGN_GET 指令可查询 RS-232 通信模块的多个信号的当前状态
SGN_SET	SGN_SET EN　ENO REQ　DONE PORT　ERROR SIGNAL　STATUS RTS DTR DSR	使用 SGN_SET 指令可设置 RS-232 通信模块输出信号的状态

本节仅对以上通信指令做简单介绍，常用通信指令的详细介绍和实例参考第 8 章相关内容。

5.6　高速脉冲输出和高速计数器

5.6.1　高速脉冲输出

S7-1200 PLC 可以通过特定的数字量输出端子、输出高速脉冲序列，用于驱动伺服电机等设备以实现精确控制，该方式被广泛应用于运动控制系统中。高速脉冲输出主要有两种方式：PWM(宽度可调的脉冲输出)和 PTO(脉冲序列输出)。PWM 可以提供一串周期固定、脉宽(占空比)可调的脉冲输出；PTO 可以提供一串占空比固定为 50%、周期可调的脉冲输出，PTO 可由运动控制指令来实现。可将每个脉冲发生器指定为 PWM 或 PTO，但不能同时指定为 PWM 和 PTO。

高速脉冲输出和高速计数器

每个 CPU 最多可组态 4 路 PTO/PWM 发生器，可使用 CPU 本机或信号板中的数字量输出端子输出 PTO 或 PWM 脉冲。PTO/PWM 默认组态的输出地址如表 5-20 所示，实际地址可以根据需要进行修改。PTO 输出占用 2 个输出点(脉冲和方向)；PWM 脉冲占用 1 个输出点(脉冲)，另一个未用的输出点可用作其他功能。被组态为 PTO/PWM 的输出点不能再作为普通端子使用。

表 5-20　PTO/PWM 的默认输出点分配

描述	位置	脉冲	方向	描述	位置	脉冲	方向
PTO1	CPU	Q0.0	Q0.1	PTO3	CPU	Q0.4	Q0.5
	SB	Q4.0	Q4.1		SB	Q4.0	Q4.1
PWM1	CPU	Q0.0	—	PWM3	CPU	Q0.4	—
	SB	Q4.0	—		SB	Q4.1	—
PTO2	CPU	Q0.2	Q0.3	PTO4	CPU	Q0.6	Q0.7
	SB	Q4.2	Q4.3		SB	Q4.2	Q4.3
PWM2	CPU	Q0.2	—	PWM4	CPU	Q0.6	—
	SB	Q4.2	—		SB	Q4.3	—

高速脉冲指令的 LAD 形式及功能说明如表 5-21 所示。

表 5-21　高速脉冲输出指令

指令	LAD	功 能 说 明
脉宽调制 CTRL_PWM	CTRL_PWM EN　ENO PWM　BUSY ENABLE　STATUS	对应组态的硬件通道，控制 PWM 输出，并反馈脉冲输出状态
脉冲序列 CTRL_PTO	CTRL_PTO EN　ENO REQ　DONE PTO　BUSY FREQUE　ERROR STATUS	对应组态的硬件通道，以预定频率输出脉冲序列，并反馈脉冲输出状态

1. 高速脉冲输出的组态

使用高速脉冲输出功能时，首先需要对 PTO/PWM 进行设备组态。勾选“启用该脉冲发生器”，选择修改名称、信号类型(PTO 或 PWM)、输出源(所集成 CPU 输出或信号板输出)、时基(毫秒或微秒)、循环时间、初始脉冲宽度、脉冲输出点等信息。组态完成的脉冲发生器，可用作 CTRL_PWM 指令的 PWM 参数或 CTRL_PTO 指令的 PTO 参数。

注意：脉冲发生器的输出脉冲受到最大频率的限制，对于 CPU 本机中的数字量输出为 100 kHz．对于信号板的数字量输出为 20 kHz。但是当组态的最大脉冲频率超出此硬件限制时，TIA 软件并不提醒用户，这可能导致应用出现问题，因此应始终确保不会超出硬件的最大脉冲频率。

高速脉冲输出功能在使用时，需要修改的参数如下：

(1) 脉冲发生器信号类型：PTO 或 PWM。

(2) 输出源：CPU 本机或信号板。

(3) 时基：毫秒或微秒。

(4) 脉冲宽度格式：百分数(0～100)、千分数(0～1000)、万分数(0～10 000)、S7 模拟格式(0～27 648)。

(5) 循环时间：输入循环时间值，该值只能在设备组态中更改。

(6) 初始脉冲宽度：输入初始脉冲宽度值，可在运行期间更改脉冲宽度值。

2. PWM 的输出地址

组态为 PWM 输出时，需要定义输出地址，包括起始地址和结束地址。CPU 每次由 STOP 进入 RUN 模式时，将组态的初始脉冲宽度写入到该 Q 字地址中，以更改脉冲宽度。在运行期间更改该字地址会引起脉冲宽度的变化。对于 PWM1～PWM4，默认的输出地址分别为 QW1000、QW1002、QW1004 及 QW1006。CTRL_PWM 指令的参数说明如表 5-22 所示。

表 5-22　CTRL_PWM 指令的参数说明

参数	参数类型	数据类型	参 数 说 明
PWM	IN	HW_PWM	PWM 标识符，输入为已启用的 PWM 输出的名称
Enable	IN	Bool	使能端，1 表示启动 PWM 输出；0 表示停止 PWM 输出
Busy	OUT	Bool	处理状态，1 表示功能忙
Status	OUT	Word	指令状态，0 表示无错误

3. 操作

以 CTRL_PWM 指令为例进行讲解操作过程。CTRL_PWM 使用背景数据块来存储参数信息，在程序编辑器中放置 CTRL_PWM 指令时，将自动分配背景 DB。数据块参数不是由用户单独更改的，而是由 CTRL_PWM 指令进行控制的。

PLC 第一次进入 RUN 模式时，脉冲宽度将设置为在设备组态中的初始值。根据需要将该值写入到设备组态中指定输出的 Q 字地址中，用以更改脉冲宽度。可以使用指令(如移动、转换、数学)或 PID 功能框将所需脉冲宽度写入相应的 Q 字地址，必须使用有效的数值范围(百分数、千分数、万分数或 S7 模拟格式)。

将组态完成的 PWM 发生器的名称输入至 CTRL_PWM 指令的输入端 PWM，指定需要调用的 PWM 发生器。输入端 EN 为 1 时，PWM_CTRL 指令根据输入端 ENABLE 的值启动或停止所指定的 PWM。

5.6.2　高速计数器

实际控制系统中，经常会遇到需要检测外部高频脉冲信号的场合，例如计算电机转速等。S7-1200 PLC 中，普通计数器的计数过程与扫描工作方式有关，CPU 通过每一个扫描周期读取一次被测信号的方法来捕捉被测信号的上升沿，普通计数器的最高计数频率一般仅为几十赫兹，当被测信号的频率较高时将会丢失计数脉冲，因此普通计数器受限于扫描周期的影响，无法测量频率较高的脉冲信号。而高速计数器(HSC)可以对普通计数器无能为力的高速事件进行计数。高速计数器指令的LAD形式及功能说明如表 5-23 所示。

表 5-23　高速计数器指令

指令	LAD	功 能 说 明
高速计数器 CTRL_HSC	CTRL_HSC EN　ENO HSC　BUSY DIR　STATUS CV RV PERIOD NEW_DIR NEW_CV NEW_RV NEW_PERIOD	实现 HSC 的控制和修改 HSC 的相关参数，使用背景数据块 DB 存储结构化的计数器数据
扩展高速计数器 CTRL_HSC_EXT	CTRL_HSC_EXT EN　ENO HSC　DONE CTRL　BUSY ERROR STATUS	扩展高速计数器指令支持周期测量，可以测量固定间隔时间内的脉冲数

1. 高速计数器使用的输入点

S7-1200 PLC 提供了最多 6 个高速计数器(HSC1～HSC6)，它们不受 CPU 扫描方式的影响，可实现对高速脉冲的计数。不同型号 CPU 中的高速计数器在单相、双相和 A/B 相输入时默认的数字量输入点不同，各输入点在不同计数模式下的最高计数频率也不同，可测量的单相脉冲频率最高为 100 kHz，双相或 A/B 相频率最高为 80 kHz。

HSC1～HSC6 的实际计数值的数据类型为 DInt，默认的地址为 ID1000～ID1020，可以在组态时修改地址。高速计数器可用于连接增量型旋转编码器，通过对硬件组态和调用相关指令块来使用此功能。

2. 高速计数器的工作模式

S7-1200 PLC 中，高速计数器定义的工作模式有 5 种：单相计数器，外部方向控制；单相计数器，内部方向控制；双相增 / 减计数器，双脉冲输入；A/B 相正交脉冲输入；监控 PTO 输出。

高速计数器的工作模式和硬件输入点如表 5-24 所示。

表 5-24　高速计数器的工作模式和硬件输入点

描　述			输入点			功能
HSC	HSC1	使用 CPU 本机 使用信号板 使用监视 PTO0 脉冲	I0.0 I4.0 PTO0	I0.1 I4.1 监视 PTO0 方向	I0.3	
	HSC2	使用 CPU 本机 使用信号板 使用监视 PTO1 脉冲	I0.2 监视 PTO 1	I0.3 监视 PTO 1 方向	I0.1	

续表

描　述			输入点			功能
HSC	HSC3	使用 CPU 本机	I0.4	I0.5	I0.7	
	HSC4	使用 CPU 本机	I0.6	I0.7	I0.5	
	HSC5	使用 CPU 本机	I1.0	I1.1	I1.2	
		使用信号板	I1.4	I4.1		
	HSC6	使用 CPU 本机	I1.3	I1.4	I1.5	
模式	单相计数，内部方向控制		计数脉冲		复位	计数或测频
	单相计数，外部方向控制		计数脉冲	方向	复位	计数或测频
	双相计数，两路时钟输入		加计数脉冲	减计数脉冲	复位	计数或测频
	A/B 相正交计数		A 相脉冲	B 相脉冲	Z 相脉冲	计数或测频
	监视 PTO 输出		计数脉冲	方向		计数

注：高速计数器功能的硬件指标，请以最新的系统手册为准。

每种高速计数器都有外部复位和内部复位两种工作状态。所有的高速计数器无需启动条件设置，设备组态完成后下载到 CPU 中即可启动高速计数器。在 A/B 相正交计数模式下可选择 1× (1 倍)和 4× (4 倍)模式。高速计数器支持的外部输入脉冲为 DC24V，目前不支持 DC5V 的脉冲输入。

并非所有的 CPU 都可以使用 6 个高速计数器，如 1211C 只有 6 个集成输入点，所以最多只能支持 4 个(使用信号板的情况下)高速计数器。

由于不同计数器在不同的模式下、同一个物理点会有不同的定义。在使用多个计数器时需要注意，不是所有计数器可以同时定义为任意工作模式。高速计数器的输入点与普通数字量输入点使用相同的地址，当某个输入点已定义为高速计数器的输入点时，就不能再应用于其他功能，但在某个模式下，没有用到的输入点还可以用于其他功能的输入。

监视 PTO 输出的模式只有 HSC1 和 HSC2 支持。使用此模式时，不需要外部接线，CPU 在内部已做了硬件连接，可直接检测通过 PTO 功能所发出的脉冲。

3. 频率测量功能

S7-1200 PLC 除了提供计数功能外，还提供了频率测量功能，它有 3 种不同的频率测量周期：1.0 s、0.1 s 和 0.01 s。频率测量周期是计算并返回新的频率值的时间间隔。频率测量周期决定了多长时间计算和报告一次新的频率值。返回的频率值为上一个测量周期中所有测量值的平均值，无论测量周期如何选择，测量出的频率值总是以 Hz(每秒脉冲数)为单位。

4. 高速计数器应用实例

在实际生产过程中需要测量机械的转动速度，可用接近开关或编码器对机械运行速度进行测量。

【例 5-2】 任务要求：利用安装在电机轴端的编码器，测量并计算电机实际转速。

(1) 任务分析。

① 选用的编码器分辨率为 1024 脉冲/转，采用四倍频。

② 要求将编码器信号 A 相脉冲和 B 相脉冲接入到高速计数脉冲输入端口。

③ 配置高速计数器参数。

④ 用循环中断程序计算测量的脉冲数，计算得到电机的旋转速度。

(2) I/O 分配表。

通过对上述任务分析可知，本系统的开关量 I/O 点为编码器 A 相脉冲和 B 相脉冲输入信号，具体 I/O 分配如表 5-25 所示。

表 5-25　速度测量 I/O 分配表

输入	说　明
I0.0	编码器信号 A
I0.1	编码器信号 B

(3) 组态高速计数器。

① 项目树中，双击“设备组态”，点击 PLC“属性”，在常规中选择“HSC1”，勾选“启用该高速计数器”，如图 5-10 所示。

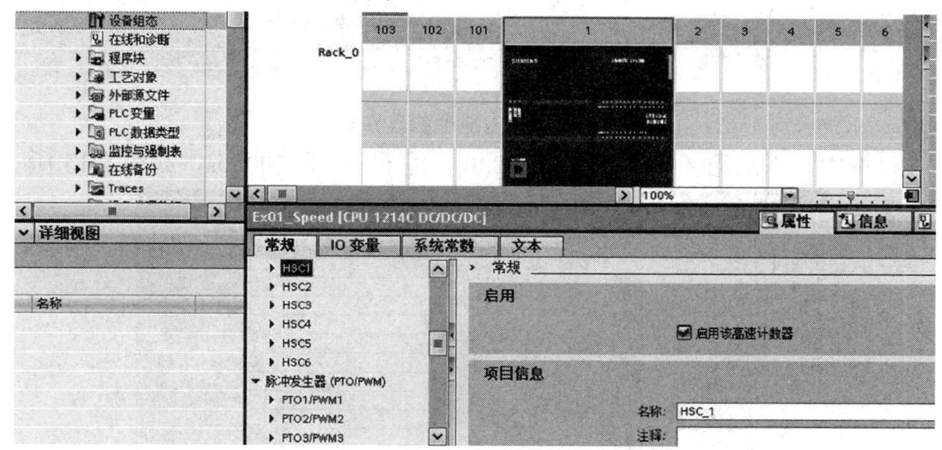

图 5-10　启用高速计数器

② 在功能参数中设置参数：“计数类型”选择为“计数”，“工作模式”选择为“AB 计数器四倍频”，“初始计数方向”选择为“加计数”，如图 5-11 所示。

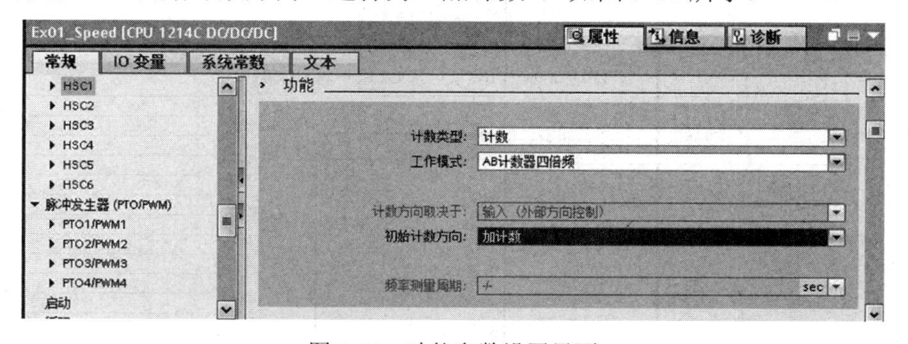

图 5-11　功能参数设置界面

③ 在硬件输入中设置参数：“时钟发生器 A 的输入”选择为“I0.0”，“时钟发生器 B 的输入”为“I0.1”，如图 5-12 所示。

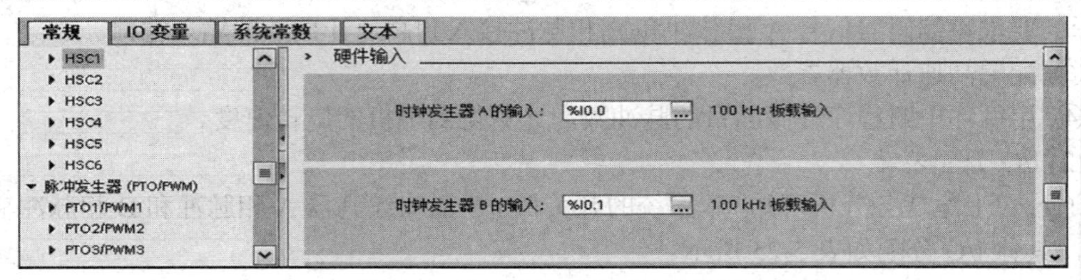

图 5-12　硬件输入参数设置界面

④ 在输入地址中设置参数：设置计数器存储地址的起始地址为 IB1000，结束地址为 IB1003，即读取的计数器值存放在 ID1000 中，如图 5-13 所示。

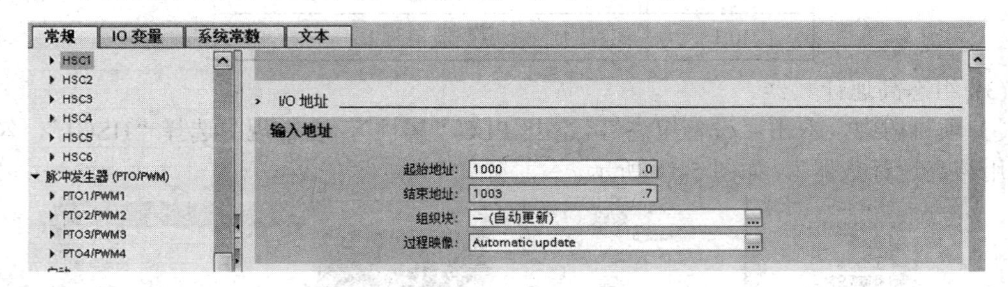

图 5-13　输入地址参数界面

⑤ 项目树中，添加循环中断组织块 OB30，循环时间为 100 ms，如图 5-14 所示。

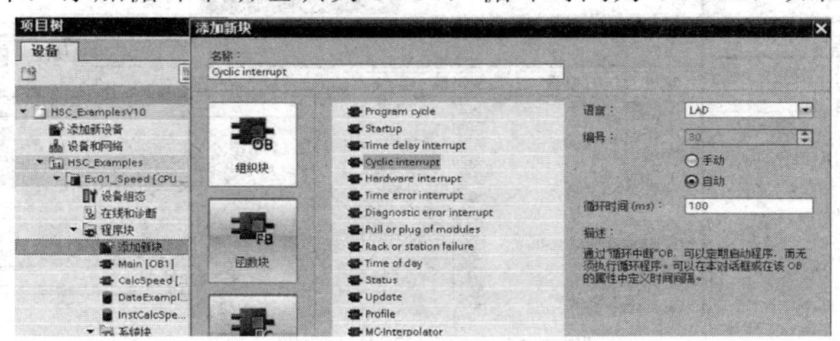

图 5-14　新建循环中断 OB30 界面

⑥ 在 OB30 程序块中添加程序，如图 5-15 所示。

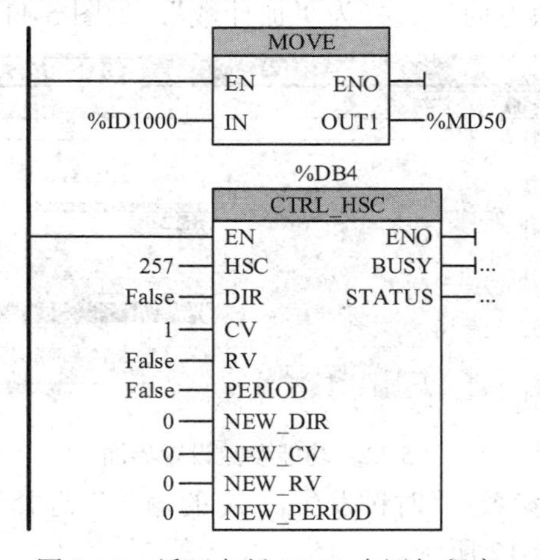

图 5-15　循环中断 OB30 中添加程序

图 5-15 中，OB30 每 100 ms 自动调用一次。首先读取 100 ms 内高速计数器的计数当前值(ID1000)并存放在 MD50 中；然后调用高速计数器指令 CTRL_HSC，将输入端中的 CV 设置为 1、NEW_CV 设置为 0，用来对高速计数器当前值清零，为下一个 100 ms 周期重新计数做好准备。

⑦ 计算电机转速。

在主程序 OB1 或循环中断 OB30 中，编写电机转速计算程序，如图 5-16 所示。利用 M 法测速公式计算电机转速，实际转速数值为(MD50×4×60)/(1024×0.1)。

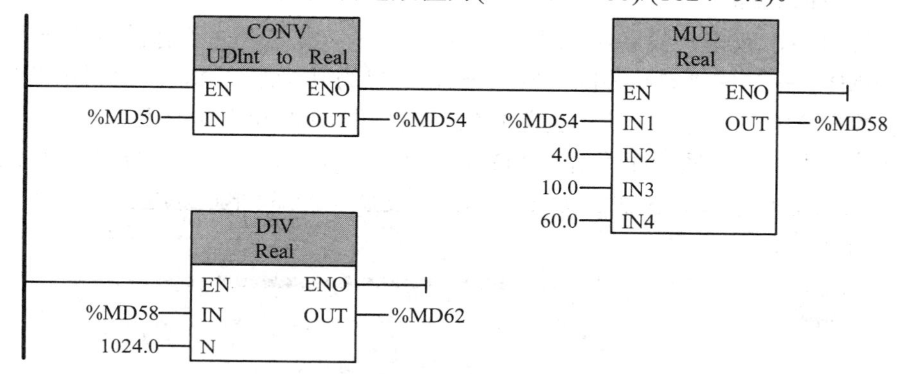

图 5-16 电机转速计算程序

图 5-16 中，将 MD50 中的计数值转换为实数，然后通过 M 法计算公式计算出实际转速并存放在 MD62 中。

5.7 运动控制

S7-1200 PLC 采用轴的概念进行运动控制，通过对轴参数的组态(硬件接口、驱动器信号、机械特性、位置限制及动态参数等)，并与对应的标准指令配合使用，可以实现绝对位置、相对位置、点动、转速控制及自动寻找参考点等功能。

运动控制

S7-1200 PLC 将脉冲和方向信号输出至伺服驱动器，伺服驱动器再将从 CPU 输入的给定值经过闭环处理后输出至伺服电动机，控制伺服电动机加/减速和移动到指定位置。伺服电动机的轴编码器信号输入至伺服驱动器形成闭环控制，用于计算速度与当前值，而 S7-1200 内部的高速计数器则测量 CPU 上的脉冲输出，计算转速与位置，但该数值并不是电机轴编码器所反馈的实际速度和位置。S7-1200 PLC 提供了运行中修改速度和位置的功能，可以使运动控制系统在停止的情况下，实时改变目标速度与位置。

5.7.1 运动控制组态

S7-1200 PLC 运动控制根据连接驱动方式不同，分成以下三种控制方式：

(1) PROFIdrive：S7-1200 PLC 通过基于 PROFIBUS/PROFINET 的 PROFIdrive 方式与支持 PROFIdrive 的驱动器连接，进行运动控制。

(2) PTO：S7-1200 PLC 通过发送 PTO 脉冲的方式控制驱动器，可以是脉冲+方向与 A/B 相正交方式，也可以是正/反脉冲的方式。

(3) 模拟量：S7-1200 PLC 通过输出模拟量来控制驱动器。

PTO 是目前所有版本的 S7-1200 CPU 都支持的控制方式，该方式属于开环控制，由 CPU 向轴驱动器发送高速脉冲以及方向信号来控制轴的运行。以下主要介绍 PTO 控制方式下的组态过程。

1. 启用脉冲发生器

(1) 项目树中，双击“设备组态”→“属性”→“常规”→“脉冲发生器”→选中“PTO1/PWM1”→勾选“启动该脉冲发生器”，可以为其修改名称，也可采用默认名称。

(2) 参数分配中，选择信号类型为常见的“PTO(脉冲 A 和方向 B)”。

(3) 硬件输出中，选择脉冲输出为“Q0.0”，启用方向输出，方向输出为“Q0.1”。

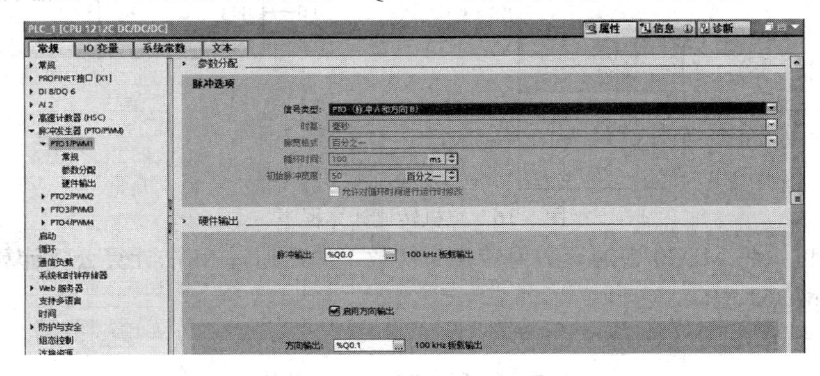

图 5-17　启用脉冲发生器界面

2. 添加轴工艺对象

项目树中，点击“工艺对象”→“插入新对象”→“运动控制”→“TO_PositioningAxis”，名称和背景 DB 编号可以选择为默认，点击确认即可添加一个轴工艺对象，如图 5-18 所示。

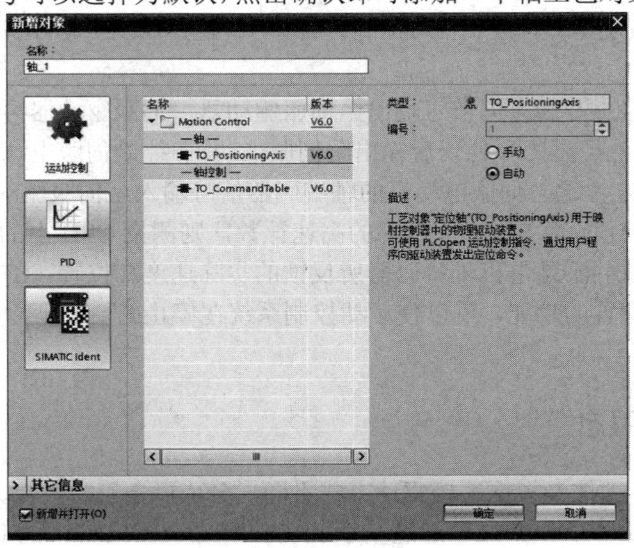

图 5-18　添加轴工艺界面

3. 组态轴工艺对象

(1) 常规参数中，轴名称可根据需要修改；驱动器选择为 PTO；测量单位可选择为 3 种类型：脉冲、角度和距离(毫米 mm、米 m、英寸 in 和英尺 ft)。注意：测量单位是很重要的参数，后续轴的参数和相应指令的参数都需要基于该单位进行设定。如果是线性工作台，一般都选择线性距离类型；如果是旋转工作台，可以选择角度类型。任何情况下，可直接选择脉冲类型，如图 5-19 所示。

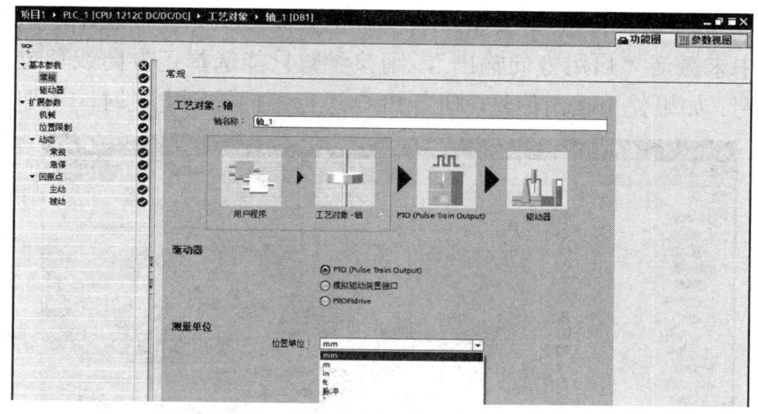

图 5-19　常规参数组态界面

(2) 驱动器界面用来对脉冲输出点等参数进行配置，如图 5-20 所示。

① 脉冲发生器选择为图 5-17 中启用的脉冲发生器 PTO，信号类型、脉冲输出和方向输出等参数自动更新为图 5-17 中设置的参数，如需修改，也可点击设备组态返回修改。

② 使能输出参数用于为外部步进或伺服驱动器提供一个通电的使能信号，可以组态一个 DO 点作为外部驱动器的使能信号，也可以不配置。

③ 就绪输入参数用于接收驱动器准备就绪信号，可以组态一个 DI 点作为输入 PLC 的就绪信号，如果外部驱动器不包含此类型的接口，可以直接将该参数设置为 TRUE。

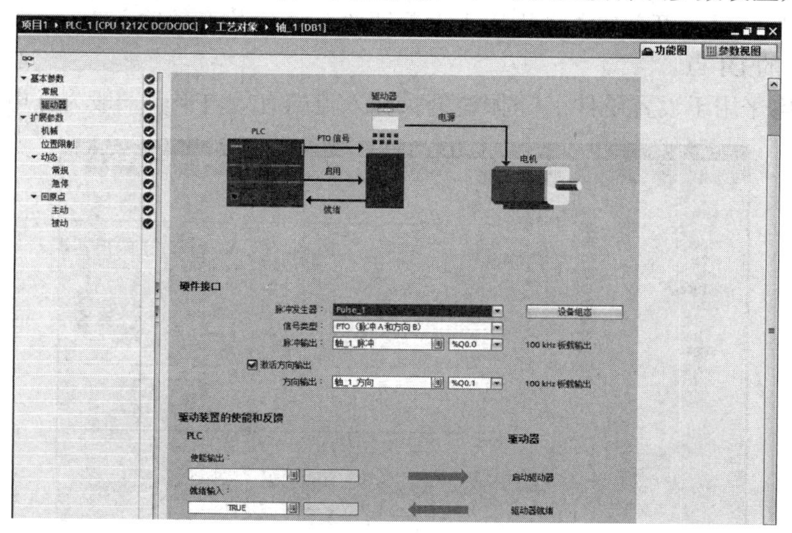

图 5-20　驱动器参数组态界面

(3) 机械参数用来设置轴脉冲数与轴移动距离参数的对应关系，如图 5-21 所示。

① 电机每转的脉冲数是很重要的参数，表示电机旋转一圈需要接收多少个脉冲，该参数需要根据被控电机的实际参数进行设置。

② 电机每转的负载位移也是重要参数，表示电机每旋转一圈对应机械装置移动的距离。如直线工作台，电机每转一圈，机械装置前进 1 mm，则该参数应设置为 1.0 mm。注意：如果在常规参数中设置测量单位为脉冲，则该参数单位将变为脉冲，表示的是电机每转的脉冲个数，此时该参数与①相同。

③ 所允许的旋转方向有 3 种类型：双向、正方向和负方向，表示电机允许的旋转方向。若图 5-17 中未激活“启用方向输出”，则该参数只能选择正方向或负方向。

④ 反向信号：如果使用反向信号，则当 PLC 进行正向控制电机时，电机实际反向旋转。

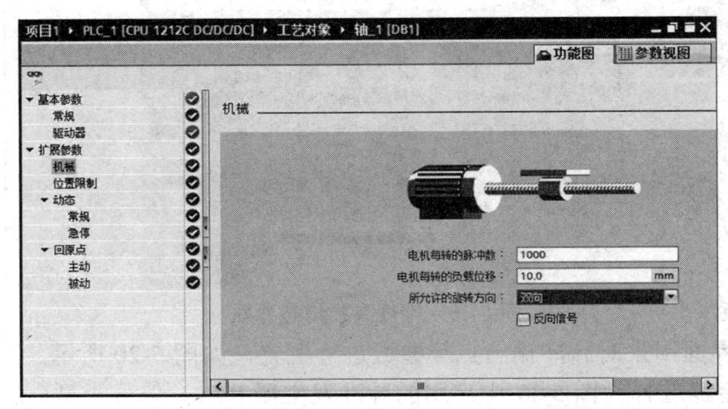

图 5-21　机械参数组态界面

(4) 位置限制参数用来设置软件和硬件限位开关，进而保证轴在工作台的有效范围内运行，当轴超过了限位开关(无论是软限位还是硬限位)，轴均停止运行并报错。软件限位的范围应小于硬件限位，硬件限位的位置应在工作台有效的机械范围之内，如图 5-22 所示。

① 启动硬限位和软限位开关分别用于激活硬件和软件限位功能。

② 硬件上/下限位开关输入分别用于设置硬件上/下限位开关输入点，可以是 CPU 本机或信号板上的 DI 点。

③ 选择电平用于设置硬件上/下限位开关输入点的有效电平，一般为低电平有效。

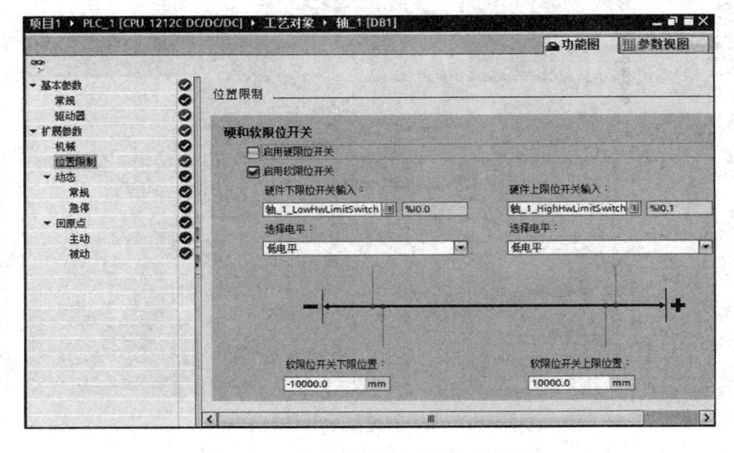

图 5-22　位置限制参数组态界面

④ 软限位开关上/下限位置用于设置软件位置点，其单位由图 5-19 中的位置单位决定。

注意：位置限制需要根据实际情况来设置，该组参数不是必须使用的。

(5) 动态参数包括常规和急停两部分，常规参数用来设置转速限值、启停速度、加减速度和加减速时间等参数。急停参数用于设置轴需要急停(轴出现错误或使用 MC_Power 指令禁用轴)时的参数。以下①～⑧为常规部分的参数配置，⑨～⑩为急停部分的参数配置。动态参数组态界面如图 5-23 所示。

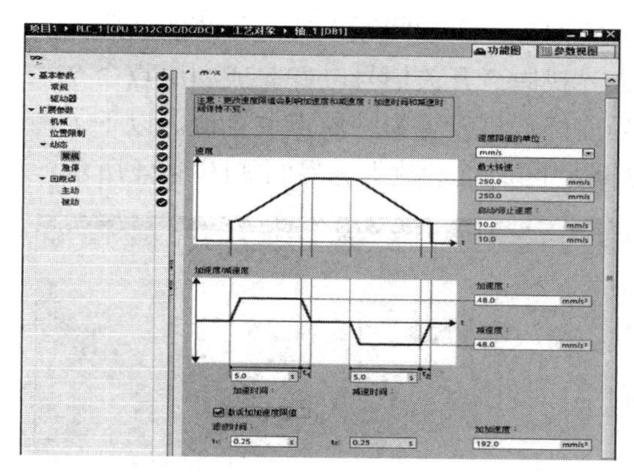

(a) 常规参数组态界面

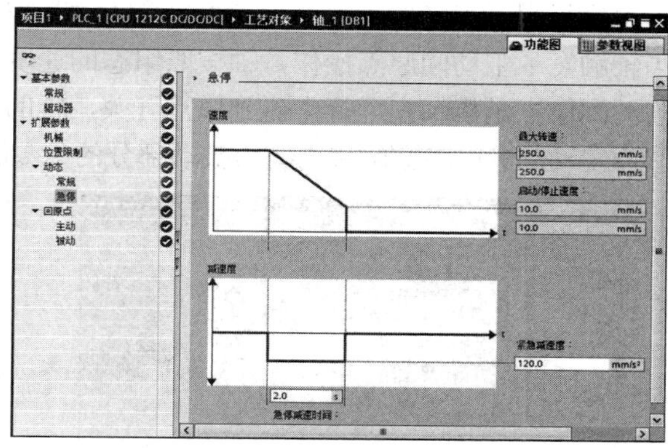

(b) 急停参数组态界面

图 5-23　动态参数组态界面

① 速度限值的单位用于设置后续速度的单位，该单位应与图 5-19 中设置的位置单位对应，如图 5-19 中设置的位置单位为 mm，这里则应选择为 mm/s。

② 最大转速是一个重要参数，用来设定电机的最大转速。最大转速由 PTO 输出最大频率和电机允许的最大速度共同限制，计算公式为

$$最大转速=\frac{\text{PTO输出最大频率}\times 电机每转的负载位移}{电机每转的脉冲数}$$

③ 启动/停止速度应根据电机的实际启动/停止速度来设置。

④ 加速度和减速度应根据电机和实际控制要求来设置。

⑤ 加速时间和减速时间。如果预先设定了加速度和减速度，则加速时间和减速时间由软件自动计算；也可以先设定加速时间和减速时间，这样加速度和减速度由软件自动计算。加速时间的计算公式为

$$加速时间=\frac{最大速度-启动/停止速度}{加速度}$$

⑥ 激活加加速限值可以降低在加、减速斜坡运行时施加到机械负载上的应力，此时不会突然停止轴加速和轴减速，而是根据设置的步进或平滑时间逐渐调整。

⑦ 滤波时间在激活加加速限值后有效，该参数由软件自动计算。也可以先设定滤波时间，这样加加速度由软件自动计算。t_1 和 t_2 分别为加速斜坡和减速斜坡的平滑时间，取值相同。

⑧ 加加速度用于保证轴加、减速曲线衔接处变得平滑。

⑨ 最大转速、启动/停止速度应分别与图 5-23(a)中的“最大转速”“启动/停止速度”参数相同。紧急减速度用于设置急停速度。

⑩ 急停减速时间。如果先设定了紧急减速度，则该时间由软件自动计算；也可以先设定急停减速时间，这样紧急减速度由软件自动计算。急停减速时间计算公式为

$$急停减速时间=\frac{最大速度-启动/停止速度}{紧急减速度}$$

(6) 原点(参考点)的作用是把轴的实际机械位置和 S7-1200 PLC 程序中轴的位置坐标进行统一，以进行绝对位置定位。一般情况下，西门子 PLC 的运动控制在使能绝对位置定位之前必须执行回原点操作。回原点参数包含主动和被动两部分，主动回原点就是传统的回原点，当轴触发了主动回原点操作，轴按照组态的速度去寻找原点开关信号，并完成回原点命令；被动回原点是指轴在运行中碰到原点开关，轴的当前位置将设置为回原点位置值。以下①～⑨为主动部分的参数配置，⑩为被动部分的参数配置，回原点参数组态界面如图 5-24 所示。

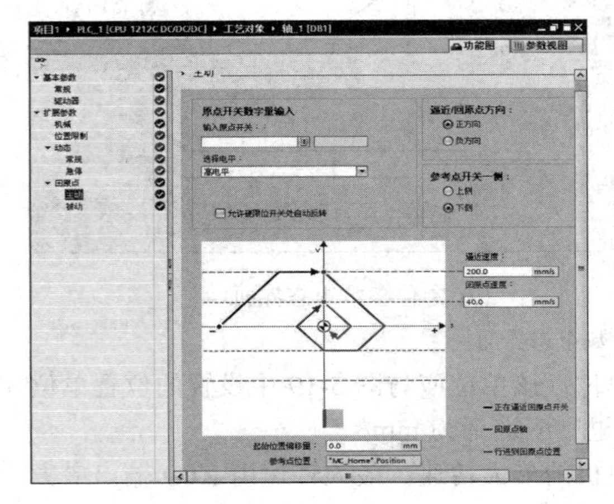

(a) 主动回原点组态界面　　　　(b) 被动回原点组态界面

图 5-24　回原点参数组态界面

① 输入原点开关用于设置原点开关的 DI 输入点。

② 选择电平用于选择原点开关的有效电平，即当轴碰到原点开关时，该原点开关对应的 DI 点是高电平还是低电平。

③ 允许硬件限位开关处自动反转用于反向寻找原点，即如果轴在回原点的一个方向上没有碰到原点，则轴自动调头，向反方向寻找原点。

④ 逼近/回原点方向用于选择是采用正方向还是负方向开始寻找原点。

⑤ 参考点开关一侧用于指定轴最终停止的位置。选择上侧，轴完成回原点后，以轴的左边沿停在原点开关右侧边沿；选择下侧，轴完成回原点后，以轴的右边沿停在原点开关左侧边沿。

⑥ 逼近速度用于设定寻找原点开关的起始速度，当触发 MC_Home 指令后，轴立即以逼近速度运行来寻找原点开关。

⑦ 参考速度用于设定最终接近原点开关的速度，当轴碰到原点开关的有效边沿后，轴从逼近速度切换到参考速度来最终完成原点定位。参考速度要小于逼近速度，不宜过大。

⑧ 起始位置偏移量：该值不为零时，轴会在距离原点开关一段距离(即偏移量)处停下来，把该位置标记为原点位置值；该值为零时，轴会停在原点开关的有效边沿处。

⑨ 参考点位置就是⑧中的原点位置值。

⑩ 输入原点开关与①中的意义相同，选择电平与②中的意义相同，参考点开关一侧与⑤中的意义相同，参考点位置是 MC_Home 指令中输入端 Position 对应的数值。

5.7.2 运动控制指令

运动控制指令使用相关工艺数据块和 CPU 的专用 PTO 来控制轴上的运动。所有运动控制指令都需要指定背景数据块。运动控制指令的 LAD 形式及功能说明如表 5-26 所示。

表 5-26　运动控制指令

指令	LAD	功 能 说 明
MC_Power	MC_Power EN　ENO Axis　Status Enable　Busy StopMode　Error ErrorID ErrorInfo	使用 MC_Power 指令可启用和禁用运动控制轴。输入端 EN 为 1 时，根据 StopMode 中断当前所有作业，停止并禁用轴
MC_Reset	MC_Reset EN　ENO Axis　Done Execute　Busy Restart　Error ErrorID ErrorInfo	使用 MC_Reset 指令可对导致轴停止的运行错误和组态错误进行复位，任何其他的运动控制指令均无法中止 MC_Reset 指令
MC_Home	MC_Home EN　ENO Axis　Done Execute　Busy Position　CommandAborted Mode　Error ErrorID ErrorInfo	使用 MC_Home 指令可将轴坐标与实际物理驱动器位置进行匹配，按照 Mode 对应的不同模式对轴的绝对位置进行归位
MC_Halt	MC_Halt EN　ENO Axis　Done Execute　Busy CommandAborted Error ErrorID ErrorInfo	使用 MC_Halt 指令可停止所有运动并以组态的减速度停止轴
MC_MoveAbsolute	MC_MoveAbsolute EN　ENO Axis　Done Execute　Busy Position　CommandAborted Velocity　Error ErrorID ErrorInfo	使用 MC_MoveAbsolute 指令可启动轴定位运动，以将轴移动到某个绝对位置

续表

指令	LAD	功 能 说 明
MC_MoveRelative	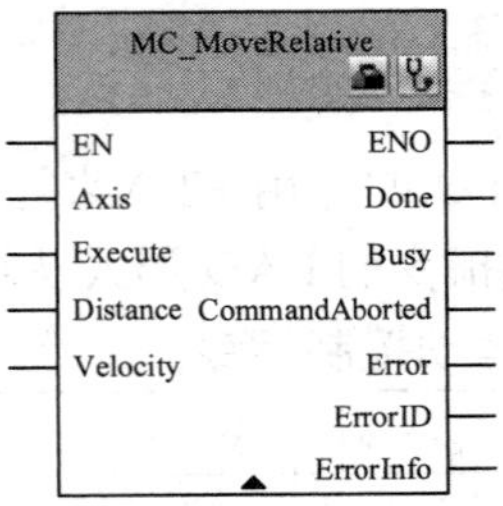 MC_MoveRelative EN　ENO Axis　Done Execute　Busy Distance　CommandAborted Velocity　Error ErrorID ErrorInfo	使用MC_MoveRelative指令可启动相对于起始位置的定位运动
MC_MoveVelocity	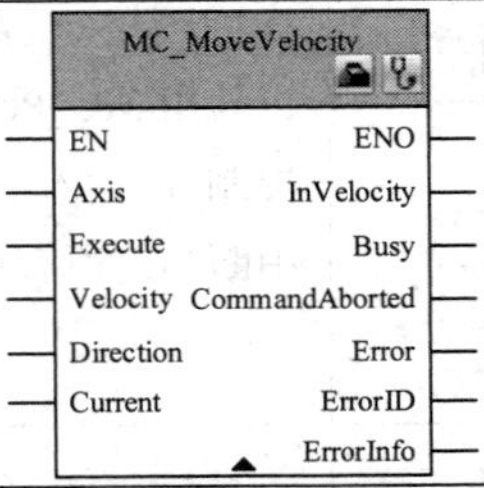 MC_MoveVelocity EN　ENO Axis　InVelocity Execute　Busy Velocity　CommandAborted Direction　Error Current　ErrorID ErrorInfo	使用MC_MoveVelocity指令可使轴以指定的速度连续移动
MC_MoveJog	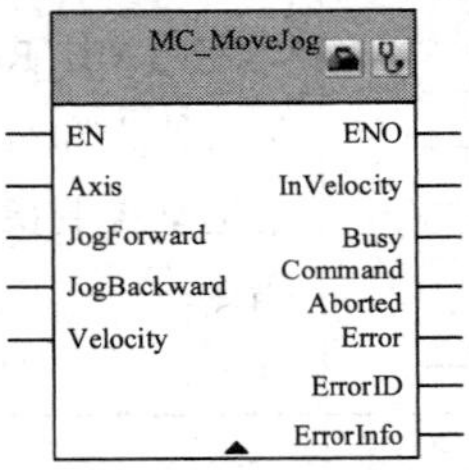 MC_MoveJog EN　ENO Axis　InVelocity JogForward　Busy JogBackward　Command Aborted Velocity　Error ErrorID ErrorInfo	使用MC_Movejog指令可在点动模式下以指定的速度连续移动轴，可利用该指令进行测试和调试
MC_CommandTable	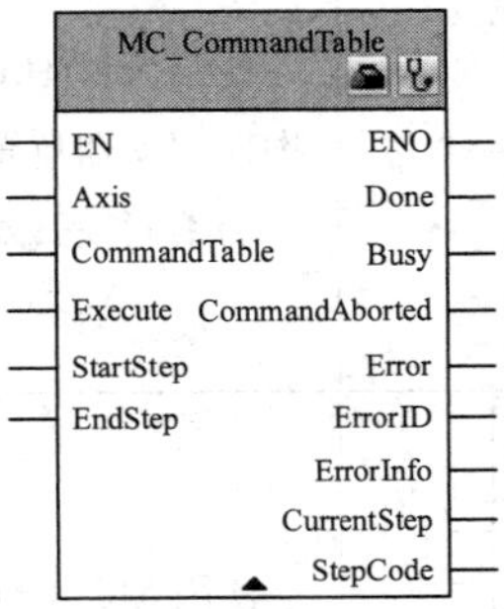 MC_CommandTable EN　ENO Axis　Done CommandTable　Busy Execute　CommandAborted StartStep　Error EndStep　ErrorID ErrorInfo CurrentStep StepCode	使用MC_CommandTable指令可将多个单独的轴控制命令组合到一个运动顺序中。该指令适用于采用通过PTO的驱动器连接的轴
MC_ChangeDynamic	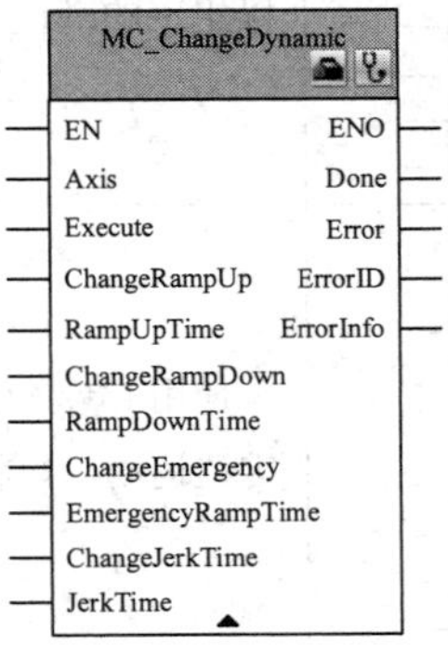 MC_ChangeDynamic EN　ENO Axis　Done Execute　Error ChangeRampUp　ErrorID RampUpTime　ErrorInfo ChangeRampDown RampDownTime ChangeEmergency EmergencyRampTime ChangeJerkTime JerkTime	使用 MC_ChangeDynamic 指令可以更改轴的以下设置：更改加速时间(加速度)值、更改减速时间(减速度)值、更改急停减速时间(急停减速度)值、更改平滑时间(冲击)值

5.8　PID 控制指令

工业过程控制系统中，往往需要控制大量的模拟量信号。保证被控变量能够快速、无静差地跟踪设定值是一个最基本的要求，要完成这样的控制任务，就需要一种性能较好的控制算法。尽管有许多控制算法能完成这样的任务，但 PID 控制一直是应用最为广泛的控制算法。PID 作为自动控制系统设计时的经典控制器，具有结构简单、稳定性好、工作可靠以及调整方便等优点，已经成为工业过程控制中的主流控制器。

PID 指令的 LAD 形式及功能说明如表 5-27 所示。

表 5-27　PID 指令

指令	LAD	功 能 说 明
通用 PID 控制器 PID_Compact	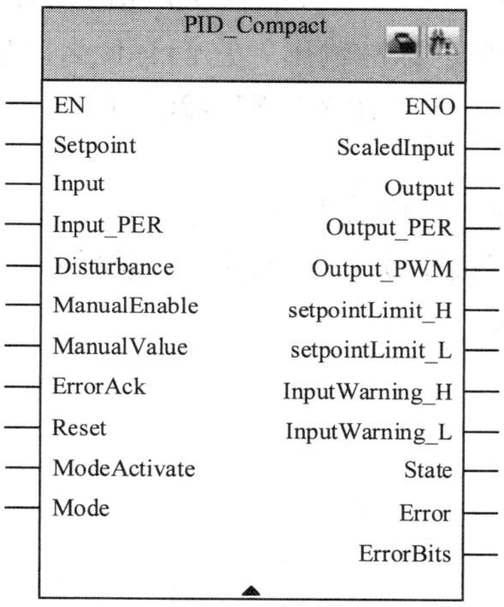 PID_Compact EN — ENO Setpoint — ScaledInput Input — Output Input_PER — Output_PER Disturbance — Output_PWM ManualEnable — setpointLimit_H ManualValue — setpointLimit_L ErrorAck — InputWarning_H Reset — InputWarning_L ModeActivate — State Mode — Error ErrorBits	采集控制回路中测量到的过程值，并与给定值进行比较，将比较得到的偏差经过 PID 运算后得到输出值，并将该输出值通过 D/A 模块输出至后续执行元件
集成阀门调节功能的 PID 控制器 PID_3Step	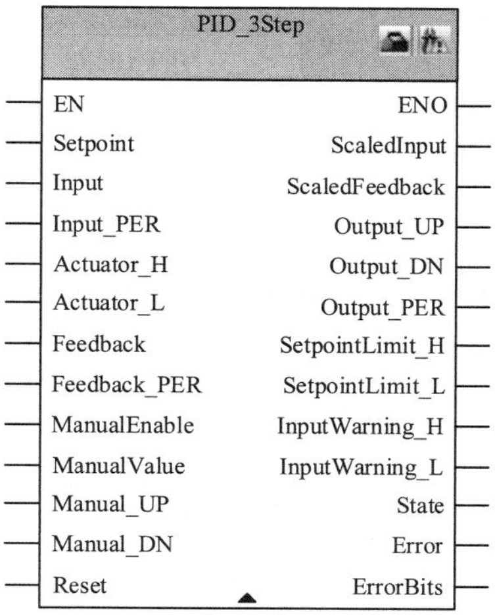 PID_3Step EN — ENO Setpoint — ScaledInput Input — ScaledFeedback Input_PER — Output_UP Actuator_H — Output_DN Actuator_L — Output_PER Feedback — SetpointLimit_H Feedback_PER — SetpointLimit_L ManualEnable — InputWarning_H ManualValue — InputWarning_L Manual_UP — State Manual_DN — Error Reset — ErrorBits	为电机驱动的阀门提供特定设置的 PID 控制器。可组态三种控制器：带位置反馈的、不带位置反馈的三点步进控制器、具有模拟量输出的阀门控制器。主要输出(4～20)mA

PID 指令的详细使用方法及应用案例，请参考第 7 章相关内容。

本 章 习 题

1. S7-1200 PLC 中，与日期和时间有关的数据类型有哪些？试列写不同数据类型对应的常量形式。

2. 简述时间值相减指令 T_DIFF 的功能。

3. 简述 String 类型的数据的结构。

4. 字符串转换指令 S_CONV 可以将什么类型的数据进行相互转换？

5. 简述合并字符串指令 CONCAT 的功能。

6. 简述查询错误信息指令 GET_ERROR 和查询错误 ID 指令 GET_ERR_ID 的区别。

7. S7-1200 PLC 支持几种类型的中断事件？

8. 简述附加中断指令 ATTACH 的功能和输入端 ADD 的取值及作用。

9. S7-1200 PLC 支持几种类型的高速脉冲输出？它们有什么区别？

10. 高速计数器与普通计数器的区别是什么？S7-1200 PLC 中最多有多少个高速计数器？

11. S7-1200 高速计数器有哪几种工作模式？

12. S7-1200 PLC 运动控制根据连接驱动方式不同，分成哪几种控制方式？

13. 简述 MC_Home 指令的功能。

第二篇　应　用　篇

在第一篇讲解了 S7-1200 PLC 的工作原理、硬件组成、软件架构以及编程指令等理论内容的基础上，本篇以工业自动控制系统的常见控制工艺为背景，采用案例方式重点讲解 S7-1200 PLC 的实际应用。第 6 章主要讲解 S7-1200 PLC 在逻辑控制系统中的应用，介绍的基本逻辑电路可以作为后续设计实际复杂控制系统的基础。第 7 章主要讲解 S7-1200 PLC 在过程控制系统中的应用，介绍的 PID 控制指令可以作为后续处理模拟量闭环控制系统的依据。第 8 章主要讲解 S7-1200 PLC 的网络通信技术，介绍 S7-1200 PLC 与其他常用智能设备之间的以太网通信方案，可作为读者自行设计 S7-1200 PLC 通信网络的参考。

第 6 章　PLC 逻辑控制系统编程实例

实际工业控制领域和人居环境中的自动控制系统往往具有控制工艺复杂、逻辑耦合强及 PLC 程序设计困难等问题，初学者经常无法直接设计出这些复杂的控制系统。然而，大部分复杂控制系统本质上都是由一些典型的简单逻辑电路组成。本着由简入难、循序渐进的原则，本章首先介绍几种简单电路，如优先电路(三人抢答器)、闪烁电路、二分频电路、电动机两地启停控制电路以及表决电路，这些简单电路在工业生产以及日常生活中都有着广泛的应用，同时也是构成复杂 PLC 程序的基础。

在掌握上述简单电路设计思想和方法的基础上，本章重点介绍几种工业生产实际中常见的控制系统，如舞台灯光控制系统、机械手控制系统、交通灯控制系统、皮带机控制系统及电梯控制系统等。通过分析这些控制系统的控制工艺，给出系统 I/O 分配表、硬件接口电路图、PLC 程序以及时序图。

6.1　简 单 电 路

6.1.1　优先电路：三人抢答器

优先电路主要用于“从多路输入信号中取出最先输入信号”的场合。该电路实际应用广泛，如电子抢答器、矿井提升机首发故障诊断、汽轮机跳闸电路首出显示等。下面以三人抢答器的设计为例，对优先电路的设计加以说明。

简单电路

【例 6-1】 任务要求：本系统共有三个参赛选手和一个主持人，参赛选手的抢答席上各有一个抢答按钮和一盏抢答指示灯，主持人的主持席有复位按钮。在允许抢答后，最先按下抢答按钮的参赛选手对应的指示灯点亮；此后其他参赛选手即使再按下自己的抢答按钮，对应的指示灯也不会点亮。这样主持人就可以轻易地知道谁是第一个按下抢答器的参赛选手。该题抢答结束后，主持人按下主持席上的复位按钮，则指示灯熄灭，又可以进行下一题的抢答比赛。

(1) 任务分析。

① 要求对最先按下抢答按钮的选手的指示灯保持常亮状态，需要用到自锁电路。

② 要求后续按下抢答按钮的选手的指示灯不能点亮，需要用到互锁电路。

(2) I/O 分配表。

通过对三人抢答器的控制任务分析可知，本系统的开关量 I/O 点共有 7 个，其中输入点 4 个、输出点 3 个，具体 I/O 分配如表 6-1 所示。

表 6-1　三人抢答器 I/O 分配表

输入	说　明	输出	说　明
I0.1	第一组抢答按钮 SF1	Q0.1	第一组抢答指示灯 KF1
I0.2	第二组抢答按钮 SF2	Q0.2	第二组抢答指示灯 KF2
I0.3	第三组抢答按钮 SF3	Q0.3	第三组抢答指示灯 KF3
I0.0	复位按钮 SF4		

PLC 接口电路如图 6-1 所示。

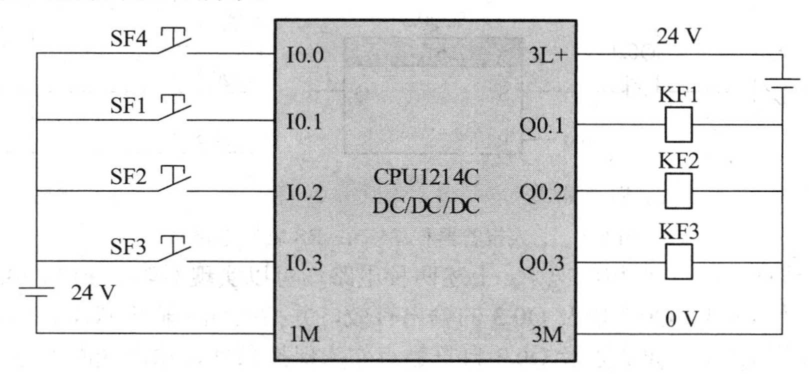

图 6-1　三人抢答器 PLC 接口电路图

(3) 系统 PLC 程序。

分别利用常规互锁电路和 RS 触发器指令，设计两种三人抢答器的 PLC 程序，其程序图分别如图 6-2 和图 6-3 所示。

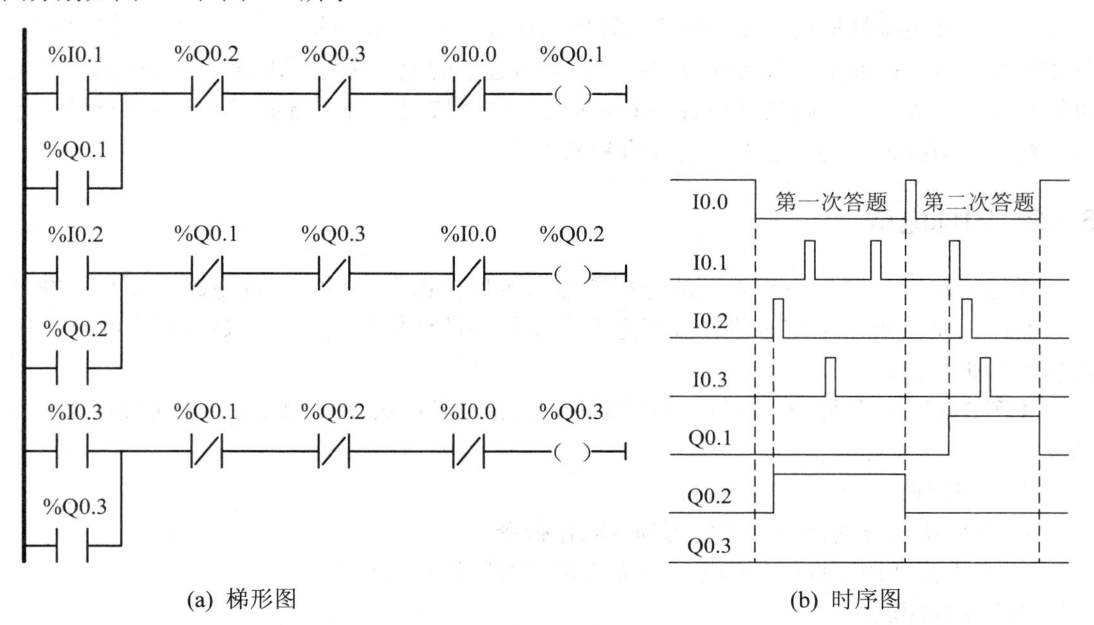

图 6-2　三人抢答器程序(一)：常规互锁电路

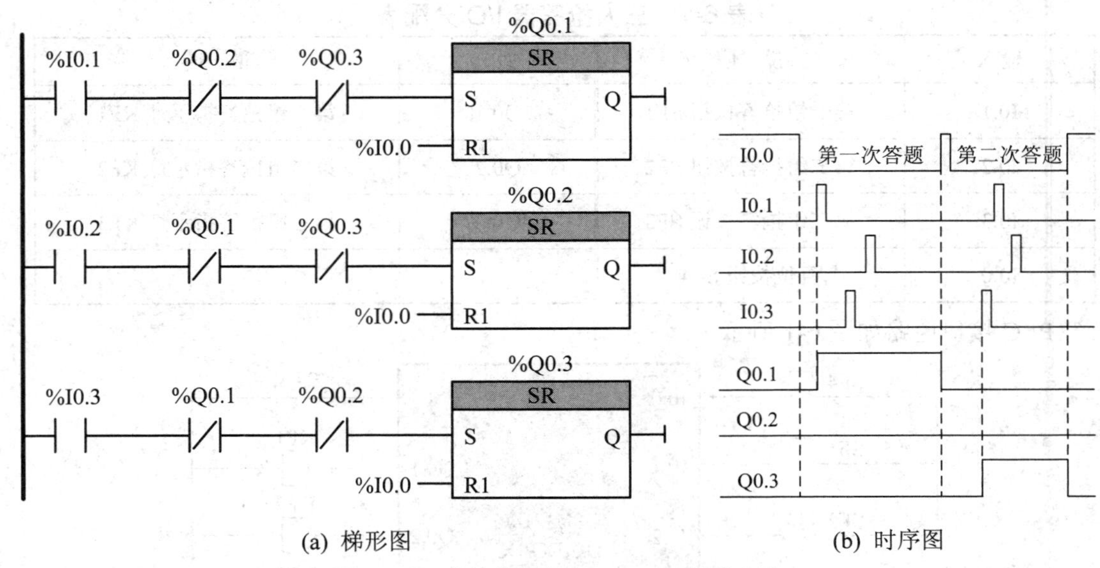

(a) 梯形图　　(b) 时序图

图 6-3　三人抢答器程序(二)：RS 触发电路

电路设计对比分析：理想状况下，上述两种电路均可以实现对输入 I0.1、I0.2 以及 I0.3 的优先处理，使 Q0.1、Q0.2 以及 Q0.3 的输出有效，并指明优先输出状态。但图 6-2 的常规互锁电路使用 Q0.1、Q0.2 以及 Q0.3 自身触点作为保持条件，输出线圈本身不具备自锁特点，程序处于临界状态。而图 6-3 的 RS 触发电路使用 SR 触发器实现线圈保持功能，I0.0 为优先复位条件，克服了图 6-2 电路的缺点，且逻辑实现比较简单，易于理解。

(4) 扩展思考。

上述三人抢答器系统均不考虑抢答犯规问题，如果增加“抢答犯规”规则，即主持席增设一个“开始抢答按钮”及“开始抢答指示灯”，则必须在主持人按下“开始抢答按钮”后才允许抢答，提前抢答者将视为犯规，同时该选手的抢答指示灯闪烁、主持席的“开始抢答指示灯”失效，待确认犯规后，主持人按下复位按钮，所有指示灯熄灭，对该题进行重新抢答。请根据控制工艺设计相应的 PLC 程序。

6.1.2　闪烁电路

闪烁电路在交通灯指示以及故障报警显示等场合都有应用。闪烁电路主要有两种设计思路：一是利用两个定时器构成任意占空比的周期性信号输出，二是利用定时器与比较器配合来生成。

【例 6-2】 任务要求：闪烁信号到来时，使指示灯以灭 3 s、亮 2 s 的方式进行周期性循环闪烁。

(1) 任务分析。

① 要求实现时间控制，需要用到定时器指令。

② 要求实现周期性循环闪烁，需要对输出线圈进行自动复位。

(2) I/O 分配表。

通过对闪烁电路的控制任务分析可知，本系统的开关量 I/O 点共有 2 个，其中输入点

1 个、输出点 1 个，具体 I/O 分配如表 6-2 所示。

表 6-2　闪烁电路 I/O 分配表

输入	说　明	输出	说　明
I0.0	启动按钮 SF1(自锁式)	Q0.0	闪烁电路指示灯

PLC 接口电路如图 6-4 所示。

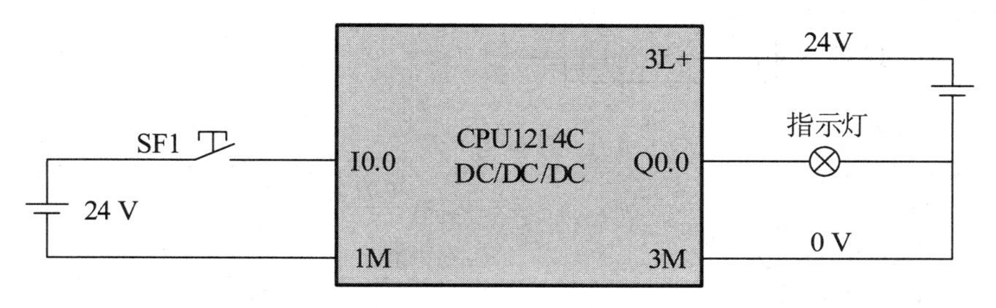

图 6-4　闪烁电路 PLC 接口电路图

(3) 系统 PLC 程序

① 由两个定时器构成的闪烁电路。

由两个定时器构成的闪烁电路程序如图 6-5 所示。定时器 T37 产生 3 s 的定时时间，T38 产生 2 s 的定时时间，灯光闪烁周期为 5 s。I0.0 接通后，T37 开始定时，3 s 后 T37 定时时间到，T37.Q 常开触点闭合，Q0.0 闭合，同时 T38 开始定时；2 s 后 T38 定时时间到，T38.Q 常闭触点断开，T37 和 T38 定时器均复位，Q0.0 断开，T37 重新开始定时，开始第二个输出周期。如此不断循环，实现 Q0.0 灭 3 s、亮 2 s 的闪烁功能。当 I0.0 断开时，闪烁电路停止。

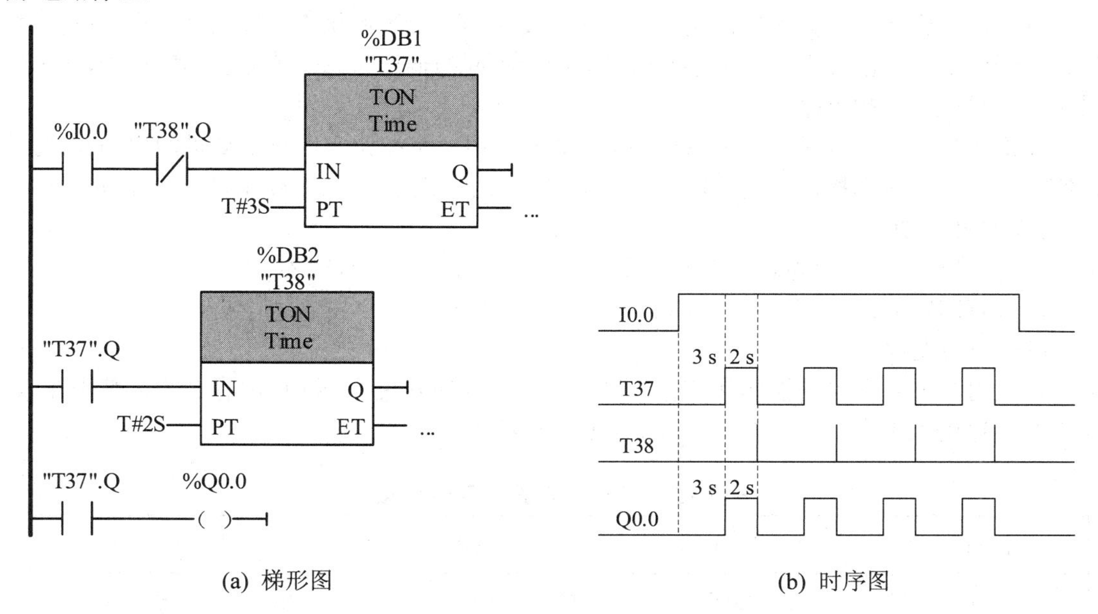

图 6-5　闪烁电路程序(一)

② 由定时器与比较器组合构成的闪烁电路

本例中的控制任务也可由图 6-6 所示的由定时器与比较器组合构成的闪烁电路程序来完成。这里，先生成周期为 5 s 的方波，再由比较器来实现 Q0.0 灭 3 s、亮 2 s 的效果。

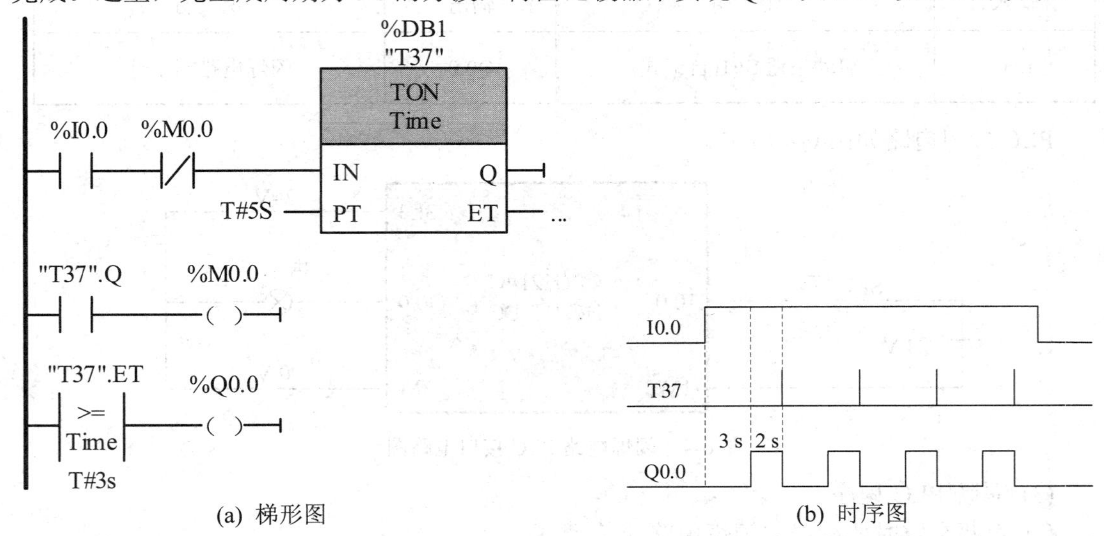

(a) 梯形图　　(b) 时序图

图 6-6　闪烁电路程序(二)

(4) 扩展思考。

图 6-5 中的闪烁电路中，T37 和 T38 的定时作用是什么？若需产生亮 3 s、灭 2 s 的闪烁电路，应如何修改它们的定时时间？

6.1.3　二分频电路

分频电路广泛应用在电机控制、光纤通讯及射频通讯等系统中。该电路可将高频信号变换为低频信号，也可将某一种输入信号对应成不同的输出状态。工业实际应用中，大多采用二分频或三分频电路。

【例 6-3】 任务要求：通过二分频电路设计，用一个按钮实现对电动机的启动和停止控制。即第一次按下按钮，电动机启动；第二次按下按钮，电动机停止，以此循环。

(1) 任务分析。

① 要求实现同一个按钮的不同输出控制，需要用到中间继电器 M。

② 需理解梯形图从左向右、从上向下的执行顺序。

(2) I/O 分配表。

通过对二分频电路的控制任务分析可知，本系统的开关量 I/O 点共有 2 个，其中输入点 1 个、输出点 1 个，具体 I/O 分配如表 6-3 所示。

表 6-3　二分频电路 I/O 分配表

输入	说　明	输出	说　明
I0.0	启动按钮 SF1	Q0.0	电机启停信号 KF1

PLC 接口电路如图 6-7 所示。

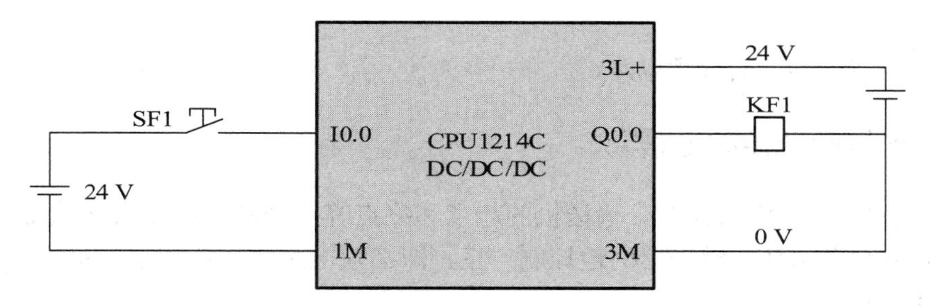

图 6-7　二分频电路 PLC 接口电路图

(3) 系统 PLC 程序。

分别利用基本逻辑电路和增计数器指令，设计两种二分频电路的 PLC 程序，其程序图分别如图 6-8 和图 6-9 所示。

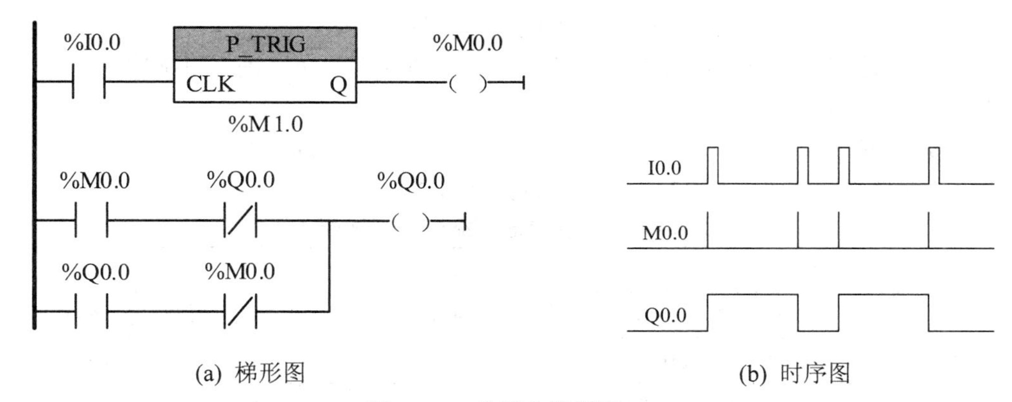

图 6-8　二分频电路程序(一)

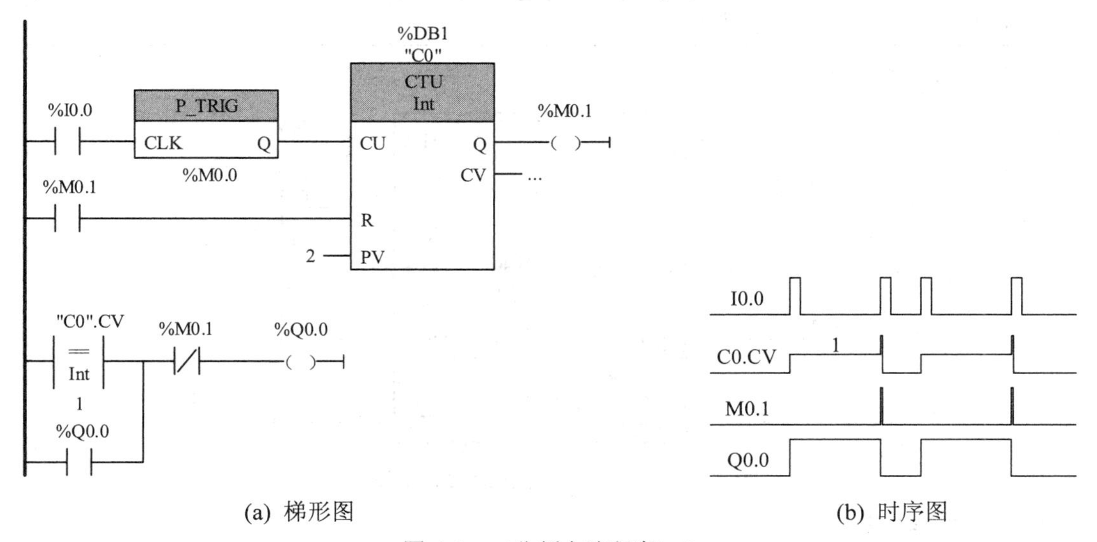

图 6-9　二分频电路程序(二)

电路设计对比分析：图 6-8 中的控制程序主要借助“梯形图从上向下、从左往右顺序执行”的思想，利用中间继电器 M0.0 的瞬时变化实现对 Q0.0 的通断控制，不易扩展；图

6-9 中的控制程序利用增计数器实现二分频电路，思路简单，且易扩展为多分频电路。

(4) 扩展思考。

如何实现三分频、四分频电路？

6.1.4 电动机两地控制电路

实际工业生产过程中(如皮带输送机的起点和终点等生产机械)，为了避免误操作而造成人员伤亡和设备损坏，常采用两地控制方案，即必须由两地、两名操作人员同时按下启动按钮，才能使系统启动。

【例 6-4】 任务要求：甲、乙两地均可对同一台电动机进行控制。当甲、乙两地同时按下启动按钮时，电动机运行；当甲、乙两地按下任何一个停止按钮时，电动机停止。

(1) 任务分析。

① 要求实现两地控制时，需要在甲、乙两地分别设置启动按钮、停止按钮各 1 个。

② 要求同时按下启动按钮，需要增加电铃作为指示仪表。

③ 要求两地同时按下启动按钮，需要分别对两地的启动命令进行自锁控制。

(2) I/O 分配表。

通过对两地控制系统的控制任务分析可知，本系统的开关量 I/O 点共有 7 个，其中输入点 4 个、输出点 3 个，具体 I/O 分配如表 6-4 所示。

表 6-4　两地控制系统 I/O 分配表

输入	说　明	输出	说　明
I0.1	甲地启动按钮 SF1	Q0.1	甲地电铃信号 KF1
I0.2	甲地停止按钮 SF2	Q0.2	乙地电铃信号 KF2
I0.3	乙地启动按钮 SF3	Q0.3	电机启停信号 KF3
I0.4	乙地停止按钮 SF4		

PLC 接口电路如图 6-10 所示。

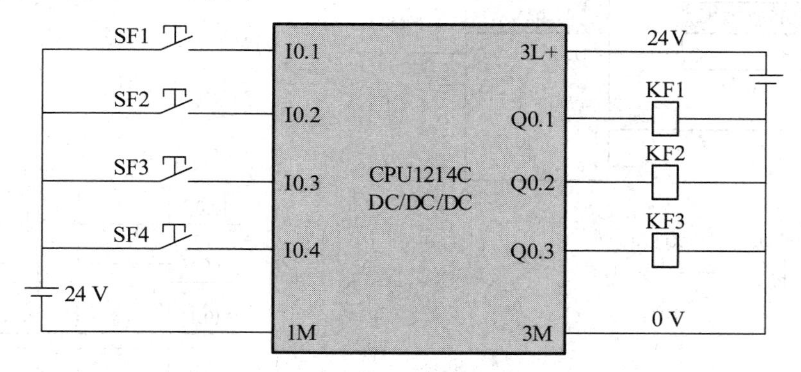

图 6-10　两地控制系统 PLC 接口电路图

(3) 系统 PLC 程序。

分别对甲、乙两地的启动信号进行自锁，并将两个启动信号的串联输出信号作为电机启动信号。具体 PLC 程序如图 6-11 所示。

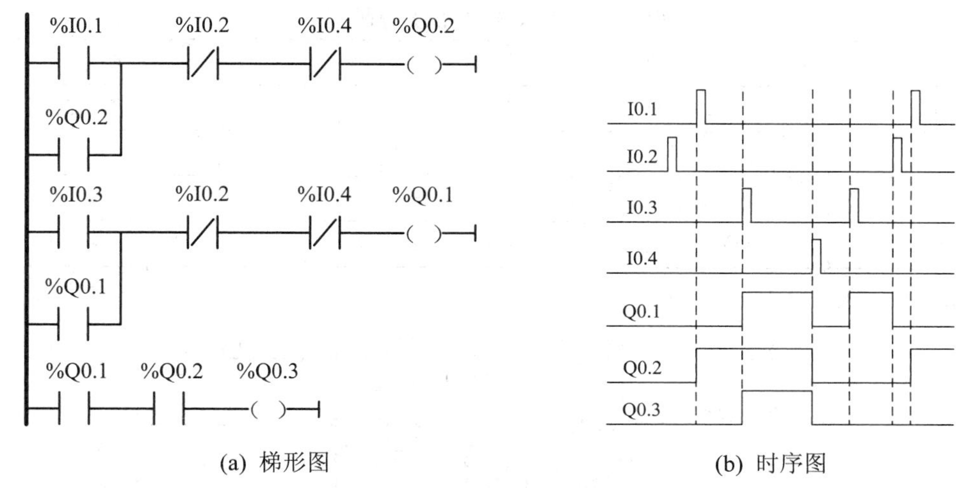

(a) 梯形图　　(b) 时序图

图 6-11　两地控制系统程序(一)

(4) 扩展思考。

某些控制场合中，需要两地按钮既可单独，又可配合对系统实现启停控制(如家庭中的双控开关)，具体控制工艺为：① 甲、乙两地分别采用一个双控开关；② 单独控制模式(甲、乙两地开关可单独对系统进行启停控制)；③ 配合控制模式(切换甲地开关一次(系统启动)，再切换乙地开关一次(系统停止))。请根据控制工艺设计相应的 PLC 程序。

参考程序如图 6-12 所示，其中 I0.0 和 I0.1 为甲地双控开关的 2 个状态，I0.2 和 I0.3 为乙地双控开关的 2 个状态，Q0.0 为系统运行信号。

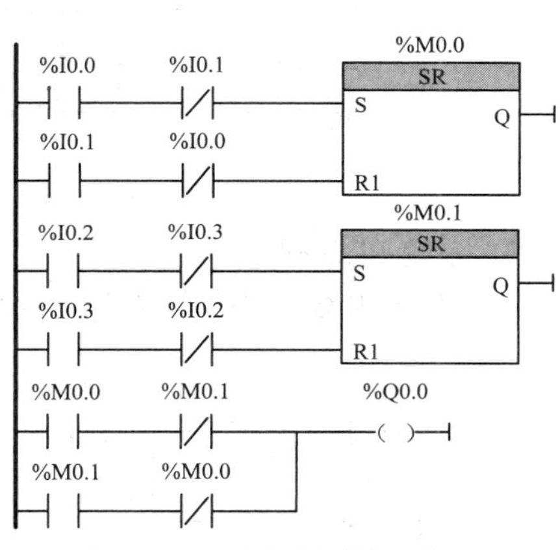

图 6-12　两地控制系统程序(二)

6.1.5　表决电路

表决电路广泛应用于投票表决、故障报警处理等高可靠性系统设计的场合。下面以三取二表决电路设计为例加以说明。

【例 6-5】 任务要求：三个故障报警信号中，实现多数表决，即如果有两个或三个报警信号有效，则报警指示灯点亮；按下复位按钮，若两个以上报警信号已解除，则报警指示灯熄灭；若报警信号全未解除，报警指示灯则继续点亮。

(1) 任务分析。

① 要求在两个及以上报警信号有效时，报警灯保持常亮状态，需要用到自锁电路。

② 两个以上报警信号有多种可能，属于“或”的关系，应将所有可能条件并联。

(2) I/O 分配表。

通过对表决电路的控制任务分析可知，本系统的开关量 I/O 点共有 5 个，其中输入点 4 个、输出点 1 个，具体 I/O 分配如表 6-5 所示。

表 6-5　表决电路 I/O 分配表

输入	说　明	输出	说　明
I0.1	第一路报警信号 SF1	Q0.0	报警指示灯 KF1
I0.2	第二路报警信号 SF2		
I0.3	第三路报警信号 SF3		
I0.0	复位按钮 SF4		

PLC 接口电路如图 6-13 所示。

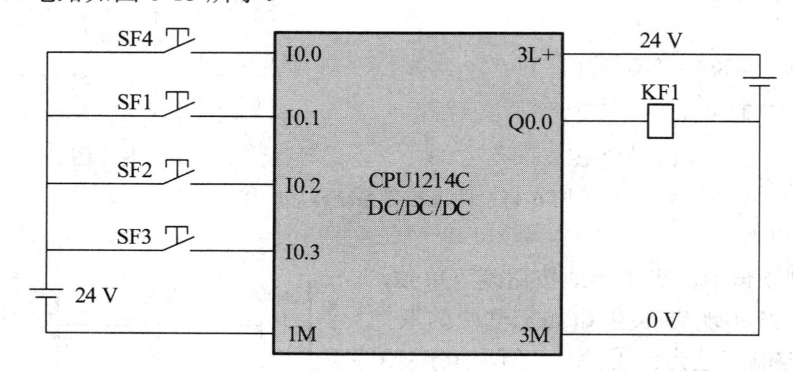

图 6-13　表决电路 PLC 接口电路图

(3) 系统 PLC 程序。

表决电路 PLC 程序如图 6-14 所示。

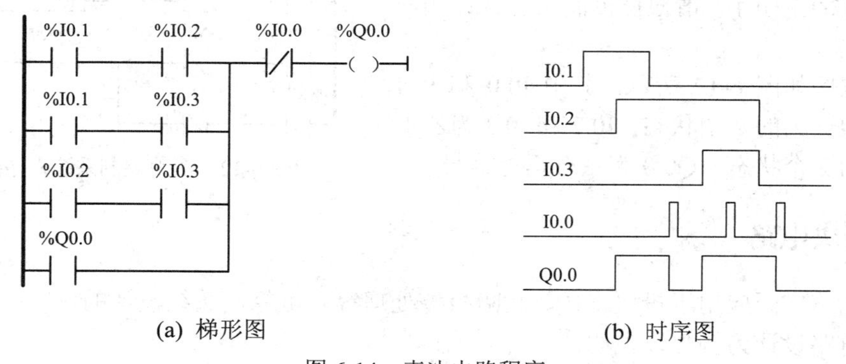

(a) 梯形图　　(b) 时序图

图 6-14　表决电路程序

(4) 扩展思考。

现有 5 人组成的评委组，要求对某学生的毕业设计答辩能否通过进行投票，只有 3 人或 3 人以上投赞成票，该学生才能通过。请根据控制工艺设计相应的 PLC 程序。

6.2　舞台灯光控制系统

舞台灯光控制系统

舞台灯光也叫舞台照明，是舞台造型手段之一。运用舞台灯光设备(如照明灯具、幻灯、控制系统等)和技术手段，以光及其变化显示环境、渲染气氛、突出中心人物，创造舞台空间感、时间感，塑造舞台演出的外部形象，并提供必要的灯光效果。

本节将分析舞台灯光的控制工艺，给出控制系统的开关量 I/O 分配表、硬件接线图及 PLC 程序。

【例 6-6】 任务要求：舞台灯光控制系统如图 6-15 所示。该系统共有 9 盏灯(L1～L9)，按照以下顺序每隔 2 秒钟改变一次灯光组合：(L1、L2、L9)→(L1、L5、L8)→(L1、L4、L7)→(L1、L3、L6)→(L1)→(L2、L3、L4、L5)→(L6、L7、L8、L9)→(L1、L2、L6)→(L1、L3、L7)→(L1、L4、L8)→(L1、L5、L9)→(L1)→(L2、L3、L4、L5)→(L6、L7、L8、L9)。以此循环下去。

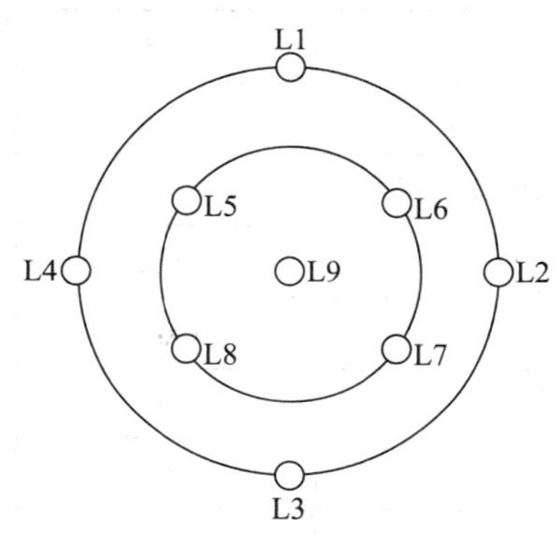

图 6-15　舞台灯光控制系统示意图

(1) 任务分析。

① 一个控制周期中，共 14 种灯光组合状态，可以将这 14 种组合状态映射到通用辅助寄存器 MW10 中(取高 14 位)。如最高位 M10.7 对应第一种灯光状态(L1、L2、L9)、次高位 M10.6 对应第二种灯光状态(L1、L5、L8)、M10.5 对应第三种灯光状态(L1、L4、L7)，以此类推。灯光组合状态与 M 寄存器的对应关系如表 6-6 所示。

表 6-6　灯光组合与 M 寄存器映射表

灯光	MSB			MB10				LSB	MSB			MB11				LSB
	.7	.6	.5	.4	.3	.2	.1	.0	.7	.6	.5	.4	.3	.2	.1	.0
L1	√	√	√	√	√			√	√	√	√	√				
L2	√					√		√					√			
L3				√		√			√				√			
L4			√			√				√			√			
L5		√				√					√		√			
L6				√			√	√						√		
L7			√				√		√					√		
L8		√					√			√				√		
L9	√						√				√			√		
对应组合	1	2	3	4	5	6	7	8	9	10	11	12	13	14		

② 分析表 6-6 可知：要实现每隔 2 秒钟切换一次灯光组合状态，只需保证 MW10 的高 14 位中始终只有一位有效位(始终只有一个位为 1，其余为 0)，且每隔 2 秒钟依次切换一次有效位即可，使用简单的移位指令就可完成。

③ 最后一次移位结束后应重新初始化 MW10，以实现循环控制。

④ 本例中 MW10 中的高字节为 MB10，最高位为 M10.7。

(2) I/O 分配表。

通过对舞台灯光控制系统的控制任务分析可知，本系统的开关量 I/O 点共有 11 个，其中输入点 2 个、输出点 9 个，具体 I/O 分配如表 6-7 所示。

表 6-7　舞台灯光控制系统 I/O 分配表

输入	说　明	输出	说　明
I0.0	启动按钮 SF1	Q0.0	L1 指示灯
I0.1	停止按钮 SF2	Q0.1	L2 指示灯
		Q0.2	L3 指示灯
		Q0.3	L4 指示灯
		Q0.4	L5 指示灯
		Q0.5	L6 指示灯
		Q0.6	L7 指示灯
		Q0.7	L8 指示灯
		Q1.0	L9 指示灯

PLC 接口电路如图 6-16 所示。

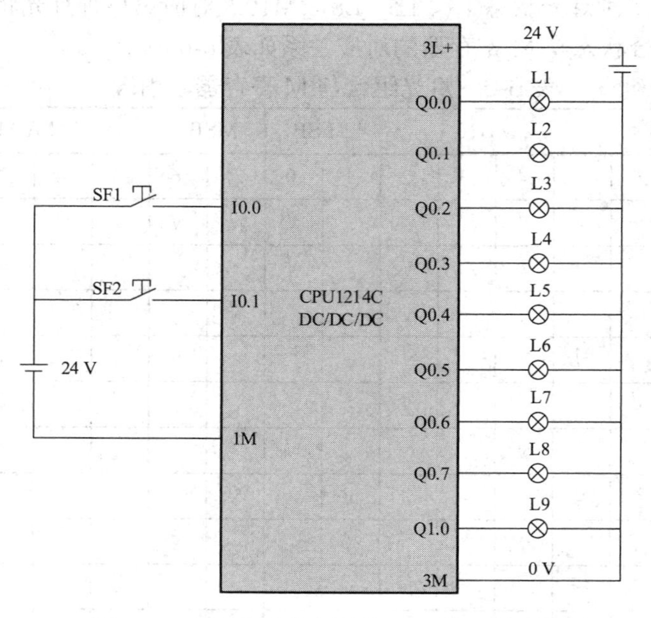

图 6-16　舞台灯光控制系统 PLC 接口电路图

(3) 系统 PLC 程序。

舞台灯光控制系统的 PLC 程序如图 6-17 所示。

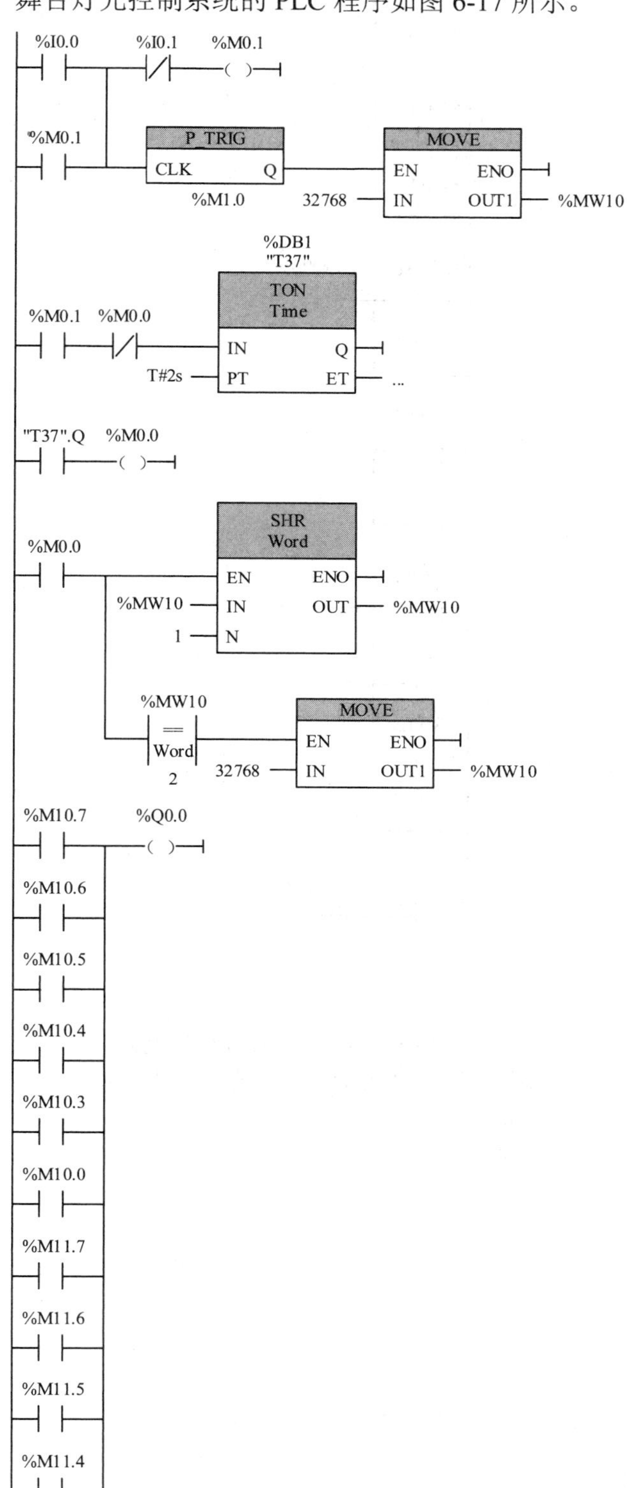

首次启动，初始化MW10。MW10 = 2# 1000 0000 0000 0000。

每隔2 s，产生一个扫描周期的脉冲M0.0，用以触发右移指令。

每隔2s，将MW10进行一次右移，最高位的1依次向低位移动，高位补零。

最后一次移位结束后，重新初始化MW10 = 2# 1000 0000 0000 0000。

结合表6-6，L1出现在第1~5、7~12个组合状态中，通过对应寄存器位驱动彩灯L1，下同。

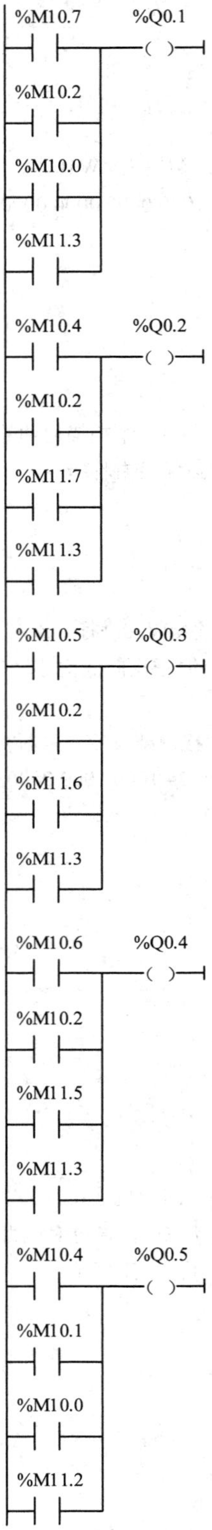

%M10.7　%Q0.1　( )
%M10.2
%M10.0
%M11.3

%M10.4　%Q0.2　( )
%M10.2
%M11.7
%M11.3

%M10.5　%Q0.3　( )
%M10.2
%M11.6
%M11.3

%M10.6　%Q0.4　( )
%M10.2
%M11.5
%M11.3

%M10.4　%Q0.5　( )
%M10.1
%M10.0
%M11.2

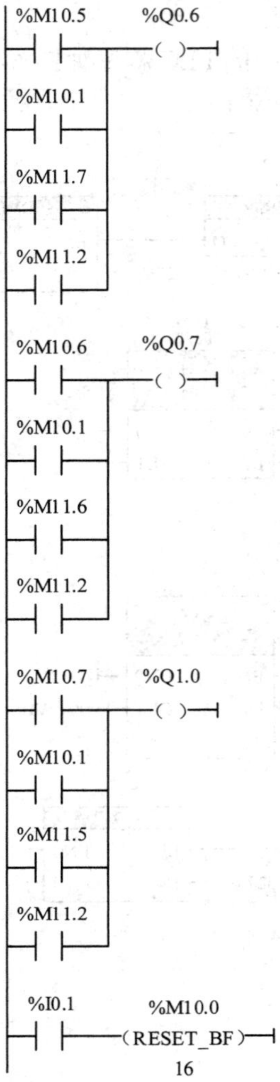

%M10.5　%Q0.6　( )
%M10.1
%M11.7
%M11.2

%M10.6　%Q0.7　( )
%M10.1
%M11.6
%M11.2

%M10.7　%Q1.0　( )
%M10.1
%M11.5
%M11.2

%I0.1　%M10.0　(RESET_BF)　16

图 6-17　舞台灯光控制系统程序

结合表6-6，读者可自行分析各个彩灯出现的状态，并根据相应寄存器位驱动对应的彩灯。

按下停止按钮，对MW10进行复位。

(4) 扩展思考。

① 如果每隔 1 秒灯光组合状态改变一次，应如何修改程序？

② 如果将第 1 个状态和第 2 个状态互换，即(L1、L5、L8)→(L1、L2、L9)，其余状态不变，应如何修改程序？

③ 本系统利用右移指令实现舞台灯光的控制功能，读者可尝试利用左移指令实现该功能。灯光组合状态与 MW10 应如何对应？MW10 的初始值应为多少？

6.3　机械手控制系统

机械手是一种最早出现的工业机器人，它能模仿人类手臂的某些动作功能来代替人的繁重劳动以实现生产的机械化和自动化，并能在有害环境下工作以保护人身安全，因而广泛应用于机械制造、冶金、电子、轻工和原子能等部门。机械手的特点是可以通过预先编程来完成各种预期作业(固定程序抓取、搬运物件或操作工具等)。

机械手控制系统

本节主要分析机械手的控制工艺，给出控制系统的开关量 I/O 分配表、硬件接线图及 PLC 程序。

【例 6-7】 任务要求：机械手控制系统如图 6-18 所示。按下启动按钮，传送带 A 运行，直到按下光电开关后停止运行。同时机械手下降，下降到位后夹紧物体，2 s 后开始上升，上升同时机械手保持夹紧。上升到位后左转，左转到位后下降，下降到位后机械手松开，2 s 后机械手上升。上升到位后，传送带 B 开始运行，同时机械手右转，右转到位后传送带 B 停止，此时传送带 A 运行直到按下光电开关后完成一次循环。

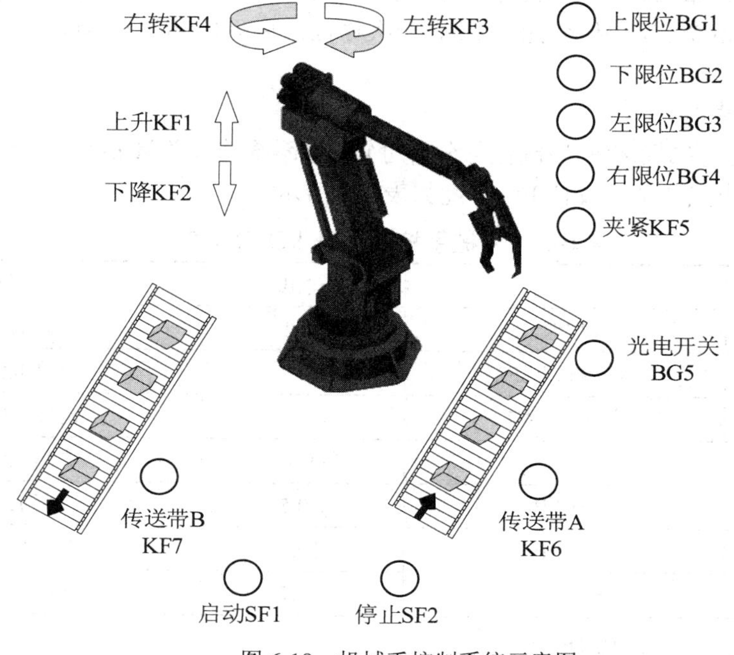

图 6-18　机械手控制系统示意图

(1) 任务分析。

① 一个控制周期中，共 9 种动作状态，可将这 9 种状态映射到通用辅助寄存器 MW10 中(取 M10.1～M10.7 和 M11.0～M11.1)。如 M10.1 对应第 1 种状态(下降)、M10.2 对应第 2 种状态(加紧)，以此类推。机械手动作与 M 寄存器映射表如表 6-8 所示。

表 6-8　机械手动作与 M 寄存器映射表

M 地址 \ 动作	MSB　　MB10　　LSB								MSB　　MB11　　LSB							
	.7	.6	.5	.4	.3	.2	.1	.0	.7	.6	.5	.4	.3	.2	.1	.0
下降							√									
加紧						√										
上升					√											
左转				√												
下降			√													
松开		√														
上升	√															
传送带 B、右转																√
传送带 A															√	
对应状态	7	6	5	4	3	2	1								9	8

② 分析表 6-8 可知：机械手所有动作都是按照固定顺序循环执行的，类似例 6-6 的舞台灯光系统，只需保证 MW10 中的 M10.1～M10.7 和 M11.0～M11.1 这 9 个位中始终只有一位有效位，且相应动作完成后依次切换一次有效位即可。为与例 6-6 进行对比，本例使用循环移位指令实现相应功能。最后一次移位结束后应初始化 MW10，以实现循环控制。

(2) I/O 分配表。

通过对机械手控制系统的控制任务分析可知，本系统的开关量 I/O 点共有 14 个，其中输入点 7 个、输出点 7 个，具体 I/O 分配如表 6-9 所示。

表 6-9　机械手控制系统 I/O 分配表

输入	说　明	输出	说　明
I0.0	启动按钮 SF1	Q0.1	上升 KF1
I0.5	停止按钮 SF2	Q0.2	下降 KF2
I0.1	上限位 BG1	Q0.3	左转 KF3
I0.2	下限位 BG2	Q0.4	右转 KF4
I0.3	左限位 BG3	Q0.5	夹紧 KF5
I0.4	右限位 BG4	Q0.6	传送带 A　KF6
I0.6	光电开关 BG5	Q0.7	传送带 B　KF7

PLC 接口电路如图 6-19 所示。

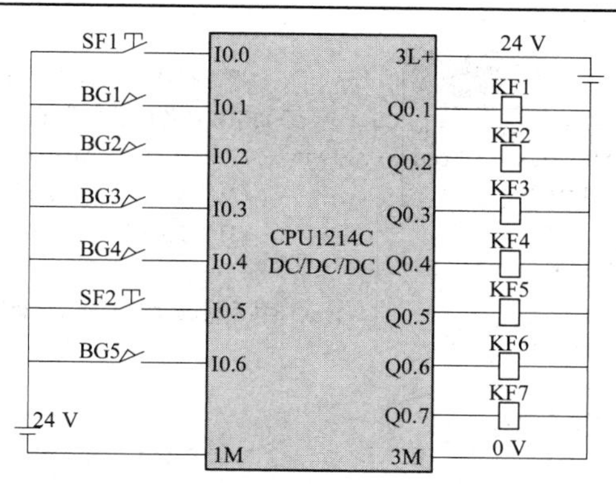

图 6-19　机械手控制系统 PLC 接口电路图

(3) 系统 PLC 程序。

机械手控制系统 PLC 程序如图 6-20 所示。

%I0.0　%I0.5　%M0.0
%M0.0

建立启动标志位M0.0。

%I0.1　%Q0.2　%M1.1
%M0.0
%M1.1

建立上升到位标志位M1.1。
首次启动时，假设机械手达到上限位。

%I0.4　%Q0.3　%M1.4
%M0.0
%M1.4

建立右转到位标志位M1.4。
首次启动时，假设机械手达到右限位。

%I0.6　%M0.0　%M1.6
%M1.6

建立触发光电开关标志位M1.6。

%M0.0　%M1.6　%Q0.6
%M11.1　%M11.2

传送带A运行条件：
(1) 首次启动时，未触发光电开关；
(2) 其余周期内，结合表6-8，通过M11.1驱动传送带A。

%M1.1　%M1.4　%M10.1　%M10.2　%M10.3　%M10.4　%M30.0

%M30.0　%M10.5　%M10.6　%M10.7　%M11.0　%M11.1　%M1.6　%M10.0

建立循环开始标志M10.0。

%I0.5　%M0.0
RESET_BF
255

停止复位。

%M0.0　%M10.0
P_TRIG
CLK　Q
%M0.1
MOVE
EN　ENO
256　IN　OUT1　%MW10

每次循环初始化。
MW10 = 2# 0000 0001 0000 0000。

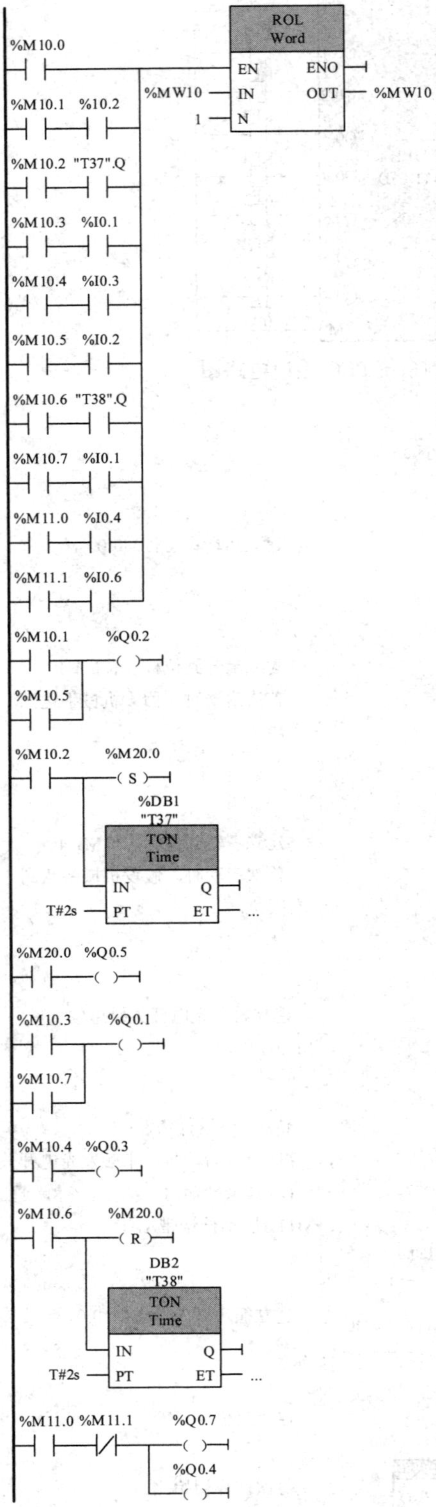

根据控制工艺及表6-8的对应关系，依次对MW10各位进行循环左移。

(1) 首次启动，M10.1=1，下降；

(2) 下降到位，M10.2=1，加紧；

(3) 加紧到位，2s后，M10.3=1，上升；

……

其余情况读者可自行分析。

结合表6-8，2次下降动作对应寄存器M10.1和M10.5，故用它们驱动下降线圈Q0.2。

结合表6-8，夹紧动作对应寄存器M10.2，夹紧动作开始，建立夹紧标志位M20.0，同时启动定时器T37，为上升动作做准备。

结合表6-8，2次上升动作对应寄存器M10.3和M10.7，故用它们驱动上升线圈Q0.1。

结合表6-8，左转动作对应寄存器M10.4，故用其驱动左转线圈Q0.3。

结合表6-8，松开动作对应寄存器M10.6，松开动作开始，复位夹紧标志位M20.0，同时启动定时器T38，为再次上升动作做准备。

结合表6-8，传送带B和右转动作对应寄存器M11.0，故用其驱动传送带B线圈Q0.7和右转线圈Q0.4。并利用下一动作（传送带A运行）对应的M11.1对两个线圈进行复位。

图 6-20　机械手控制系统程序

(4) 扩展思考。

本系统利用循环左移指令实现机械手控制系统的控制功能，读者可将本例与例 6-6 进行比较，体会移位与循环移位的区别，并尝试利用左移指令实现该功能。机械手动作状态与 MW10 应如何对应？MW10 的初始值应为多少？

6.4　交通灯控制系统

交通是城市经济活动的命脉，对城市经济发展、人民生活水平的提高起着十分重要的作用。21 世纪以来，城市交通问题一直是制约城市经济建设的重要因素。使用优化的交通灯控制系统可以合理地规划城市交通，为城市的快速发展提供最优化的交通解决方案。

交通灯控制系统

本节主要分析交通灯的控制工艺，给出控制系统的时序图、开关量 I/O 分配表、硬件接线图以及 PLC 程序。

【例 6-8】 任务要求：交通灯控制系统如图 6-21 所示。按下启动按钮后，南北红灯点亮并维持 25 s；同时东西绿灯开始点亮，1 s 后，东西车灯即甲亮；到 20 s 时，东西绿灯闪亮，3 s 后熄灭，同时东西黄灯亮、甲熄灭；东西黄灯亮 2 s 后熄灭，同时东西红灯亮、南北红灯灭、南北绿灯亮，1 s 后，南北车灯即乙亮；南北绿灯亮 25 s 后闪亮，3 s 后熄灭，同时南北黄灯亮、乙熄灭；南北黄灯亮 2 s 后熄灭，同时南北红灯亮、东西红灯灭、东西绿灯亮。以此循环。

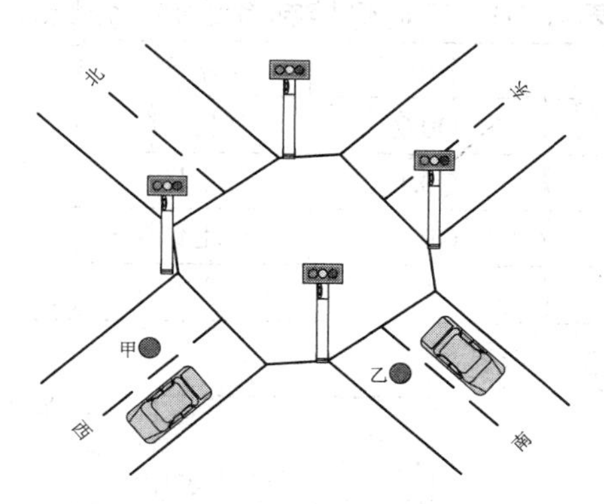

图 6-21　交通灯控制系统示意图

(1) 任务分析。

① 本系统要求控制东西和南北两个方向上的红、黄、绿灯以及车灯，控制逻辑较为复杂，可结合图 6-22 所示的时序图进行设计。

② 本系统中东西方向和南北方向的控制要求一致，可先设计一个方向上的控制程序，再参考设计另一方向的控制程序。

③ 本系统要求对交通灯的多个时间进行控制，需要采用定时器指令；且要求黄灯闪烁，需要用到闪烁电路。

④ 本系统需要完成多个时间的定时，使用定时器的数量较多，需要根据图 6-22 所示的时序图，准确找到各个定时器的启动、停止条件。

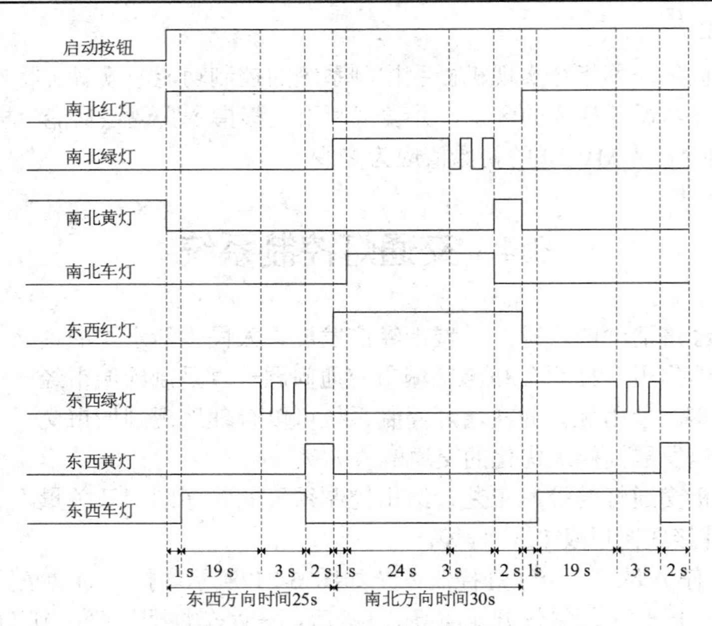

图 6-22　交通灯控制系统时序图

(2) I/O 分配表。

通过对交通灯控制系统的控制任务分析可知，本系统的开关量 I/O 点共有 9 个，其中输入点 1 个、输出点 8 个，具体 I/O 分配如表 6-10 所示。

表 6-10　交通灯控制系统 I/O 分配表

输入	说明	输出	说明	输出	说明
I0.0	启动按钮 SF1	Q0.0	南北红灯	Q0.4	东西黄灯
		Q0.1	南北黄灯	Q0.5	东西绿灯
		Q0.2	南北绿灯	Q0.6	南北车灯(乙)
		Q0.3	东西红灯	Q0.7	东西车灯(甲)

PLC 接口电路如图 6-23 所示。

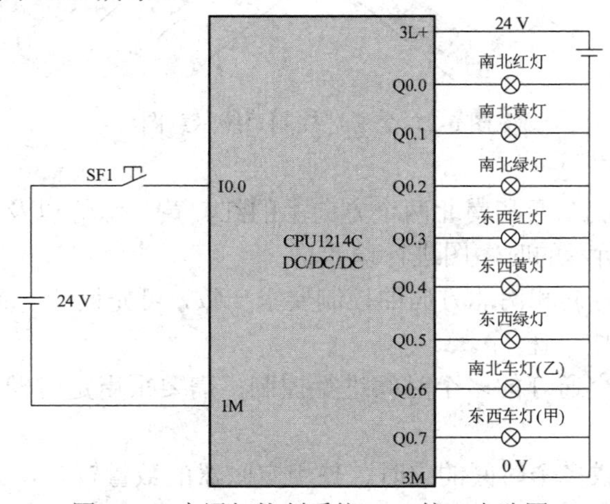

图 6-23　交通灯控制系统 PLC 接口电路图

(3) 系统 PLC 程序。

交通灯控制系统 PLC 程序如图 6-24 所示。

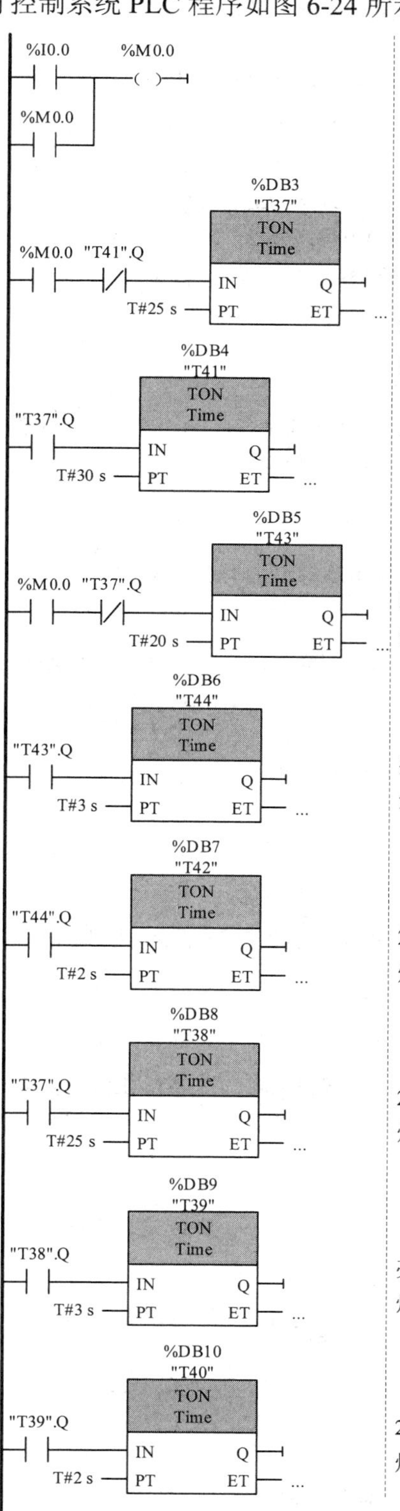

建立启动标志位M0.0。

结合图6-22：

T37位有效时刻：第25 s，为南北红灯亮25 s进行定时，即T37定时时间到，南北红灯熄灭。

T41位有效时刻：第55 s，待图6-22中一个周期结束后对T37复位。

T43位有效时刻：第20 s，为东西绿灯亮20 s进行定时，即T43定时时间到，东西绿灯不再常亮，开始闪亮。

T44位有效时刻：第23 s，为东西绿灯闪亮3 s进行定时，即T44定时时间到，东西绿灯停止闪亮，东西黄灯开始点亮。

T42位有效时刻：第25 s，为东西黄灯亮2s进行定时，即T42定时时间到，东西黄灯熄灭。

T38位有效时刻：第50 s，为南北绿灯亮25 s进行定时，即T38定时时间到，南北绿灯不再常亮，开始闪亮。

与T43作用类似。

T39位有效时刻：第53 s，为南北绿灯闪亮3 s进行定时，即T39定时时间到，南北绿灯停止闪亮，南北黄灯开始点亮。

与T44作用类似。

T40位有效时刻：第55 s，为南北黄灯亮2s进行定时，即T40定时时间到，南北黄灯熄灭。

与T42作用类似。

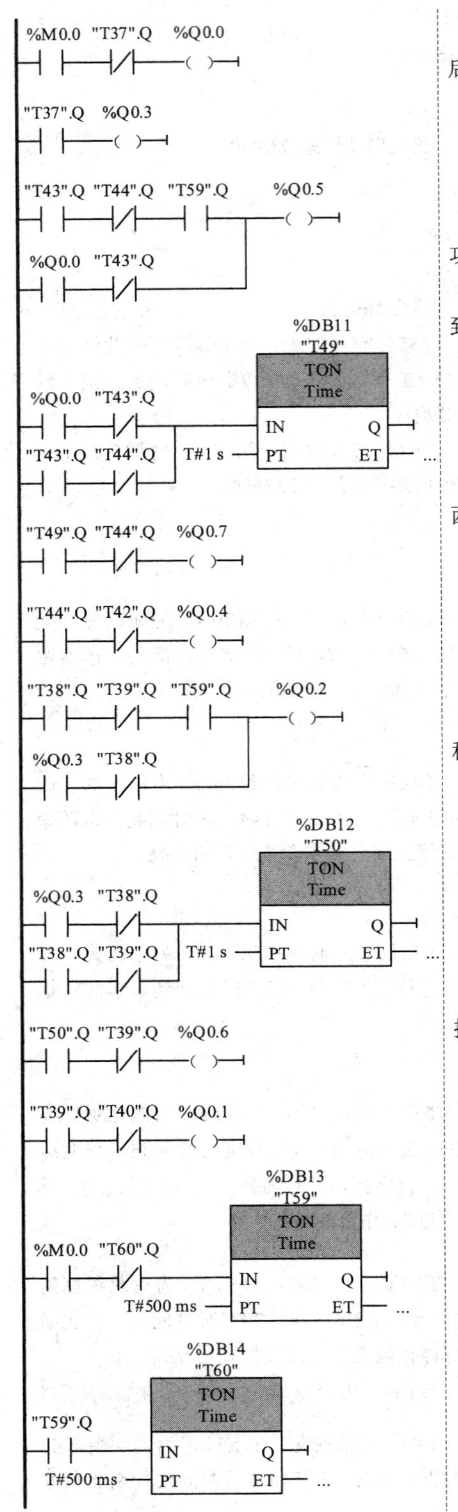

第25 s之前，南北红灯常亮。第25 s之后，南北红灯常灭。

第25 s之后，东西红灯常亮。

结合图6-22，东西绿灯有两种状态：

(1) 闪亮：第20 s～23 s，T59即实现闪亮功能（结合最后两行程序）。

(2) 常亮：第0 s～20 s，南北红灯亮，但未到20 s。

T49位有效时间：1 s～23 s。用以点亮东西车灯（甲）。

东西黄灯点亮时间：23 s~25 s。

南北绿灯控制程序，类似上面的Q0.5控制程序。

南北车灯(乙)控制程序，类似上面的T49控制程序。

南北黄灯控制程序，类似上面的Q0.4。

闪烁电路。

图 6-24　交通灯控制系统程序

(4) 扩展思考。

① 结合图 6-22 中的时序图，体会各个定时器的作用。

② T49 和 T50 定时器的控制条件是否可以优化？

③ 如果要产生周期为 8 s、占空比为 3/4 的矩形波信号，应怎样设计相应的 PLC 程序？

6.5　皮带机控制系统

皮带机是带式输送机的简称，是一种连续运输物件的机械设备，广泛应用于工业自动化生产流水线、矿山运输系统、物流运输以及医院药品分类等行业。它主要完成物件的检测、调试、包装及运输等功能。实际工业生产过程中，常采用多条皮带配合使用以达到远距离传输的功能。

皮带机控制系统

本节主要分析皮带机系统的控制工艺，给出控制系统的开关量 I/O 分配表、硬件接线图以及 PLC 程序。

【例 6-9】 任务要求：皮带机控制系统如图 6-25 所示。系统按照“顺序启、逆序停”的顺序进行工作，即按下启动按钮，先启动最下端的皮带机(M4)，每隔 2 s 依次启动其他的皮带机；按下停止按钮，先停止最上端的皮带机(M1)，每隔 2 s 依次停止其他的皮带机；当某条皮带机发生故障时，该条皮带机及上方的皮带机应立即停止，下方的皮带机每隔 2 s 顺序停止，依此类推。

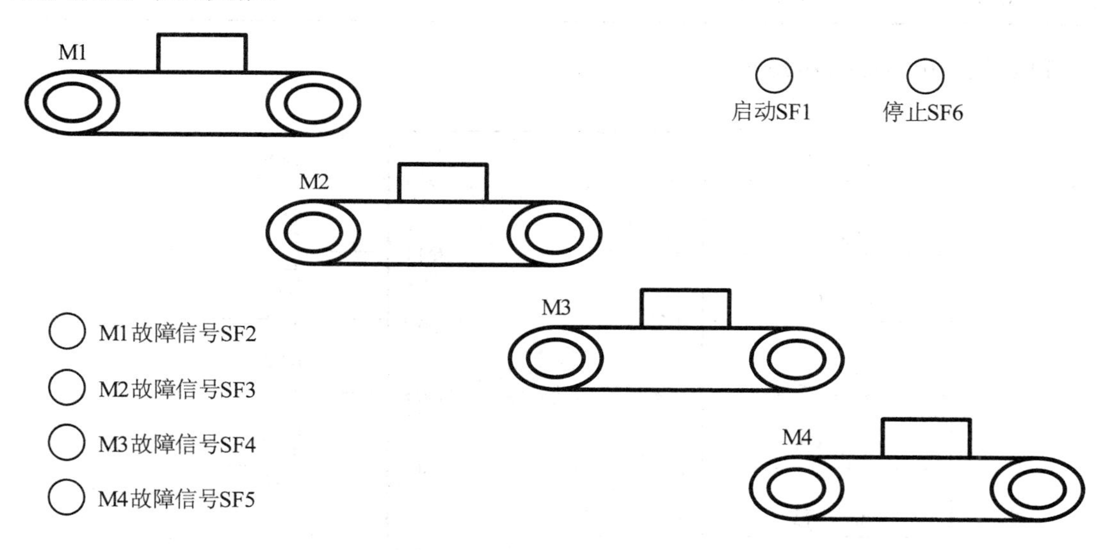

图 6-25　皮带机控制系统示意图

(1) 任务分析。

① 本系统按照时间原则顺序启动、逆序停止 4 个电机，需要用到定时器指令，可采用通电延时定时器 TON，亦可采用断电延时定时器 TOF，本系统采用前者。

② 本系统中 4 个电机的启动、停止条件较多，若直接采用输出线圈指令来控制电机启停则会比较麻烦，可采用置复位指令。

③ 本系统中 4 个电机的运行、停止、故障信号较多，可采用中间继电器 M 对每个状态设置标志位，便于程序的编写。

④ 本系统在设计时，应先考虑系统正常启停的控制程序，然后考虑故障时各个皮带机的停止条件。

⑤ 本系统需要完成多个时间的定时，使用定时器的数量较多，需要根据实际控制要求，准确找到各个定时器的启动、停止条件。

(2) I/O 分配表。

通过对皮带机控制系统的控制任务分析可知，本系统的开关量 I/O 点共有 10 个，其中输入点 6 个、输出点 4 个，具体 I/O 分配如表 6-11 所示。

表 6-11　皮带机控制系统 I/O 分配表

输　入	说　明	输　出	说　明
I0.0	启动按钮 SF1	Q0.1	M1 电机接触器 KM1
I0.1	M1 故障信号 SF2	Q0.2	M2 电机接触器 KM2
I0.2	M2 故障信号 SF3	Q0.3	M3 电机接触器 KM3
I0.3	M3 故障信号 SF4	Q0.4	M4 电机接触器 KM4
I0.4	M4 故障信号 SF5		
I0.5	停止按钮 SF6		

PLC 接口电路如图 6-26 所示。

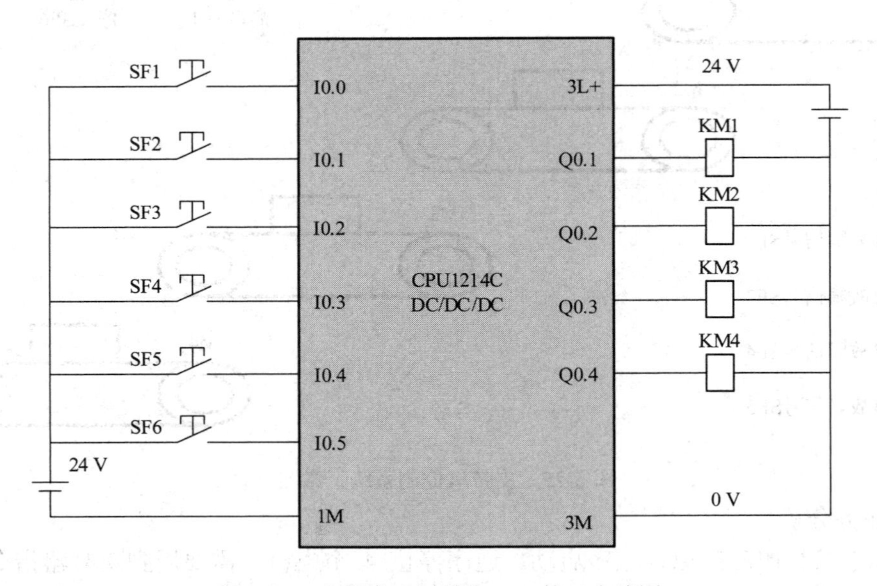

图 6-26　皮带机控制系统 PLC 接口电路图

(3) 系统 PLC 程序。

皮带机控制系统 PLC 程序如图 6-27 所示。

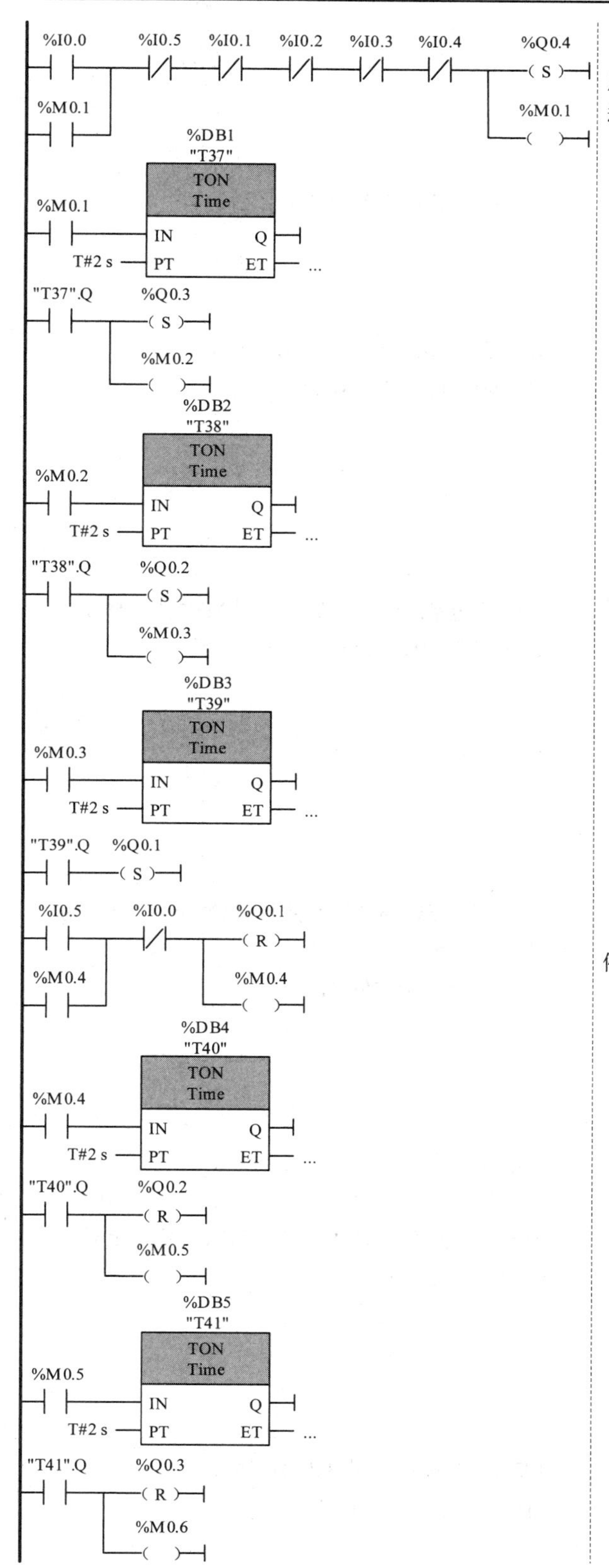

M4启动电路：按下启动按钮，在4条皮带机均未出现故障的情况下，首先启动M4。

建立M4运行标志位M0.1。

M3启动电路：T37为M3启动定时2 s。

建立M3运行标志位M0.2。

M2启动电路：T38为M2启动定时2 s。

建立M2运行标志位M0.3。

M1启动电路：T39为M1启动定时2 s。

M1停止电路：按下停止按钮，首先停止M1。

建立M1停止标志位M0.4。

M2停止电路：T40为M2停止定时2 s。

建立M2停止标志位M0.5。

M3停止电路：T41为M3停止定时2 s。

建立M3停止标志位M0.6。

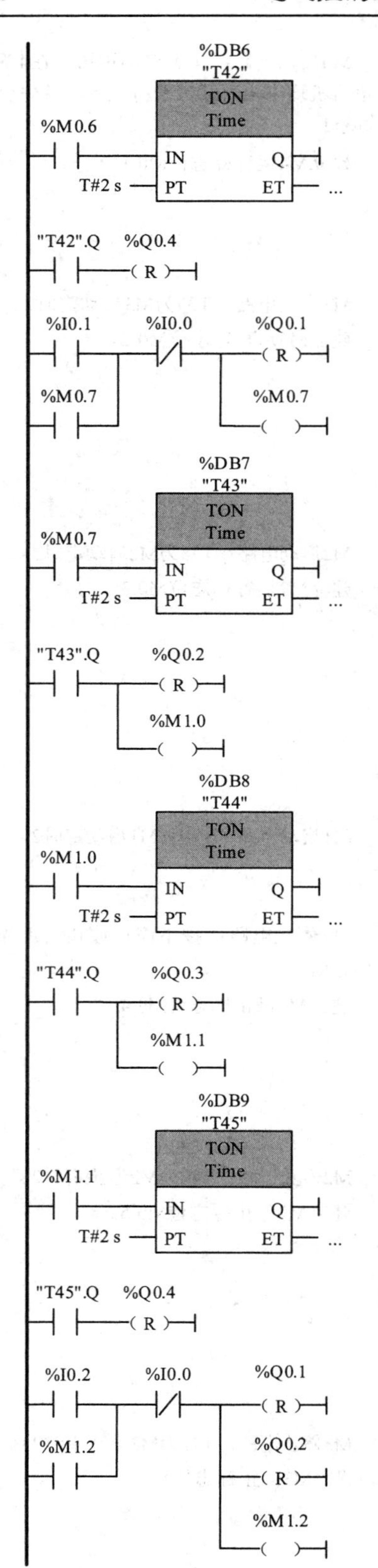

M4停止电路：T42为M4停止定时2 s。

M1故障电路：立即停止M1。

建立M1故障标志位M0.7。

M2停止电路：M1故障后，T43为M2停止定时2 s。

建立M2停止标志位M1.0。

M3停止电路：M1故障并且M2停止后，T44为M3停止定时2 s。

建立M3停止标志位M1.1。

M4停止电路：M1故障并且M2、M3停止后，T45为M4停止定时2 s。

M2故障电路：立即停止M1和M2。

建立M2故障标志位M1.2。

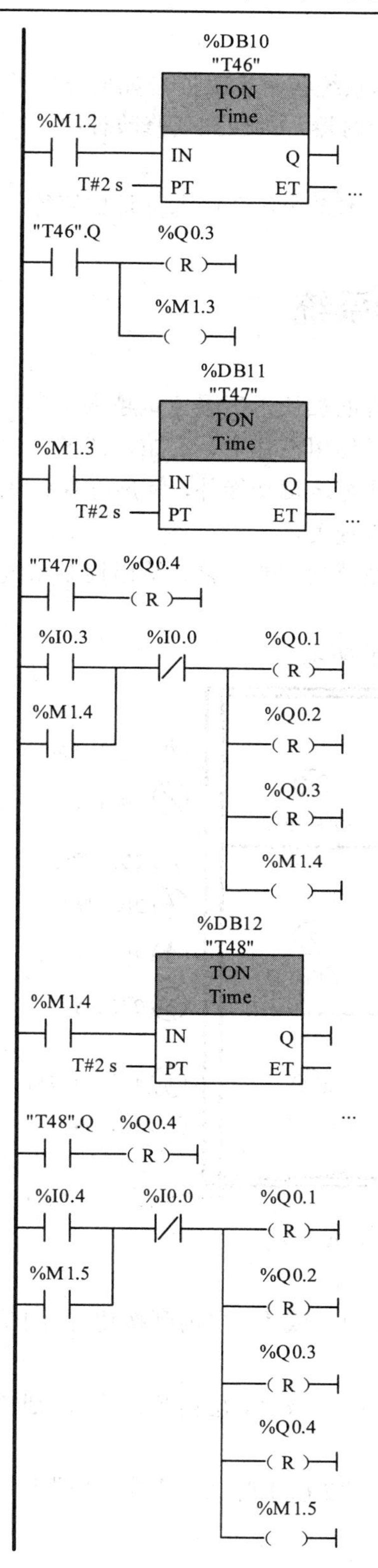

M3停止电路：M2故障后，T46为M3停止定时2 s。

建立M3停止标志位M1.3。

M4停止电路：M2故障并且M3停止后，T47为M4停止定时2 s。

M3故障电路：立即停止M1、M2和M3。

建立M3故障标志位M1.4。

M4停止电路：M3故障后，T48为M4停止定时2 s。

M4故障电路：立即停止全部电机。

建立M4故障标志位M1.5。

图 6-27　皮带机控制系统程序

(4) 扩展思考。

① 理解电动机顺序启动、逆序停止的思想，本系统各个定时器是如何复位的？若顺序启动采用 TON 型定时器，逆序停止采用 TOF 型定时器，则应如何修改程序？

② 体会置复位指令和输出线圈指令的异同。

③ 体会采用中间继电器 M 实现标志位的优点，本系统各个标志位是如何复位的？

6.6 电梯控制系统

随着社会经济的飞速发展和现代化城市建设进程的加快，高层建筑越来越多，电梯作为一种可以在建筑物内部实现垂直运输的工具，广泛使用在住宅、宾馆、商场、大型工厂等高层建筑中。电梯控制系统除了需要满足基本的载客运货功能外，还应在保证系统安全的前提下自动地、智能地选择最优的响应策略、运行速度。

本节以单部三层电梯系统为例，主要分析控制系统的控制工艺，给出控制系统的开关量 I/O 分配表、硬件接线图及 PLC 程序。

【例 6-10】 任务要求：电梯控制系统如图 6-28 所示。

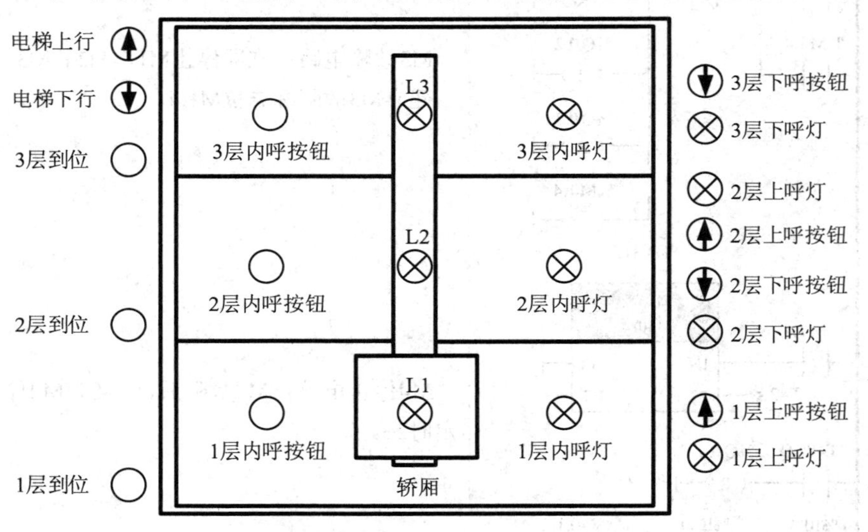

图 6-28　电梯控制系统示意图

具体要求如下：

① 当轿厢停于 1 层或 2 层时，按“3 层下呼按钮”或“3 层内呼按钮”，则轿厢上升至 3 层停。

② 当轿厢停于 3 层或 2 层时，按“1 层上呼按钮”或“1 层内呼按钮”，则轿厢下降至 1 层停。

③ 当轿厢停于 1 层时，若按“2 层下呼按钮”或“2 层上呼按钮”或“2 层内呼按钮”，则轿厢上升至 2 层停。

④ 当轿厢停于 3 层时，若按“2 层下呼按钮”或“2 层上呼按钮”或“2 层内呼按钮”，则轿厢下降至 2 层停。

⑤ 当轿厢停于 1 层时，若按“2 层上呼按钮”或“2 层内呼按钮”，同时按“3 层下呼按钮”或“3 层内呼按钮”，则轿厢上升至 2 层暂停，继续上升至 3 层停。

⑥ 当轿厢停于 1 层时，若按“2 层下呼按钮”，同时按“3 层下呼按钮”或“3 层内呼按钮”，则轿厢上升至 3 层暂停，转而下降至 2 层停。

⑦ 当轿厢停于 3 层时，若按“2 层下呼按钮”或“2 层内呼按钮”，同时按“1 层上呼按钮”或“1 层内呼按钮”，则轿厢下降至 2 层暂停，继续下降至 1 层停。

⑧ 当轿厢停于 3 层时，若按“2 层上呼按钮”，同时按“1 层上呼按钮”或“1 层内呼按钮”，则轿厢下降至 1 层暂停，继续下降至 2 层停。

⑨ 当轿厢停于 2 层时，若先按“3 层下呼按钮”或“3 层内呼按钮”，接着按“1 层上呼按钮”或“1 层内呼按钮”，则轿厢上升至 3 层停。

⑩ 当轿厢停于 2 层时，若先按“1 层上呼按钮”或“1 层内呼按钮”，接着按“3 层下呼按钮”或“3 层内呼按钮”，则轿厢下降至 1 层停。

(1) 任务分析。

① 生活中实际所乘坐的电梯往往是多部、多层以及群控模式，整个系统的开关量 I/O 点数往往多达上百个，控制逻辑过于复杂且群控策略难于设计。为了便于理解，本节以简化后的单部 3 层电梯为例来进行讲解(略去初始化、上下平层、超重故障、群控方案等内容)。即便如此，其逻辑关系对初学者而言也存在一定难度。

② 本系统控制要求中，较为复杂的是要求⑤、⑥、⑦、⑧。多个呼梯信号同时存在时，可以顺向截梯，但电梯响应的终点层应为电梯运行方向上距离当前层的最远方，响应到中间呼梯信号时只能暂停运行，之后依次响应下一个呼梯信号。为此，本系统设置了 4 个暂停标志位。这 4 个标志位的意义及对应要求如表 6-12 所示。

表 6-12　暂停标志位的意义及对应要求

标志位	意　义	对应要求
M2.4	电梯按 1→2→3 顺序响应，暂停在 2 层的标志位，2 s 后复位	⑤
M12.4	电梯按 1→3→2 顺序响应，暂停在 3 层的标志位，2 s 后复位	⑥
M2.2	电梯按 3→2→1 顺序响应，暂停在 2 层的标志位，2 s 后复位	⑦
M12.2	电梯按 3→1→2 顺序响应，暂停在 1 层的标志位，2 s 后复位	⑧

③ 本系统的要求⑨、⑩表示多个呼梯信号存在先后顺序，达到上下端楼层时，要将反向呼梯信号自动清除(不再响应)。

(2) I/O 分配表。

通过对电梯控制系统的控制任务分析可知，本系统的开关量 I/O 点共有 19 个，其中输入点 10 个、输出点 9 个，具体 I/O 分配如表 6-13 所示。

表 6-13　电梯控制系统 I/O 分配表

输　入	说　明	输　出	说　明
I0.1	1 层内呼按钮 SF1	Q0.1	1 层指示灯 L1
I0.2	2 层内呼按钮 SF2	Q0.2	2 层指示灯 L2
I0.3	3 层内呼按钮 SF3	Q0.3	3 层指示灯 L3
I0.4	1 层上呼按钮 SF4	Q0.4	1 层上呼灯 L4
I0.5	2 层下呼按钮 SF5	Q0.5	2 层下呼灯 L5
I0.6	2 层上呼按钮 SF6	Q0.6	2 层上呼灯 L6
I0.7	3 层下呼按钮 SF7	Q0.7	3 层下呼灯 L7
I1.0	1 层到位 BG1	Q1.0	电梯下行 KF1
I1.1	2 层到位 BG2	Q1.1	电梯上行 KF2
I1.2	3 层到位 BG3		

PLC 接口电路如图 6-29 所示。

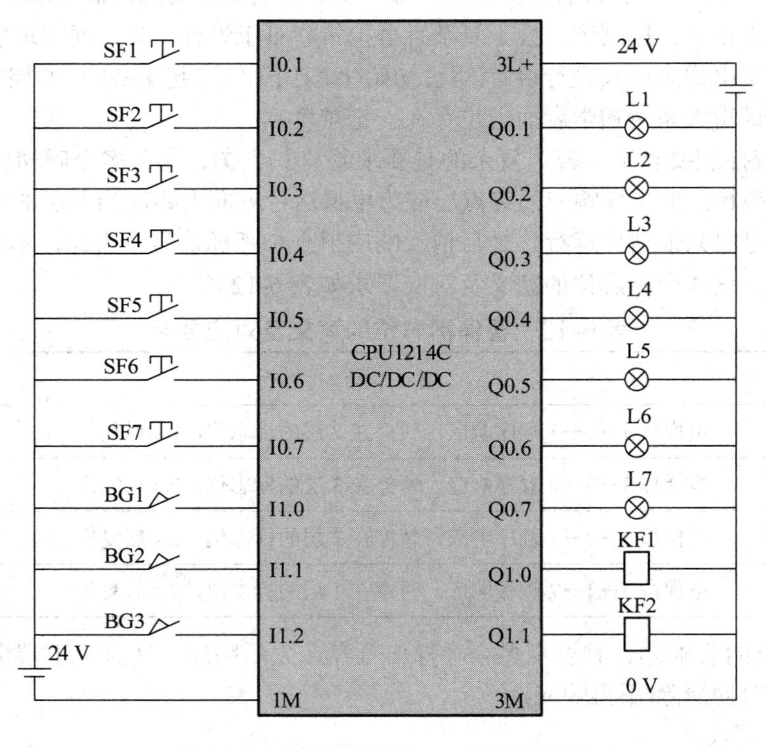

图 6-29　电梯控制系统 PLC 接口电路图

(3) 系统 PLC 程序。

电梯控制系统的 PLC 程序如图 6-30 所示。

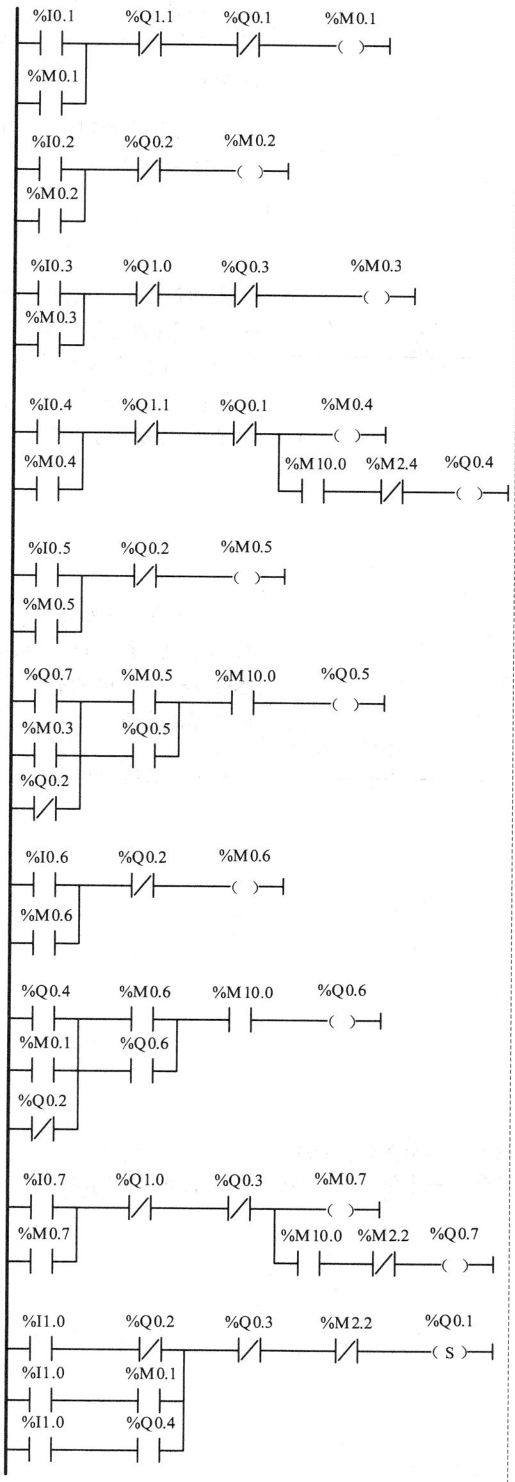

建立“1层内呼”标志位M0.1。当电梯上行或在1层时，不响应“1层内呼按钮”。

建立“2层内呼”标志位M0.2。当电梯在2层时，不响应“2层内呼按钮”。

建立“3层内呼”标志位M0.3。当电梯不下行或在3层时，不响应“3层内呼按钮”。

(1) 建立“1层上呼”标志位M0.4。

(2)“1层上呼灯”控制电路(Q0.4作为响应呼梯信号的依据)。当M2.4=1，即要求⑤中，电梯按1→2→3顺序运行并暂停在2层时，不响应“1层上呼按钮”。M10.0为初始化到1层标志位，运行后M10.0=1。

(1) 建立“2层下呼”标志位M0.5。

(2)“2层下呼灯”控制电路(Q0.5作为响应呼梯信号的依据)。① 不在2层时，M0.5直接决定Q0.5的状态。② 电梯由1→2→3运行时，优先响应3层内外呼信号，中间经过2层时不会停止，故保留Q0.5的状态。

(1) 建立“2层上呼”标志位M0.6。

(2)“2层上呼灯”控制电路(Q0.6作为响应呼梯信号的依据)。① 不在2层时，M0.6直接决定Q0.6的状态。② 电梯由3→2→1运行时，优先响应1层内外呼信号，中间经过2层时不会停止，故保留Q0.6的状态。

(1) 建立“3层下呼”标志位M0.7。

(2)“3层下呼灯”控制电路(Q0.7作为响应呼梯信号的依据)。当M2.2有效，即要求⑦中，电梯按3→2→1顺序运行并暂停在2层时，不响应“3层下呼按钮”。

“1层指示灯”控制电路：当存在1层内外呼信号，且到达1层时，置位Q0.1。(M2.2有效，即电梯按3→2→1顺序运行并暂停在2层。)

%Q0.1　%M10.0 (S)

%M10.0　%M0.1 (RESET_BF) 7

%I1.0　%M0.1　%M2.2　%Q0.2 (R)
%I1.0　%Q0.4

%M0.1　%I1.1　%M12.2　%Q0.1 (R)
%M0.2　%M12.4　%Q0.3 (R)
%M0.3　%Q0.1　%Q0.3　%M12.2　%M12.4　%Q0.2 (S)
%Q0.4
%Q0.5
%Q0.6
%Q0.7

%I1.2　%M0.3　%M2.4　%Q0.2 (R)
%I1.2　%Q0.7　%Q0.1　%M2.4　%Q0.3 (S)

"T39".Q　%Q0.2　%Q0.3　%Q1.0　%M10.0　%M2.2　%M12.2　%Q1.1 ( )
%Q1.1
%M0.2
%M0.3
%M0.5
%M0.6
%M0.7

"T40".Q　%Q0.2　%Q0.1　%Q1.1　%M10.0　%M2.4　%M12.4　%Q1.0 ( )
%Q1.0
%M0.1
%M0.2
%M0.4
%M0.5
%M0.6

M10.0：“初始化到1层”标志位。首次运行时，应初始化到1层（强制I1.0=1）。

由2层下降到1层后，复位“2层指示灯”。

达到2层后，复位“1层指示灯”(如出现步骤⑧的情况，待暂停时间结束后复位)、“3层指示灯”，同时置位“2层指示灯”。

当存在3层内外呼信号，且到达3层时，置位Q0.3。(M2.4=1时，电梯暂停在2层，不能置位。)

轿厢上行控制电路。

轿厢下行控制电路。

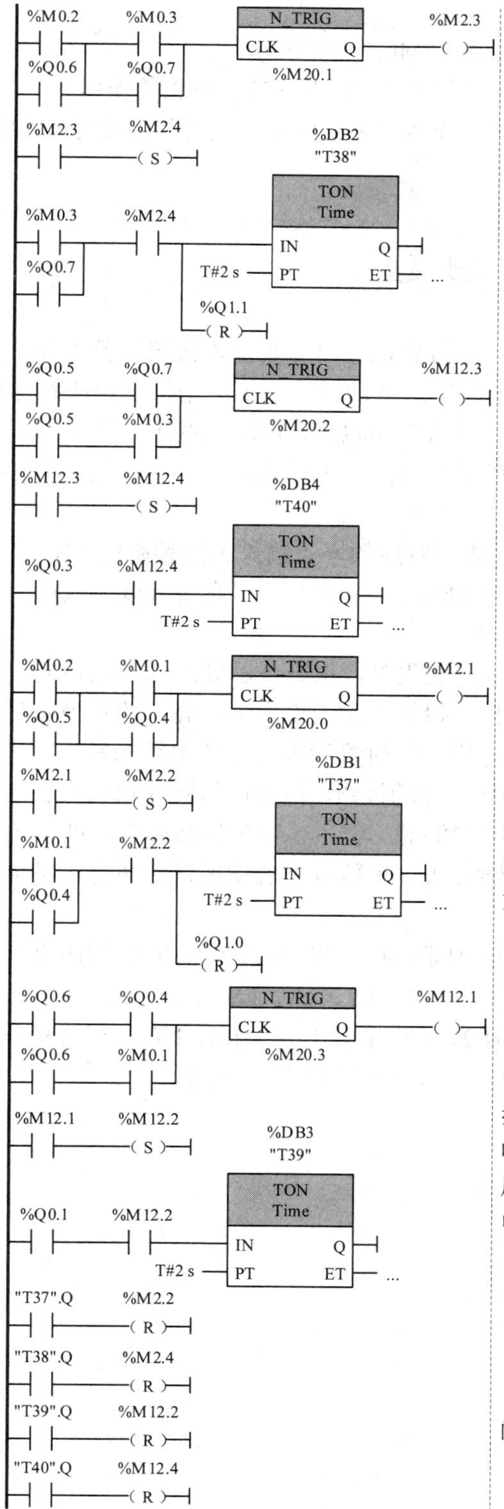

建立要求⑤中的暂停标志位M2.3(M2.4)。

要求⑤中，轿厢停于1层，若按“2层上呼按钮”或“2层内呼按钮”，同时按下“3层下呼按钮”或“3层内呼按钮”，电梯将按1→2→3顺序运行。到达2层，即下降沿有效，M2.3导通，置位M2.4，电梯暂停上升，2 s后复位M2.4，继续上升至3层。

建立要求⑥中的暂停标志位M12.3(M12.4)。

要求⑥中，轿厢停于1层，若按“3层下呼按钮”，同时按下“3层下呼按钮”或“3层内呼按钮”，电梯将按1→3→2顺序运行。到达3层，即下降沿有效，M12.3导通，置位M12.4，电梯暂停，2 s后复位M12.4，继续下降至2层。

建立要求⑦中的暂停标志位M2.1(M2.2)。

要求⑦中，轿厢停于3层，若按“2层下呼按钮”或“2层内呼按钮”，同时按下“1层上呼按钮”或“1层内呼按钮”，电梯将按3→2→1顺序运行。到达2层，即下降沿有效，M2.1导通，置位M2.2，电梯暂停下降，2 s后复位M2.2，继续下降至1层。

建立要求⑧中暂停标志位M12.1(M12.2)。

要求⑧中，轿厢停于3层，若按“2层上呼呼按钮”，同时按下“1层上呼按钮”或“1层内呼按钮”，电梯将按3→1→2顺序运行。到达1层，即下降沿有效，M12.1导通，置位M12.2，电梯暂停，2 s后复位M12.2，继续上升至2层。

对应要求⑤、⑥、⑦、⑧中的中间层暂停时间，定时时间到，复位各个暂停标志位。

图 6-30　电梯控制系统程序

(4) 扩展思考。

① 理解外呼标志位与外呼指示灯的区别(例如 M0.5 和 Q0.5)。

② 理解 4 个暂停标志位中的下降沿指令的作用和定时器(T37～T40)的作用。

③ 在本系统的基础上，查阅相关文献，结合多部多层电梯的实际控制要求，尝试设计两部六层的 PLC 程序。

本 章 习 题

1. 设计五人抢答器的 PLC 程序。要求：主持席设置“开始抢答按钮”及“开始抢答指示灯”，必须在主持人按下“开始抢答按钮”后才允许抢答，第一个按下抢答按钮的选手指示灯常亮，其余抢答按钮无效。提前抢答者将视为犯规，同时该选手的抢答指示灯闪烁、主持席的“开始抢答指示灯”失效，待确认犯规后，主持人按下复位按钮，所有指示灯熄灭，对该题进行重新抢答。

2. 设计三分频电路的 PLC 程序，要求：输出脉冲频率为输入脉冲频率的 1/3。

3. 现有七人组成的评委组，要求对某选手的表现进行投票，只有五人或五人以上进行投票，该选手才能晋级。设计相应的 PLC 程序。

4. 设计报警电路的 PLC 程序。要求：故障发生时，报警指示灯闪烁、电铃响。操作人员知道故障后，按下消铃按钮，将电铃关掉，报警灯由闪烁变为长亮。故障消除后，报警灯熄灭。此外，还要设置试灯、试铃按钮，用于平时检测报警灯和电铃的好坏。

5. 现有两台电机，要求完成以下功能：按下启动按钮，两台电机顺序启动，启动时间间隔为 5 s；按下停止按钮，逆序停止，停止时间间隔为 3 s；当出现故障时，两台电机立即停车，同时故障灯闪烁；故障消除后，故障灯灭，重新按下启动按钮，两台电机再次重新运行。

6. 某彩灯系统共有 10 个彩灯(L1～L10)，要求：按下启动按钮后，彩灯按照(L1、L3、L5)→(L2、L4、L6)→(L7)→(L8)→(L9)→(L10)→(L1、L2、L3、L8、L9、L10)→(L1、L5、L8)→(L1、L4、L7)→(L1、L3、L6)→(L1)→(L2、L3、L4、L5)→(L6、L7、L8、L9)→(L1、L3、L5)→(L2、L4、L6)依次每隔 1 s 循环点亮，设计相应的 PLC 程序。

第 7 章　PLC 过程控制系统编程实例

早期的 PLC 控制系统主要是为了替代工业生产中传统的继电器接触器控制系统，用以实现可靠性高、通用性强以及维护方便的电气逻辑控制系统。随着自动控制技术和数字处理器处理能力、速度和精度的不断提高，PLC 技术被越来越多地应用在工业过程控制领域中，如矿山、电力、水泥和造纸行业等。过程控制系统的被控变量大多为电压、电流、速度、压力、流量和温度等模拟量，它们往往通过闭环 PID 控制达到自动调节的目的。20 世纪 90 年代后，PLC 具备了控制大量模拟量的能力，可对多路模拟量同时进行 PID 调节。

本章首先介绍 PLC 控制系统中模拟量处理的方法以及 PID 控制算法，然后重点介绍两种生产实际中常见的过程控制系统：异步电机转速闭环控制系统和恒温箱温度闭环控制系统。通过分析这些控制系统的控制工艺，给出系统 I/O 分配表、硬件接口电路图和 PLC 程序，并同时介绍 HMI 技术的相关知识。

7.1　模拟量处理

连续变化的物理量称为模拟量信号，如电压、电流、温度和压力等。实际控制系统往往要求通过数字控制器对模拟量进行闭环控制，需要模拟量输入处理(采集模拟量输入信号并与给定信号进行比较)和模拟量输出处理(控制器运算的结果需要转换为模拟量输出信号去控制执行元件)。

模拟量处理

7.1.1　模拟量输入输出处理

模拟量输入处理分为信号检测、信号调理、信号数字化、信号标幺化等步骤。模拟量输入处理过程如图 7-1(a)所示。首先需要通过传感器将各种模拟量信号检测出来，然后通过变送器将传感器输出信号调理成数字控制器所能接收的标准电信号。标准电信号如表 7-1 所示。

表 7-1　数字控制器接收的标准电信号

信号类型	信号范围	满足标准	说　明
电压	0～10 V DC、−10～10 V DC	DDZ-Ⅱ	适合近距离信号传输(百米内)
电压	1～5 V DC	DDZ-Ⅲ(国际标准)	
电流	0～20 mA DC	DDZ-Ⅱ	适合远距离信号传输
电流	4～20 mA DC	DDZ-Ⅲ(国际标准)	

通过 PLC 的模拟量输入模块(A/D 转换模块)将标准电信号转换为数字控制器所能够处理的数字量(0～27 648)，以整型格式存放于 I 寄存器的字地址中。如有需要，再将 I 寄存器中的整型数字量转换为标幺值(0.0～1.0)。

模拟量输出处理过程与模拟量输入处理过程相反，分为信号反标幺化、信号模拟化以及信号调理等步骤。首先将控制器执行程序结束后所得到的标幺值(0.0～1.0)转换为整型数字量(0～27648)存放于 Q 寄存器的字地址中，然后通过 PLC 的模拟量输出模块(D/A 转换模块)将整型数字量转换为模拟量(标准电信号)，如有需要，可将标准电信号进一步调理为实际所需信号，最终去控制执行元件或进行仪表显示。模拟量输出处理过程如图 7-1(b)所示。

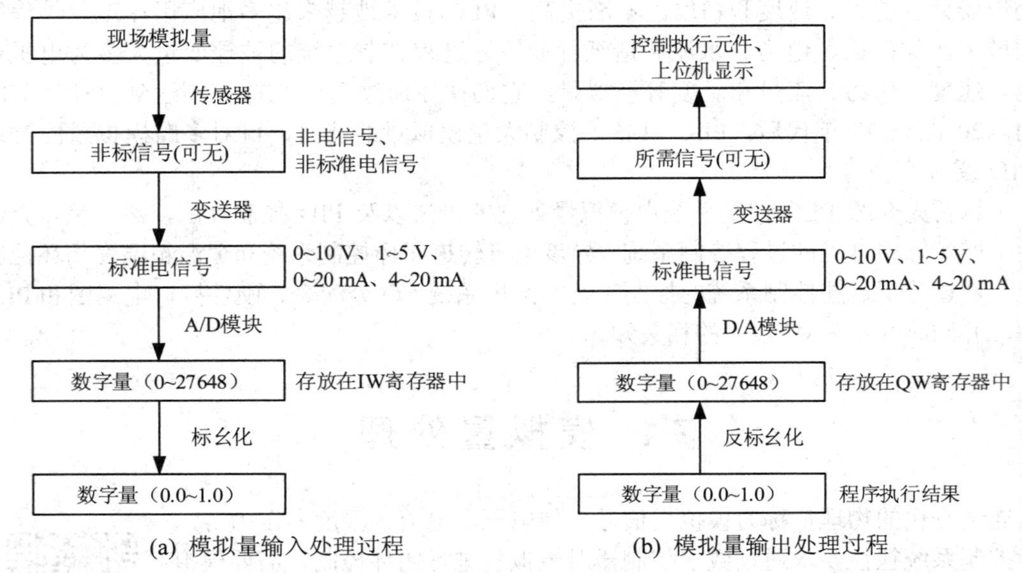

图 7-1　模拟量处理过程示意图

另外，需要说明一点：模拟量输入/输出模块中对应的整型数字量都是存放在 16 位的字地址中，其中最高位(第 15 位)为符号位，值为 0 代表正数，其余 15 位为数据位。通过计算可知，外部模拟量对应的数字量范围应为 −32 768～32 767，但是我们在取值的时候对应为 −27 648～27 648，这是为了留有 15%的“安全裕量”。假设外部模拟量(−10～+10)V 对应的数字量为 −32 768～32 767(满量程)，一旦外部模拟量稍微超过 10 V，对应的数字量将变为负值(最高位为 1)，严重影响系统的稳定性。

7.1.2　同一物理量在不同值域下的数值转换

无论是模拟量输入还是模拟量输出过程中，均需要把同一物理量信号在不同的值域之间进行数值转换。为了符合工业应用中力求简单、容易实现的原则，这些转换均应该满足线性关系。如变送器输出的模拟量信号(0～10 V、−10 V～10 V、4 mA～20 mA)需转换为 PLC 中的数字量，它们的转换关系如图 7-2 所示。

由图 7-2 可知：模拟量与数字量之间的对应关系为线性关系。(0～10)V 和(−10～10)V 的电压信号 x 对应的数字量 y 均可用式(7-1)计算得到：

$$y=\frac{27648}{10}\times x \tag{7-1}$$

(4～20)mA 的电流信号 x 对应的数字量 y 可用式(7-2)计算得到：

$$y=\frac{27648}{20-4}\times(x-4) \tag{7-2}$$

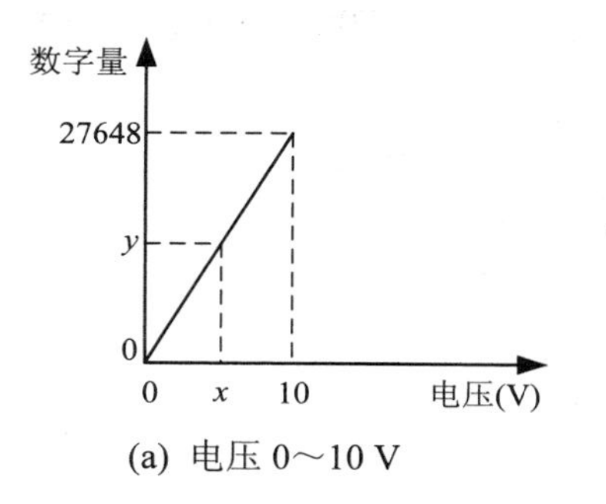

(a) 电压 0～10 V

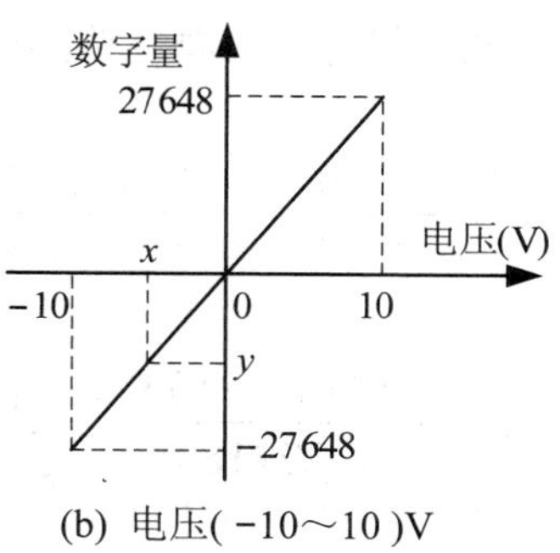

(b) 电压(−10～10)V

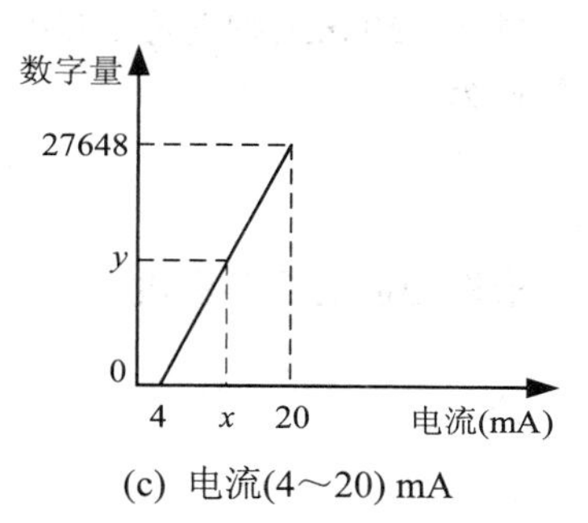

(c) 电流(4～20) mA

图 7-2　模拟量与数字量对应图

同一系统中不同物理量之间在比较或运算时，常采用标幺值。所以，在将外部模拟量转换为数字量后，还需进行标幺化处理。数字量 0～27 648、−27 648～27 648 与标幺值 0.0～1.0 之间的转换关系如图 7-3 所示。

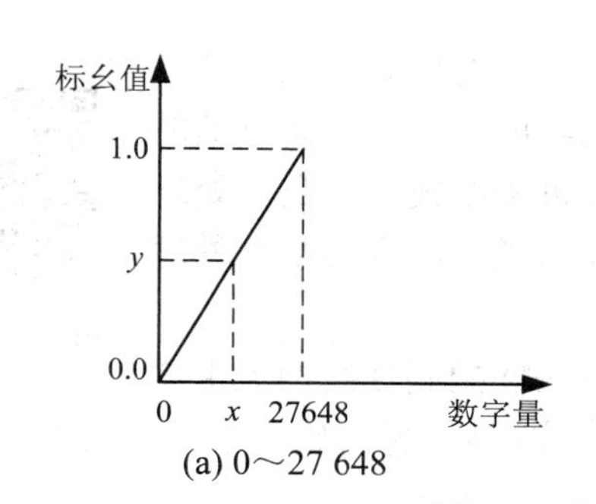

(a) 0～27 648

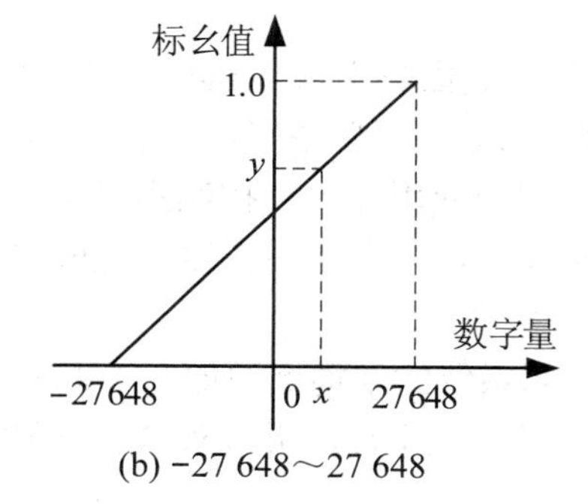

(b) −27 648～27 648

图 7-3　数字量与标幺值对应图

0～27 648 的数字量信号 x 对应的标幺值 y 可用式(7-3)计算得到：

$$y=\frac{1}{27648}\times x \tag{7-3}$$

−27 648～27 648 的数字量信号 x 对应的标幺值 y 可用式(7-4)计算得到：

$$y=\frac{1}{27648\times 2}\times x+0.5 \tag{7-4}$$

通过上述分析可知：同一信号在不同值域下的数值转换应满足简单的线性关系，读者可根据该原则自行分析其他对应关系，在此不再赘述。

【例 7-1】 某转速传感器输入量程为 0～1420 r/min，输出量程为 0～10 V，PLC 配置了 0～10 V 的模拟量输入模块，转换后的数字量为 0～27 648，现假设转换后的数字量为 x，试求当前的实际转速 n。

解　转速量程 0～1420 r/min、模拟量模块 0～10 V 以及数字量 0～27 648 均为一一对应的线性关系，转换公式为 $n = 1420 \times x/27648$。

【例 7-2】 某温度变送器输入量程为-100～100℃，输出量程为 4～20 mA，PLC 配置了 0～20 mA 的模拟量输入模块，转换后的数字量为 0～27 648，现假设转换后的数字量为 x，试求当前的实际温度 T。

解 PLC 配置的模拟量输入模块量程为 0～20 mA，包含了温度变送器输出量程 4～20 mA，故可以采集温度变送器输出的模拟量，因为 0～20 mA 对应 0～27648，实际物理量 4～20 mA 则对应 5530～27 648，同时对应温度传感器输入量程-100～100℃，转换公式为

$$\frac{T-(-100)}{x-5530}=\frac{100-(-100)}{27648-5530}$$

可求得当前的实际温度

$$T=\frac{200\times(x-5530)}{22118}-100$$

7.2 PID 控制算法

7.2.1 PID 控制理论

1922 年，美国科学家 Minorsky 提出了 PID 控制器的概念。由于其具有结构简单、易于实现且控制效果较好等优点，已经成为一种经典有效的控制方法被广泛应用在自动控制系统中。随着计算机控制技术和数字处理技术的不断发展，早期由模拟器件组成的 PID 控制器现已演变为数字处理器中的 PID 算法。

PID 控制算法

PID 控制系统的结构框图如图 7-4 所示。可知：PID 控制器结构上由比例、积分、微分三个环节并联而成，本质上属于串联滞后-超前校正装置，其目的是改善原系统的性能。

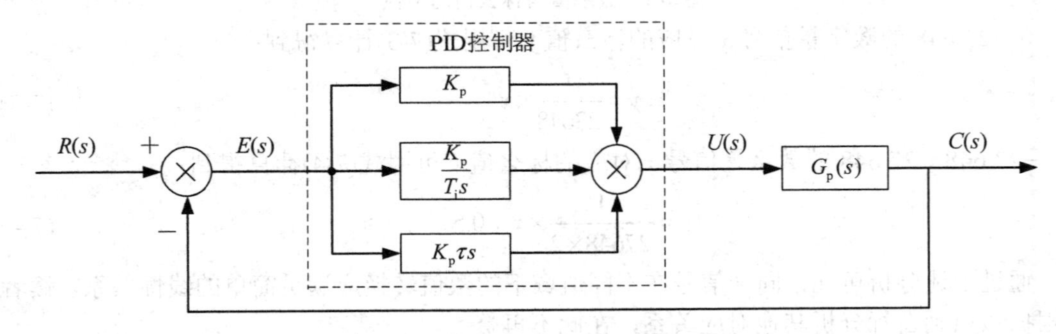

图 7-4 PID 控制系统结构框图

PID 控制算法的传递函数、微分方程分别如式(7-5)、式(7-6)所示：

$$G(s)=\frac{U(s)}{E(s)}=K_p+\frac{K_p}{T_i s}+K_p\tau s \tag{7-5}$$

$$u(t)=K_{\mathrm{p}}\left(e(t)+\frac{1}{T_{\mathrm{i}}}\int_{0}^{t}e(t)\mathrm{d}t+\tau\frac{\mathrm{d}e(t)}{\mathrm{d}t}\right) \tag{7-6}$$

式中，K_{p} 为比例系数，T_{i} 为积分时间常数，τ 为微分时间常数。这些参数对系统性能的影响如表 7-2 所示。

表 7-2　PID 参数对系统性能影响

参数	对应环节	作　用	改善的性能(参数增大)	恶化的性能(参数增大)
K_{p}	比例环节	主调节器	快速性↑、稳态误差↓	稳定性↓(超调量↑)
T_{i}	积分环节	调节稳态性能	快速性↓、稳定性↑	稳态误差↑
τ	微分环节	调节动态性能	快速性↑	鲁棒性↓、抗扰性能↓

7.2.2　PID 指令及使用

S7-1200 CPU 提供了 16 个 PID 控制回路，可同时对 16 个回路进行控制。用户可以手动调试回路参数，也可使用参数自整定功能自动调试参数。

PID 控制器的结构包含 3 个部分：PID 指令块、循环中断块以及工艺对象背景数据块。PID 指令块用以定义控制算法、提供输入输出接口；PID 指令块应放置在循环中断块中，即每隔固定时间调用中断执行 PID 运算一次；工艺对象背景数据块用以定义输入输出参数。

此外，S7-1200 CPU 还提供了 3 种不同控制算法的 PID 控制器，其类型和作用如表 7-3 所示。

表 7-3　PID 控制器类型

控制器类型	控 制 器 作 用
PID_Compact	通用 PID 控制器。采集控制回路中测量到的过程值，并与给定值进行比较，将比较得到的偏差经过 PID 运算后得到输出值，并将该输出值通过 D/A 模块输出至后续执行元件
PID_3Step	集成阀门调节功能的 PID 控制器。为电机驱动的阀门提供特定设置的 PID 控制器。可组态三种控制器：带位置反馈的、不带位置反馈的三点步进控制器、具有模拟量输出的阀门控制器。主要输出 4 mA～20 mA
PID_Temp	温度 PID 控制器，适用于加热或加热/制冷应用。为此提供了两路输出，分别用于加热和制冷。PID_Temp 也可用于其他控制任务。PID_Temp 可以级联，可以在手动或自动模式下使用。主要输出数字量 0、1

PID_Compact 指令的视图分为基本视图和扩展视图。基本视图中可以设置给定值、反馈值和输出值等基本参数，利用这些参数即可实现 PID 控制器最基本的控制能力；在扩展视图中可以设置更多参数，如手动/自动切换、上限/下限报警等，这些参数可以丰富控制器的功能。PID_Compact 指令块如图 7-5 所示。

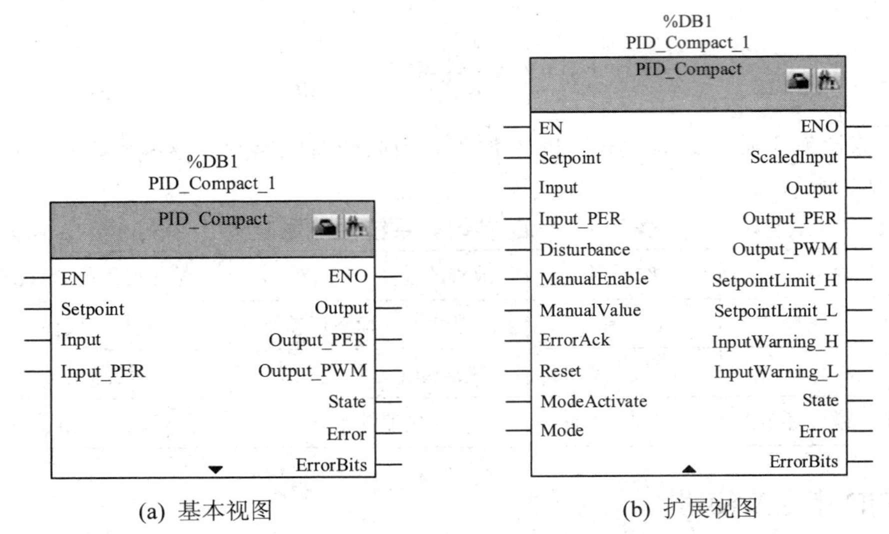

(a) 基本视图　　(b) 扩展视图

图 7-5　PID_Compact 指令块视图

PID_Compact 指令块的输入参数和输出参数说明分别如表 7-4 和表 7-5 所示。

表 7-4　PID 指令块输入参数说明

参　数	数据类型	参 数 说 明
Setpoint	Real	自动模式下的给定值(实数类型)
Input	Real	过程变量反馈值(实数类型)
Input_PER	Word	过程变量反馈值(整数类型)，可直接连接 IW 中模拟量地址
ManualEnable	Bool	手动/自动模式切换，上升沿设置为手动，下降沿设置为自动
ManualValue	Real	手动模式下的输出值
Reset	Bool	复位控制器和错误

表 7-5　PID 指令块输出参数说明

参　数	数据类型	参 数 说 明
ScaleInput	Real	当前的输入值
Output	Real	输出值(实数类型)
Output_PER	Word	输出值(整数类型)，可直接连接 QW 中模拟量地址
Output_PWM	Bool	PWM 输出
SetpointLimit_H	Bool	设定值超过上限时置 1
SetpointLimit_L	Bool	设定值低于下限时置 1
InputWarning_H	Bool	过程变量反馈值超过上限时置 1
InputWarning_L	Bool	过程变量反馈值低于下限时置 1
State	Int	控制器状态，详见表 7-6
Error	Int	错误代码，详见表 7-7

PID_Compact 控制器状态说明如表 7-6 所示。

表 7-6　PID 控制器状态说明

State	状 态 说 明
0=Inactive	第一次下载；有错误或 PLC 停机；输入端 Reset=1
1=Start Up 整定方式	相对应的调试过程进行中
2=Tuning in Run 整定方式	相对应的调试过程进行中
3=Automatic Mode 自动模式	0 到 1，上升沿，使能 Manual Mode(手动模式) 1 到 0，下降沿，使能 Automatic Mode(自动模式)
4=Manual Mode 手动模式	

PID_Compact 控制器错误代码说明如表 7-7 所示。

表 7-7　PID 控制器 Error 代码说明

错误代码(W#32#...)	代 码 说 明
0000 0000	无错误
0000 0001	实际值超过组态限制
0000 0002	参数 Input _PER 端有非法值
0000 0004	“运行自整定”模式中发生错误，反馈值的振荡无法被保持
0000 0008	“启动自整定”模式中发生错误，反馈值太接近于给定值
0000 0010	自整定时，设定值改变
0000 0020	PID 控制器处于自动状态，无法运行启动自整定
0000 0040	运行自整定时发生错误
0000 0080	输出的设定值限制为正确组态
0000 0100	非法参数导致自整定错误
0000 0200	反馈参数数据值非法，数据值超过范围(值＜-1E12 或＞1E12)
0000 0400	输出参数数据值非法，数据值超过范围(值＜-1E12 或＞1E12)
0000 0800	采样时间错误指令被 OB1 调用或循环中断块的中断时间被修改
0000 1000	设定值参数数据值非法，数据值超过范围(值＜-1E12 或＞1E12)

7.3　异步电机转速闭环控制系统

异步电机转速闭环控制系统

在工业实际生产和科学研究等诸多领域中，调速系统占有极为重要的地位，特别在国防、汽车、冶金、机械、石油等工业场合中具有举足轻重的作用。交流变频调速已被公认为是最理想、最有发展前景的调速方式之一。采用变频器构成交流变频调速系统的主要目的，一是为了满足提高劳动生产率、改善产品质量、提高设备自动化程度、提高生活质量及改善生活环境等要求；二是为了节约能源、降低生产成本。交流调速系统的工艺过程复杂多变且具有不确定性，同时对系统稳定性、快速性、稳态性能的要求均较高，用户可根据自己的实际工艺要求和应用场合选择不同类型的变频器。

将 PLC 技术应用到交流变频调速系统中，可以极大地提高系统的自动化程度、减少人工成本，同时提高工业生产效率。下面介绍基于 S7-1200 PLC 的交流异步电机转速闭环控制系统的实现。

7.3.1　系统整体方案

【例 7-3】 任务要求：现场有上位机(TIA V15 软件)、PLC(CPU1215C)、变频器(SINAMICS V20)以及电机机组(异步电机 + 直流电机)各一套，要求利用上位机和 PLC 实现对异步电机的转速闭环控制。

(1) 任务分析。

该系统主要由四个部分构成，即 CPU1215C 型 PLC、上位机、变频器 SINAMICS V20 和异步电机机组。通过上位机给 PLC 发出相关指令(启停、正反转、频率给定等)，PLC 执行完转速闭环控制算法后输出模拟量用于控制变频器的频率，变频器控制异步电机机组进行变频调速；通过电机机组上的直流测速发电机检测实际转速并反馈给 PLC 用以进行转速闭环控制，从而实现异步电机的无静差调速。

根据自动控制理论可知，为保证实际转速很好地跟踪给定转速，需对转速进行 PID 闭环控制，本系统的原理图如图 7-6 所示。

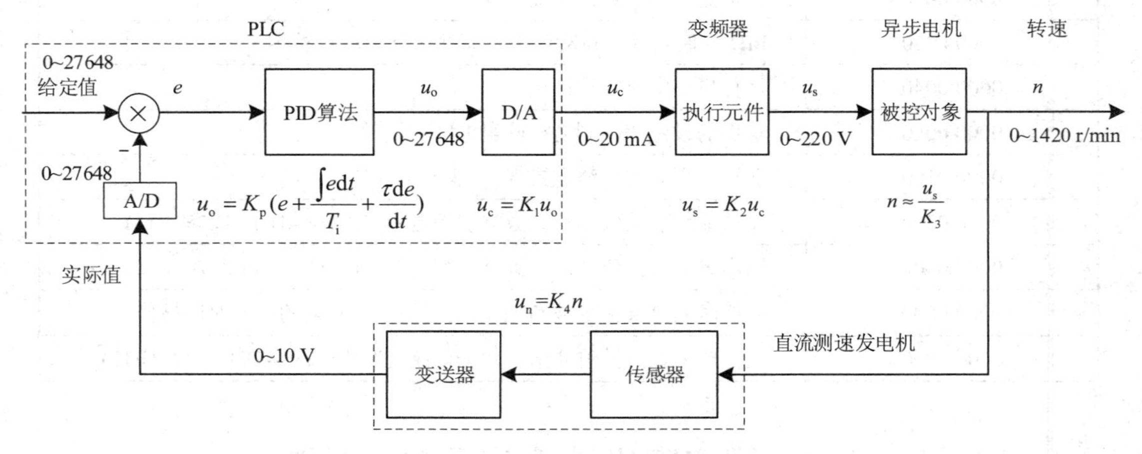

图 7-6　异步电机转速闭环控制系统原理图

由如图 7-6 可知：

① PLC 作为主控制器，其主要作用是：发出给定转速信号(数字量 0～27 648)；通过模拟量输入 AD 模块采集实际转速信号(数字量 0～27 648)；将给定转速与实际转速进行比较得到偏差；对转速偏差进行 PID 闭环控制算法，输出 PID 运算结果 u_o(数字量 0～27 648)；将 u_o 通过模拟量输出 DA 模块线性转换为 u_c(模拟量 0～20 mA)，作为变频器的控制电压。

② 变频器作为执行元件，其主要作用是：根据控制电压 u_c 指令产生电压和频率可调的三相交流电源(0～220 V)，最终对异步电机进行变频调速(0～1420 rpm)。

③ 直流测速发电机作为检测元件，其主要作用是：实时检测异步电机转速，并将其线性转化为标准电压信号(0～10 V)，送给控制器 PLC 进行闭环处理。

注意：图 7-6 中，除 PID 算法外，其余对应转换关系全部为线性对应。读者可结合自动控制理论知识，分析 PID 算法对控制系统的调节作用。

(2) I/O 分配表。

通过对调速系统的控制任务分析可知，本系统的开关量 I/O 点共有 2 个，均为输出点；模拟量 I/O 点共有 2 个，其中输入点 1 个、输出点 1 个。具体 I/O 分配如表 7-8 所示。

表 7-8　异步电机转速闭环控制系统 I/O 分配表

输　入	说　明	输　出	说　明
AI0(IW64)	实际转速	Q0.0	电机正转 KF1
		Q0.1	电机反转 KF2
		AQ0(QW64)	变频器控制电压

基于 S7-1200 PLC 的异步电机转速闭环控制系统接口电路如图 7-7 所示。

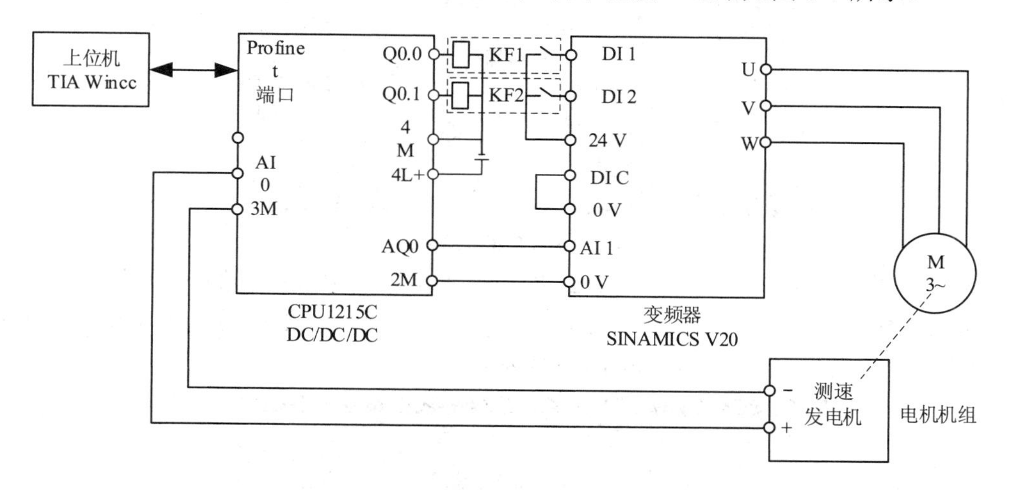

图 7-7　异步电机转速闭环控制系统接口电路图

系统主要设备清单如表 7-9 所示。

表 7-9　控制系统主要设备清单

序号	设备	型号	参　数	功 能 说 明
1	PLC	CPU1215C DC/DC/DC	14DI/10DO、2AI/2AO	采集数据、处理程序、输出控制
2	上位机	工控机	TIA V15	数据监控
3	变频器	SINAMICS V20	AC380 V、1 A	拖动电机变频调速
4	电机机组	异步电机+直流电机	AC380 V、1 A	被控对象+测速装置
5	功率电阻	陶瓷波纹	1 kΩ、1 A	负载

7.3.2　PID_Compact 控制器

异步电机转速闭环控制系统的核心为 PID 控制器，采用通用类型的 PID_Compact 控制器，首先介绍该控制器的实现方法。

1. 添加 PID 工艺对象

PID 属于工艺指令，应先增加 PID 工艺对象。步骤如下：

(1) 项目树中，双击“添加新设备”，添加“CPU1215C DC/DC/DC”，如图 7-8 所示。

图 7-8　添加 PLC 设备图

(2) 项目树中，双击“PLC_1 CPU1215C”→“工艺对象”→“插入新对象”，选择 PID_Compact 通用类型，并命名为“转速控制器”。背景数据块的编号为自动设置，如需修改，可点击“手动”进行修改，如图 7-9 所示。

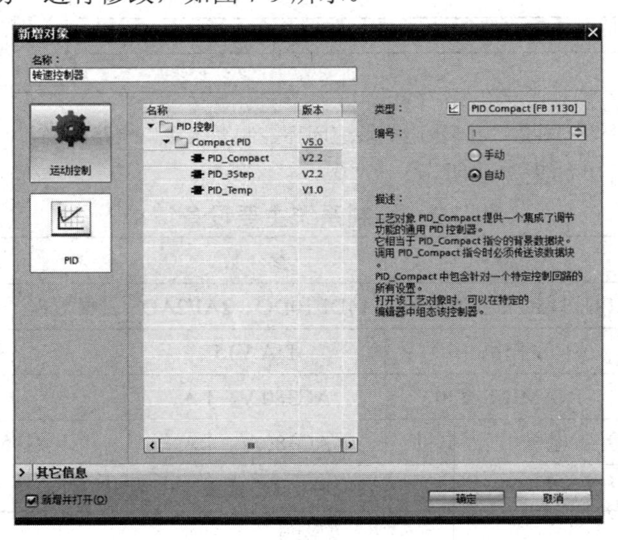

图 7-9　添加 PID 工艺对象

(3) 成功添加 PID 工艺对象后，项目树中“工艺对象”文件夹下会出现“转速控制器”选项，如图 7-10 所示。其有“组态”和“调试”两个功能。同时在“程序块”→“系统块”→“程序资源”下，出现 PID 指令对应的功能块 FB1130。如需使用 PID 指令，可将其直接拖放到程序段中。

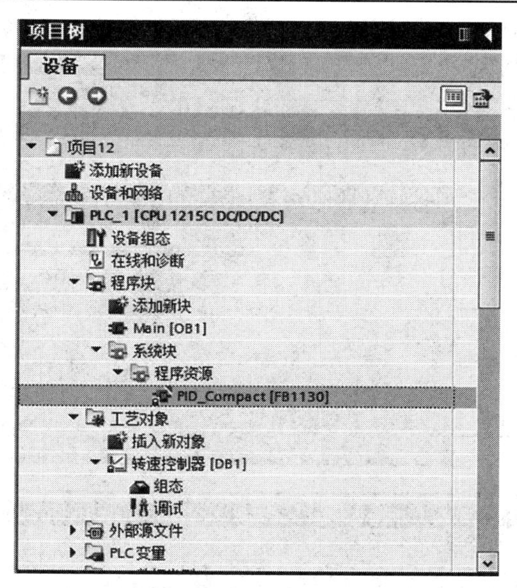

图 7-10　转速控制器

2. 将 PID 工艺对象加入到程序中

在外部模拟量进行 AD 转换的一个采样周期内，PID 指令执行的结果保持不变，且 PID 本身运算量较大、占用 CPU 资源较多。因此，PID 指令不必也不能在 CPU 的每个扫描周期执行一次。通常的做法是利用“循环中断块”每隔固定时间调用一次 PID 指令，具体过程如下：

(1) 项目树中，双击“PLC_1[CPU1215C]”→“程序块”→“添加新块”，添加一个名称为“Cyclic interrupt”的循环中断块，如图 7-11 所示。循环时间即为 PID 控制器的采样周期，可根据需要自行设置。

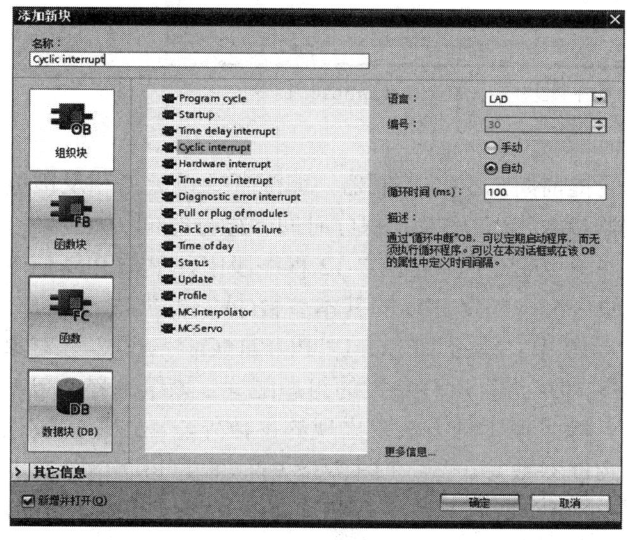

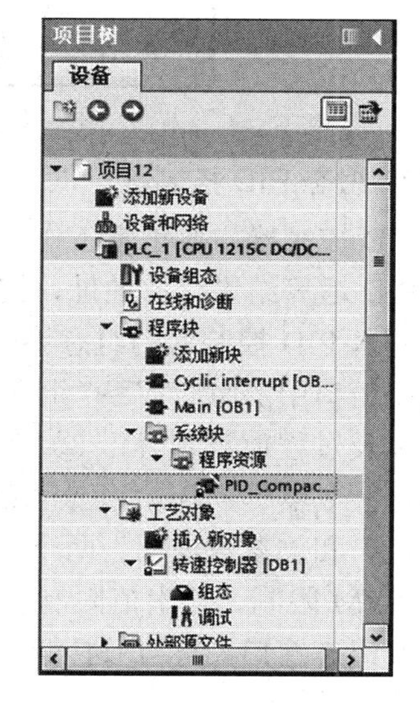

图 7-11　添加循环中断块

(2) 项目树中，双击打开“Cyclic interrupt [OB30]”程序块，将“程序资源”下的

“PID_Compact”指令添加到循环块中，并选择“转速控制器”，如图 7-12 所示。

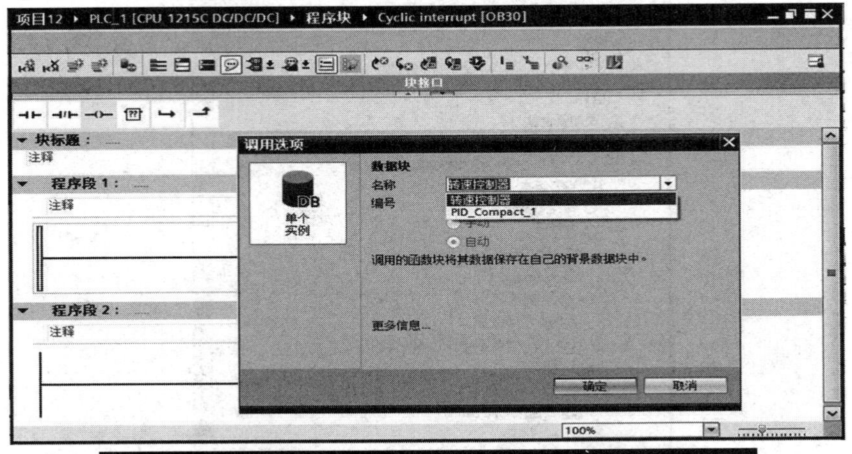

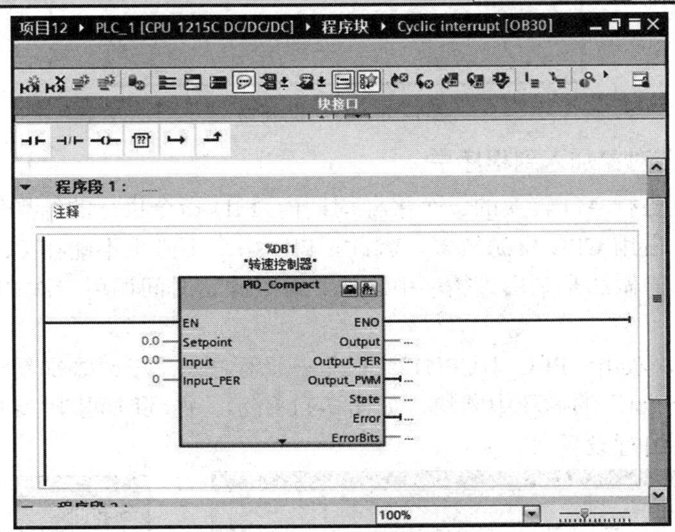

图 7-12　循环中断块中添加 PID_Compact 指令

3. 组态 PID 控制器

PID 控制器如要正常工作，需要提前组态 PID 控制器，即配置好设定值和反馈值的来源、PID 运算结果存放地址、控制器参数(比例增益、积分时间、微分时间等)。

进入 PID 控制器的组态界面有 3 种方法：① 在图 7-12 程序段中，单击 PID 指令，选择巡视窗口中的“属性”→“组态”，即可组态配置 PID 的基本参数(控制器类型、Input/Output 参数以及过程值设置等)。② 在图 7-10 中，单击“PLC_1[CPU1215C]”→“工艺对象”→“转速控制器”，双击“组态”选项，即可进行所有参数的组态配置。该组态界面包括“功能视野”和“参数视图”两个部分，除了第①种方法中出现的参数外，还可配置过程值监视、PWM 限制、输出值限制以及 PID 参数等。③ 在图 7-12 中，单击 PID 指令右上角的“打开组态窗口图标”，进入组态界面可对所有参数进行配置，该方法与第②种方法一致，如图 7-13 所示。

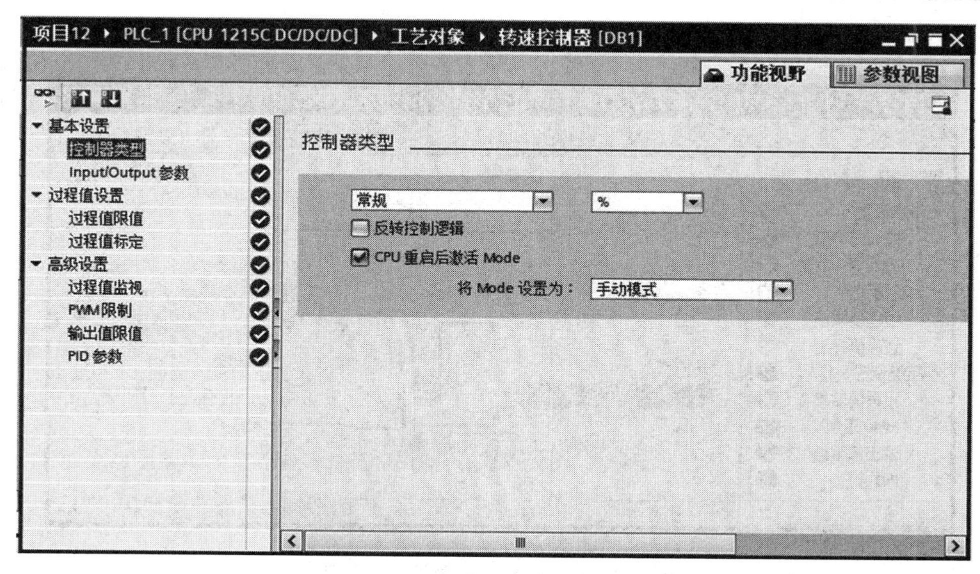

图 7-13　PID_Compact 控制器组态界面

1)　“控制器类型”设置

如图 7-13 所示，“控制器类型”可选择为常规、温度、压力、长度、电压、电流等不同的应用场合。在此，我们选择为“常规”控制。

“反转控制逻辑”：若勾选，则启用控制逻辑取反功能，主要应用在“随着控制偏差不断增大，输出值不断减小”的场合，如空调降温系统中，温度随着功率增加而下降。

“CPU 重启后激活 Mode”：若勾选，CPU 重启后自动激活 PID 功能，此时需要选择 PID 的 Mode(非活动、预调节、精确调节、自动模式、手动模式)。

参数设置结束后，左边导航器中的图标将显示组态完成情况的信息，图标及其意义如表 7-10 所示。

表 7-10　组态完成情况对应的图标

图标	颜色	意　　义
✔	蓝色	组态包含默认值且已完成。组态仅包含默认值，通过这些默认值即可使用工艺对象，而无需进一步更改
✔	绿色	组态包含用户定义或自动调整的值且已完成。组态的所有输入字段中均包含有效值，而且至少更改了一个默认设置
✖	红色	组态不完整或有缺陷。至少一个输入字段或可折叠列表不包含任何值或者包含一个无效值。单击时，弹出的错误消息会指示错误原因

本系统中，“控制器类型”设置界面中的参数选择为默认的常规控制即可。

2)　“Input/Output 参数”设置

“Input/Output 参数”主要有 3 个：Setpoint(设定值)、Input(过程反馈值)以及 Output(PID

输出值)，如图 7-14 所示，上述 3 个参数的意义如表 7-11 所示。

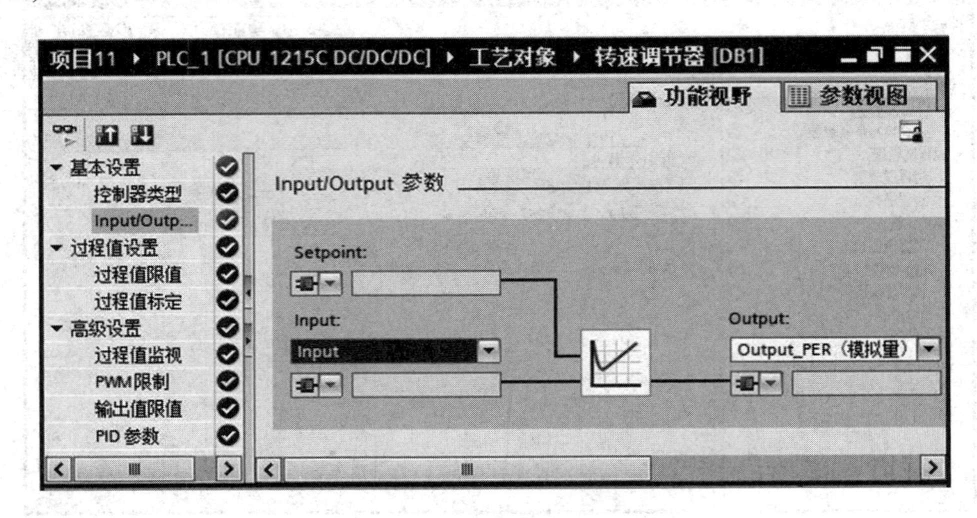

图 7-14　Input/Output 参数组态界面

表 7-11　Input/Output 参数设置

<table>
<tr><th>图标</th><th>可选项</th><th>意　义</th><th>备　注</th></tr>
<tr><td rowspan="2">Setpoint</td><td>指令</td><td>来源为变量地址，将给定值设置为可变值</td><td rowspan="7">(1) 第①种方法下的组态界面中包含“可选项”。
(2) 参数设置均可直接在程序块里对指令直接修改。
(3) Output 类型无论选择哪一种，全部类型的输出均有效</td></tr>
<tr><td>背景 DB</td><td>来源为背景数据块，将给定值设置为常值</td></tr>
<tr><td rowspan="2">Input</td><td>Input</td><td>过程值是处理后的实数值或用户程序变量(如：转换后的转速实际数值)</td></tr>
<tr><td>Input_PER
(模拟量)</td><td>过程值是一种 I/O 格式的整数值(AD 转换的数字量，模拟量输入地址可直接作为输入)</td></tr>
<tr><td rowspan="3">Output</td><td>Output_PER
(模拟量)</td><td>输出值为整数格式的数字量(0～27 648)，可直接输出至模拟量输出地址</td></tr>
<tr><td>Output</td><td>输出值为 0.0%～100.0%</td></tr>
<tr><td>Output_PWM</td><td>输出为 PWM 波，占空比为“Output”输出值</td></tr>
</table>

本系统中，“Input/Output 参数”设置界面中的参数选择为：Setpoint 为“指令”、Input 为“Input”、Output 为“Output_PER(模拟量)”。

3) “过程值”设置

“过程值”设置有两个：过程值限值和过程值标定，其界面分别如图 7-15 和图 7-16 所示。

“过程值限值”包括过程值上限、过程值下限，该参数对应于“Input”输入类型的限值。当实际过程值超过设定限值时，PID 运算出错并取消调节操作(ErrorBits = 0001H)。可在“输出值限值”中组态 PID 控制器如何在自动模式下对错误进行响应。

“过程值标定”：该参数对应于“Input_PER”输入类型的限值。如果已在基本设置中组态了 Input_PER 参数，则必须将 AD 转换后的数字量范围(0～27648)转换为过程值范围

(物理量的真实值，如转速 0～1420 r/min)。如果过程值与数字量成正比，则可使用上下限两个值对来标定 Input_PER。这样很容易将 AD 模块得到的数字量转换为实际过程值。

本系统中，“过程值”设置界面中，将“过程值上限”改为 1500.0。

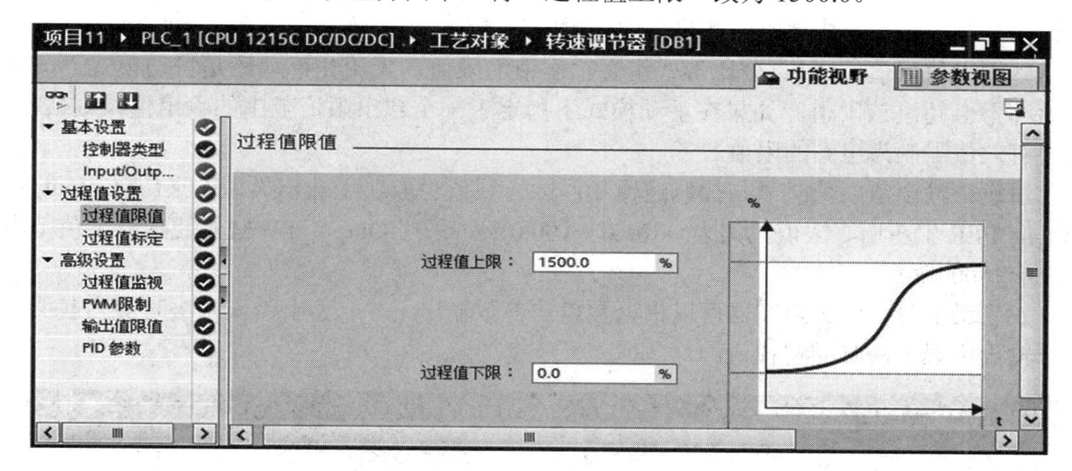

图 7-15　过程值限值组态界面

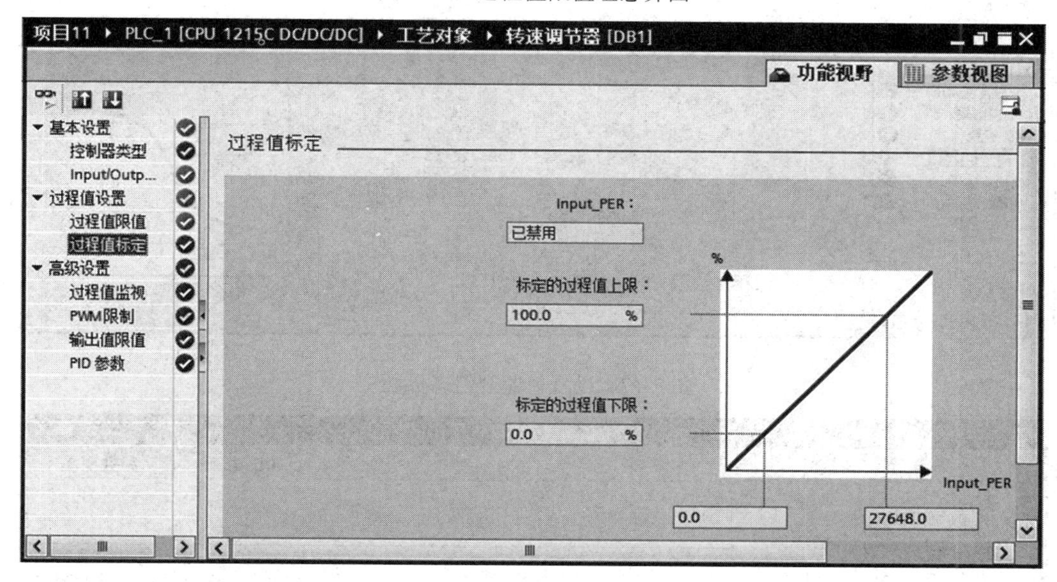

图 7-16　过程值标定组态界面

4) 高级设置

高级设置主要有 4 个参数，分别为过程值监视、PWM 限制、输出值限制和 PID 参数，其界面分别如图 7-17～图 7-20 所示。

“过程值监视”：对过程值超限进行报警。如果过程值超过警告的上限值，则输出参数 InputWarning_H = True；如果输入的值超过图 7-15 和图 7-16 的过程值上限，则自动将过程值上限用作警告上限。如果过程值小于警告的下限值，则输出参数 InputWarning_L = True；如果输入的值小于图 7-15 和图 7-16 的过程值下限，则自动将过程值下限用作警告下限。

"PWM 限制"：组态 PID 控制器 Output_PWM 脉冲输出的最短接通时间(高电平)和最短关闭时间(低电平)。如果已选择 Output_PWM 作为输出值，则将输入的数值作为 Output_PWM 的最短接通时间和最短关闭时间；如果已选择 Output 或 Output_PER 作为输出值，则必须将最短接通时间和最短关闭时间设置为 0.0 s。

"输出值限值"：以百分比形式组态输出值的限值，无论在手动还是自动模式下，输出值都不会超过该限值。如果在手动模式下指定了一个超出限值范围的输出值，则 CPU 会将有效值限制为组态的限值。

注意：输出值限值必须与控制逻辑相匹配。限值也取决于输出类型，采用 Output 和 Output_PER 输出时，限值范围为(−100.0～100.0)%；采用 Output_PWM 输出时，限值范围为 0.0～100.0%。

发生错误时，PID 控制器可以根据预设的参数输出 0，或输出错误未决时的当前值，也可输出错误未决时的替代值。

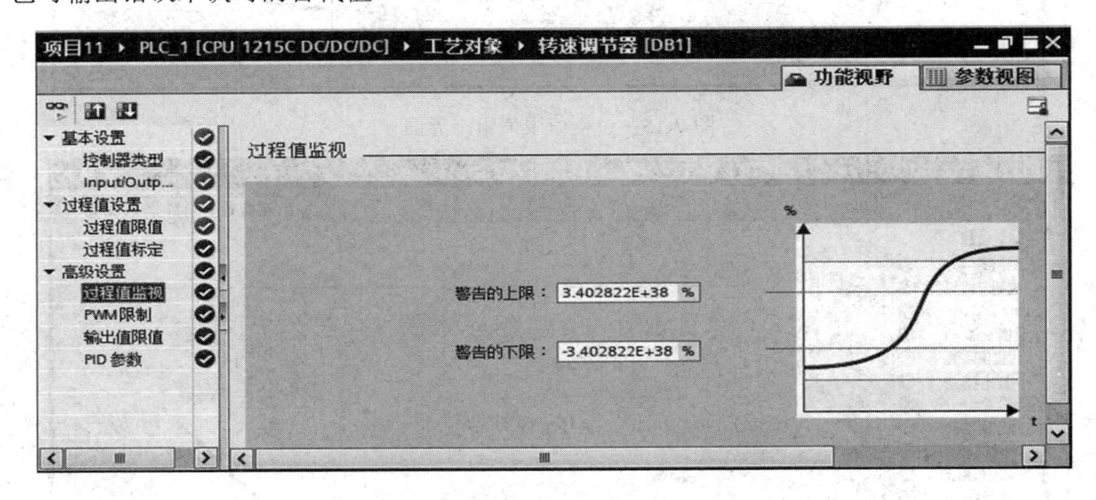

图 7-17　过程值监视组态界面

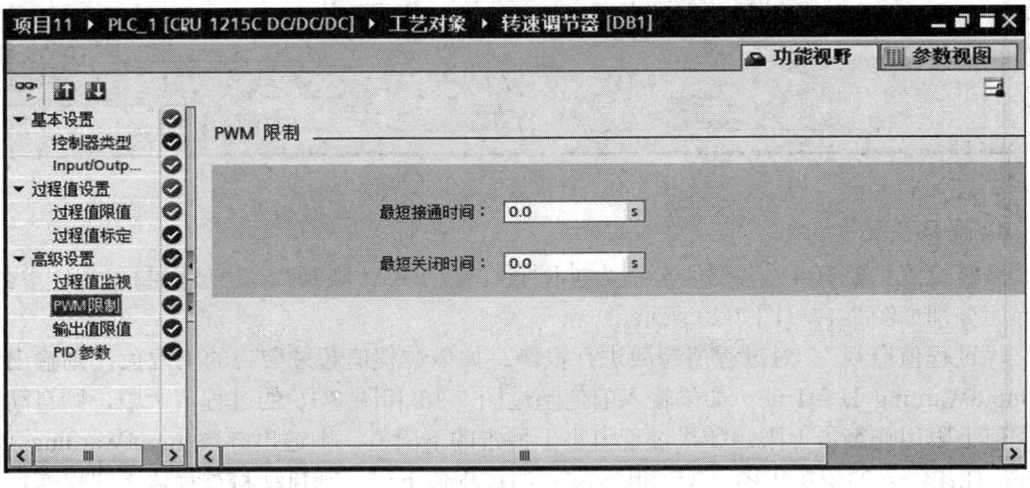

图 7-18　PWM 限制组态界面

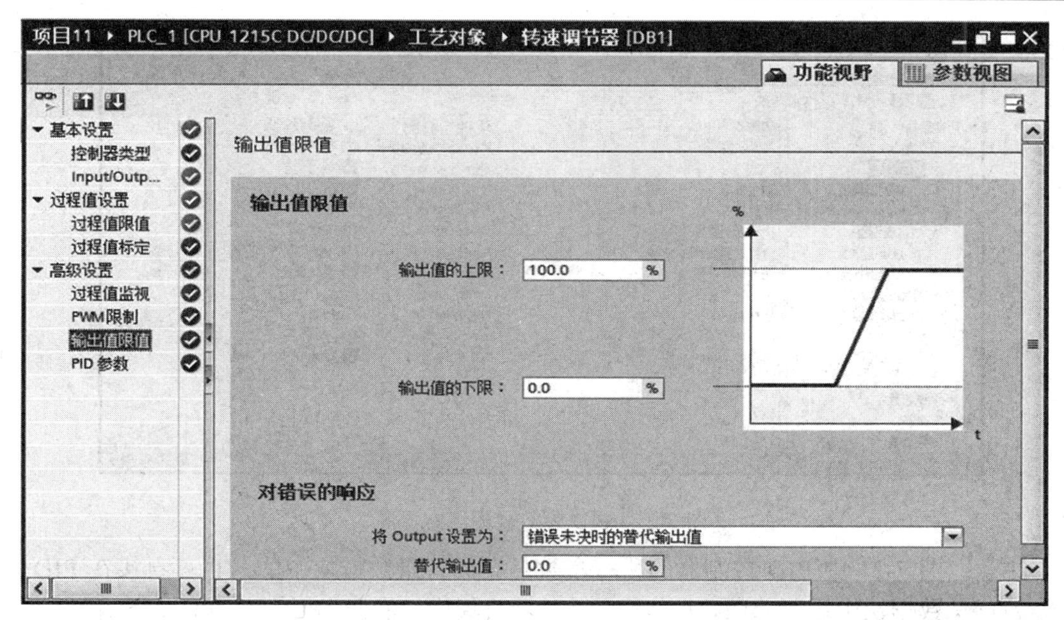

图 7-19　输出值限值组态界面

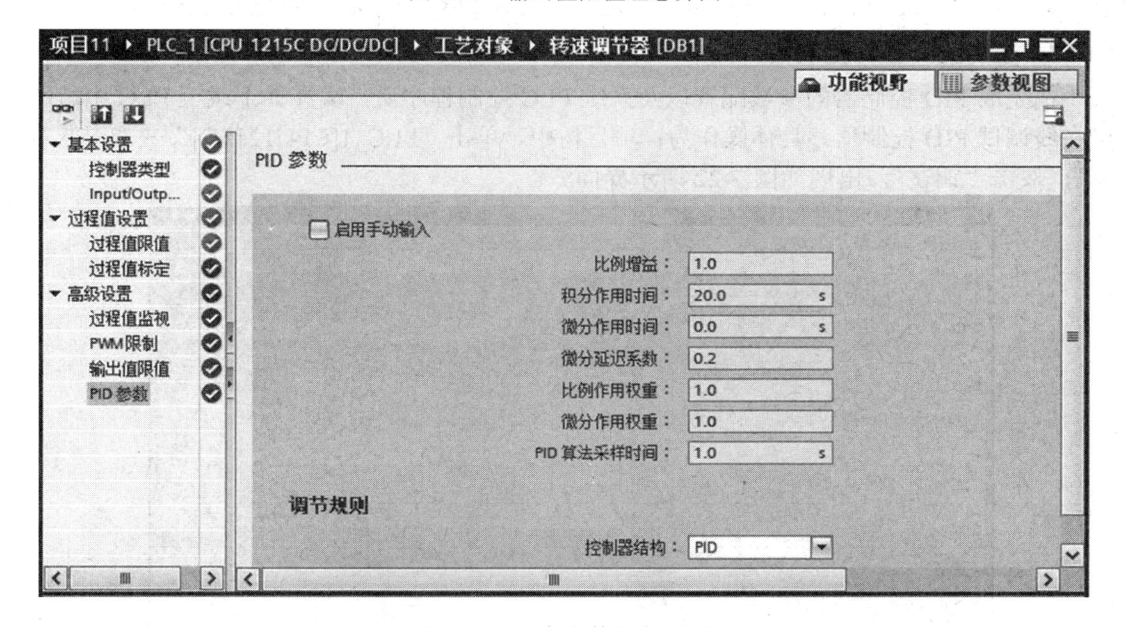

图 7-20　PID 参数组态界面

“PID 参数”：手动调节 PID 控制器参数，同时可手动选择 PID 结构(PID/PI)。

本系统中，“高级设置”设置界面中的参数选择为默认即可。

5) “参数视图”界面组态

PID 控制器的组态界面包括“功能视图”和“参数视图”两个界面，以上第 1)步到第 4)步都是在“功能视图”下配置的。在“参数视图”中也可进行相同的操作，如图 7-21 所示。

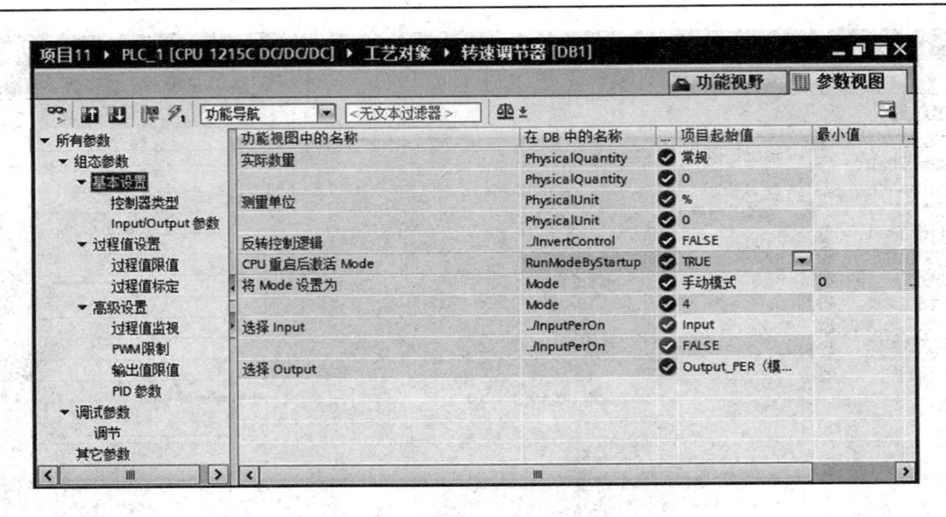

图 7-21　PID 参数视图组态界面

注意：图 7-21 中 PID 控制器的所有参数是存放背景数据块中的，也可直接在 PID 控制器的背景数据块中进行修改，具体操作为：项目树中，单击“PLC_1[CPU1215C]”→“工艺对象”→“转速控制器”，右键单击，选择“打开 DB 编译器”，即可进行参数修改。

4. 在线调试 PID 控制器

在完成 PID 控制器的参数配置以及系统 PLC 控制程序后，编译并下载至 PLC 中，即可在线调试 PID 控制器。具体操作为：项目树中，单击“PLC_1[CPU1215C]”→“工艺对象”，双击“调试”，出现如图 7-22 所示界面。

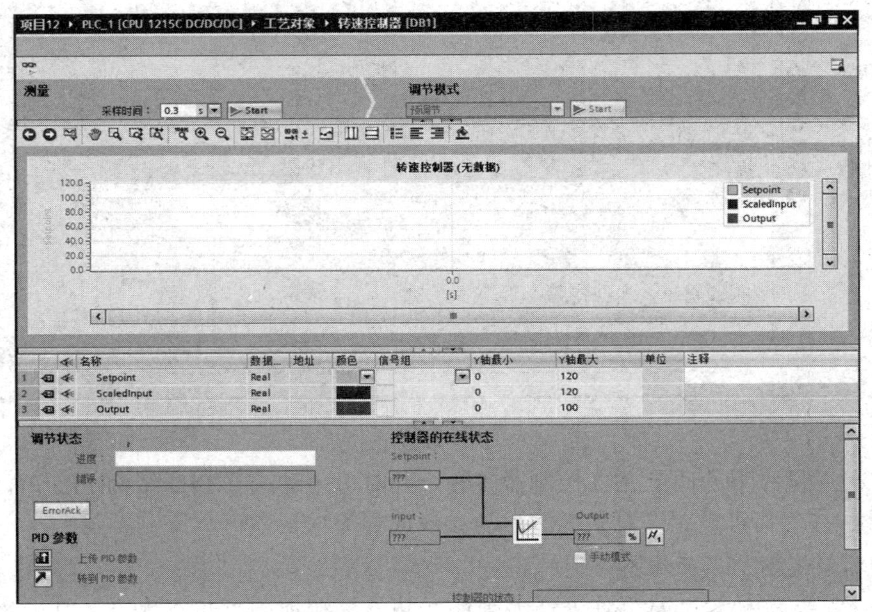

图 7-22　PID 控制器调试界面

按下左上角的“Start”按钮，开始在线调试，通过“调节状态”观察调试进度和有无错误。调试结束后，给出优化后的 PID 参数，用户可单击左下方的“上传 PID 参数”将优化后的 PID 参数由 PLC 里上传到电脑中的软件项目中来。

PID 控制器的参数调节模式分为“预调节”和“精确调节”两种。其调节过程为：如果满足预调节的要求，则启动预调节，已确定的 PID 参数将用于控制，直到控制回路已稳定并且满足精确调节的要求为止，之后启动精确调节；如果无法实现预调节，PID 控制器将根据已组态的响应对错误作出反应；如果预调节的过程值已经十分接近设定值，则将尝试利用最小或最大输出值来达到设定值，这可能会增加超调量。

1) 预调节方式

预调节功能利用系统的单位阶跃响应，确定响应曲线的拐点。根据被控系统的上升时间和恢复时间计算 PID 参数。

启动预调节功能的条件如下：

(1) PID 控制器处于“未激活”或“手动模式”或“自动模式”。

(2) 设定值和过程值均处于组态的限值范围内。

(3) 设定值与过程值的差值大于过程值上限与过程值下限之差的 30%。

(4) 设定值与过程值的差值大于设定值的 50%。

如果执行预调节时未发生错误，则 PID 参数调节完毕后切换到自动模式并使用已调节的参数。在电源关闭或者重启 CPU 期间，已调节好的 PID 参数保持不变。如果无法实现预调节，PID 调节器将根据已组态的响应对错误作出反应。

2) 精确调节方式

精确调节功能使过程值出现恒定受限的振荡，根据振幅和周期调节 PID 参数，所有 PID 参数都根据结果重新计算。精确调节得出的 PID 参数通常比预调节得出的 PID 参数具有更好的控制性能和抗扰性能。可在同时执行预调节和精确调节时获得最佳 PID 参数。

启动精确调节功能的条件如下：

(1) PID 控制器处于“未激活”或“手动模式”或“自动模式”。

(2) 设定值和过程值均在组态的限值范围内。

(3) 在操作点处，控制回路已稳定。过程值与设定值一致时，表明到达了操作点。

(4) 不能被干扰。

如果在精确调节期间未发生错误，则 PID 参数调节完毕后切换到自动模式并使用已调节的参数。在电源关闭或者重启 CPU 期间，已调节好的 PID 参数保持不变。如果在精确调节期间出现错误，PID 调节器将根据已组态的响应对错误作出反应。

7.3.3 变频调速系统

早期的交流电力拖动控制场合(如小容量风机、水泵等)经常采用全压启动方式，直接将电动机接入工频电网中，该启动方式对电网、电动机及负载冲击较大。为了保证系统的可靠性，出现了星三角降压启动、软启动等降压启动方式，虽然改善了系统启动的平滑性，但无法满足某些场合(如矿井提升机、造纸机等)的调速要求。因此，产生了变极对数、转子侧串电阻、液力耦合器等调速方式，但这些方式存在有级调速、浪费能源、调速范围窄及效率低等问题。随着电力电子技术和控制技术的发展，又出现了变压变频调速装置(变频器)，可以很好地解决电动机在启动和调速方面存在的上述问题。

目前，实际工业生产电力拖动系统中大多采用变频器对交流电机进行变频调速，本系统采用西门子公司的 SINAMICS V20 变频器。其工作原理为：将三相工频电网整流成直流电，再通过逆变器产生电压和频率可调的三相交流电施加到异步电机三相定子绕组中，进而实现异步电机的变频调速。变频调速的基本原理可用式(7-7)加以描述。

$$\begin{cases} U_{\mathrm{s}} \approx E_{\mathrm{g}} = 4.44 f N_{\mathrm{s}} k_{\mathrm{N}} \Phi_{\mathrm{m}} \\ n = \dfrac{60 f}{p}(1-s) \end{cases} \tag{7-7}$$

式中，U_s 为定子相电压有效值，f 为定子电源频率，n 为电机转速，E_g 为定子感应电动势有效值，Φ_m 为气隙磁通，N_s 为定子绕组匝数，k_N 为定子基波绕组系数，s 为转差率，p 为极对数。

根据式(7-7)可知：为了保证气隙磁通恒定，在采用定子电压补偿的基础上，只要保证 U_s/f 为常值，即定子电源电压改变的同时，改变电源频率，进而改变转速 n。

1. 异步电机机组参数

本系统被控对象为异步电机机组，包括一台异步电机和同轴相连的直流电机，其机组参数如表 7-12 所示。

表 7-12　异步电机机组参数

电　机	参　数	数　值	电　机	参　数	数　值
异步电机(被控对象)	接法	Y/△	直流电机(测速)	额定电压	220 V
	线电压	380 V / 220 V		励磁电压	220 V
	线电流	0.3 A / 0.5 A		额定电流	1.1 A
	额定频率	50 Hz		额定功率	200 W
	额定功率	100 W		额定转速	1600 r/min
	额定转速	1420 r/min			

2. 变频器参数设置

变频器参数应根据控制方式和所拖动的异步电机实际参数进行设置，本系统通过 PLC 对变频器进行外部端子控制，且异步电机选择为△型接法，基本参数设置如表 7-13 所示。

表 7-13　变频器基本参数设置

序号	参数	出厂值	设定值	功 能 说 明
1	连接宏	Cn000	Cn002	通过端子控制变频器
2	应用宏	AP000	AP000	应用场合类型(不更改任何参数设置)
3	P0003	1	2	用户访问等级(扩展)
4	P0100	0	0	电机额定频率 50 / 60 Hz(50 Hz)
5	P0304	400	220	电机额定电压(220 V)
6	P0305	1.86	0.5	电机额定电流(0.5 A)

续表

序号	参数	出厂值	设定值	功 能 说 明
7	P0307	0.75	0.1	电机额定功率(100 W)
8	P0310	50.00	50.00	电机额定频率(50 Hz)
9	P0311	1395	1420	电机额定转速(1420 r/min)
10	P0700	1	2	选择命令源(端子控制)
11	P0701	0	1	数字量输入 1 功能(ON/OFF 命令)
12	P0702	0	2	数字量输入 2 功能(ON 反向/OFF 命令)
13	P1000	1	2	频率给定值来源(外部模拟量设定值)
14	P1110	1	0	取消“禁止电机反转”

7.3.4　HMI 技术

HMI(Human-Machine Interface，人机接口)主要用于对自动控制系统进行监视和控制，是高性能控制系统不可或缺的设备，包括上位机(工控机+组态软件)和触摸屏两种方式。本系统采用集成开发环境 TIA PORTAL V15，除完成 PLC 编程外，还集成了 Wincc 组态软件功能，因此选择 PLC 编程用电脑同时作为上位机对系统进行监控。

1. 新建 SIMATIC PC station

(1) 新建项目，在项目树中，双击“添加新设备”，选择“PC 系统”→“SIMATIC HMI 应用软件”→“Wincc RT Professional”，点击“确定”即可插入一个 PC station，如图 7-23(a)所示。图 7-23(b)为新建 PC station 后项目树中的视图。

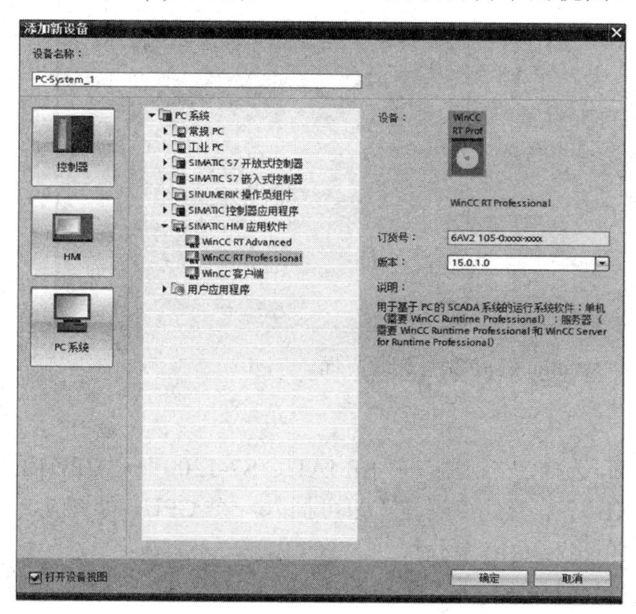

(a) PC station 类型

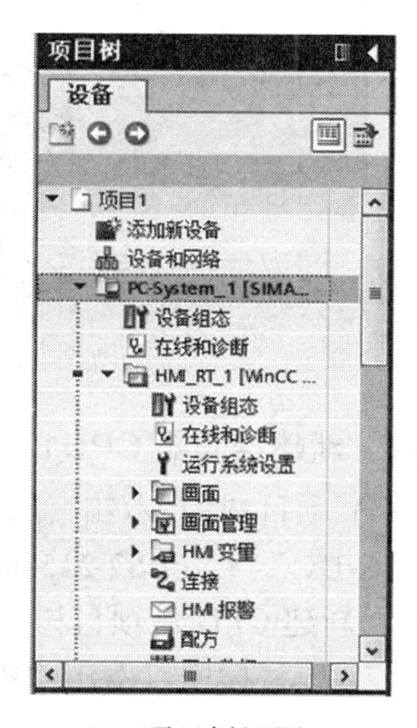

(b) 项目树视图

图 7-23　新建 PC station 界面

(2) 项目树中，双击“PC-System_1[SIMATIC PC station]”→“设备组态”。需要为 PC 站点配置网卡：点击右侧“硬件目录”→“通信模块”→“常规 IE”，将其拖放至 PC station 中，如图 7-24 所示。为了保证 PC station 与 CPU1215C 进行以太网通信，需组态相应网络：双击网卡→“属性”→“以太网地址”→添加新子网 PN/IE_1，设置 IP 地址为 192.168.0.1，子网掩码为 255.255.255.0(与电脑 IP 地址保持一样)，如图 7-25 所示。

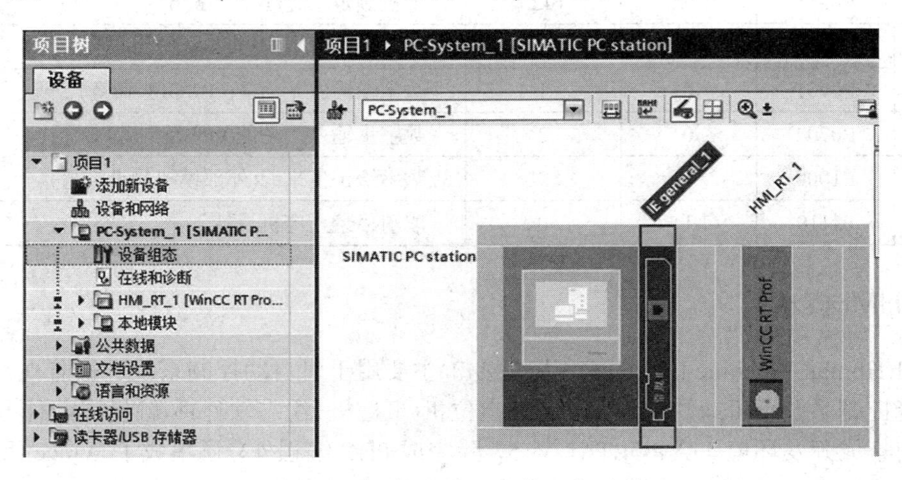

图 7-24　新建 PC station 的网卡界面

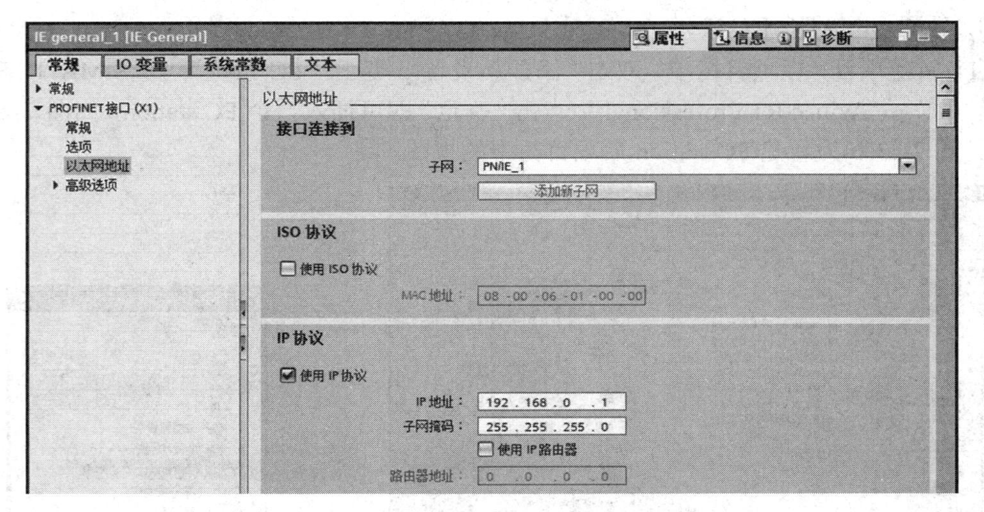

图 7-25　PC station 的 IP 地址配置界面

2. 新建控制器 CPU1215C

(1) 项目树中，双击“添加新设备”，选择“控制器”→“SIMATIC S7-1200”→“CPU1215C DC/DC/DC”→“6ES7 215-1AG40-0XB0”，点击“确定”即可插入一个 CPU，如图 7-26(a)所示。新建 CPU 后项目树中的界面如图 7-26(b)所示。

(2) 项目树中，双击“PLC_1[CPU1215C]”→“设备组态”，如图 7-27 所示。此时为 CPU 配置 IP 地址：双击网口→“以太网地址”→“添加新子网”，选择已建立的子网“PN/IE_1”，设置 IP 地址为 192.168.0.2，子网掩码为 255.255.255.0，如图 7-28 所示。

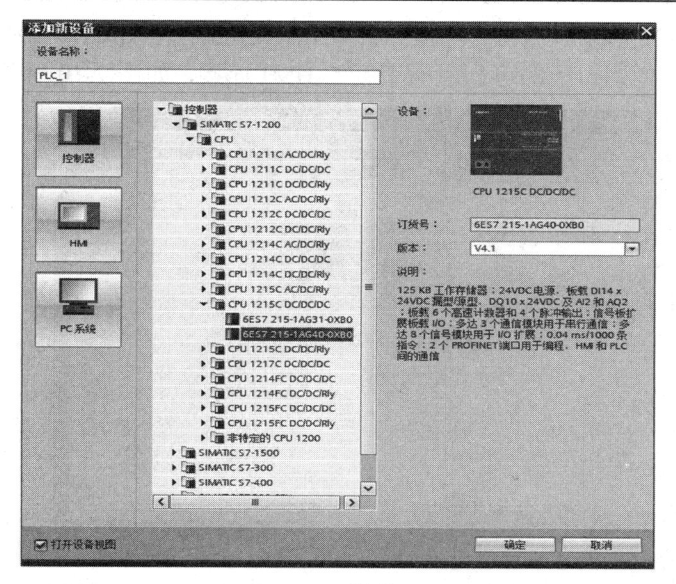

(a) S7-1200 类型

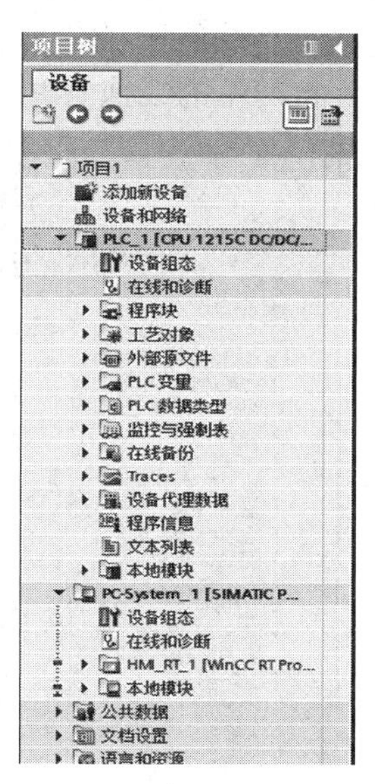

(b) 项目树视图

图 7-26　新建 CPU1215C 界面

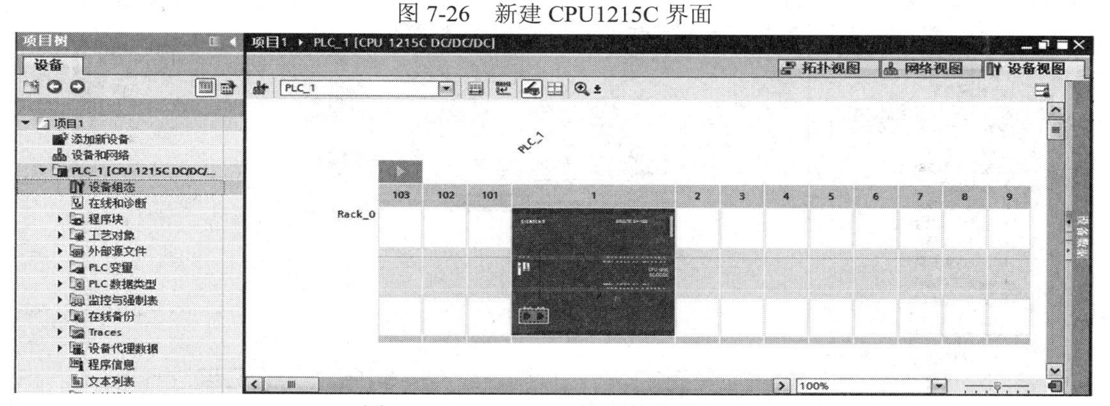

图 7-27　CPU1215C 的设备视图界面

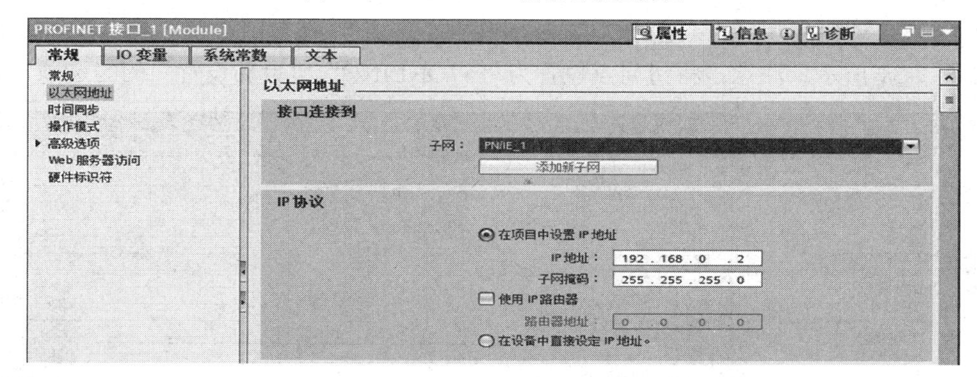

图 7-28　CPU1215C 的 IP 地址配置界面

3. 建立 HMI 连接

配置好 PC Station 和 CPU1215C 的网络属性后，还需要为它们创建 HMI 连接。项目树中，双击“设备和网络”，如图 7-29 所示。点击“连接”→“HMI 连接”，点击 CPU1215C 网口，将产生的线拖到 PC Station 的网口上即可创建一个新的 HMI 连接，如图 7-30 所示。

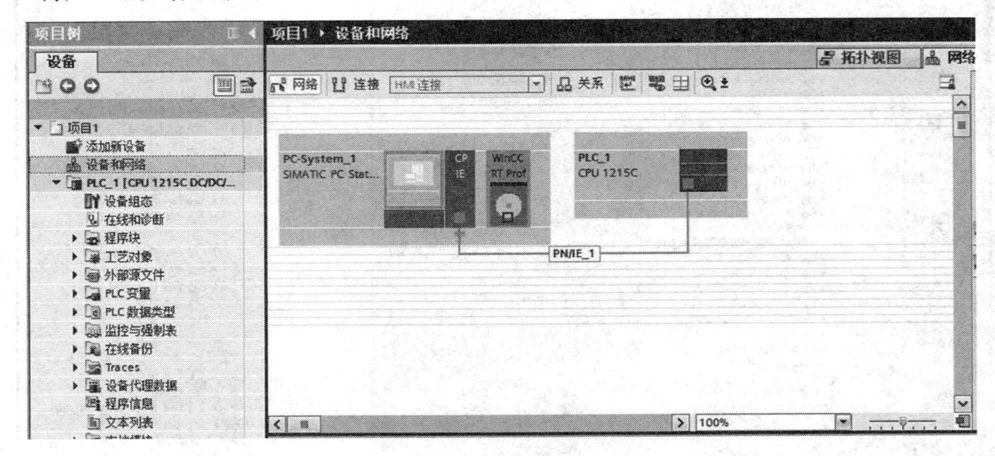

图 7-29　系统网络视图界面

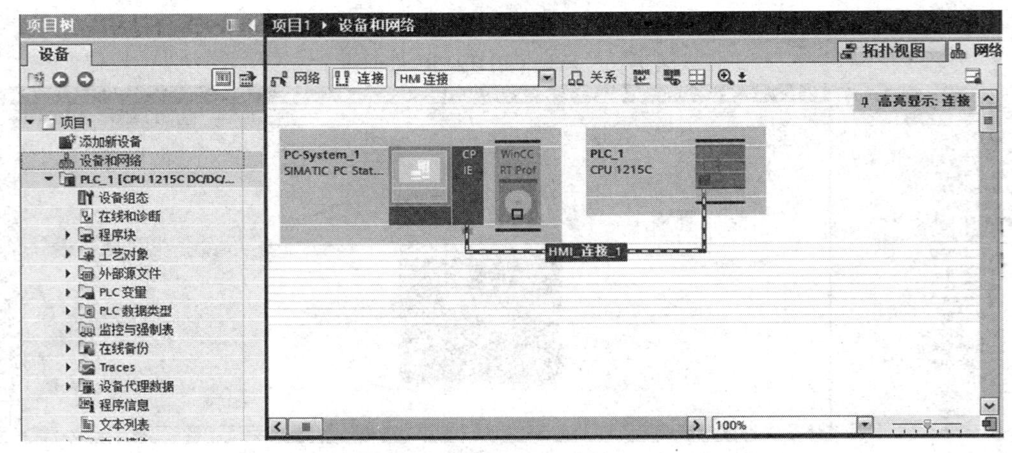

图 7-30　创建 HMI 连接界面

HMI 连接创建成功后，双击 PC Station 中的“连接”，在窗口中可看到已经创建的连接，如图 7-31 所示。注意：将访问点设置为“S7ONLINE”，“自动设置”的勾选项去掉。

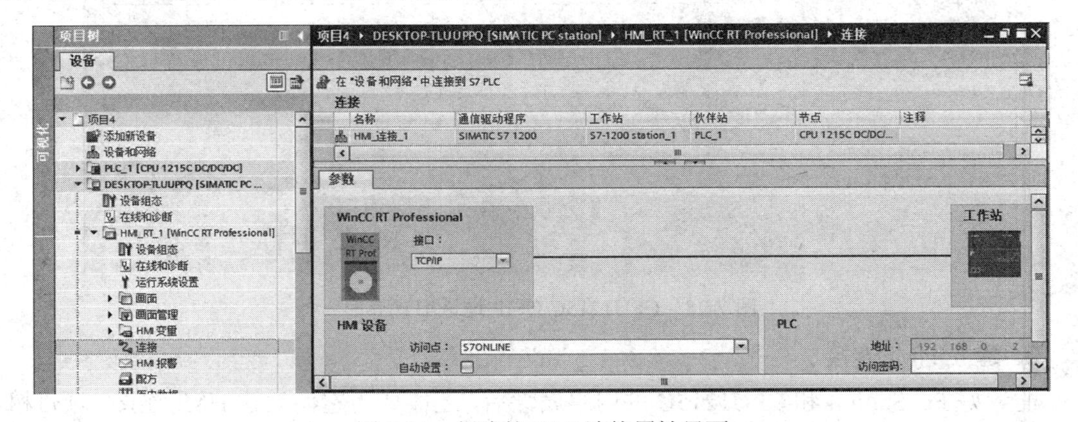

图 7-31　创建的 HMI 连接属性界面

4. 组态变量

建立好 PC Station 与 CPU1215C 的 HMI 连接后，即可进行组态变量。项目树中，在“PLC 变量”和“HMI 变量”界面中创建变量，然后进行组态，如图 7-32 所示。

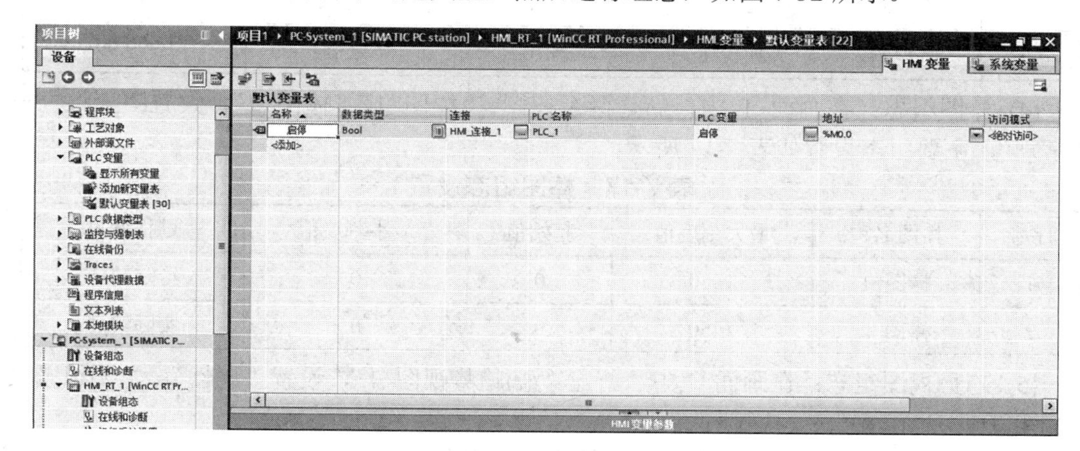

图 7-32 组态变量界面

本系统组态的变量表如表 7-14 所示。

表 7-14 系统组态变量表

序号	名称	数据类型	连接	PLC 变量	PLC 地址
1	正转启动	Bool	HMI_连接_1	正转启动	M0.0
2	反转启动	Bool	HMI_连接_1	反转启动	M0.1
3	给定转速	Real	HMI_连接_1	给定转速	MD200
4	实际转速	Real	HMI_连接_1	实际转速	MD100

5. 组态画面

(1) 新建画面：项目树中，双击“PC station”→“WinCC RT Professional”→“画面”→“添加新画面”，画面默认名为“画面_1”。

(2) 按钮组态：在画面_1 中，新建 3 个按钮：“正转”“反转”“停止”，主要组态设置如表 7-15 所示。

表 7-15 按钮组态设置

序号	按钮名称	事件	触发函数	
1	正转	单击	置位位“正转启动”	复位位“反转启动”
2	反转	单击	置位位“反转启动”	复位位“正转启动”
3	停止	单击	复位位“正转启动”	复位位“反转启动”

(3) I/O 域组态：在画面_1 中，新建两个 I/O 域：“I/O 域_1”“I/O 域_2”，设置“属性”→“常规”，主要组态设置如表 7-16 所示。

表 7-16　I/O 域组态设置

序号	I/O 域名称	变量	模式	显示格式	格式样式
1	I/O 域_1	给定转速	输入/输出	十进制	9999.99
2	I/O 域_2	实际转速	输入/输出	十进制	9999.99

(4) 棒图组态：在画面_1 中，新建两个棒图："棒图_1""棒图_2"，设置"属性"→"常规"，主要组态设置如表 7-17 所示。

表 7-17　棒图组态设置

序号	棒图名称	最大刻度值	起始值	最小刻度值	过程变量
1	棒图_1	1450	0	0	给定转速
2	棒图_2	1450	0	0	实际转速

(5) 趋势视图组态：在画面_1 中，新建"*f*(*t*)趋势视图_1"，设置"属性"，主要组态设置如表 7-18 所示。

表 7-18　趋势视图组态设置

常规→趋势方向	时间轴→时间范围	趋势	样式	数据源	数据范围
从右侧	2 分钟	给定转速	红色	给定转速	0～1500
		实际转速	蓝色	实际转速	0～1500

本系统组态完成的画面如图 7-33 所示。

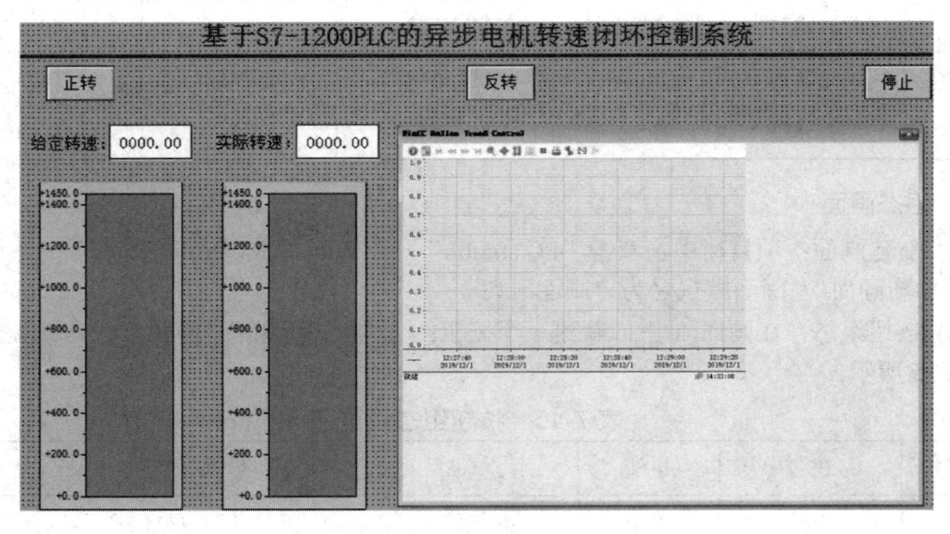

图 7-33　组态画面界面

7.3.5　系统实现

在掌握上述知识的基础上，即可实现基于 S7-1200 PLC 的异步电机转速闭环控制系统。按照图 7-7 对系统进行硬件接线，按照表 7-13 设置变频器 V20 的参数，按照 7.3.3 节建立

HMI 连接、组态变量以及组态界面，最后在 PLC 中实现相应控制程序，如图 7-34 所示。

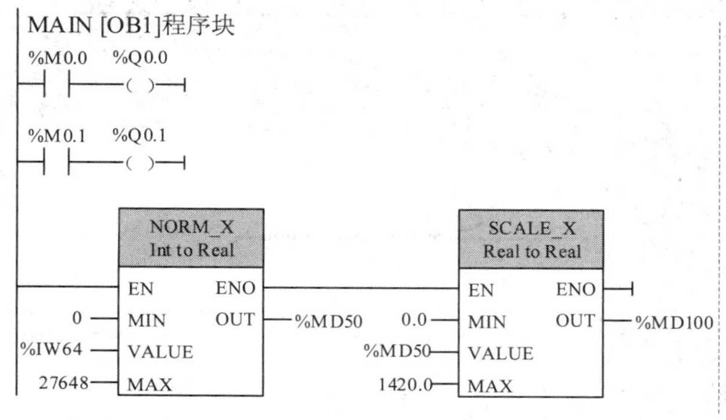

单击上位机“正转启动”按钮，置位M0.0、Q0.0。Q0.0驱动继电器线圈得电，变频器DI 1端子接入24VDC，电机正转。

测速发电机检测实际转速，并输出0~10 V，通过A/D转换后转为数字量存于IW64；进行标幺化存于MD50，再转换为转速实际数值存于MD100。

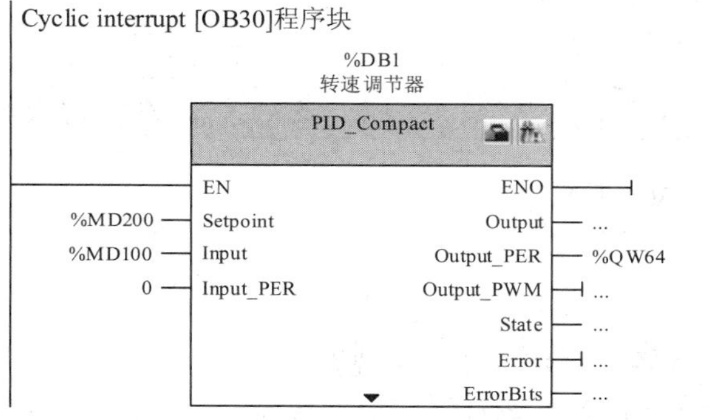

上位机中输入“给定转速”存于MD200中，实际转速数值存于MD100中，两者比较并进行PID控制。将PID输出存于QW64中，通过D/A输出0~20 mA，送给变频器AI1端子进行变频调速。

图 7-34　异步电机转速闭环控制系统 PLC 程序

在线调试后，本系统所采用的 PID 调节器参数如图 7-35 所示。电机给定转速为 0→1200 r/min→800 r/min，系统运行效果图如图 7-36 所示。

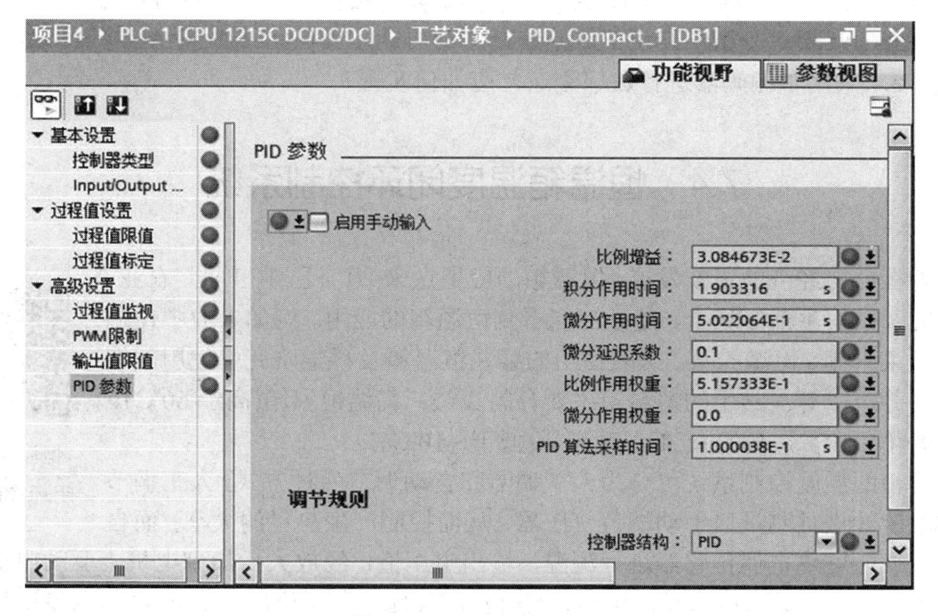

图 7-35　PID 参数视图

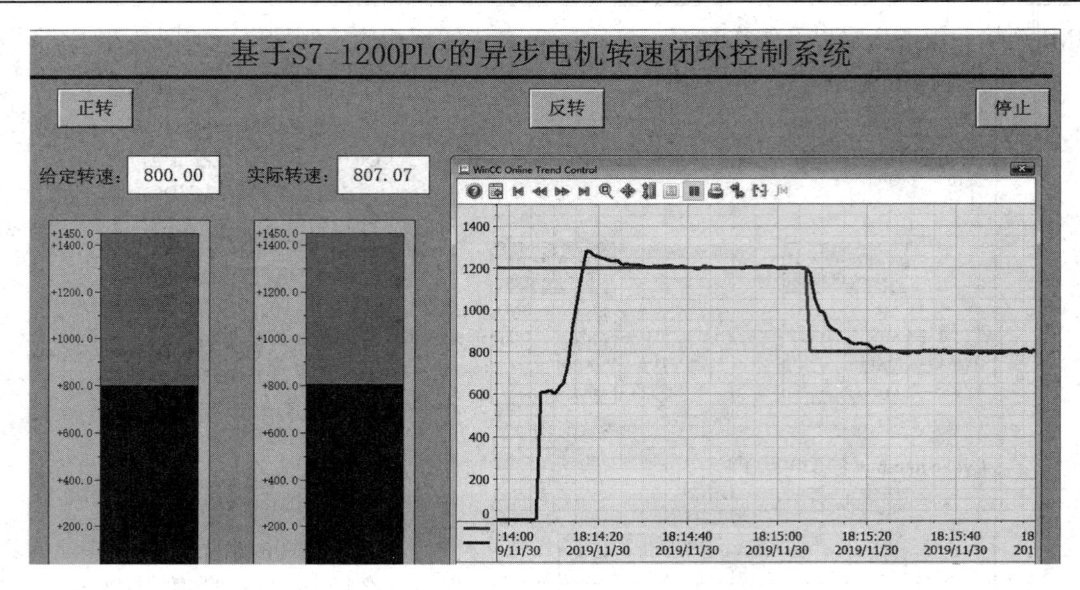

图 7-36　系统运行效果图

7.3.6　扩展思考

(1) 要求可以在上位机中设置 PID 各项参数，如何实现？

(2) 要求上位机中显示电机单次运行时间、累计运行时间以及启动次数，如何实现？

(3) 要求采用扩展模块 SM1234(4AI/2AO)进行模拟量处理、硬件接线及对应地址，如何实现？

(4) 要求上位机中增加“故障模拟”“解除故障”按钮：出现故障后，系统停止，指示灯闪烁；故障解除后，指示灯长灭，系统可正常启动。如何实现？

(5) 要求采用轴编码器进行数字测速，应如何实现？

7.4　恒温箱温度闭环控制系统

随着社会与经济的不断发展，恒温箱的应用愈来愈广泛，在工业、农业、科学研究及家居生活等场合，随处都能看到恒温箱的应用。例如农业中使用的恒温蔬菜大棚、恒温养殖，医院使用的婴儿恒温箱及科学研究中使用的细菌恒温培养技术等。常用的恒温箱主要分为 3 类：高温恒温箱(高于 60℃)、中温恒温箱(−10℃～60℃)、低温恒温箱(低于 −10℃)。

恒温箱温度闭环控制系统

恒温箱的温度控制系统可分为人工调节和自动调节两种方式，人工调节是通过温度计进行测量后手动调节变压器，从而控制产生热量的大小；而自动调节往往通过热电偶传感器进行测温，输出电压值，经放大后加到电机上驱动电机来调节变压器，其优点是可以自动、连续、实时及准确地控制温度。基于 PLC 的温度闭环控制系统是目前恒温箱温度控制中较为先进的一种方式。

7.4.1　系统整体方案

【例 7-4】 任务要求：现场有上位机(TIA V15 软件)、PLC(CPU1215C)、单相调压模块(LSA-H3P40YB)、加热器、水箱、PT100 及变送器各一套，要求利用上位机和 PLC 实现对水箱水温的闭环控制。

(1) 任务分析。

该系统主要由五个部分构成，即 CPU1215C 型 PLC、上位机、单相调压模块、含加热器的水箱、PT100 及变送器。通过上位机给 PLC 发出给定温度指令，通过 PT100 检测实际水温，并通过变送器转换为 0～20 mA 的标准电信号反馈给 PLC 进行温度闭环控制，PLC 执行完温度闭环控制算法后输出 0～20 mA 的标准信号用以控制调压模块的输出电压，进而改变加热器的加热功率，最终实现水箱温度的恒温控制。

根据自动控制理论可知，为保证实际温度很好地跟踪给定温度，需对温度进行 PID 闭环控制，本系统的原理图如图 7-37 所示。

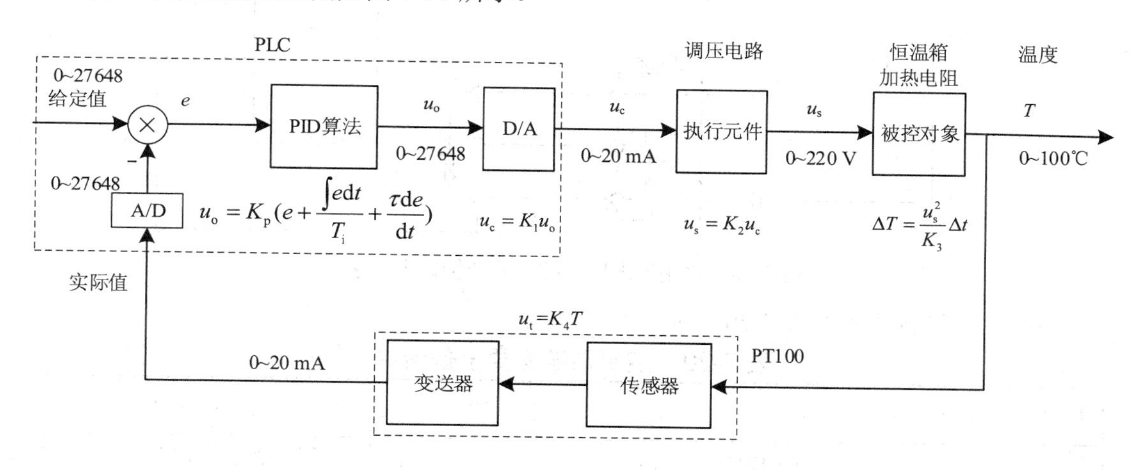

图 7-37　恒温箱温度闭环控制系统原理图

由如图 7-37 可知：

① PLC 作为主控制器，主要作用是：发出给定温度信号(数字量 0～27 648)；通过模拟量输入 AD 模块采集实际温度信号(数字量 0～27 648)；将给定温度与实际温度进行比较得到偏差；对温度偏差进行 PID 闭环控制算法，输出 PID 运算结果 u_o(数字量 0～27 648)；将 u_o 通过模拟量输出 DA 模块线性转换为 u_c(模拟量 0～20 mA)，作为调压电路的控制电压。

② 调压电路作为执行元件，主要作用是：根据控制电压 u_c 指令产生电压可调的单相交流电(0～220 V)，控制加热器的加热功率，最终控制实际温度跟踪给定温度(0～100℃)。

③ PT100 及变送器作为检测及信号调理元件，其主要作用是：实时检测水温，并将其线性转化为标准信号(0～20 mA)，送给控制器 PLC 进行闭环处理。

(2) I/O 分配表。

通过对温度闭环系统的控制任务分析可知，本系统的模拟量 I/O 点共有 2 个，其中输入点 1 个、输出点 1 个。具体 I/O 分配如表 7-19 所示。

表 7-19　异步电机转速闭环控制系统 I/O 分配表

输入	说明	输出	说明
AI0(IW64)	实际温度	AQ0(QW64)	调压电路的控制电压

基于 S7-1200 的水箱温度闭环控制系统接口电路如图 7-38 所示。

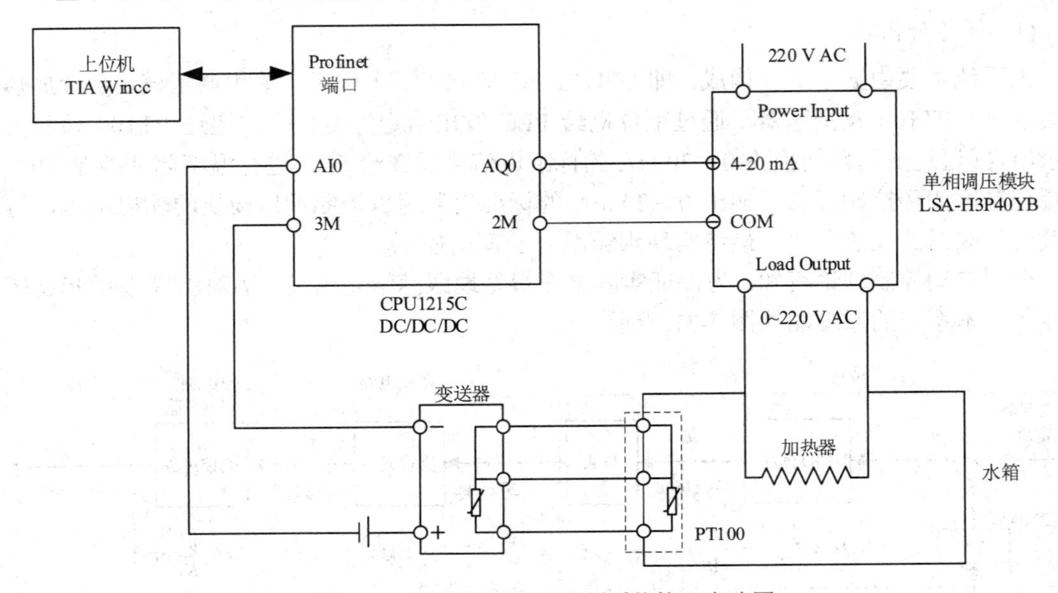

图 7-38　水箱温度闭环控制系统接口电路图

系统主要设备清单如表 7-20 所示。

表 7-20　控制系统主要设备清单

序号	设备	型　号	参　数	功 能 说 明
1	PLC	CPU1215C DC/DC/DC	14DI/10DO、2AI/2AO	采集数据、处理程序、输出控制
2	上位机	工控机	TIA V15	数据监控
3	调压模块	LSA-H3P40YB	0～220 V AC、40 A	改变加热器电压
4	PT100	WZP-PT100	0～100℃	检测实际温度
5	变送器	SBWZ	0～20 mA	将 PT100 输出调理成 0～20 mA

7.4.2　系统实现

参考例 7-3 中异步电机转速闭环控制系统，温度闭环控制系统也需配置 PID_Compact 控制器及组态上位机界面。以下仅给出与例 7-3 中不同的设置参数。

1. PID_Compact 控制器

新建 CPU1215C DC/DC/DC 工程，并添加 PID_Compact 工艺对象。打开“组态”界面，

设置控制器类型为“温度/℃”、取消“反转控制逻辑”，如图 7-39 所示。

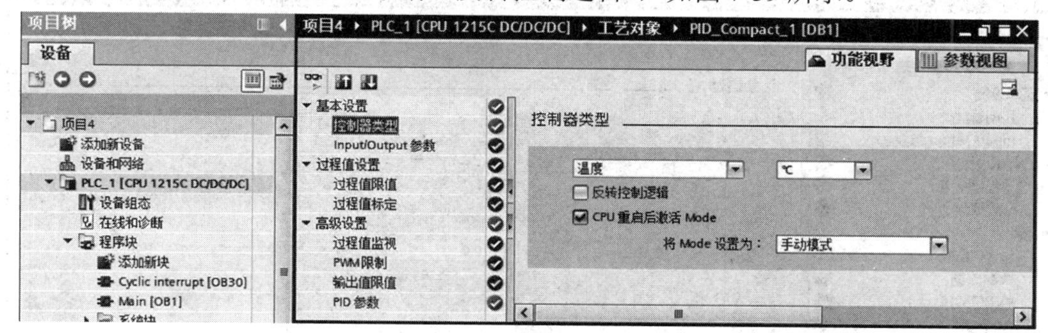

图 7-39　控制器类型组态界面

“Input/Output 参数”选项中，保持默认参数。即 Input 选“Input_PER(模拟量)”、Output 选“Output_PER(模拟量)”，如图 7-40 所示。

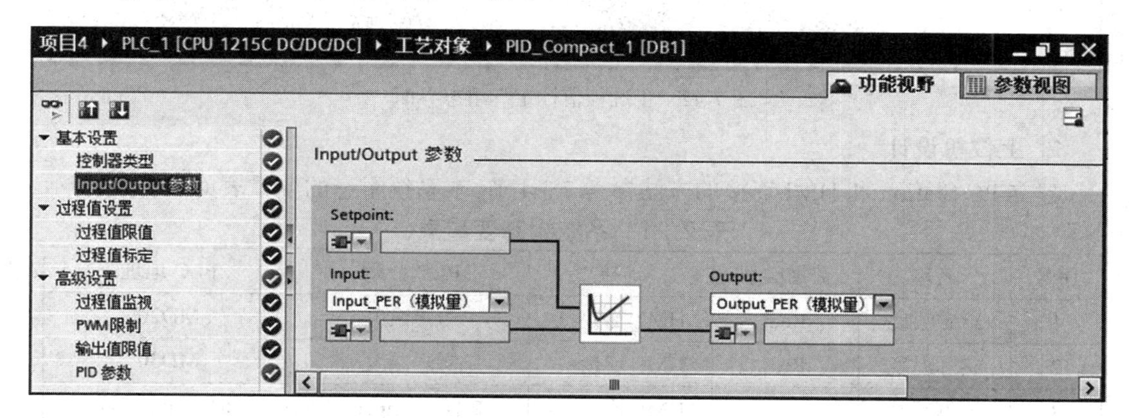

图 7-40　“Input/Output 参数”组态界面

“过程值设置”选项中，设置过程值上限为 100℃、过程值下限为 0℃，如图 7-41 所示。同时，将过程值标定为“0～27648”对应“0～100℃”，如图 7-42 所示。

其他组态参数可参考异步电机转速闭环控制系统中的 PID_Compact 控制器设置。

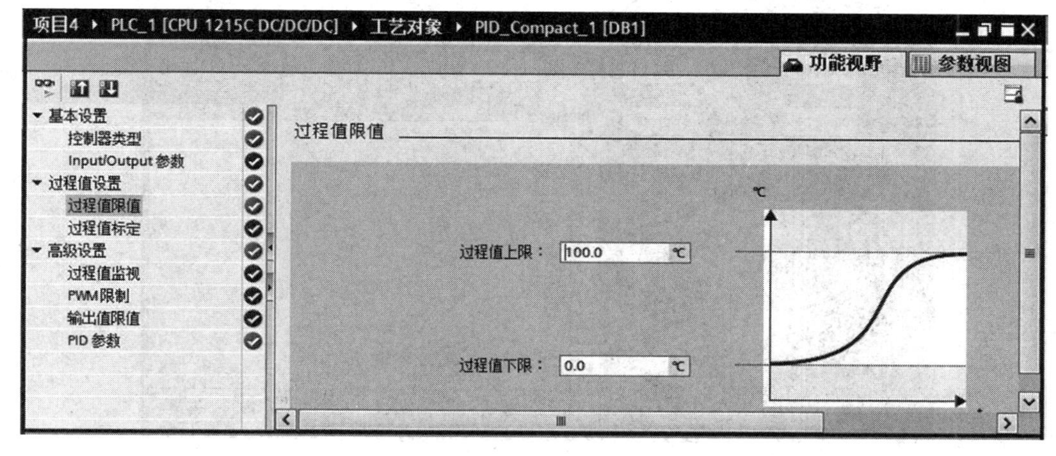

图 7-41　“过程值限值”组态界面

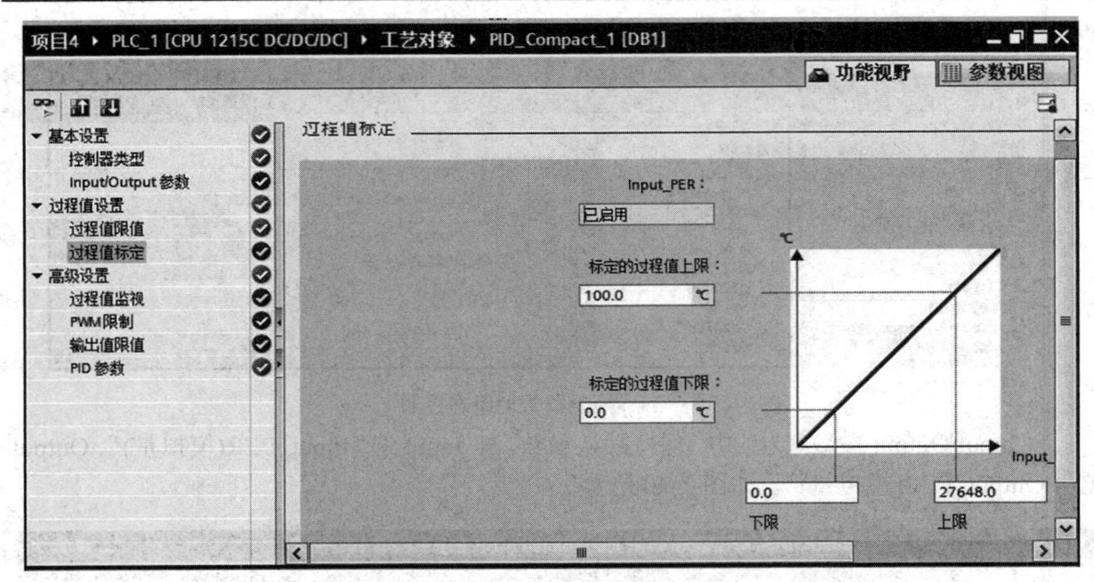

图 7-42　“过程值标定”组态界面

2. 上位机设计

建立 PC Station 和 HMI 连接的方法参考 7.3.4 节。本系统组态的变量表如表 7-21 所示。

表 7-21　系统组态变量表

序号	名称	数据类型	连接	PLC 变量	PLC 地址
1	给定温度	Real	HMI_连接_1	给定温度	MD20
2	实际温度	Real	HMI_连接_1	实际温度	MD30
3	比例系数	Real	HMI_连接_1	PID_Compact_1.Retain.CtrlParams.Gain	
4	积分时间	Real	HMI_连接_1	PID_Compact_1.Retain.CtrlParams.Ti	
5	微分时间	Real	HMI_连接_1	PID_Compact_1.Retain.CtrlParams. Td	

本系统组态完成的画面如图 7-43 所示。

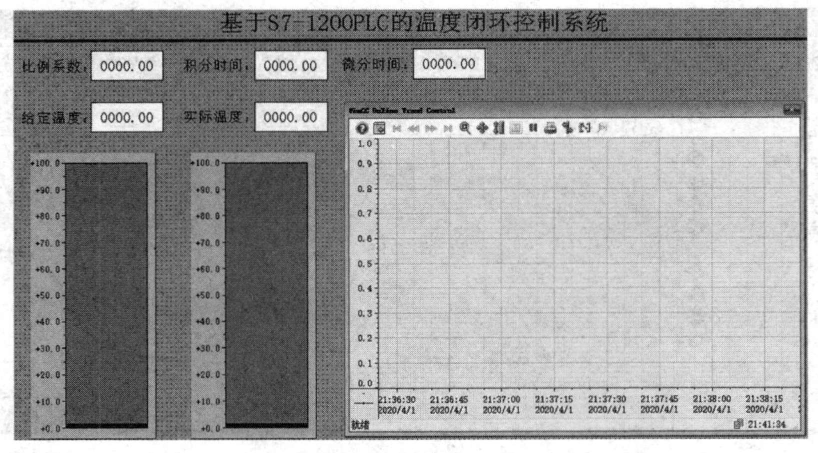

图 7-43　组态画面界面

3. PLC 程序

本系统的 PLC 程序如图 7-44 所示。

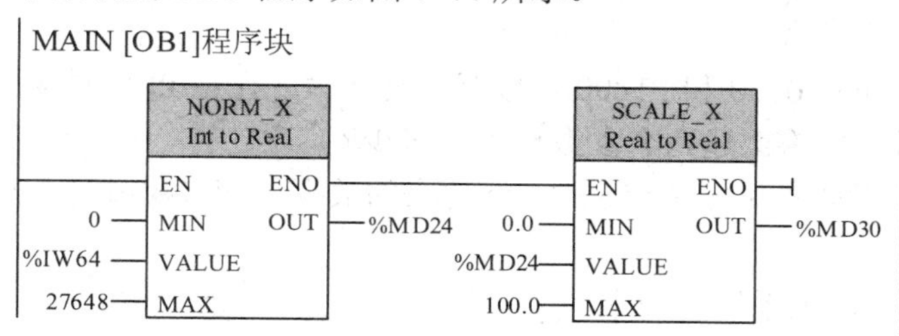

PT100检测实际温度，并通过变送器输出0~20 mA，通过A/D转换后转为数字量存于IW64；进行标幺化存于MD24，再转换为温度实际数值存于MD30。

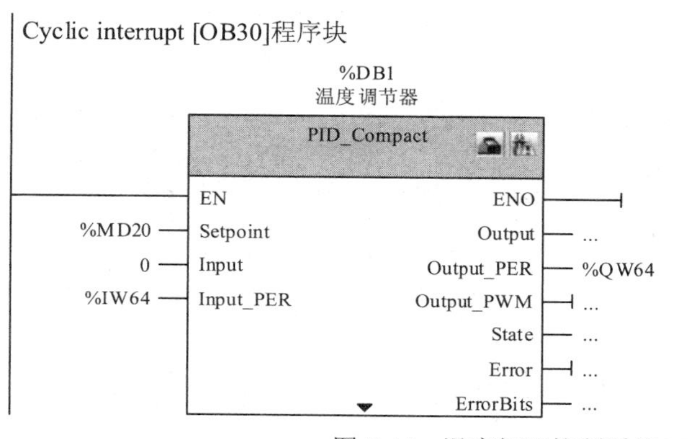

上位机中输入“给定温度”存于MD20中，实际温度数值存于MD30中，两者比较并进行PID控制。将PID输出存于QW64中，通过D/A输出0~20 mA，送给调压模块进行调压，改变温度。

图 7-44 温度闭环控制系统 PLC 程序

4. 扩展思考

(1) 理解“Input”和“Input_PER”输入模式的区别。

(2) 掌握上位机上调试 PID 参数的方法。

(3) 要求增加“超温报警”功能，应如何完善系统？

(4) 如果采用 PID_Temp 控制器，应如何实现温度闭环控制？

本 章 习 题

1. 简述利用 PLC 采集工业现场各种物理量的过程。

2. 数字控制器所能够接收的标准电信号有哪些类型？信号较远距离传输时应采用什么类型的标准信号？为什么？

3. PLC 配置 0～20 mA 的模拟量输入模块，转换后的数字量范围为多少？某转速传感器输入量程为 0～970 r/min，输出量程为 0～20 mA，将传感器输出信号接至 PLC 模拟量输入模块中，现假设转换后的数字量为 x，试求当前的实际转速 n。

4. PLC 配置 0～10 V 的模拟量输入模块，某温度传感器输入量程为 0～100℃，输出量程为 0～10 V，将传感器输出信号接至 PLC 模拟量输入模块中，现假设当前温度为 75℃，试求转换后的数字量 y。

5. S7-1200 CPU 提供了几种不同控制算法的 PID 控制器？最多可同时对多少个 PID 回路进行控制？

6. S7-1200 CPU 中，PID 指令应放在哪一种组织块中？为什么？

7. 利用 PID_Compact 指令实现转速闭环，组态 PID 指令时若勾选“反转控制逻辑”选项，电机最终能否稳定运行？为什么？

8. SINAMICS V20 变频器中的 P0700 和 P1000 参数意义是什么？在用 PLC 对变频器进行外部启停、频率给定控制时，应将上述两个参数设置为多少？

9. PC station 中，要求以数字形式动态显示 S7-1200 传来的数据，应采用哪种类型的组态控件？如何实现？

10. 设计基于 S7-1200 的恒压供水系统的程序。

第 8 章　S7-1200 PLC 的网络通信技术

随着计算机网络通信技术的不断发展以及对自动化程度要求的不断提高，自动控制系统正在向分散化、智能化和网络化方向发展。目前，大多数 PLC 产品均已逐步增加了通信组网功能，可满足 PLC 与 PLC、上位机以及其他智能设备之间的数据通信。

本章首先介绍符合国际标准的工业网络通信结构，为学习 S7-1200 PLC 的网络通信功能打下基础。接着重点介绍 S7-1200 PLC 与 S7-1200 PLC 之间、S7-1200 PLC 与 S7-200 Smart 之间、S7-1200 PLC 与 S7-300/400 PLC 之间的以太网通信，利用不同的指令实现 S7-1200 PLC 与其他智能设备之间的通信联网功能，为读者自行设计 S7-1200 PLC 的通信网络提供应用案例。

8.1　工业网络通信结构

8.1.1　网络通信的国际标准

1. 开放系统互连参考模型

1979 年，国际标准化组织(ISO)和国际电报电话咨询委员会(CCITT)联合制定了开放系统互连参考模型，如图 8-1 所示。该模型结构从低到高分别是：物理层、数据链路层、网络层、传输层、会话层、表示层和应用层。该模型为开放式互连信息系统提供了一种参考框架，大大促进了不同智能设备之间的通信。

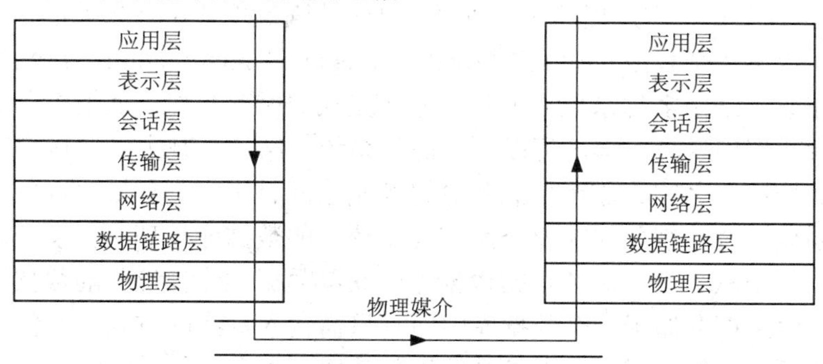

图 8-1　开放系统互连参考模型

(1) 物理层：负责建立、维护和解除物理链路所需的通信接口标准，如 RS232 和 RS485 等；物理层的下面为物理媒介，如同轴电缆、双绞线等。

(2) 数据链路层：在通信实体间实现数据发送和接收的功能；传输以“帧”为单位的数据包(包含同步信息、地址信息等)，实现通信网络的无差控制及同步控制。

(3) 网络层：对数据包进行分组，并完成分组数据的路径选择、拥堵控制以及网络互连等功能。

(4) 传输层：选择网络层提供的最合适的服务，保证端到端数据传输的可靠性，包括错误恢复和流量控制等。

(5) 会话层：提供两个节点之间交互会话的管理功能，保证数据按正确顺序收发。

(6) 表示层：定义两个通信系统中信息交换的方式，如数据加密/解密和数据压缩/解压等功能。

(7) 应用层：提供 OSI 用户服务，例如事务处理程序、文件传送协议和网络管理等。

2. IEEE 802 通信标准

IEEE 802 通信标准是 IEEE(国际电工与电子工程师学会)的 802 委员会在 1982 年颁布的计算机局域网分层通信协议标准草案的总称。该标准将 OSI 模型的物理层和数据链路层分解为逻辑链路控制层(LLC)、媒体访问控制层(MAC)和物理传输层，前两层对应 OSI 模型中的数据链路层，约定了两台设备通信时所需共同遵守的规则。另外，媒体访问控制层对应三个常见标准：带冲突检测的载波侦听多路访问(CSMA/CD)协议、令牌总线(Token Bus)和令牌环(Token Ring)。

8.1.2 西门子工业通信网络

PLC 的通信主要包括 PLC 与 PLC 之间、PLC 与上位机之间以及 PLC 与其他智能设备之间的通信。将自动控制系统中的各个设备通过通信处理器构成网络，以实现设备之间的信息传输，可以构成“集中管理、分散控制”的分布式控制系统。

1. 全集成自动化

随着科学技术的不断发展，现代工业生产对自动化系统的可靠性、完善性、人机界面的友好性、数据分析管理的快速性以及系统安装、调试、运行与维护的方便性等方面提出了越来越高的需求。传统自动化系统以生产设备为核心，各个生产设备均属于“自动化孤岛”，缺乏信息的共享和生产过程的统一管理，已无法满足现代工业生产的诸多要求。1996 年，西门子公司提出“全集成自动化”(Totally Integrated Automation，TIA)的概念，也就是用一种系统完成原来由多种系统搭配起来才能完成的所有功能。全集成自动化集统一性和开放性于一身。应用这种方案，可以大大简化系统的结构，减少大量接口部件，可以克服上位机和工业控制器之间、连续控制和逻辑控制之间、集中与分散之间的界限。

全集成自动化的统一性体现在整个系统使用统一的数据库管理、组态、编程以及通信。西门子各工业软件都从一个全局共享的数据库中获取数据。这种统一的数据库、统一数据管理机制、所有信息都存储于一个数据库中而且只需输入一次的方式，不仅可以减少数据的重复输入，还可以降低出错率、提高系统诊断效率、大大增强系统的整体性和信息的准确性，从而为工厂的安全稳定运行提供技术保障。全集成自动化中的所有工业软件都可以互相配合，实现了高度统一和集成，组态和编程工具只需从列表中选择相应项，即可实现对控制器编程、HMI 组态以及定义通信连接等操作。全集成自动化还采用统一的集成通信技术，使用国际开放的通信标准，如工业以太网、Profinet 以及 Profibus 等，实现了从现场级、控制级到管理级协调一致的通信。

全集成自动化的开放性体现在标准化开放式的系统结构。西门子产品上集成以太网接口，使以太网进入现场级，可连接所有类型的现场设备，也可连接支持 Internet 的办公系统和新型自动化系统。

2. 现场总线 Profibus

Profibus 是目前国际上通用的现场总线标准之一，其开放化的特点使得不同厂家生产的各类自动化设备均能够通过 Profibus 总线进行通信，广泛应用于制造业自动化、过程工业自动化、楼宇自动化及传动装置等领域。

Profibus 总线采用主从结构，分为主站和从站。主站和从站之间通常以周期性循环方式进行数据交换。主站(主动节点)掌握总线中数据流的控制权，只要拥有访问总线权(令牌)，主站就可在没有外部请求的情况下发送控制命令。常见的主站有 PLC、HMI 设备等。从站(被动节点)没有总线访问的授权，只能确认收到的信息或在主站的请求下发送信息。典型的从站为传感器、执行器及变频器等执行单元，也可以是智能从站(带 Profibus 集成口的 S7-300/400 CPU)。

Profibus 总线的传输速率范围为 9.6 kb/s～12 Mb/s，最远传输距离与传输速率有关：传输速率为(9.6～187.5) kb/s 时，最远传输距离为 1 km；传输速率为 500 kb/s 时，最远传输距离为 400 m；传输速率为 1.5 Mb/s 时，最远传输距离为 200 m；传输速率为(3～12) Mb/s 时，最远传输距离为 100 m，可用中继器延长至 10 km。Profibus 总线的最大节点数为 127(地址 0～126)，通信物理媒介为 RS485 双绞线或光缆。

Profibus 通信协议有 3 种：Profibus-DP(Decentralized Periphery，分布式外部设备)、Profibus-PA(Process Automation，过程自动化)和 Profibus-FMS(Fieldbus Message Specification，现场总线报文规范)。

(1) Profibus-DP：用于 PLC 与分布式 I/O(如 ET200M)进行高速通信，主站周期地读取从站的输入信息并向从站发送输出信息。总线循环时间必须要比主站(PLC)程序循环时间短。除周期性用户数据传输外，Profibus-DP 还提供智能化设备所需的非周期性通信以进行组态、诊断和报警处理。

(2) Profibus-PA：用于过程自动化系统中，将 PLC 和本质安全的过程自动化系统中的现场传感器以及执行器进行低速通信，可用来替代 4～20 mA 模拟信号传输。Profibus-PA 只支持 31.25 kb/s 的传输速率。使用 DP/PA 耦合器和 DP/PA 链接器，可将 Profibus-PA 设备很方便地连接到 Profibus-DP 网络中。

(3) Profibus-FMS：用于车间监控级通信任务，可完成中等传输速度进行的循环或非循环的通信服务，但通信的实时性要求低于现场层。Profibus-FMS 定义了主站与主站之间的通讯模型，使用 OSI 参考模型中的第 1 层、2 层和第 7 层，主要处理单元级的多主站数据通信，可以在不同的 PLC 系统之间传输数据。

3. 工业以太网及 Profinet

工业以太网是应用于工业控制领域的以太网技术，技术上与商用以太网(IEEE 802.3 标准)兼容。工业以太网产品在材质选用、产品强度、适用性、实时性、可互操作性、可靠性、抗干扰性、本质安全性等方面需要满足工业现场通信的需要。工业以太网采用 TCP/IP 协议，可通过以太网将自动化系统连接到企业内部互联网、外部互联网以及因特网。不需增加额外的硬件就可实现管理网络与控制网络的数据共享，即实现“管控一体化”。不需专门的软件，可使用 IE 浏览器访问终端数据。

Profinet 是 Profibus 国际组织推出的基于工业以太网的开放式现场总线标准，使用 Profinet 可以将分布式 I/O 设备直接连接到工业以太网中。Profinet 可用于对实时性要求更高的自动化系统中，如运动控制系统等。Profinet 可完全兼容工业以太网和现有的现场总线(如 Profibus)技术，无需改动现有设备的组态和编程即可与现有的现场总线系统有机地集成，保护了现有投资。

Profinet 和工业以太网的区别如下：

(1) Profinet 基于工业以太网，具有很好的实时性，使用 Profinet IO 可以直接连接现场设备；使用 Profinet CBA 组件化的设计，Profinet 支持分布的自动化控制方式，相当于主站间的通讯。

(2) 工业以太网成本低、实效性好、扩展性能好、便于与 Internet 集成，但可靠性不如 Profinet。

总的来说，以太网是一种局域网规范，工业以太网是应用于工业控制领域的以太网技术，Profinet 是一种在工业以太网上运行的实时技术规范。

8.2　S7-1200 CPU 的以太网通信

8.2.1　S7-1200 以太网通信基础

S7-1200 PLC 所有系列的 CPU 本机上均集成了 Profinet 通信口，支持以太网和基于 TCP/IP 的通信标准。使用 Profinet 通信口可以实现 S7-1200 PLC 与编程设备、HMI 设备以及与其他 PLC 之间的以太网通信。S7-1200 PLC 的 Profinet 通信口支持 3 种通信协议及服务：TCP、ISO on TCP(RCF 1006)以及 S7 通信(服务器端)。

S7-1200 CPU 的以太网通信

S7-1200 PLC 的 Profinet 通信口所支持的最大通信连接数如下：

(1) 3 个连接用于 HMI(触摸屏)与 CPU 的通信；

(2) 1 个连接用于编程设备(PG)与 CPU 的通信；

(3) 8 个连接用于 Open IE(TCP、ISO on TCP)的编程通信，用 T-block 指令来实现；

(4) 3 个连接用于 S7 通信的服务器端连接，可以实现与 S7-200、S7-300 以及 S7400 之间的以太网 S7 通信。

S7-1200 PLC 可同时支持上述 15 个通信连接，用户无法自定义这些连接的个数。

S7-1200 PLC 的 Profinet 口有两种网络连接方法：

(1) 直接连接：当一个 S7-1200 PLC 与一个编程设备、HMI 设备或另一个 PLC 通信时，可采用直接连接。即只有两个通信设备时，实现的是直接通信。直接连接不需要使用交换机，用网线直接连接两个设备即可。

(2) 多个通信设备的网络连接需要使用以太网交换机来实现。可以使用西门子 CSM1277 的 4 口交换机连接其他 CPU 及 HMI 设备。CSM1277 交换机是即插即用的，使用前不用做任何设置。

8.2.2　开放式用户通信指令介绍

利用以太网通信方式来实现两台 S7-1200 之间的通信时，可以采用开放式用户通信指令，包括 TSEND_C、TRCV_C、TCON、TDISCON、TSEN 以及 TRCV 等。本书主要介绍 TSEND_C 和 TRCV_C 两个指令，其余指令类似。

1) TSEND_C 指令

使用 TSEND_C 指令设置并建立通信连接。设置并建立连接后，CPU 会自动保持和监视该连接。该指令异步执行且具有以下功能：设置并建立通信连接、通过现有的通信连接发送数据以及终止或重置通信连接。指令视图如图 8-2 所示。

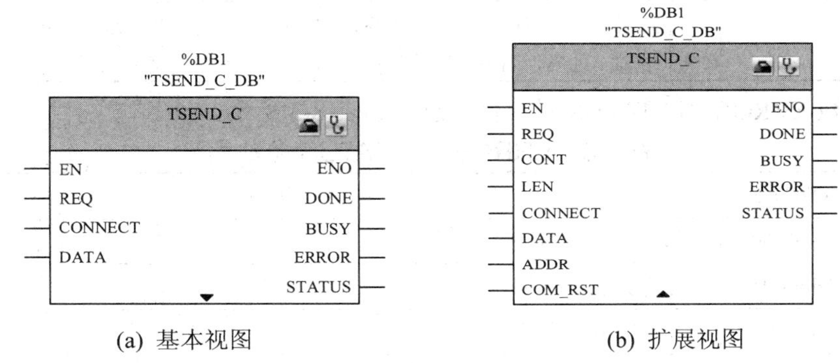

(a) 基本视图　　　(b) 扩展视图

图 8-2　TSEND_C 指令视图

TSEND_C 指令视图分为基本视图(如图 8-2(a))和扩展视图(如图 8-2(b))。基本视图中可以设置 REQ、CONNECT 和 DATA 基本参数；扩展视图中可以设置更多参数，如 CONT、LEN、ADDR 以及 COM_RST 等，这些参数可以丰富指令的功能。TSEND_C 指令中的参数意义如表 8-1 所示。

表 8-1　TSEND_C 指令的参数表

参数	数据类型	参 数 说 明
REQ	BOOL	每次上升沿，发送一次数据
CONT	BOOL	通信连接控制端。0：断开通信连接；1：建立并保持通信连接
LEN	UDINT	发送数据的最大字节数。如果在 DATA 参数中使用具有优化访问权限的发送区，LEN 参数值必须为 0
CONNECT	VARIANT	建立以太网连接时，指向连接描述的指针
DATA	VARIANT	程序中指向发送区的指针，包含要发送数据的地址和长度
ADDR	VARIANT	可选参数，指向接收方地址的指针
COM_RST	BOOL	可选参数，重置连接。0：无关；1：重置现有连接
DONE	BOOL	0：数据发送未启动或在进行；1：数据发送完成。该值显示一个扫描周期
BUSY	BOOL	0：数据发送未启动或已完成；1：数据发送未完成；无法启动新发送作业
ERROR	BOOL	0：无错误；1：在连接建立、数据传送或连接终止过程中出错
STATUS	WORD	指令运行状态

使用 BUSY、DONE、ERROR 和 STATUS 参数可以检查指令的状态。参数 BUSY 表示发送正在执行；使用参数 DONE，可以检查发送操作是否已成功执行完毕；如果在执行 TSEND_C 指令过程中出错，则将置位 ERROR；错误信息通过参数 STATUS 输出。参数 BUSY、DONE 和 ERROR 之间的关系如表 8-2 所示。

表 8-2　BUSY、DONE 和 ERROR 之间的关系

DONE	BUSY	ERROR	参 数 说 明
0	0	0	指令尚未执行(REQ 参数无上升沿)
0	1	0	指令正在执行，并调用内部使用的通信指令
1	0	0	发送已完成。0000 将在 STATUS 中输出。DONE=1 仅显示一个周期
0	0	1	指令执行期间因错误而终止。如果由于内部使用的通信指令导致后续错误，将显示在处理期间发生的第一个错误。此状态仅显示一个周期

状态参数 ERROR 和 STATUS 对应代码意义如表 8-3 所示。

表 8-3　ERROR 和 STATUS 参数表

ERROR	STATUS	参 数 说 明
0	16#0000	发送操作已成功执行
0	16#0001	通信连接已建立
0	16#0003	通信连接已关闭
0	16#7000	未执行任何活动的发送操作；未建立任何通信连接
0	16#7001	连接建立的初次调用
0	16#7002	连接建立的二次调用
0	16#7003	正在终止通信连接
0	16#7004	通信连接已建立且正受到监视；没有正在执行的发送操作
0	16#7005	正在传输数据
1	16#80A1	连接或端口已被使用或通信错误
1	16#80A3	嵌套的 T_DIAG 指令报告连接已关闭
1	16#80A4	远程连接端点的 IP 地址无效，或与本地伙伴的 IP 地址重复
1	16#80A7	通信错误：在发送操作完成前已通过 COM_RST = 1 调用指令
1	16#80AA	另一个块正使用相同的连接 ID 建立连接；在参数 REQ 的新上升沿重复作业
1	16#80B4	使用 ISO on TCP 协议建立被动连接时，违反了相应条件
1	16#80B5	连接类型 13=UDP 仅支持建立被动连接
1	16#80B6	连接描述数据块的 Connection_type 参数存在参数分配错误
1	16#80B7	连接描述数据块的某些参数出错
1	16#8085	参数 LEN 大于最大允许值
1	16#8086	参数 CONNECT 中的参数 ID 超出了允许范围
1	16#8087	已达到连接的最大数；无法再建立更多连接

续表

ERROR	STATUS	参 数 说 明
1	16#8088	参数 LEN 的值与参数 DATA 中设置的接收区不匹配
1	16#8089	CONNECT 参数没有指向某个数据块
1	16#8091	超出最大嵌套深度
1	16#809A	CONNECT 参数所指向的区域与连接描述信息的长度不匹配
1	16#809B	InterfaceID 无效；值为 0 或没有指向本地 CPU 接口或 CP
1	16#80C3	所有连接资源均已使用；具有该 ID 的块正在具有不同优先级的组中处理
1	16#80C4	临时通信错误
1	16#80C6	远程网络错误；无法访问远程伙伴
1	16#8722	参数 CONNECT：源区域无效；数据块中不存在该区域
1	16#873A	参数 CONNECT：无法访问连接描述(如：由于数据块不存在)
1	16#877F	参数 CONNECT：内部错误
1	16#8822	参数 DATA：源区域无效；数据块中不存在该区域
1	16#8824	参数 DATA：指针 VARIANT 存在区域错误
1	16#8832	参数 DATA：数据块编号过大
1	16#883A	参数 CONNECT：无法访问指定连接数据(如：数据块不存在)
1	16#887F	参数 DATA：内部错误，例如无效 VARIANT 引用
1	16#893A	参数 DATA：无法访问发送区(如：数据块不存在)

2) TRCV_C 指令

使用 TRCV_C 指令设置并建立通信连接。该指令异步执行且具有以下功能：设置并建立通信连接、通过现有的通信连接接收数据、终止通信连接。指令视图如图 8-3 所示。

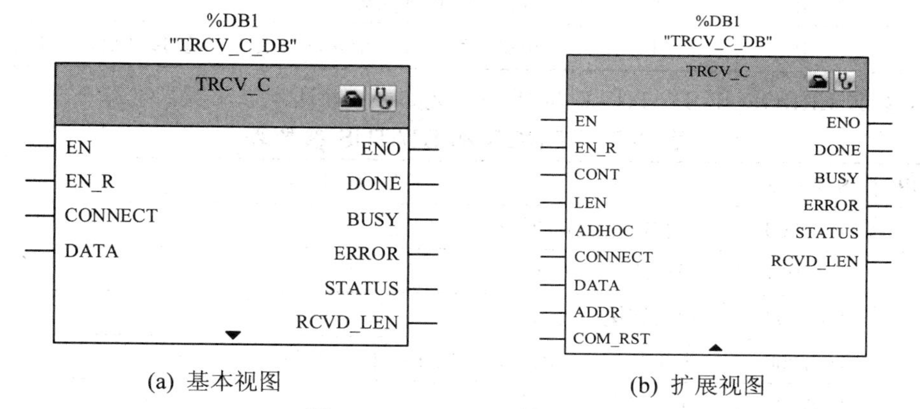

(a) 基本视图　　(b) 扩展视图

图 8-3　TRCV_C 指令块视图

TRCV_C 指令视图分为基本视图(图 8-3(a))和扩展视图(图 8-3(b))。基本视图中可以设置 EN_R、CONNECT 和 DATA 基本参数；扩展视图中可以设置更多参数，如 CONT、LEN、ADHOC、ADDR 以及 COM_RST 等。TRCV_C 指令中的参数意义如表 8-4 所示。

表 8-4　TRCV_C 指令的参数表

参数	数据类型	参 数 说 明
EN_R	BOOL	启动接收功能
CONT	BOOL	通信连接控制端。0：断开通信连接；1：建立并保持通信连接
LEN	UDINT	待接收数据的最大字节数。如果在 DATA 参数中使用具有优化访问权限的发送区，LEN 参数值必须为 0
CONNECT	VARIANT	建立以太网连接时，指向连接描述的指针
DATA	VARIANT	程序中指向发送区的指针，包含要发送数据的地址和长度
COM_RST	BOOL	可选参数，重新启动该指令。0：无关；1：重新启动该指令
DONE	BOOL	0：数据发送尚未启动或仍在进行；1：数据发送已成功执行
BUSY	BOOL	0：数据发送未启动或已完成；1：数据发送未完成。无法启动新发送
ERROR	BOOL	0：无错误；1：在连接建立、数据传送或连接终止过程中出错
STATUS	WORD	指令运行状态
RCVD_LEN	WORD	实际接收到的数据量(以字节为单位)

使用 BUSY、DONE、ERROR 和 STATUS 参数可以检查指令的状态。参数 BUSY 表示发送正在执行；使用参数 DONE，可以检查发送操作是否已成功执行完毕；如果在执行 TRCV_C 指令过程中出错，将置位参数 ERROR；错误信息通过参数 STATUS 输出。参数 BUSY、DONE 和 ERROR 之间的关系如表 8-5 所示。

表 8-5　BUSY、DONE 和 ERROR 之间的关系

DONE	BUSY	ERROR	参 数 说 明
0	0	0	未分配新数据接收任务
0	1	0	数据接收正在执行
1	0	0	数据接收已成功完成
0	0	1	出错，数据接收结束，错误原因通过 STATUS 输出

状态参数 ERROR 和 STATUS 对应代码意义如表 8-6 所示。

表 8-6　ERROR 和 STATUS 参数表

ERROR	STATUS	参 数 说 明
0	16#0000	接收操作已成功执行
0	16#0001	通信连接已建立
0	16#0003	通信连接已关闭
0	16#7000	未执行任何活动的发送操作；未建立任何通信连接
0	16#7001	连接建立的初次调用
0	16#7002	正在接收数据
0	16#7003	正在终止通信连接
0	16#7004	通信连接已建立且正受到监视。没有正在执行的发送操作

续表

ERROR	STATUS	参 数 说 明
0	16#7006	正在接收数据
1	16#8085	参数 LEN 大于最大允许值；参数 LEN 或 DATA 的值发生改变
1	16#8086	ID 参数超出了允许范围
1	16#8087	已达到最大连接数；无法建立更多连接
1	16#8088	参数 LEN 的值与参数 DATA 中设置的接收区不匹配
1	16#8089	CONNECT 参数没有指向某个数据块
1	16#8091	超出最大嵌套深度
1	16#809A	CONNECT 参数所指向的区域与连接描述信息的长度不匹配
1	16#809B	连接描述中本地设备的 ID(local_device_id)与 CPU 不匹配
1	16#80A0	组错误，用于错误代码 W#16#80A1 和 W#16#80A2
1	16#80A1	连接或端口已被用户使用；通信错误
1	16#80A2	系统正在使用本地或者远程端口
1	16#80A3	正尝试重新建立现有连接；正在尝试终止不存在的连接
1	16#80A4	连接远程端点的 IP 地址无效，即它与本地伙伴的 IP 地址重复
1	16#80A7	通信错误：在发送作业完成前已通过 COM_RST = 1 调用指令
1	16#80B2	CONNECT 参数指向通过属性“仅存储在装载存储器中”生成的某个数据块
1	16#80B3	不一致的参数分配错误
1	16#80B4	使用 ISO on TCP 协议建立被动连接时，违反了相应条件
1	16#80B5	连接类型 13=UDP 仅支持建立被动连接
1	16#80B6	连接描述数据块的 connection_type 参数存在参数分配错误
1	16#80B7	连接描述数据块的某些参数出错
1	16#80C3	所有连接资源均已使用
1	16#80C4	临时通信错误
1	16#80C6	无法访问远程伙伴(网络错误)
1	16#8722	参数 CONNECT 出错：无效源区域(数据块中未声明的区域)
1	16#873A	参数 CONNECT 出错：无法访问连接描述(不能访问数据块)
1	16#877F	参数 CONNECT 出错：内部错误
1	16#8922	参数 DATA：目标区域无效；数据块中不存在该区域
1	16#8924	参数 DATA：指针 VARIANT 存在区域错误
1	16#8932	参数 DATA：数据块编号过大
1	16#893A	参数 CONNECT：无法访问指定的连接数据
1	16#897F	参数 DATA：内部错误，如：无效 VARIANT 引用
1	16#8A3A	参数 DATA：无法访问该数据区，如：数据块不存在

8.2.3　系统整体方案

【例 8-1】 任务要求：现场有两台 S7-1214C CPU 和一个路由器，要求实现两台 CPU 之间的以太网通信。

(1) 任务分析。

两台 S7-1200 CPU 之间的以太网通信可以通过 TCP 或 ISO on TCP 协议来实现，使用的通信指令是在双方 CPU 中调用 T-block(如 TSEND_C、TRCV_C、TCON、TDISCON、TSEN 以及 TRCV)指令来实现。通信方式为双边通信，因此 TSEND_C 和 TRCV_C 必须成对出现。因为 S7-1200 CPU 目前只支持 S7 通信的服务器(Sever)端，所以它们之间不能使用 S7 这种通信方式。

(2) 系统连接。

将两台 S7-1200 CPU 以及编程电脑分别接到路由器 LAN 端口上(将路由器作为交换机使用)，组成局域网。其系统连接图如图 8-4 所示。

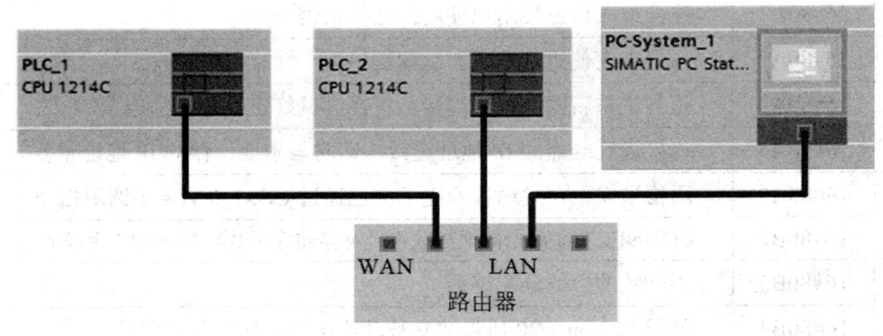

图 8-4　系统连接图

(3) 硬件组态。

① 项目树中，双击“添加新设备”，添加 CPU1214C DC/DC/DC，设备名称为“PLC_1”。在设备组态中，点击 CPU1214C，选择“属性”→“系统和时钟存储器”→勾选“启用系统存储器字节”和“启用时钟存储器字节”，如图 8-5 所示。点击 CPU1214C 的以太网口，设置以太网地址为 192.168.0.1，子网掩码为 255.255.255.0，如图 8-6 所示

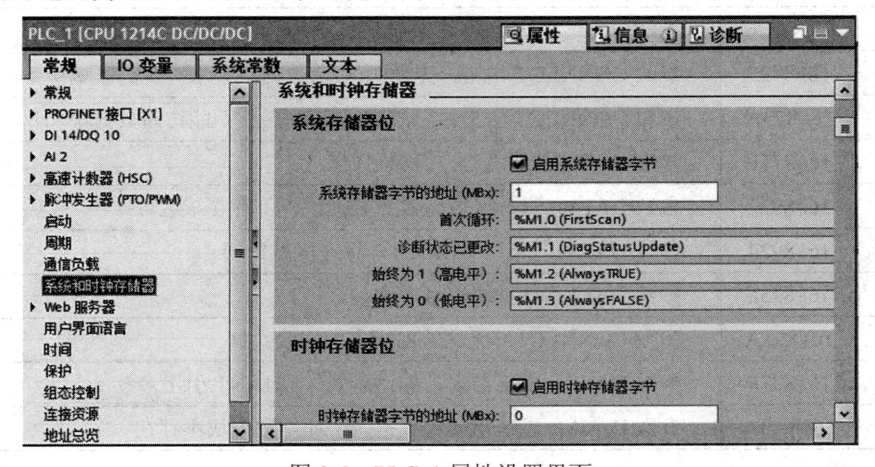

图 8-5　PLC_1 属性设置界面

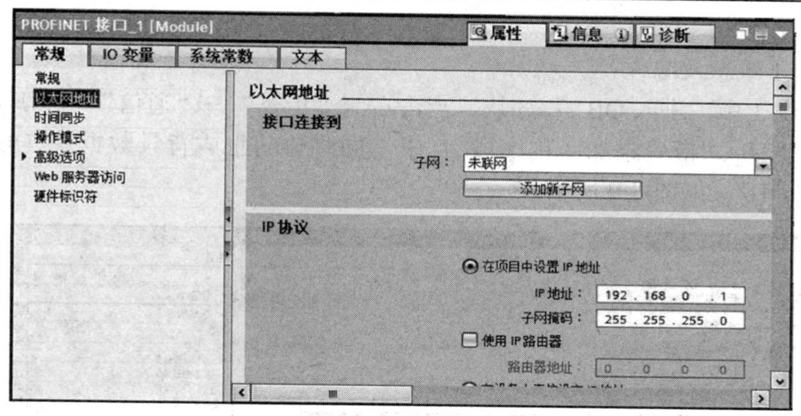

图 8-6　PLC_1 以太网地址设置界面

② 项目树中，右键单击“PLC_1 [CPU 1214C DC/DC]”，复制、粘贴为“PLC_2 [CPU 1214C DC/DC]”，如图 8-7 所示。设置 PLC_2 的以太网地址为 192.168.0.2，子网掩码为 255.255.255.0。“系统存储器字节”和“时钟存储器字节”已经勾选，不必设置。

图 8-7　建立 PLC_2 项目界面

③ 项目树中，双击“设备和网络”，转到网络视图中，点击“网络”，将 PLC_1 的网口左键拖住并连接至 PLC_2 的网口中，自动建立 PN/IE_1 网络，如图 8-8 所示。编译无误后，硬件组态结束。

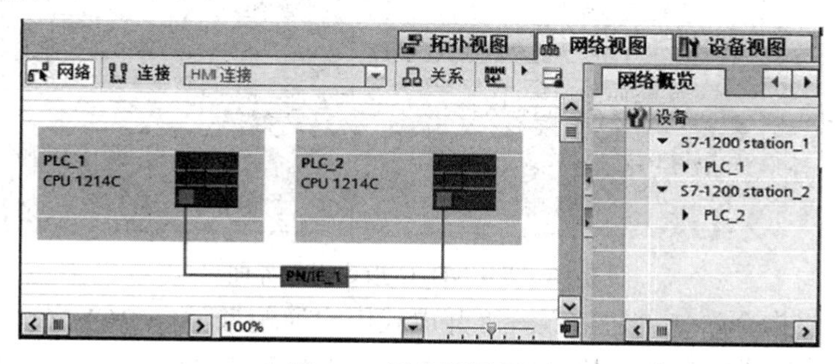

图 8-8　网络视图界面

(4) 软件组态。

① PLC_1 组态及编程。

a. 在 PLC_1 中，进入 OB1 程序块，点击右侧“指令”→“通信”→“开放式用户通信”，将 TSEND_C 指令添加至程序段 1 中，同时自动生成背景数据块 DB1，名称为“TSEND_C_DB”，如图 8-9 所示。

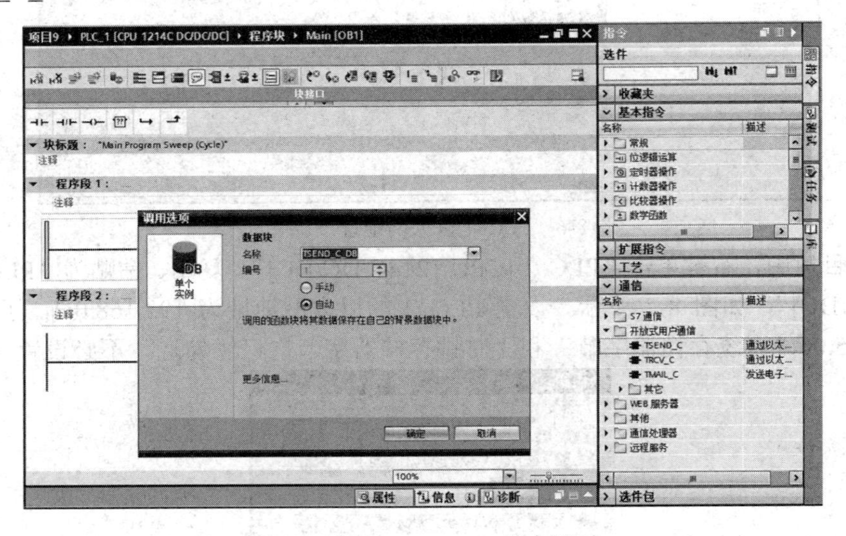

图 8-9　添加 TSEND_C 指令界面

b. 点击 TSEND_C 指令的“![icon]”(开始组态)按钮，将“伙伴”选择为“PLC_2”，在 PLC_1 对应的选项中，点击“连接数据”，新建“PLC_1_Send_DB”；在 PLC_2 选项中，点击“连接数据”，新建“PLC_2_Receive_DB”，将 PLC_1 设置为“主动建立连接”，并将“连接类型”选为“TCP”，如图 8-10 所示。

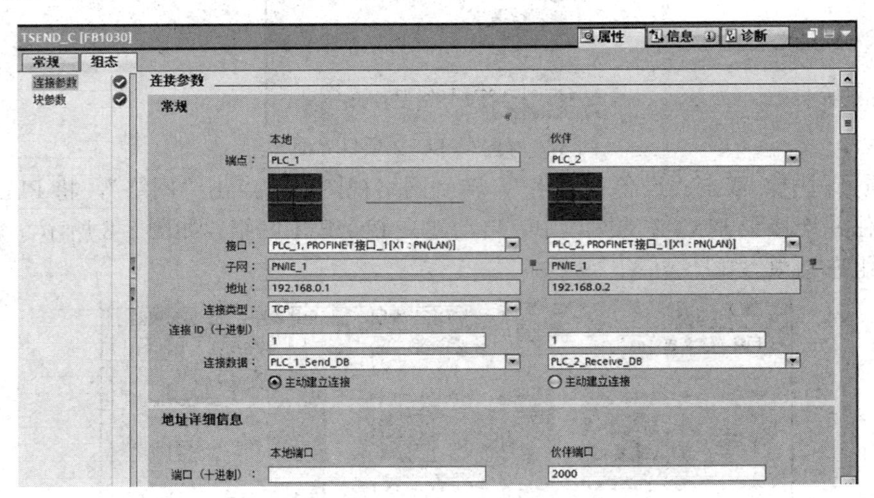

图 8-10　TSEND_C 指令组态界面

c. 点击右侧“指令”→“通信”→“开放式用户通信”，将 TRCV_C 指令添加至程序段 2 中，同时自动生成背景数据块 DB3，名称为“TRCV_C_DB”，如图 8-11 所示。

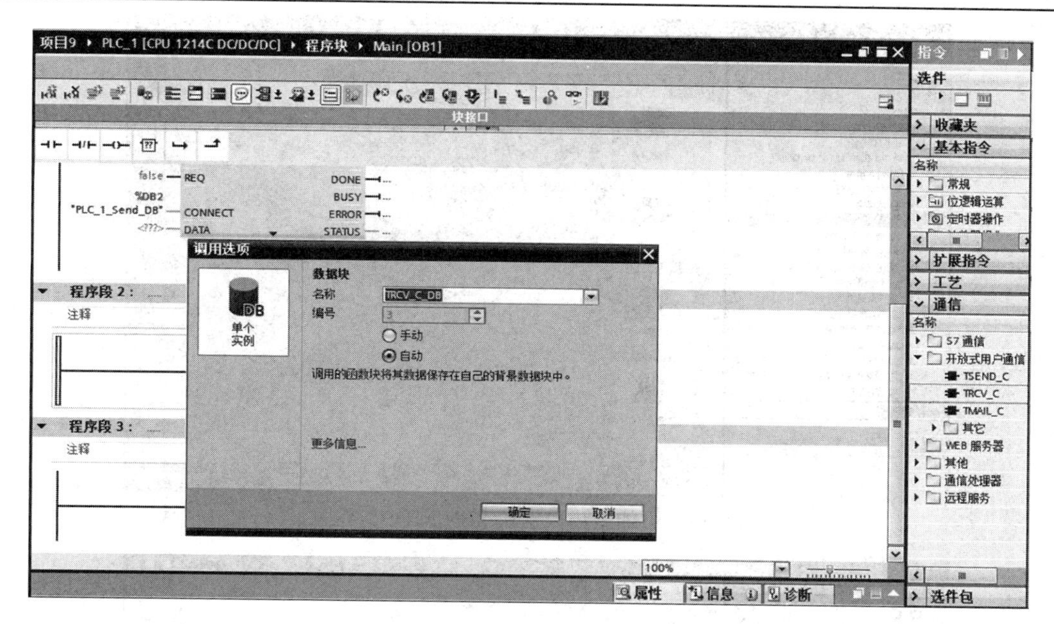

图 8-11　添加 TRCV_C 指令界面

d. 点击 TRCV_C 指令的“ ”(开始组态)按钮，将“伙伴”选择为“PLC_2”，在 PLC_1 对应的选项中，点击“连接数据”，新建“PLC_1_Receive_DB”；在 PLC_2 选项中，点击“连接数据”，新建“PLC_2_Send_DB”，将 PLC_2 设置为“主动建立连接”，并将“连接类型”选为“TCP”，如图 8-12 所示。

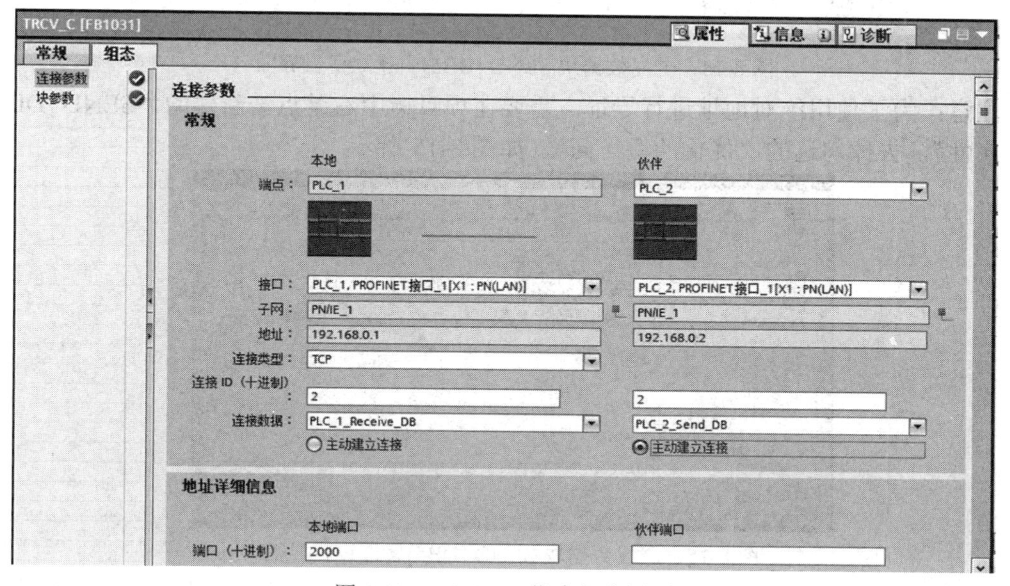

图 8-12　TRCV_C 指令组态界面

e. 项目树中，点击“PLC_1 [CPU 1214C DC/DC/DC]”→“程序块”→“添加新块”，双击建立名称为“SEND”的全局数据块 DB5，用于存放 PLC_1 发送的数据，如图 8-13 所示。双击打开“SEND [DB5]”，定义名为 SEND 的数组，数据类型选为“Array[0..5] of Byte”，如图 8-14 所示。

图 8-13　添加全局数据块 SEND [DB5]界面

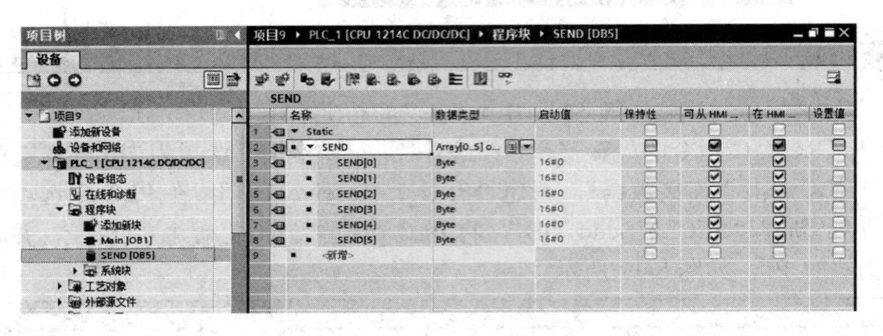

图 8-14　全局数据块 SEND [DB5]中建立变量界面

注意：为了使用绝对地址进行寻址，需要在项目树中右键点击新建的“SEND [DB5]”→“属性”，去掉勾选的“优化的块访问”，如图 8-15 所示。

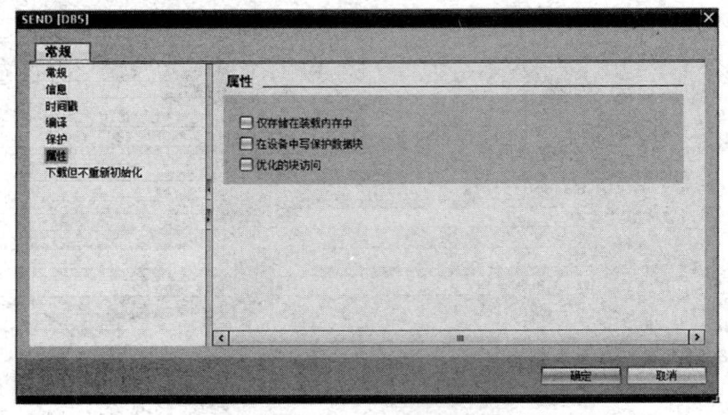

图 8-15　全局数据块 SEND [DB5]属性设置界面

f. 项目树中，点击“PLC_1[CPU 1214C DC/DC/DC]”→“程序块”→“添加新块”，双击建立名称为“RECEIVE”的全局数据块 DB6，用于存放 PLC_1 接收的数据。双击打开“RECEIVE [DB6]”，定义名为 RECEIVE 的数组，数据类型选为“Array[0..5] of Byte”。同样，右键点击新建的“RECEIVE [DB6]”→“属性”，去掉勾选的“优化的块访问”。

g. 设置 TSEND_C 指令的参数：“REQ”输入为 M0.5(每 1 秒主动发送一次数据)，

“CONT”输入为 1(建立连接)，“LEN”输入为 4(发送最大长度为 4 个字节)，“CONNECT”输入为“PLC_1_Send_DB”(指令组态时已配置好，无需更改)，“DATA”输入为“P#DB5.DBX0.0 BYTE 4”(将要发送的数据以指针形式指向 DB5 中 DBX0.0 开始的 4 个字节)。为了监测通信状态(发送是否完成、是否忙碌、是否出错灯)，可将输出状态存入中间寄存器中：“DONE”输出至 M10.1，“BUSY”输出至 M10.2，“ERROR”输出至 M10.3，“STATUS”输出至 MW11，如图 8-16 所示。

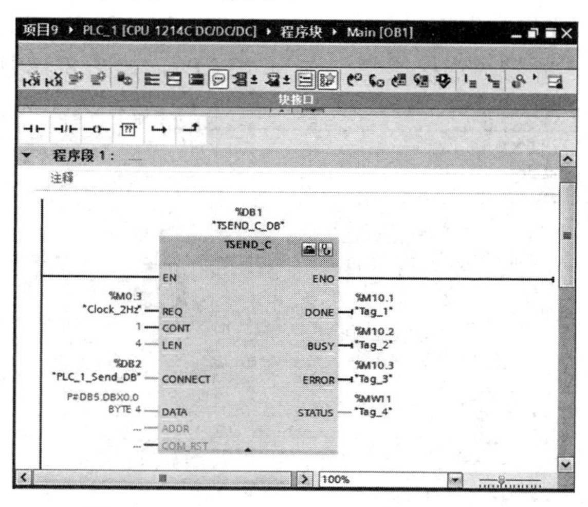

图 8-16　TSEND_C 指令参数设置界面

h. 设置 TRCV_C 指令的参数：“EN_R”输入为 1(使能接收)，“CONT”输入为 1(建立连接)，“LEN”输入为 4(接收最大长度为 4 个字节)，“CONNECT”输入为“PLC_1_Receive_DB”(指令组态时已配置好，无需更改)，“DATA”输入为“P#DB6.DBX0.0 BYTE 4”(将要接收的数据以指针形式指向 DB6 中 DBX0.0 开始的 4 个字节)。为了监测通信状态(发送是否完成、是否忙碌、是否出错灯)，可将输出状态存入中间寄存器中：“DONE”输出至 M20.1，“BUSY”输出至 M20.2，“ERROR”输出至 M20.3，“STATUS”输出至 MW21，“RCVD_LEN”输出至 MW23，如图 8-17 所示。

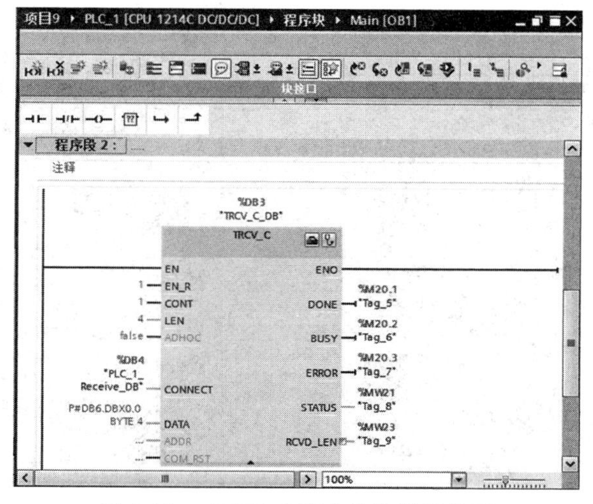

图 8-17　TRCV_C 指令参数设置界面

② PLC_2 组态及编程

PLC_2 中的组态及编程与上述 PLC_1 的过程基本相同，以下做简单介绍。

a. 在 PLC_2 中，进入 OB1 程序块，将 TSEND_C 指令添加至程序段 1 中，同时自动生成背景数据块 DB3，名称为“TSEND_C_DB”。

b. 点击 TSEND_C 指令的“ ”(开始组态)按钮，将“伙伴”选择为“PLC_1”，在 PLC_2 对应的选项中，点击“连接数据”，添加“PLC_2_Send_DB”(无需新建)；在 PLC_1 对应的选项中，点击“连接数据”，添加“PLC_1_Receive_DB”(无需新建)，将 PLC_2 设置为“主动建立连接”，并将“连接类型”选为“TCP”，如图 8-18 所示。

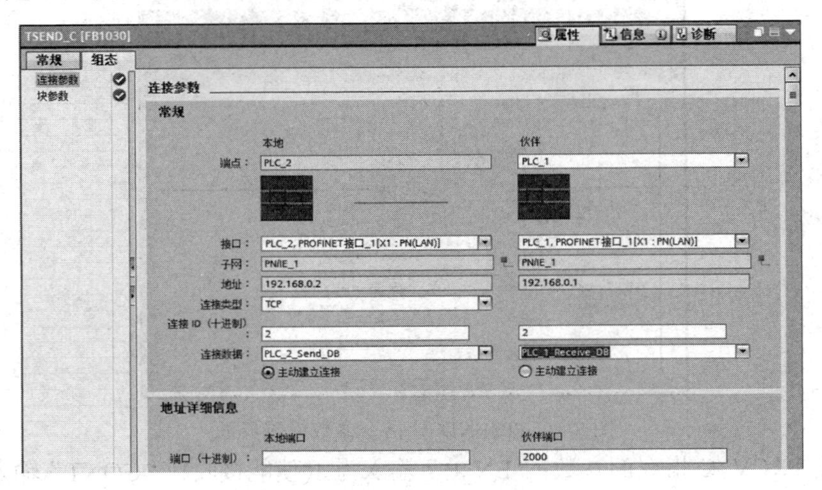

图 8-18　TSEND_C 指令组态界面

c. 将 TRCV_C 指令添加至程序段 2 中，同时自动生成背景数据块 DB3，名称为“TRCV_C_DB”。

d. 点击 TRCV_C 指令的“ ”(开始组态)按钮，将“伙伴”选择为“PLC_1”，在 PLC_2 对应的选项中，点击“连接数据”，添加“PLC_2_Receive_DB”(无需新建)；在 PLC_1 对应的选项中，点击“连接数据”，添加“PLC_1_Send_DB”(无需新建)，将 PLC_1 设置为“主动建立连接”，并将“连接类型”选为“TCP”，如图 8-19 所示。

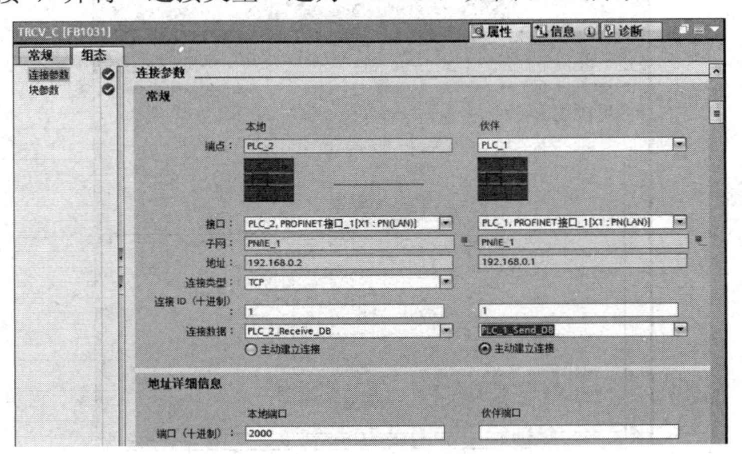

图 8-19　TRCV_C 指令组态界面

e. 项目树中，建立名称为“SEND1”的全局数据块 DB5，用于存放 PLC_2 发送的数据。双击打开“SEND1 [DB5]”，定义名为 SEND 的数组，数据类型选为“Array[0..5] of Byte”。建立名称为“RECEIVE1”的全局数据块 DB6，用于存放 PLC_2 接收的数据。双击打开“RECEIVE 1[DB6]”，定义名为 RECEIVE 的数组，数据类型选为“Array[0..5] of Byte”。同样需要将 DB5 和 DB6 属性中勾选的“优化的块访问”去掉。

f. 与 PLC_1 相同，设置 PLC_2 中 TSEND_C 指令和 TRCV_C 指令的参数，分别如图 8-20 和图 8-21 所示。

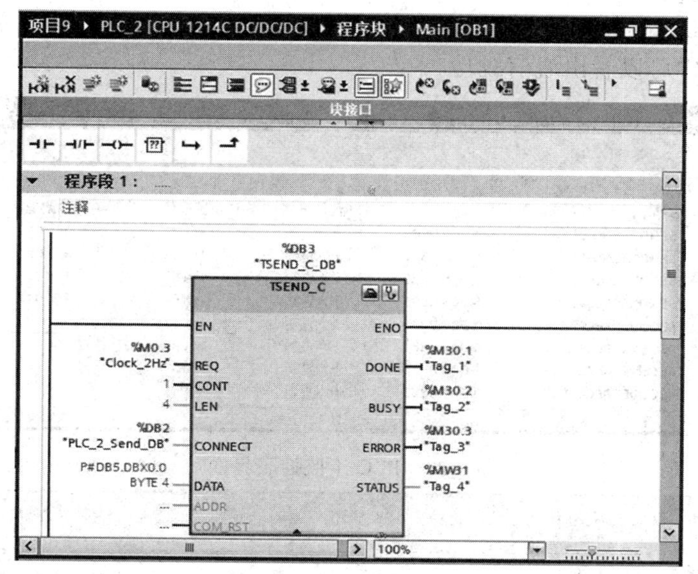

图 8-20　TSEND_C 指令参数设置界面

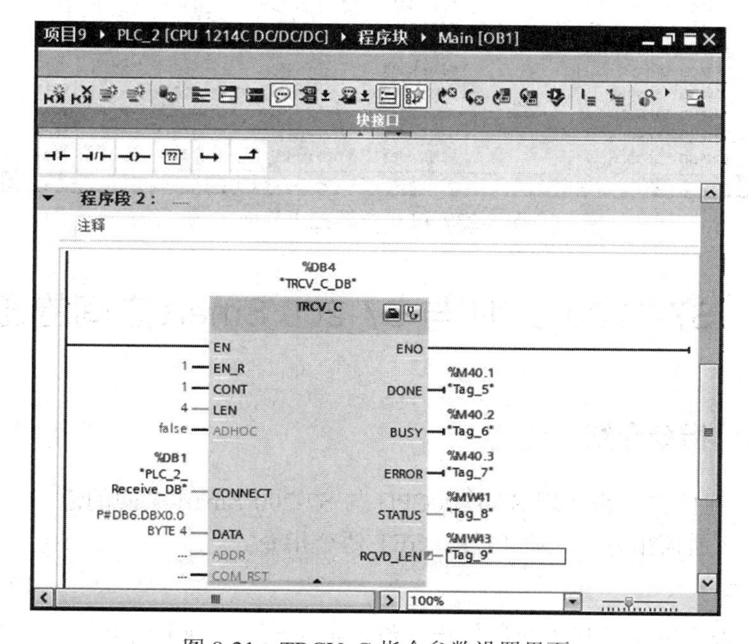

图 8-21　TRCV_C 指令参数设置界面

(5) 通信验证。

为了验证两台 S7-1200 CPU 的以太网通信，要求 PLC_1 发送 4 个字节(16#01、02、03 和 04)给 PLC_2，PLC_2 发送 4 个字节(16#11、22、33 和 44)给 PLC_1。

将 PLC_1 和 PLC_2 程序分别下载至两个 PLC 中，运行并全部转为在线。在 PLC_1 和 PLC_2 中分别建立监控表，添加相应监控变量(4 个字节的发送、4 个字节的接收)。然后将 PLC_1 的 SEND [DB5]全局数据块中的 4 个字节修改为“16#01、02、03 和 04”，将 PLC_2 的 SEND1 [DB5]全局数据块中的 4 个字节修改为“16#11、22、33 和 44”，观察 PLC_1 中的 RECEIVE [DB6]和 PLC_2 中的 RECEIVE1 [DB6]，其监控表界面分别如图 8-22 和图 8-23 所示。从图中可以看出通信成功。

项目8 ▸ PLC_1 [CPU 1214C DC/DC/DC] ▸ 监控与强制表 ▸ 监控表_1

	i	名称	地址	显示格式	监视值	修改值
1		"SEND".SEND[0]	%DB5.DBB0	十六进制	16#01	16#01
2		"SEND".SEND[1]	%DB5.DBB1	十六进制	16#02	16#02
3		"SEND".SEND[2]	%DB5.DBB2	十六进制	16#03	16#03
4		"SEND".SEND[3]	%DB5.DBB3	十六进制	16#04	16#04
5		"RECEIVE".RECEIVE[0]	%DB6.DBB0	十六进制	16#11	
6		"RECEIVE".RECEIVE[1]	%DB6.DBB1	十六进制	16#22	
7		"RECEIVE".RECEIVE[2]	%DB6.DBB2	十六进制	16#33	
8		"RECEIVE".RECEIVE[3]	%DB6.DBB3	十六进制	16#44	

图 8-22　PLC_1 监控表界面

项目8 ▸ PLC_2 [CPU 1214C DC/DC/DC] ▸ 监控与强制表 ▸ 监控表_1

	i	名称	地址	显示格式	监视值	修改值
1		"RECEIVE1".RECEIVE[0]	%DB6.DBB0	十六进制	16#01	
2		"RECEIVE1".RECEIVE[1]	%DB6.DBB1	十六进制	16#02	
3		"RECEIVE1".RECEIVE[2]	%DB6.DBB2	十六进制	16#03	
4		"RECEIVE1".RECEIVE[3]	%DB6.DBB3	十六进制	16#04	
5		"SEND1".SEND[0]	%DB5.DBB0	十六进制	16#11	16#11
6		"SEND1".SEND[1]	%DB5.DBB1	十六进制	16#22	16#22
7		"SEND1".SEND[2]	%DB5.DBB2	十六进制	16#33	16#33
8		"SEND1".SEND[3]	%DB5.DBB3	十六进制	16#44	16#44

图 8-23　PLC_2 监控表界面

8.3　S7-1200 CPU 与 S7-200 Smart 之间的通信

8.3.1　S7 通信指令介绍

S7-1200CPU 与 S7-200 Smart 之间的通信

利用以太网通信方式来实现 S7-1200CPU 与 S7-200 Smart 之间的通信时，可采用 S7 通信指令，包括 PUT、GET 两个指令。

1. PUT 指令

使用 PUT 指令设置并建立通信连接，将数据写入一个远程 CPU。

设置并建立通信连接后，CPU 会自动保持和监视该连接。指令如图 8-24 所示。

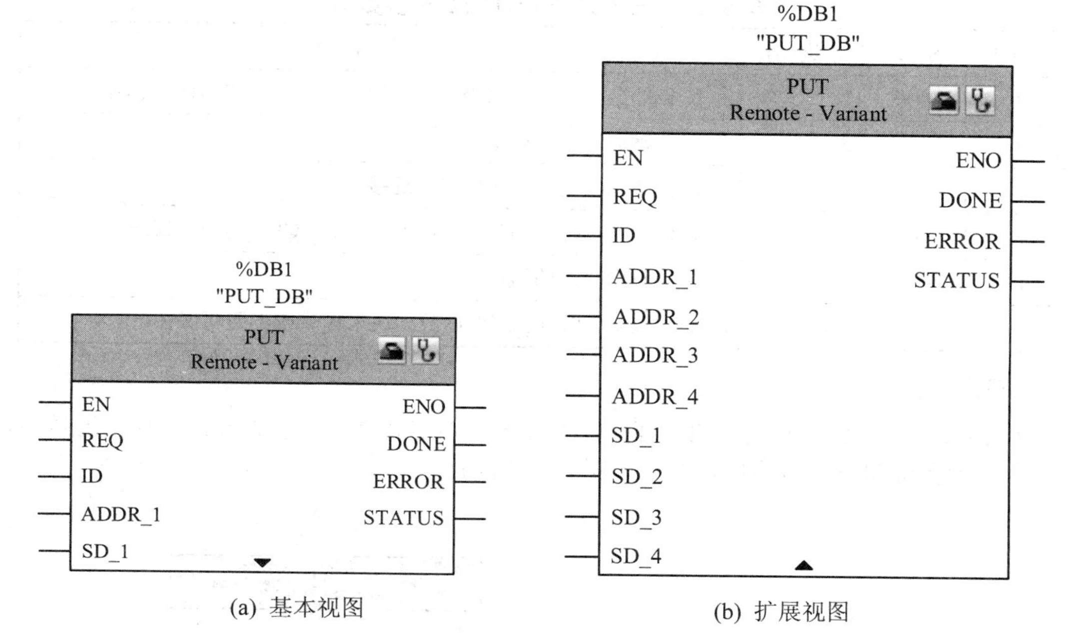

(a) 基本视图　　(b) 扩展视图

图 8-24　PUT 指令块视图

PUT 指令的视图分为基本视图(图 8-24(a))和扩展视图(图 8-24(b))。基本视图中可以设置 REQ、ID、ADDR_1 和 SD_1 基本参数；扩展视图中可以设置更多参数，如 ADDR_i 以及 SD_i 等，这些参数可以丰富指令的功能。PUT 指令中的参数意义如表 8-7 所示。

表 8-7　PUT 指令的参数表

参数	数据类型	参 数 说 明
REQ	BOOL	每次上升沿，发送一次数据
ID	BOOL	建立 S7 连接时，用于指定与伙伴 CPU 连接的寻址参数
ADDR_1	REMOTE	指向伙伴 CPU 上用于写入数据的地址指针
ADDR_2	REMOTE	指向伙伴 CPU 上用于写入数据的地址指针
ADDR_3	REMOTE	指向伙伴 CPU 上用于写入数据的地址指针
ADDR_4	REMOTE	指向伙伴 CPU 上用于写入数据的地址指针
SD_1	VARIANT	指向本地 CPU 上包含要发送数据的地址指针
SD_2	VARIANT	指向本地 CPU 上包含要发送数据的地址指针
SD_3	VARIANT	指向本地 CPU 上包含要发送数据的地址指针
SD_4	VARIANT	指向本地 CPU 上包含要发送数据的地址指针
DONE	BOOL	0：数据发送未启动或仍在执行；1：数据发送已完成，且无错误
ERROR	BOOL	0：无错误；1：出错
STATUS	WORD	指令运行状态

使用 ERROR 和 STATUS 参数可以检查指令的状态，其参数及说明如表 8-8 所示。

表 8-8　ERROR 和 STATUS 参数表

ERROR	STATUS(十进制)	参 数 说 明
0	11	警告：由于前一作业仍处于忙碌状态，因此未激活新作业
0	25	已开始通信，作业正在处理
1	1	通信故障，尚未与伙伴建立连接
1	2	伙伴 CPU 的否定应答，未授予对伙伴 CPU 的访问权限
1	4	指向数据存储的指针出错
1	8	访问伙伴 CPU 时出错(如数据块未加载或不受写保护)

2. GET 指令

使用 GET 指令设置并建立通信连接，从远程 CPU 读取数据。设置并建立通信连接后，CPU 会自动保持和监视该连接。指令如图 8-25 所示。

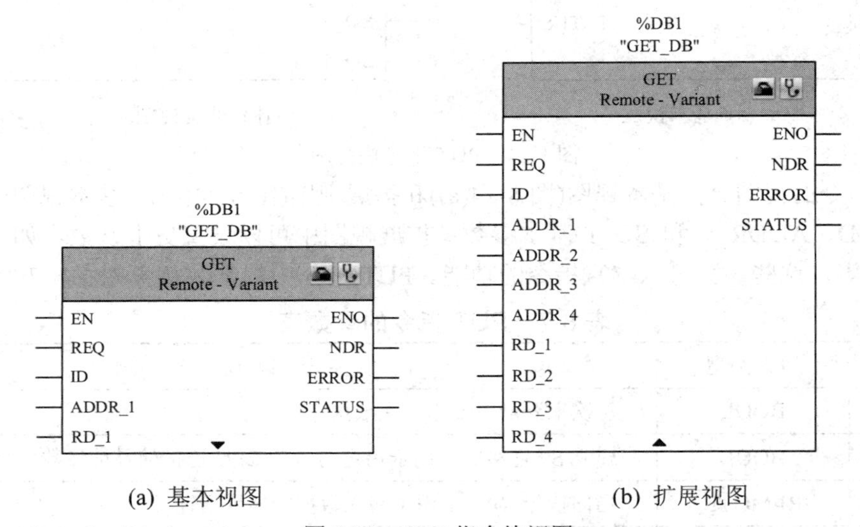

(a) 基本视图　　(b) 扩展视图

图 8-25　GET 指令块视图

GET 指令的视图分为基本视图(图 8-25(a))和扩展视图(图 8-25(b))。基本视图中可以设置 REQ、ID、ADDR_1 和 RD_1 基本参数；扩展视图中可以设置更多参数，如 ADDR_i 以及 SD_i 等，这些参数可以丰富指令的功能。GET 指令中的参数意义如表 8-9 所示。

表 8-9　GET 指令的参数表

参数	数据类型	参 数 说 明
REQ	BOOL	每次上升沿，读取一次数据
ID	BOOL	建立 S7 连接时，用于指定与伙伴 CPU 连接的寻址参数
ADDR_1	REMOTE	指向伙伴 CPU 上待读取数据的地址指针
ADDR_2	REMOTE	指向伙伴 CPU 上待读取数据的地址指针
ADDR_3	REMOTE	指向伙伴 CPU 上待读取数据的地址指针

续表

参数	数据类型	参 数 说 明
ADDR_4	REMOTE	指向伙伴 CPU 上待读取数据的地址指针
RD_1	VARIANT	指向本地 CPU 上用于输入已读数据的地址指针
RD_2	VARIANT	指向本地 CPU 上用于输入已读数据的地址指针
RD_3	VARIANT	指向本地 CPU 上用于输入已读数据的地址指针
RD_4	VARIANT	指向本地 CPU 上用于输入已读数据的地址指针
NDR	BOOL	0：数据接收未启动，或仍在执行中； 1：数据接收已成功执行，且无任何错误
ERROR	BOOL	0：无错误；1：出错
STATUS	WORD	指令运行状态

使用 ERROR 和 STATUS 参数可以检查指令的状态。其参数及说明如表 8-10 所示。

表 8-10　ERROR 和 STATUS 参数表

ERROR	STATUS(十进制)	参 数 说 明
0	11	警告：由于前一作业仍处于忙碌状态，因此未激活新作业
0	25	已开始通信。 作业正在处理
1	1	通信故障，尚未与伙伴建立连接
1	2	伙伴 CPU 的否定应答，未授予对伙伴 CPU 的访问权限
1	4	指向数据存储 RD_i 的指针出错
1	8	访问伙伴 CPU 时出错(如数据块未加载或不受写保护)
1	10	无法访问本地用户存储器(如访问某个已经删除的数据块)
1	20	已超过并行作业的最大数量；该作业正在处理中，但其优先级较低

8.3.2　系统整体方案

【例 8-2】 任务要求：现场有一台 S7-1214C CPU、一台 S7-200 Smart CPU ST20 和一个路由器，要求实现两台 CPU 之间的以太网通信。

(1) 任务分析。

对于 S7-200 Smart 系列的 CPU，如果固件版本为 V2.2 以上且使用以太网通信时，可以支持 S7 通信、TCP/IP 通信、ISO on TCP 通信、UDP 通信及 MODBUS TCP 通信等。因为 S7-1200 与 S7-200 SMART 系列 PLC 同为西门子的产品，所以以 S7 以太网通信方式为例进行讲解。通信中，使用 S7-1200 作为本地站(客户端)，S7-200 Smart 作为远程站(服务器)，通信组态及程序只需要在 S7-1200 中进行设计，对于 S7-200 Smart 只需连接至路由器中并设置好以太网地址即可。

(2) 系统连接。

将 S7-1200 CPU、S7-200 Smart CPU ST20 以及两台编程电脑分别接到路由器 LAN 端口上(将路由器作为交换机使用)，组成局域网。其系统连接图如图 8-26 所示。

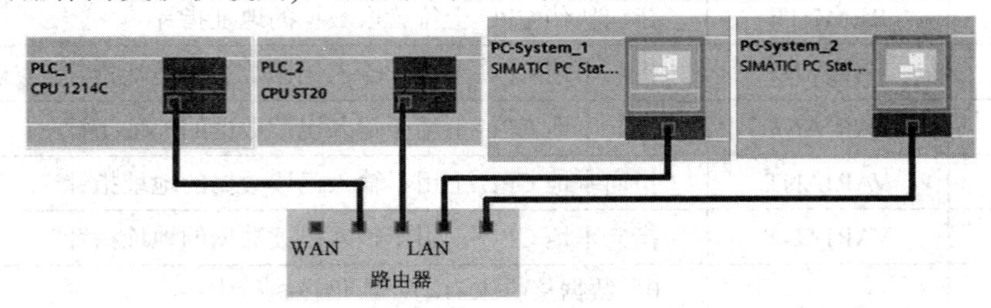

图 8-26　系统连接图

(3) 硬件组态。

① 项目树中，双击“添加新设备”，添加 CPU1214C DC/DC/DC，设备名称为“PLC_1”。在设备组态中，点击“CPU1214C”，选择“属性”→“系统和时钟存储器”→勾选“启用系统存储器字节”和“启用时钟存储器字节”。点击 CPU1214C 的以太网口，添加新子网 PN/IE_1，设置以太网地址为 192.168.0.1，子网掩码为 255.255.255.0，如图 8-27 所示

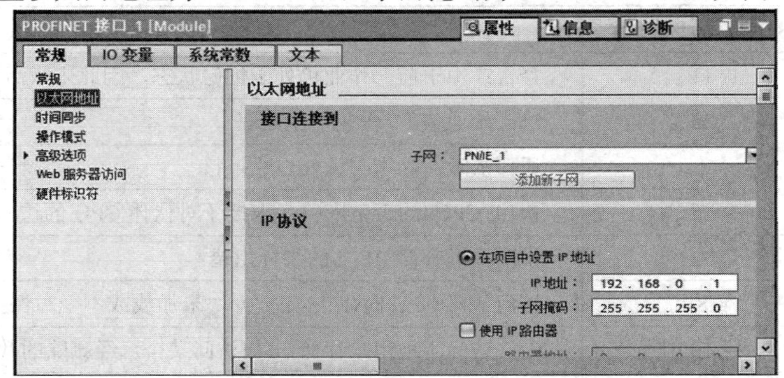

图 8-27　以太网地址设置界面

② 项目树中，双击“设备和网络”，转到网络视图，点击左上角的“连接”按钮，此时 PLC 会出现蓝绿色，右键点击“PLC_1”，选择“添加新连接”按钮，如图 8-28 所示。

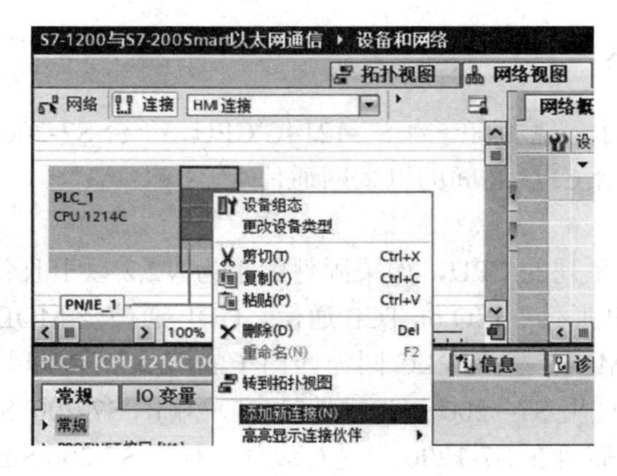

图 8-28　添加新连接界面

③ 点击“添加新连接”后，在弹出的对话框的右上角处的“HMI 连接”改成“S7 连

接”，“本地 ID(十六进制)”默认为“100”，选择左侧出现的“未指定”，点击“添加”→“关闭”，此时即为 S7-1200 建立了一个 S7 连接，如图 8-29 所示。

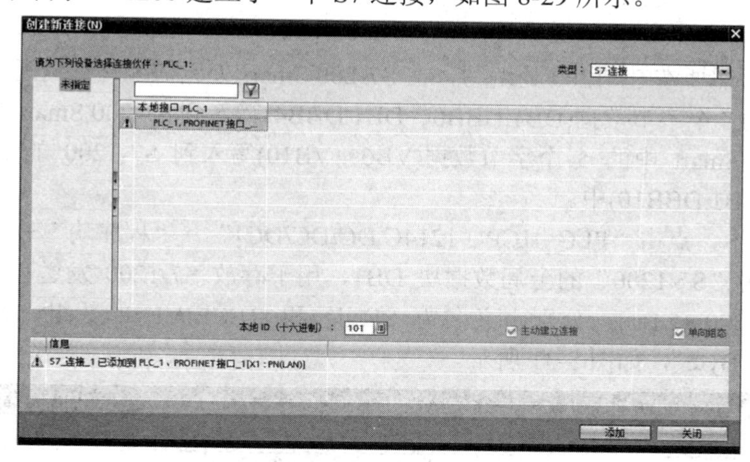

(a) 创建新连接界面

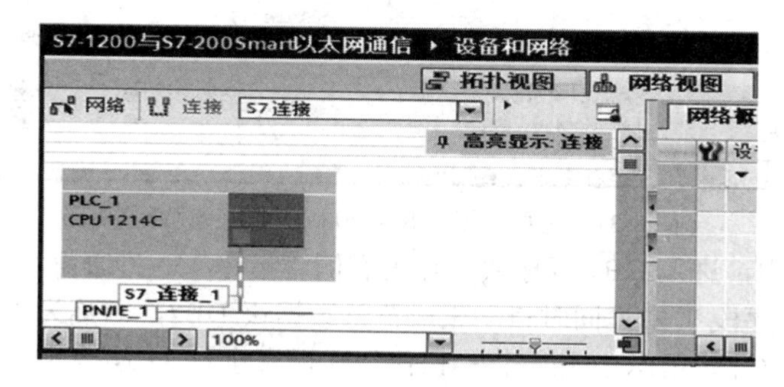

(b) 新连接创建后界面

图 8-29　建立 S7 连接界面

④ 网络视图中，双击“S7_连接_1”高亮线，在“属性”→“常规”中，组态 S7-1200 与 S7-200 Smart 的连接参数。将伙伴地址手动输入为 S7-200 Smart 的以太网地址 192.168.0.10(该地址应事先在 S7-200 Smart 设置好)，其他选项为默认。如图 8-30 所示。

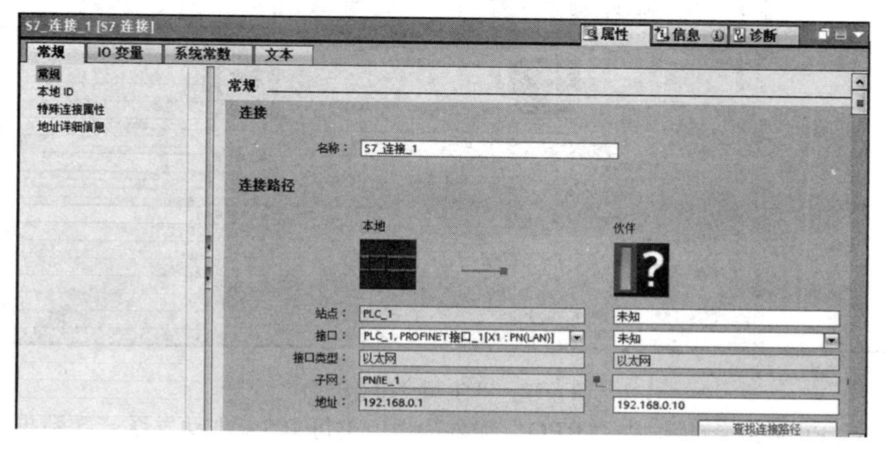

图 8-30　S7 连接网络配置界面

注意：S7-200 Smart 的 TSAP 支持 03.00 或 03.01，需在图 8-30 所示的“地址详细信息”中查看 TSAP 是否为 03.00。

(4) 软件组态。

通信程序只需要在 S7-1200 处编写，在 S7-200 Smart 处无需编写任何通信程序，要求将 S7-1200 中的 5 个字节数据(DB1.DBB0～DB1.DBB4)写入到 S7-200 Smart 的 VB0～VB4 中，将 S7-200 Smart 中的 5 个字节数据(VB6～VB10)写入到 S7-1200 的 5 个字节地址(DB1.DBB6～DB1.DBB10)中。

① 项目树中，点击“PLC_1[CPU 1214C DC/DC/DC]”→“程序块”→“添加新块”，双击建立名称为“S7-1200”的全局数据块 DB1，用于存放 S7-1200 发送和接收的数据。双击打开 S7-1200 [DB1]，分别定义名为 SEND 和 RECEIVE 的数组，数据类型选为“Array[0..4] of Byte”，如图 8-31 所示。

...-1200与S7-200Smart以太网通信 ▸ PLC_1 [CPU 1214C DC/DC/DC] ▸ 程序块 ▸ S7-1200 [DB1]

S7-1200

	名称	数据类型	启动值	保持性	可从 HMI ...	在 HMI ...	设置值
1	▼ Static						
2	▸ SEND	Array[0..4] of Byte		☐	☑	☑	☐
3	▸ RECEIVE	Array[0..4] o...		☐	☑	☑	☐
4	<新增>						

图 8-31　全局数据块 S7-1200 [DB1]组态界面

② 在 PLC_1 中，进入 OB1 程序块，点击右侧“指令”→“通信”→“S7 通信”，将 PUT 指令添加至程序段 1 中，同时自动生成背景数据块 DB2，名称为“PUT_DB”。点击 PUT 指令的“ ”(开始组态)按钮，将“伙伴”选择为建立 S7 连接时的“未知”，对应地址为建立 S7 连接时的“192.168.0.10”，其他选项为默认，如图 8-32 所示。

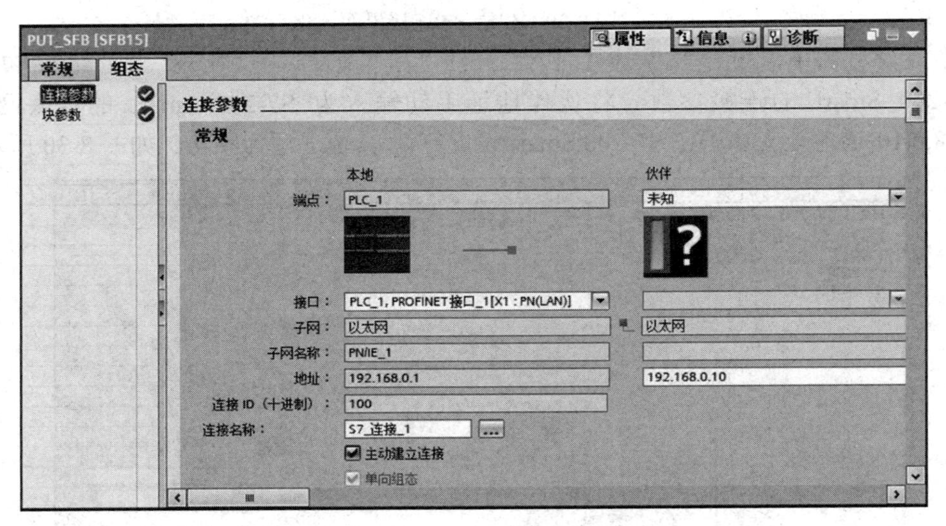

图 8-32　PUT 指令组态界面

③ 设置 PUT 指令的参数：“REQ”输入为 M0.3(每 0.5 s 主动发送一次数据)，“ID”输入为建立 S7 连接时默认的 100，“SD_1”为 S7-1200 需要发送数据所对应的地址，输入

为指针地址“P#DB1.DBX0.0 BYTE 5”(全局数据块 DB1 中 DBX0.0 开始的 5 个字节，即 DB1.DBB0～DB1.DBB4)。“ADDR_1”为 S7-200 Smart 接收到数据后所存放的地址，输入为“P#DB1.DBX0.0 BYTE 5”(S7-1200 会自动将 S7-200 Smart 系列 PLC 的整个 V 区默看作数据块 DB1，即 DB1.DBB0～DB1.DBB4 对应为 VB0～VB4)。为了监测通信状态(发送是否完成、是否忙碌、是否出错灯)，可将输出状态存入中间寄存器中：“DONE”输出至 M10.0，“ERROR”输出至 M10.1，“STATUS”输出至 MW11，如图 8-33 所示。

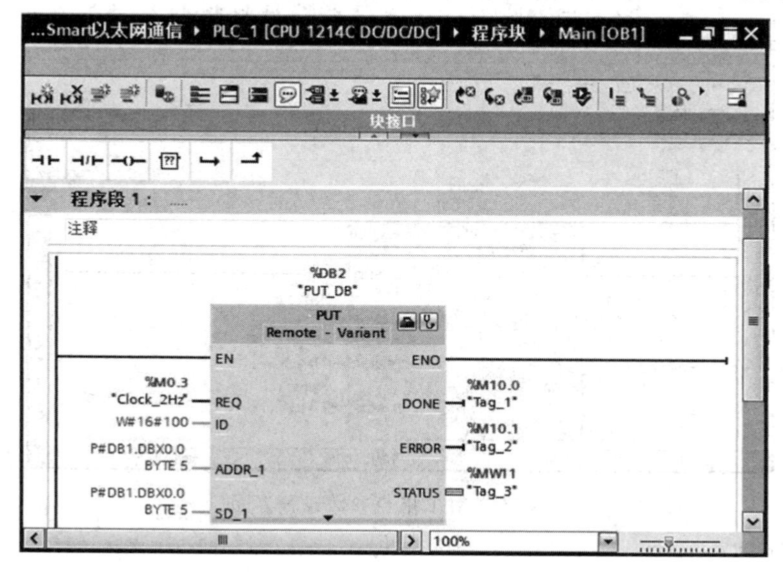

图 8-33　PUT 指令参数设置界面

④ 将 GET 指令添加至程序段 2 中，同时自动生成背景数据块 DB3，名称为“GET_DB”。点击 GET 指令的“”(开始组态)按钮，将“伙伴”选择为建立 S7 连接时的“未知”，对应地址为建立 S7 连接时的 192.168.0.10，其他选项为默认，如图 8-34 所示。

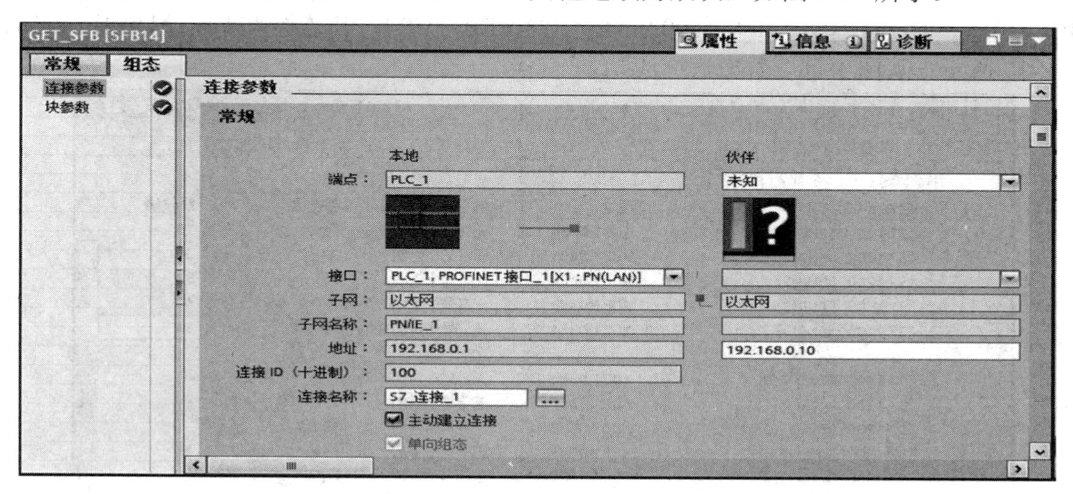

图 8-34　GET 指令组态界面

⑤ 设置 GET 指令的参数：“REQ”输入为 M0.3，“ID”输入 100，“RD_1”为 S7-1200 接收到数据后所对应存放的地址，输入为指针地址“P#DB1.DBX6.0 BYTE 5”(即

DB1.DBB6～DB1.DBB10)，“ADDR_1”为 S7-200 Smart 需要发送的数据对应的地址，输入为“P#DB1.DBX6.0 BYTE 5”(DB1.DBB6～DB1.DBB10 对应为 VB6～VB10)。为了监测通信状态，“NDR”输出至 M20.0，“ERROR”输出至 M20.1，“STATUS”输出至 MW21，如图 8-35 所示。

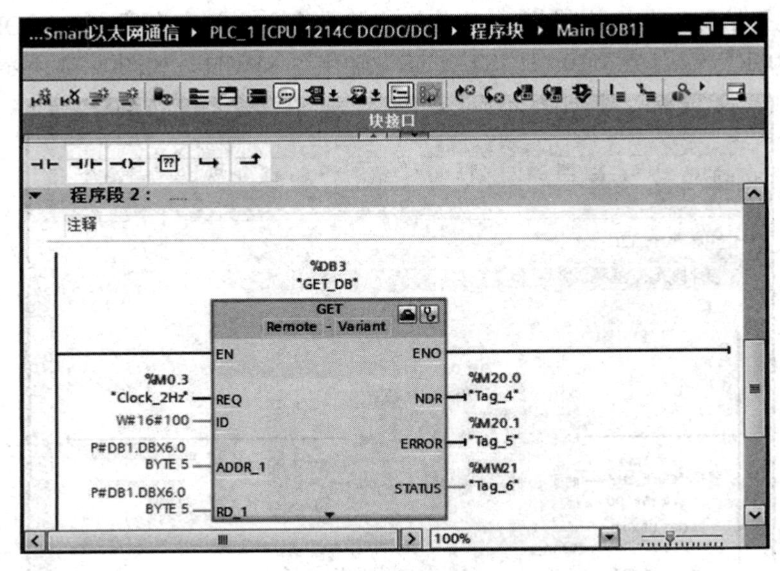

图 8-35　GET 指令参数设置界面

(5) 通信验证。

将 PLC_1 程序下载至 S7-1200 中，运行并转为在线。在 S7-1200 和 S7-200 Smart 中分别建立监控表，添加相应监控变量(5 个字节的发送、5 个字节的接收)。然后将 S7-1200 [DB1] 全局数据块中的 DB1.DBB0～DB1.DBB4 分别修改为“10、20、30、40 和 50”，将 S7-200 Smart 的 VB6～VB10 分别修改为“110、120、130、140 和 150”，观察 S7-1200 [DB1]的 DB1.DBB6～DB1.DBB10 和 S7-200 Smart 中的 VB0～VB4，其监控表界面分别如图 8-36、图 8-37 所示。从图中可以看出通信成功。

项目10 ▸ PLC_1 [CPU 1214C DC/DC/DC] ▸ 监控与强制表 ▸ 监控表_1

	i	名称	地址	显示格式	监视值	修改值
1		"S7-1200".SEND[0]	%DB1.DBB0	无符号十进制	10	10
2		"S7-1200".SEND[1]	%DB1.DBB1	无符号十进制	20	20
3		"S7-1200".SEND[2]	%DB1.DBB2	无符号十进制	30	30
4		"S7-1200".SEND[3]	%DB1.DBB3	无符号十进制	40	40
5		"S7-1200".SEND[4]	%DB1.DBB4	无符号十进制	50	50
6						
7		"S7-1200".RECEIVE[0]	%DB1.DBB6	无符号十进制	110	
8		"S7-1200".RECEIVE[1]	%DB1.DBB7	无符号十进制	120	
9		"S7-1200".RECEIVE[2]	%DB1.DBB8	无符号十进制	130	
10		"S7-1200".RECEIVE[3]	%DB1.DBB9	无符号十进制	140	
11		"S7-1200".RECEIVE[4]	%DB1.DBB10	无符号十进制	150	
12			<添加>			

图 8-36　S7-1200 监控表界面

状态图表

	地址	格式	当前值	新值
1	VB0	无符号	10	
2	VB1	无符号	20	
3	VB2	无符号	30	
4	VB3	无符号	40	
5	VB4	无符号	50	
6	VB6	无符号	110	
7	VB7	无符号	120	
8	VB8	无符号	130	
9	VB9	无符号	140	
10	VB10	无符号	150	

图表 1

图 8-37　S7-200 Smart 监控表界面

8.4　S7-1200 CPU 与 S7-300/400 之间的通信

【例 8-3】 任务要求：现场有一台 S7-1214C CPU、一台 S7-315-2DP CPU、一台 CP343-1 和一个路由器，要求实现两台 CPU 之间的以太网通信。具体通信任务为：S7-1214C 将 DB3 中的 100 个字节发送到 S7-315-2DP 的 DB2 中，S7-315-2DP 将输入数据 IB0 发送给 S7-1214C 的输出数据区 QB0。

S7-1200CPU 与
S7-300/400 之间的通信

(1) 任务分析。

S7-300/400 CPU 可以使用自带的 PN(Profinet)集成口或外扩通信处理器 CP343-1 实现与 S7-1200 CPU 的以太网通信。既可以采用 S7 通信方式，也可以采用开放式用户通信方式。

① S7 通信。

S7-1200 为 S7 通信提供了被动服务器功能。由 S7-300 客户端通过 PUT 和 GET 指令块进行组态。在 STEP 7 V5.5 的 NetPro 中组态连接，为 S7 服务器的每个连接分配一个确切的 ID。客户端通过动态更改该连接的 ID 与服务器进行通信。在 NetPro 中可组态的最大连接数取决于所使用的 S7-300 CPU 类型。CPU 315-2 PN/DP 可在 NetPro 中组态最多 14 个 S7 连接。

注意：只有 S7-300 控制器支持 S7 通信块 PUT 和 GET 的 ID 动态更改。对于 S7-400 控制器，每个通信块都需要一个静态 ID。

② 开放式用户通信。

S7-1200 和 S7-300/400 都提供了用于开放式 TCP/IP 通信的功能块(TCON、TSEND、TRCV 和 TDISCON)。通信协议可选择为 TCP 或 ISO on TCP。

本系统在实现 S7-1214C 和 S7-315-2DP 之间的通信时，采用开放式用户通信方式，通信协议采用 ISO on TCP，此时需要在通信双方中都建立连接。

(2) 系统连接。

将 S7-1200 CPU、S7-315-2DP+CP343-1 以及两台编程电脑分别接到路由器 LAN 端口

上(将路由器作为交换机使用)，组成局域网，其系统连接图如图 8-38 所示。

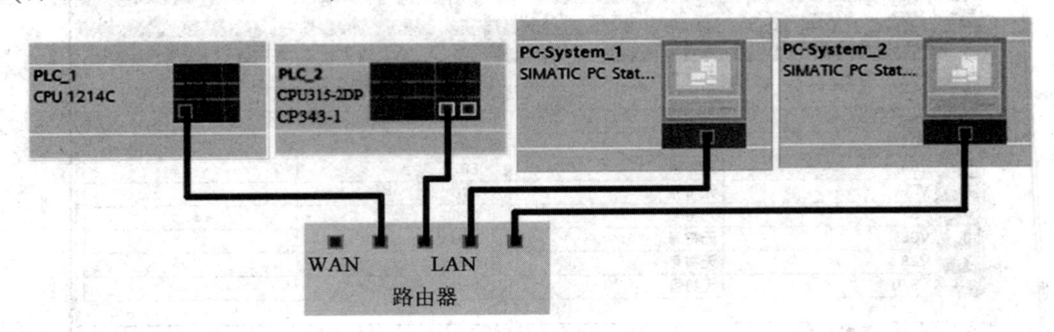

图 8-38　系统连接图

(3) 硬件组态。

① S7-1200 硬件组态。

项目树中，双击“添加新设备”，添加 CPU1214C DC/DC/DC，设备名称为“PLC_1”。在设备组态中，点击“CPU1214C”，选择“属性”→“系统和时钟存储器”→勾选“启用系统存储器字节”和“启用时钟存储器字节”。点击 CPU1214C 的以太网口，设置以太网地址为 192.168.0.1，子网掩码为 255.255.255.0。

② S7-300 硬件组态。

a. 使用 STEP 7 V5.5 软件新建名为“1200-300 ISO on TCP”的项目。项目树中，右键点击“项目”→“Insert New Object”→“SIMATIC 300 Station”，插入 S7-300 站点。

点击“SIMATIC 300(1)”站点，双击“Hardware”进入“HW Config”界面。添加一个机架(右键点击空白界面，选择“Insert Object...”→“SIMATIC 300”→“RACK-300”→“Rail”)，在机架中添加“电源”及“CPU 315-2DP”(根据实际硬件选择订货号)。为了方便编程，可使用时钟脉冲激活通信任务，双击机架中的“CPU 315-2DP”→“Properties”→“Cycle/Clock Memory”，勾选“Clock Memory”，如图 8-39 所示。

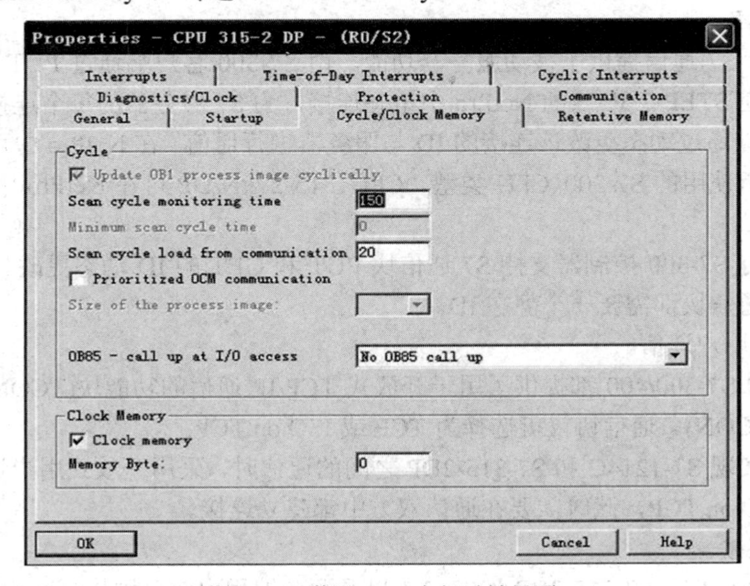

图 8-39　激活 CPU 内部时钟界面

b. 配置以太网模块："HW Config"界面中，将 CP343-1 添加至机架，右侧模块库中选择"SIMATIC 300"→"CP-300"→"Industrial Ethernet"→"CP 343-1"(根据实际硬件选择订货号)。新建以太网"Ethernet (1)"，配置 CP343-1 的 IP 地址为 192.168.0.10，子网掩码为 255.255.255.0，如图 8-40 所示。配置完硬件组态后，编译下载。

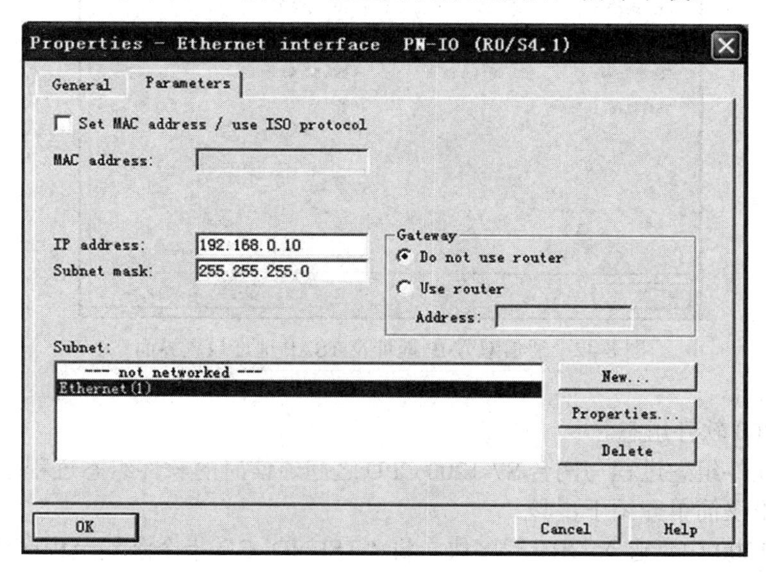

图 8-40　配置以太网地址界面

c. 网络组态：项目树中，点击"1200-300 ISO on TCP"，双击右侧选项"Ethernet(1)"，进入"NetPro"网络配置界面。选中"CPU315-2DP"，右键选择"Insert New Connection"，弹出对话框如图 8-41(a)所示。选择连接对象(Unspecified)和通信协议(ISO-on-TCP connection)。点击"OK"，弹出 ISO-on-TCP 属性对话框，如图 8-41(b)所示。

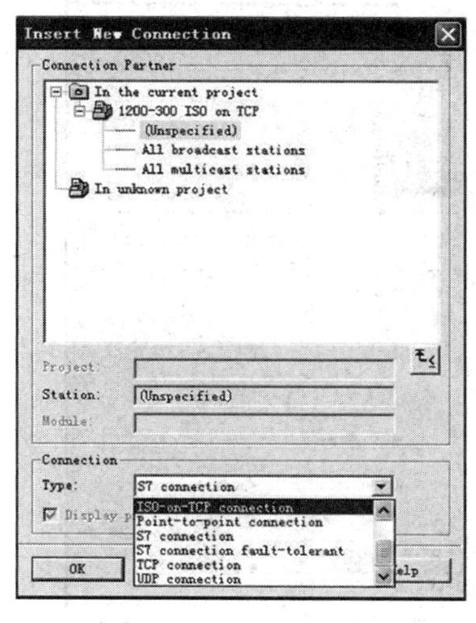

(a) 建立 ISO-on-TCP 通信协议

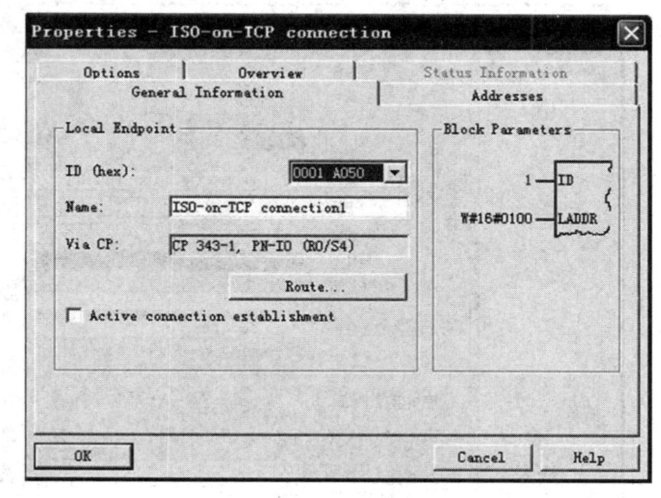

(b) ISO-on-TCP 通信协议属性

图 8-41　ISO-on-TCP 通信协议界面

ISO on TCP 属性对话框中，选择"Addresses"，手动配置通信双方的 IP 地址及 TSAP 地址，如图 8-42 所示。配置完连接并编译存盘后，将网络组态下载到 S7-315-2DP 中。

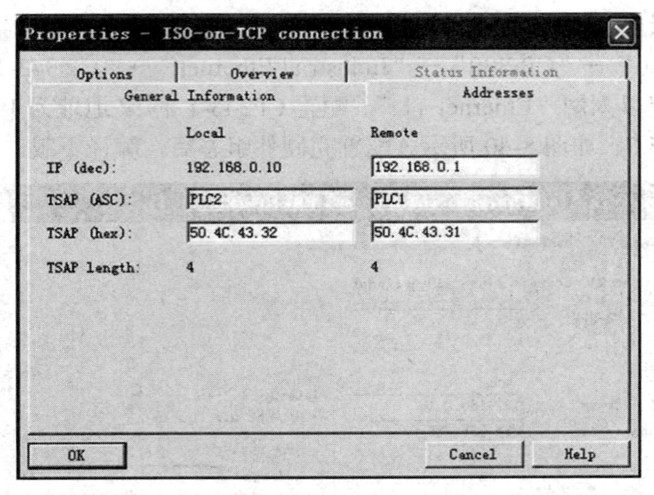

图 8-42　通信双方 IP 地址及 TSAP 地址设置界面

(4) 软件组态。

① S7-1200 软件组态。

S7-1200 软件组态过程与两台 S7-1200 CPU 之间通信时的软件组态过程基本相同(详见 8.2.3 节)，这里仅简单介绍下步骤。

a. 在 S7-1200 中，进入 OB1 程序块，将“TSEND_C”指令添加至程序段 1 中，点击右上角的“开始组态”按钮。伙伴选择为“未指定”，新建连接数据为“PLC_1_Send_DB”，连接类型为“ISO-on-TCP”，设置伙伴的地址为“192.168.0.10”，本地定义为“主动建立连接”。在“地址详情信息”选项中，必须手动更改本地和伙伴的 TSAP 地址(与图 8-42 中 S7-300 网路配置保持一致)，如图 8-43 所示。

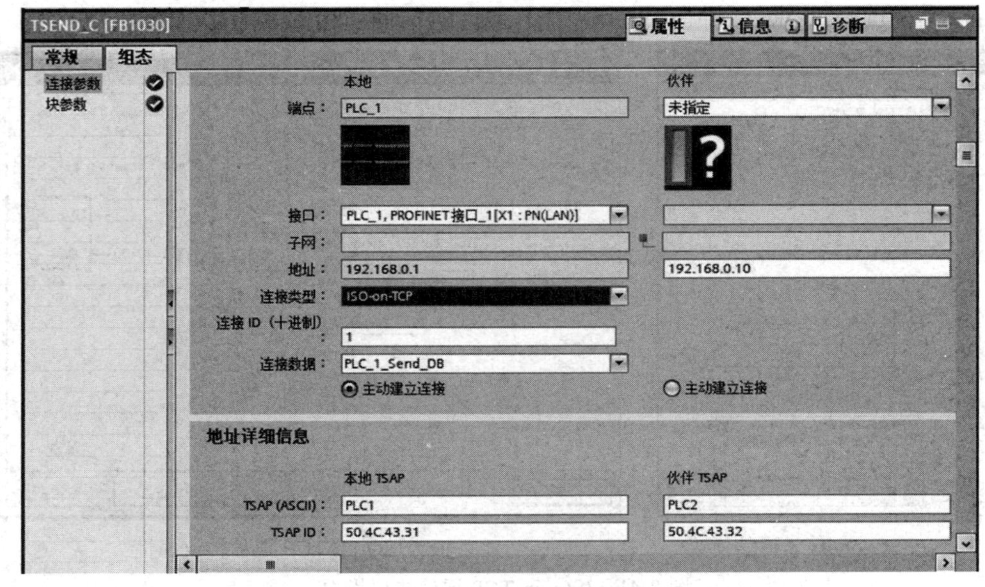

图 8-43　TRCV_C 指令组态界面

b. OB1 程序块中，将 TRCV 指令添加至程序段 2 中。因为与发送使用的是同一连接，所以使用的是不带连接的发送指令“TRCV”，连接“ID”使用的也是“TSEND_C”中的“Connection ID”号。

c. 项目树中，建立名为“1200SEND”的全局数据块 DB3，用于存放 S7-1200 发送的数据。双击打开“1200SEND[DB3]”，定义名为 SEND 的数组，类型为“Array[0..99] of Byte”。右键“1200SEND [DB3]”→“属性”，去掉勾选的“优化的块访问”，如图 8-44 所示。

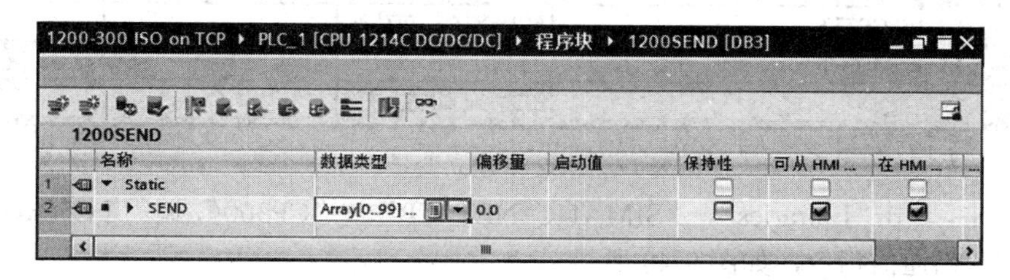

图 8-44　全局数据块 1200SEND [DB3]中建立变量界面

d. 设置 TSEND_C 指令和 TRCV 指令的参数，分别如图 8-45、图 8-46 所示。

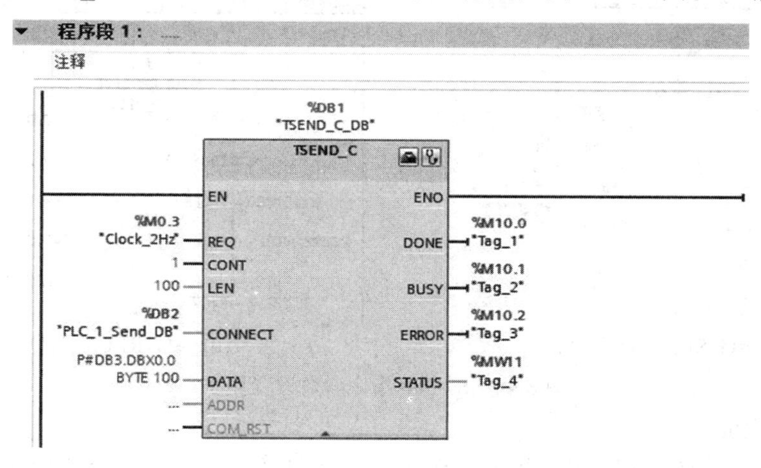

图 8-45　TSEND_C 指令参数设置界面

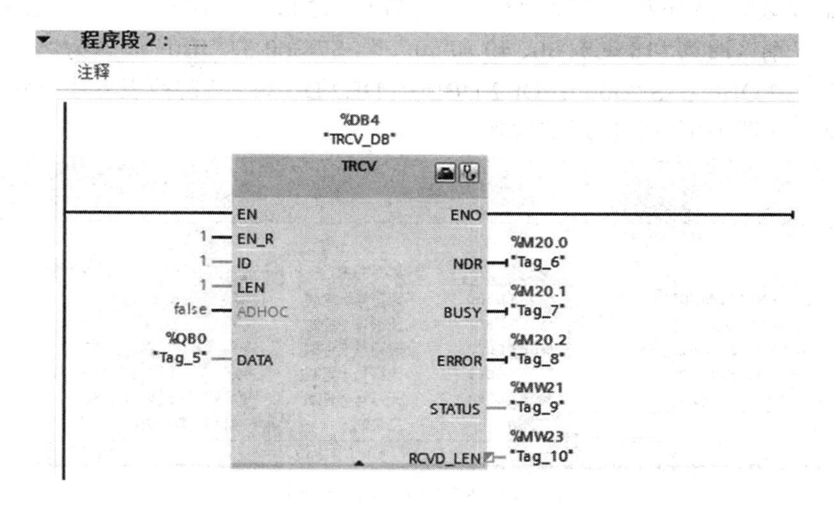

图 8-46　TRCV 指令参数设置界面

② S7-300 软件组态。

a. 建立全局数据块 DB2，用于存放 S7-300 接受的数据。双击打开 DB2，定义名为“RECEIVE”的数组，类型为 ARRAY[0..99]、BYTE，如图 8-47 所示。

Address	Name	Type	Initial value	Comment
0.0		STRUCT		
+0.0	RECEIVE	ARRAY[0..99]		
*1.0		BYTE		
=100.0		END_STRUCT		

图 8-47　DB2 中建立变量界面

b. OB1 中，点击“Libraries”→“SIMATIC_NET_CP” →“CP300”，调用 FC5(AG_SEND)、FC6(AG_RECV)通信指令，如图 8-48 所示。

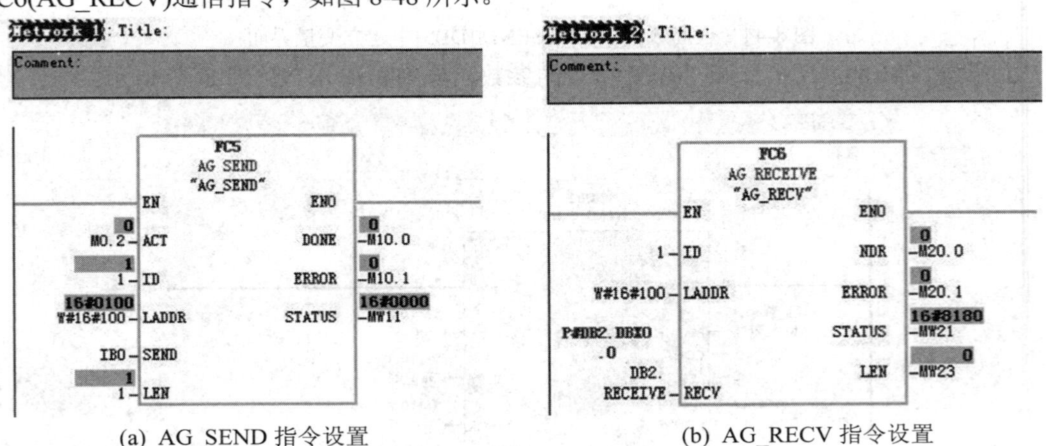

(a) AG_SEND 指令设置　　　　(b) AG_RECV 指令设置

图 8-48　S7-300 指令参数设置界面

(5) 通信验证。

将程序分别下载至 S7-1200 和 S7-300 中，运行并转为在线。在 S7-1200 和 S7-300 中分别建立监控表，添加相应监控变量。然后将 1200-300 [DB3]中的“DB3.DBB0～DB3.DBB4”分别修改为“10、20、30、40 和 50”，将 S7-300 的“IB0”修改为“2#11110000”，观察 S7-1200 中 QB0 和 S7-300 中 DB2.DBB0～DB2.DBB4，其监控表界面分别如图 8-49、图 8-50 所示。从图中可以看出通信成功。

1200-300 ISO on TCP ▸ PLC_1 [CPU 1214C DC/DC/DC] ▸ 监控与强制表 ▸ 监控表_1

	i	名称	地址	显示格式	监视值	修改值
1		"1200SEND".SEND[0]	%DB3.DBB0	无符号十进制	10	10
2		"1200SEND".SEND[1]	%DB3.DBB1	无符号十进制	20	20
3		"1200SEND".SEND[2]	%DB3.DBB2	无符号十进制	30	30
4		"1200SEND".SEND[3]	%DB3.DBB3	无符号十进制	40	40
5		"1200SEND".SEND[4]	%DB3.DBB4	无符号十进制	50	50
6		"Tag_5"	%QB0	二进制	2#1111_0000	

图 8-49　S7-1200 监控表界面

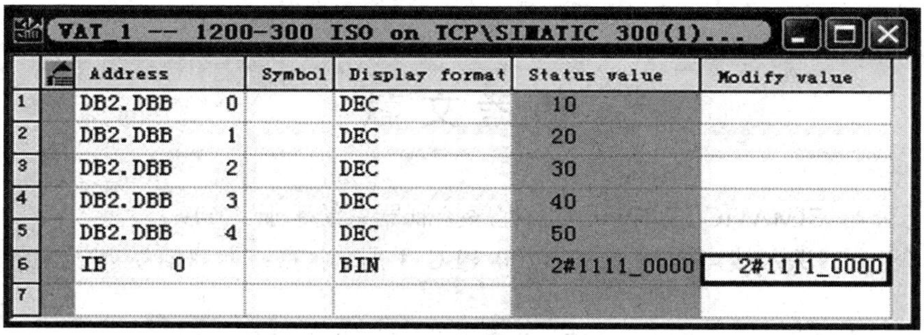

VAT_1 -- 1200-300 ISO on TCP\SIMATIC 300(1)...

	Address	Symbol	Display format	Status value	Modify value
1	DB2.DBB 0		DEC	10	
2	DB2.DBB 1		DEC	20	
3	DB2.DBB 2		DEC	30	
4	DB2.DBB 3		DEC	40	
5	DB2.DBB 4		DEC	50	
6	IB 0		BIN	2#1111_0000	2#1111_0000
7					

图 8-50　S7-300 监控表界面

本 章 习 题

1. 开放系统互连参考模型分为几层？每层的作用是什么？
2. 西门子常见的工业通信网络有几种类型？各自的特点是什么？
3. 比较工业以太网通信和 Profinet 通信的异同。
4. 西门子 S7-1200 CPU Profinet 通信口支持与哪些设备进行通信？支持的最大通信连接数是多少？
5. 比较 TCP 和 ISO on TCP 协议的异同。
6. 简述 TSEND_C、TRCV_C、TCON、TDISCON、TSEN、TRCV 指令的作用。
7. 简述 PUT 和 GET 指令的作用。
8. 如何实现三台 S7-1200 之间的以太网通信？
9. 如何实现一台 S7-1200 与一台 S7-200 Smart 之间的以太网通信？
10. 如何实现一台 S7-1200 与一台 S7-400 之间的以太网通信？

参考文献

[1] 西门子公司. SIMATIC S7-1200 可编程序控制器系统手册. 2009.
[2] 西门子公司. 深入浅出西门子 S7-1200 PLC 手册. 北京：北京航空航天大学出版社，2009.
[3] 廖常初. S7-1200 PLC 编程及应用. 北京：机械工业出版社，2010.
[4] 刘华波. 西门子 S7-1200 PLC 编程与应用. 北京：机械工业出版社，2011.
[5] 王永华. 现代电气控制及 PLC 应用技术. 4 版. 北京：北京航空航天大学出版社，2016.
[6] 王仁祥. 常用低压电器原理及其控制技术. 北京：机械工业出版社，2006.
[7] 西门子公司. SINAMICS V20 变频器用户手册.